Entre Mécanique et Architecture

Between Mechanics and Architecture

Edité par
Edited by

Patricia Radelet-de Grave
Edoardo Benvenuto

avec le soutien de
supported by

La Faculté des Sciences de l'Université catholique de Lou\
La Facoltà di Architettura dell'Università degli Studi di Ge

Birkhäuser Verlag
Basel · Boston · Berlin

Editors:

Professor Patricia Radelet-de Grave
Université Catholique de Louvain
Institut de Physique Théorique (FYMA)
Edition Bernoulli
2 Chemin du cyclotron
B-1348 Louvain-la-Neuve (Belgium)

Professor Edoardo Benvenuto
Istituto di Costruzioni
Università de Genova
Stradone di S. Agostino 37
I-16123 Genova (Italy)

Cover Illustration: Titlepage of *Scuola mecanico-speculativo-pratica* by Carlo Cesare Scaletti, published in Bologna in 1711

Library of Congress Cataloging-in-Publication Data

Entre mécanique et architecture / edité par Patricia Radelet-de Grave, Edoardo Benvenuto ; avec le soutien de la Faculté des Sciences de l'Univérsité catholique de Louvain [et] la Facoltà di Architettura dell'Università degli Studi di Genova = Between mechanics and architecture / edited by Patricia Radelet-de Grave [and] Edoardo Benvenuto ; supported by la Faculté des Sciences de l'Univérsité catholique de Louvain [et] la Facoltà di Architettura dell' Università degli Studi di Genova

p. cm.
French and English
Includes bibliographical references and index.

(U.S.)
1. Structural analysis (Engineering) – History. 2. Structural design – History. 3. Architectural design – History. 4. Stereotomy – History. I. Radelet-de Grave. P. II. Benvenuto, Edoardo.
TA646.E87 1995
624. 1'7'09 – dc20

Deutsche Bibliothek - Cataloging-in-Publication Data

Entre mécanique et architecture = Between mechanics and architecture / ed. par Patricia Radelet-de Grave ; Edoardo Benvenuto. - Basel ; Boston ; Berlin : Birkhäuser, 1995

NE: Radelet- de Grave, Patricia; Between mechanics and architecture

Softcover reprint of the hardcover 1st edition 1995

Camera-ready copy prepared by the editors
Printed on acid-free paper produced from chlorine-free pulp
Cover design: Markus Etterich, Basel

ISBN-13: 978-3-0348-9894-2 e-ISBN-13: 978-3-0348-9072-4
DOI: 10.1007/ 978-3-0348-9072-4

9 8 7 6 5 4 3 2 1

PRÉAMBULE

L'édifice dont vous venez de pousser la porte est vaste et particulièrement complexe. Empruntée à la *Scuola mecanico-speculativo-pratica*[1] de *Carlo Cesare Scaletti*, publiée à Bologne en 1711, l'illustration de la couverture en évoque plusieurs aspects. Le sous-titre de cet ouvrage précise les objectifs: *on examine les proportions qu'ont les puissances aux résistances des corps pesants, et la cause pour laquelle cette puissance peut avoir un meilleur rendement au moyen de la machine. Œuvre utile à usage civil et militaire, indispensable à tout mathématicien, ingénieur, architecte, machiniste et artilleur.* Si de nombreux autres objets viennent s'ajouter, l'unité du livre ici présenté réside dans un objectif unique: "construire".

Nous aurions pu choisir de vous guider parmi ses dédales en analysant sa structure de manière systématique. Nous aurions alors commencé par les fondements, la loi du levier, directement issue de l'antique théorie des proportions et la loi du parallélogramme des forces. Ces lois permettent de rendre compte de l'équilibre des voûtes minces stables sous leur propre poids, arches formées de voussoirs parfaitement rigides, glissants les uns sur les autres sans frottement. Ces voûtes en pierre sont les témoins d'une première idéalisation et d'une première équation constitutive: le corps parfaitement rigide dont les points restent immuablement à distance fixe. Ces éléments simples de la mécanique avec la géométrie pour guide principal ont permis Ravenne, Trêves, Sainte Sophie, Chartres, Beauvais ... Mais aussi les Nuraghes dans leur écrin sarde et d'une simplicité pleine d'enseignement.

Mais l'homme ne s'est pas satisfait de cette limite de corps parfaitement rigides et s'est efforcé de soumettre les déformations aux calculs. Une autre loi constitutive élémentaire est écrite qui lie linéairement la force appliquée à la déformation: la loi de Hooke. Bien vite, l'étude de la lame élastique et de ses courbes élégantes, entamée par Jacob Bernoulli et menée à bien par Euler débouche sur d'autres réalisations techniques. Mais quels progrès mathématiques cela supposait! Les Cauchy, les Navier, les Saint-Venant, les Lamé, et autres Saavedra, Mohr et Winkler ne furent pas trop nombreux pour

---

1 *In cui si esamina la proporzione, che hà la Potenza alla resistenza del Corpo grave, E la causa per la quale la suddetta Potenza si estenda a maggior' attività mediante la Machina; opera utile all'uso civile, e militare Necessaria ad ogni Mathematico, Ingegniero, Architetto, Machinista, e Bombardiere.*

cette tâche. Déjà l'on entrevoit d'autres recoins. Les déformations peuvent ne pas être élastiques, mais bien plastiques. Il faut contrôler ce phénomène si l'on veut pouvoir laisser libre cours à l'imagination.

L'édifice se construit, sa structure se fait jour dans l'esprit de l'architecte, mais il reste à le réaliser, à tracer les plans qui fourniront les directives pour la mise en œuvre. Il faut ramener aux deux dimensions du papier le rêve géométrique tridimensionnel. Il faut aussi guider l'artisan et déterminer la taille de la pierre angulaire.

Mais l'histoire ne s'écrit pas de manière systématique et différents éléments de la structure se fondent pour que le progrès se fasse. Jacob Bernoulli aiguise le calcul différentiel en étudiant l'*Elastica*. La présentation chronologique nous a dès lors semblé préférable. Nous l'avons complétée par des petites notes qui introduisent chaque texte où nous nous sommes efforcés de souligner le rôle joué dans une structure plus systématique. Les illustrations qui accompagnent le début de chaque texte devraient elles aussi permettre de visualiser le lien avec le fil conducteur du livre.

Au sommet de l'édifice, ouverte vers le ciel, nous avons logé une bibliographie chronologique. Elle rassemble non seulement les ouvrages mentionnés dans les différents articles mais elle a été complétée dans la mesure de nos connaissances pour fournir un levier utile.

Avant de terminer, je tiens à exprimer ma reconnaissance aux organisateurs du XIX Congrès International d'Histoire des sciences de Saragosse, Elena Ausejo, Mariano Hormigon et Jean Dhombres qui nous ont donné l'occasion de réunir ceux qui s'intéressaient à ce domaine; à la Faculté d'Architecture de l'Université de Gènes et à la Faculté des Sciences de L'Université Catholique de Louvain qui ont permis la réalisation de cet ouvrage. Je tiens également à remercier les auteurs pour tout ce qu'ils nous ont appris et finalement je voudrais remercier très sincèrement ceux qui ont cimenté chaque brique, cloué chaque planche et scellé chaque vitrage: Antonio Becchi, Massimo Corradi et Federico Foce de la Faculté d'Architecture de l'Université de Gènes et leur dire le plaisir que j'ai eu à travailler avec eux. Enfin, le but est atteint, Il est là et brille sous le soleil! C'est, je pense, la plus belle récompense.

Waterloo, le 3 juillet 1994

P. Radelet-de Grave

ENTRE MÉCANIQUE ET ARCHITECTURE

Introduction

Entre Mécanique et Architecture: c'est-à-dire, entre les procédés techniques qui, depuis des temps immémoriaux conforment l'art et la science de la construction au développement de la science physique et mathématique la plus générale et, peut-être, la plus abstraite, *subalternata tantum geometriae et philosophiae naturalis*, comme le disait Tartaglia, bien que liée aux faits les plus familiers: la statique et la mécanique des matériaux et des structures.

Le thème qui nous concerne est donc la relation entre la technique et la science dans son exemple le plus important, je crois, du point de vue historiographique mais aussi épistémologique: à savoir, la relation entre le *savoir faire*, qui se conforme à la norme, en respectant une détermination et une congruence parfaites avec son objectif, et la théorie, qui confirme la norme et témoigne la nécessité de la déterminer congrûment avec les lois de la nature.

Avec une extrême perspicacité, quelque peu offusquée par une frivolité érudite, l'Abbé Francesco Maria Franceschinis, mathématicien et adepte de la philosophie des lumières, se pencha sur la question dans un bref traité qu'il publia à Padoue en 1808 sous le titre *Des Mathématiques appliquées*[1], soutenant la nouvelle tendance didactique introduite à l'Université de Padoue par l'éphémère Règne d'Italie. Simulant un conflit entre plusieurs auteurs, Franceschinis exposait une première thèse dans un *Discours inaugural* qu'il récita peut-être réellement en 1807, lorsqu'il devint titulaire de la Chaire de Mathématiques appliquées.

Cette thèse soutenait la subordination obligatoire du *faire* au *savoir*, donc de la technique aux sciences, dans notre cas de la construction architecturale à la connaissance des lois mécaniques: témoignage d'une pensée moderne typique qui triomphait au siècle des lumières. Il suffit de citer la maxime énoncée par Arnold Guelinx (1629-1699) dans

---

1 F.M. FRANCESCHINIS, *Delle Matematiche Applicate*, Padova, 1808.

sa *Metaphysica vera* (I, 5ª): *impossibile est ut is faciat, qui nescit quomodo fiat*. C'est là l'esprit de la modernité. L'attrait suscité par les arts et métiers au dix-huitième siècle, qui nous est démontré non seulement par l'Encyclopédie de Diderot et d'Alembert, mais aussi par de nombreuses études académiques, très mathématiques, sur les problèmes de construction - qui jusqu'alors avaient été confiés à la compétence de la tradition - reflète et développe ce concept.

Deux soeurs bienveillantes et nobles

Dans cette optique, Franceschinis parlait de *deux soeurs bienveillantes et nobles, envoyées par le Ciel afin de secourir les hommes et de pourvoir à leurs exigences*. C'est dans ces termes qu'il faisait allusion aux Mathématiques pures et à la Physique expérimentale, dont la splendide union dans la science de la Mécanique *soutient* - dit-il - *les arts, les métiers et toutes les activités de l'homme*. En rhétoricien, considérant l'Architecture comme un personnage, notre Abbé lui faisait dire, évoquant la Mécanique et la Géométrie: *Celles-ci m'aidèrent à sortir de mon ignorance et me firent l'honneur de parcourir avec moi tant de chemin, autant qu'il y a de l'Aréopage au Temple de Thésée et de Minerve (...) Et elles, qui initièrent des personnages tels que Leonardo, Brunelleschi, AlbertiPalladio, Wren, Michel-Ange et Vignole, m'ont rendu hardi au point de réussir à soulever et à tenir en quelque sorte comme s'ils étaient suspendus dans l'air, le Panthéon et les majestueuses coupoles de Florence et de Londres (...). Je n'aurais jamais pu attendre une telle perfection sans la théorie des courbes d'équilibre et de stabilité, celle des contraintes et des résistances; sans la connaissance des formes des solides les plus opportunes à cet effet qui accorde la stabilité sous un poids égal, je n'aurais pas su me servir des ornements pour croître en vigueur afin de lutter contre la voracité des siècles anciens*[2].

Mais non! L'histoire contredit implacablement la thèse de notre orateur érudit. Il est notoire - et Franceschinis lui-même ne pouvait certes pas l'ignorer - que les théories physico-mathématiques précitées ne naquirent pas avant le XVIIe siècle et que c'est surtout au XVIIIe siècle - à savoir quand les oeuvres architecturales les plus hardies choisies par Franceschinis comme témoignage étaient déjà achevées depuis longtemps - qu'elles obtinrent lentement une signification technique. L'histoire de l'architecture manifeste une prédominance du *faire* sur le *comprendre*. L'antique sagesse des arts et

2 F.M. FRANCESCHINIS, *op. cit.*, pp. 87-88.

métiers, alimentée par les longues *continuités* historiques insaisissables dans un réseau d'événements que l'on peut commémorer séparément, fruit de l'expérience commune et de traditions ininterrompues, se base davantage sur le souvenir que sur la répétition; sur la fidélité créative propre à la mémoire plutôt que sur l'application répétitive d'une loi universelle. Une recherche sur l'essence de la technique, et particulièrement de la technique constructive, n'atteindrait guère son objectif si elle devait se limiter à considérer la technique comme une science appliquée. En effet, comme Kierkegaard le démontra de manière efficace dans une brochure brillante, le souvenir et la répétition transmettent, à la pensée et à la pratique, des mouvements contraires, malgré leur apparente ressemblance.

L'Abbé de Padoue était cependant trop occupé à orner son discours d'une multitude d'images et d'évocations érudites pour pénétrer réellement l'essence de la question. Il se limita à illustrer, comme dans un jeu d'astuce sophistiqué, exactement le contraire de la thèse qu'il soutenait auparavant, en l'attribuant à un *auteur inconnu.* Selon celui-ci, donc, entre la sagesse technique de la construction architecturale et le savoir scientifique de la mécanique, il n'existerait aucune relation, puisque - observez ici la grande finesse épistémologique - *l'oeuvre humaine se sert de connaissances partielles qui peuvent rester isolées mais appropriées à la multitude et à la complexité des problèmes à résoudre*, alors que, d'après les sciences, *tout fait nouveau est un nouveau chaînon de la chaîne des êtres et des phénomènes; et si les faits remplissaient toutes les interruptions et tous les espaces vides de la série, on verrait toutes les vérités se confondre en une seule, et l'univers entier ne serait qu'un fait unique*[3].

Il est vrai - ajoute à ce point l'intelligent adversaire imaginaire - qu'une semblable synthèse de la complexité, empreint parfois les sciences, réunissant *mille observations et mille expériences décousues*, et que cela ne survient cependant pas à la suite d'un travail rangé, banal, mais est encore une fois la conséquence d'une intuition soudaine: *tout comme de la dernière étincelle qui doit vaincre l'humidité des sarments superposés, la flamme surgit, embrasse et embrase tous les sarments.*

Quoique qu'il en soit, dans la plupart des cas habituels dans les domaines des arts, des oeuvres et de la fabrication des instruments utiles à la vie de tous les jours, les abstractions généralisatrices, propres aux sciences, ne servent pas à grand chose, pas plus que *le paysan n'a de métier pour tenir ses comptes, partager son champ et dispenser ses revenus au-dessus de ses nécessités*[4].

Nous devons reconnaître que la fiction de l'*auteur inconnu* éveilla la créativité de Franceschinis et lui fit concevoir des idées fécondes qu'il n'aurait probablement même

3 *Ibidem*, p. 116.
4 *Ibidem*, p. 117.

pas osé penser en parlant à la première personne. Ce deuxième discours manifeste un autre côté de l'esprit moderne, dont M.Heidegger a su si bien saisir l'essence dans son essai sur l'*Epoque de l'image du monde*. La science - donc aussi la mécanique - doit se rapporter à la vérité unique d'un système globalisant; au contraire, la technique dans son sens authentique - donc l'art et l'architecture en particulier - doit tenir compte de la substance des choses dans leurs différences spécifiques. La science est gouvernée par le *principe de la raison suffisante*, tandis que la technique est dirigée par un *principe de finalité*.

Mais les sciences mêmes, ayant atteint leur apogée moderne avec Maupertuis et l'"immortel Lagrange" sont désormais sur le point de découvrir que leur recherche sur les causes efficientes atteint son but en interprétant fondamentalement les lois naturelles en termes téléonomiques. De là découle donc que le principe régulateur de l'oeuvre technique (ou *physique* selon le lexique de Franceschinis) domine et subordonne la recherche abstraite (ou *mathématique*) des sciences. Le technicien est *en cela semblable à ce négociateur qui, ayant fait pénétrer dans son esprit une nouvelle forme de commerce et en ayant clairement conçu un projet, après en avoir constaté l'utilité, convoque des comptables mercenaires qui séparent les différentes parties du plan, en calculant minutieusement les frais et les profits divers qui en découlent. Mais de cette façon, vous verrez que les mathématiques doivent être considérées comme les servantes de la Physique et non pas comme ses alliées ou ses soeurs*[5].

La conclusion de l'*auteur inconnu* de ce deuxième discours est que la thèse du premier Orateur doit être considérée comme *un pur artifice d'éloquence pompeuse* lorsqu'il dépeint la mécanique *toujours étrangement occupée et inquiète pour secourir et diriger* la construction de l'Architecture. *Les faits présents et passés montrent que nous sommes redevables des oeuvres les plus extraordinaires ... à des hommes rudes et peu cultivés qui n'avaient d'ailleurs jamais franchi le seuil des mathématiques .... Que tels étaient les constructeurs de la célèbre machine de Marly, du fameux pont de Schaffouse; ceux qui ont suggéré en premier l'idée du canal du Languedoc, ... et encore Zabaglia, à Rome, toujours réputé comme un très grand constructeur peu cultivé, comme d'ailleurs Ferracina qui, en Vénétie, connaissait déjà la célébrité grâce à ses merveilleuses inventions avant qu'il ne se rapproche des sources géométriques et mécaniques*[6].

Sous l'apparence d'un refus méprisant, Franceschinis présente ici, en réalité, un concept qui découle lui aussi de la révolution scientifique moderne. Il suffit de se souvenir du "proto", chef des ouvriers de l'arsenal vénitien cité par Galilée dans le

---

5 *Ibidem*, p. 121.
6 *Ibidem*, p. 151-152.

préambule de ses *Discorsi e dimostrazioni matematiche intorno a due nuove scienze* (Leida, 1638): c'est-à-dire dans l'introduction de l'ouvrage scientifique qui pour la première fois dans l'histoire de la culture occidentale, introduisit réellement les raisons *géométriques* dans l'étude des problèmes techniques concernant l'art de la construction. C'est là, dans l'arsenal des Vénitiens - écrit Galilée - *que ... des instruments et machines de toutes sortes sont continuellement réalisés par un grand nombre d'artisans; dont certains, suivent les observations de leur prédécesseurs et grâce à leur propre expérience, sont extrêmement compétents comme en témoignent leurs oeuvres*[7]. Le "proto" est donc le personnage principal, le gardien de l'expérience transmise et vécue; ses observations peuvent déconcerter les préjugés des péripatéticiens, mais son témoignage pour précieux qu'il puisse être, ne peut être jugé décisif parce qu'il est ancré *à ce que dit le peuple*, et ce que dit le peuple *est tout à fait vain; et tellement vain que son contraire pourra être proféré avec autant de vérité*. Il faut, au contraire, outrepasser l'opinion vulgaire et la soumettre à l'examen des indubitables raisons de la *géométrie* (c'est-à-dire de la mécanique moderne); seulement cet examen peut permettre d'échapper à la vanité des *choses que les personnes peu intelligentes profèrent pour démontrer quelles savent parler de ce qu'elles ne connaissent pas en vérité*[8].

Cette noble tradition de Galilée sert également de toile de fond à la plaidoirie de Franceschinis. Le troisième et dernier Discours qu'il introduit dans le traité sur les mathématiques appliquées exprime justement ce même concept, sous forme d'une critique diligente du précédent orateur anonyme. Laissons donc à celui-ci la vérité du fait qu'il expose, c'est-à-dire que le *savoir faire* du technicien expert, riche de l'expérience acquise par de nombreuses générations, devance généralement et dépasse parfois la théorie scientifique. Cela n'empêche toutefois pas que cette simple pratique soit contrainte à avancer comme à tâtons, en se basant sur des préjugés non moins vains que ceux professés par les philosophes dédaigneux de l'observation expérimentale. Et cela n'empêche surtout pas le fait que l'excellence des oeuvres techniques les plus admirables ne se manifeste justement dans les cas où la compétence pratique des artisans complète les connaissances théoriques: *les noms et les exemples de tous ceux qui comme Brunelleschi, Leonardo, Raffaello, Michel-Ange, Poussin, Vignole, Palladio, Lulli, Perrault, Martini, Wren, Meng et tant d'autres: excellents musiciens, peintres et architectes, possédant une profonde connaissance de la Physique et des théories géométriques - de leur temps - peuvent rendre cette affirmation évidente*[9].

---

7 Cf. *Le Opere di Galileo Galilei*, Firenze, 1933, vol. 8, p. 49.
8 *Ibidem*, p. 49 et ss.
9 F.M. FRANCESCHINIS, *op. cit.*, pp. 253-254.

En effet, dans la grande architecture se manifeste quelque chose qui se rapporte mystérieusement à l'intuition scientifique, lorsqu'une synthèse surgit de *mille observations et mille expériences décousues* et ne survient pas à la suite d'un travail rangé, banal, mais est la conséquence d'une intuition soudaine: tout comme la *dernière étincelle* dont le deuxième Orateur avait parlé.

En d'autres termes, la voie finalement donnée par Franceschinis pour résoudre le conflit entre les deux sentences opposées illustrées précédemment, consiste à considérer la relation entre Architecture et Mécanique en termes d'une surprenante analogie ontologique, où la différence reste reliée à une diversité de niveaux gnoséologiques de l'itinéraire qui commence par une connaissance inconsciente pour atteindre l'auto-conscience totale. L'Abbé de Padoue nous rappelle alors ce que Leibniz avait écrit dans une lettre à Goldbach à propos de la musique: *musica est exercitium arithmeticae occultum nescientis se numerari animi*[10].

Un prolongement génial et séduisant le pousse à proposer d'interpréter dans ce même esprit la relation authentique qui lie les oeuvres architecturales, sous leurs formes d'expressions multiples et variées mais libres et conformes aux normes, à la vérité scientifique qu'elles recèlent, presque à l'état latent, gravée dans la matière, dans ses liaisons, dans les détails sagaces, dans l'équilibre des pièces, dans l'harmonie de l'ensemble, dans la disposition rationnelle des moyens par rapport à un but final.

Entre Dédale et Bradamante

Même si cela peut sembler bizarre et incongru, je suis spontanément tenté de relier cette forte intuition de notre philosophe à une pensée très ancienne, très lointaine de la culture occidentale. Je pense à la maxime de Lao Tseu, fondateur du Taoïsme, selon laquelle *le vrai sage est celui qui ne sait pas qu'il sait*. Comment pourrait-on trouver un meilleur moyen d'exprimer la connotation spécifique du savoir technique qui n'évolue pas dans la sphère du concept mais qui s'explique par le caractère concret du *faire* ?

Sagesse celée en elle-même qui, exposée sous forme de code ou de traité, perd immédiatement une partie de son essence car elle n'admet pas qu'on la décrive de l'extérieur; elle se transmet en revanche, comme par contagion, par le biais du témoignage vivant de celui qui n'est pas conscient de la posséder et en est donc possédé. A notre époque et, au fond de l'âme la plus secrète de la civilisation européenne, nous retrouvons

10 W.G. LEIBNIZ, *Epistolae ad diversos*, Leipzig, 1734, p. 241.

un sentiment analogue exprimé par Paul Valéry, poète-philosophe de grande finesse. Dans *L'Homme et la Coquille* (1937), il affronta le thème de la technique (quoique se référant aux arts), établissant une comparaison suggestive entre l'oeuvre consciente de l'homme et celle spontanée du gastéropode qui construit son coquillage. Déjà depuis *des millions d'années avant Euclide et l'illustre Einstein* ce mollusque travaille, témoin muet et ignare de la sagesse *géométrique* surprenante qui vit en lui: *Le travail intérieur de construction est mystérieusement ordonné. Les cellules sécrétoires du manteau et de sa marge font leur oeuvre en mesure: les tours de spires progressent, le solide s'édifie, la nacre s'y dépose.* Malheureusement, ajoutait Valéry, les oeuvres de la technique actuelle tirent leur origine, leur mode de réalisation et leur objectif, des raisons externes et les artisans eux mêmes ne reconnaissent en elle rien de plus qu'une application particulière et marginale de leur esprit. Ne serait-il par contre pas possible que la *perfection* de l'art réside justement dans le désir de trouver dans une oeuvre humaine *cette certitude dans l'exécution, cette nécessité d'origine intérieure et cette liaison indissoluble réciproque de la figure avec la matière que le moindre coquillage me fait voir?*[11] En réalité, dans ce texte comme dans son *Discours aux Chirurgiens* (1938) et sa conférence *Poésie et Pensée abstraite* (1939), qui s'ouvrent tous de manière différente au thème de l'oeuvre artistique ou technique dans ses relations avec la doctrine théorique et les abstractions de la pensée, Valéry montre qu'il partage l'esprit de la grande crise qui, au cours de ce siècle, a frappé les points fondamentaux de la culture occidentale. Pour cela, il veut dépasser cette subordination du faire au savoir conscient que nous avons vu, exprimé par Franceschinis, aussi bien sous forme d'application technique que sous forme de prélude *obscur et secret.* Pour l'auteur français, il s'agit plutôt d'un mouvement pendulaire entre deux actes obligatoires et corrélatifs. Par exemple, dans son *Discours aux Chirurgiens*, après avoir observé que le mouvement compétent de la main du chirurgien réalisant son ouvrage technique ne suit pas à la lettre les règles imposées par le traité théorique, mais qu'elle les dépasse et les enrichit dans l'acte proprement dit, dans l'instantanéité du *faire*, il ajoute cette note perspicace et inquiétante: *Il suffit, pour démontrer cette réciprocité de services (entre le faire et le concept), de considérer que notre vocabulaire le plus abstrait est peuplé de termes qui sont indispensables à l'intelligence, mais qui n'ont pu lui être fournis que par les actes ou les fonctions les plus simples de la main. Mettre; prendre; saisir; placer; tenir; poser et voilà: synthèse, thèse, hypothèse, supposition, compréhension*[12].

---

11 P. VALÉRY, *Oeuvres*, Paris, 1957, vol. 1, p. 904.
12 *Ibidem*, p. 919.

Bien différent est l'esprit qui anime la culture moderne encore indemne des troubles et des vertiges de sa propre crise, mais heureuse et fière de sa conquête technologique du monde. Pour cette culture, le *véritable sage* de Lao Tseu peut être tout au plus un personnage intermédiaire entre le sot mentionné par Galilée (c'est-à-dire celui qui n'est pas conscient de son ignorance) et le savant authentique qui, de quelque manière, participe à l'auto-conscience divine de l'esprit, soit dans la forme asymptotique d'un savoir *absolu* qui n'est pas à la portée de la finitude humaine et, de toute manière, étranger à l'horizon scientifique, soit dans la forme socratique de la *docta ignorantia*, ou *savoir qu'on ne sait pas*, qui marque avant tout les sciences occidentales. J'ose dire que c'est à notre époque que revient la tâche de reconsidérer en profondeur le modèle spéculatif précédent: n'est-il pas vrai que la sagesse *technique* de celui qui n'est pas conscient de savoir doit nécessairement dépasser le noble désappointement *scientifique* de celui qui reconnaît finalement qu'il est simplement conscient de ne pas savoir? La place différente du *ne pas* introduit plutôt, toujours dans l'esprit d'une négation permanente et obligatoire, deux mouvements contraires qui, peut-être, sont l'âme d'épistémologies contrastantes: celle, amplement explorée d'une science toujours plus consciente de ses propres limites, et celle - beaucoup plus complexe et peu discutée - d'une technique oublieuse de sa puissance et de la responsabilité qui en découle.

Nous pouvons tenter de fixer la différence entre ces deux mouvements en évoquant deux personnages qui, à mon avis, sont plus explicites que toute autre dissertation. D'un côté, nous avons le caractère typiquement moderne de Bradamante, l'héroïne d'Ariosto qui, forte de son amour pour Ruggero, captif du magicien Atlante dans un château fabuleux, déconfit la magie et ses flatteries oiseuses et force son geôlier à casser les vases enfumés qui créent l'enchantement: *tout à coup, la colline reste déserte* - dit le poète - *inhospitalière et inculte; pas le moindre mur, pas la moindre tour n'apparaît où que ce soit, comme si le château n'avait jamais existé*[13]. C'est là le prototype d'un concept du savoir, caractérisé par les sciences actuelles, pour se défaire d'une tromperie charmeuse, séduisante et aimable, qui donne la liberté, mais au prix de révéler la colline déserte, inhospitalière et inculte. D'autre part, nous avons l'autre personnage: Dédale, architecte et ingénieur souverain qui possède la compétence en même temps que l'art et l'astuce.

Dédale ne se sert pas de la technique pour anéantir la violence tellurique, dévoratrice, implacable, symboliquement incarnée par le Minotaure mais, bien au contraire, pour l'emprisonner dans le Labyrinthe qui retient le monstre dans ses viscères.

13 L. ARIOSTO, *Orlando Furioso*, Canto IV, s. 38.

Dédale est également l'auteur du projet le plus hardi: la construction d'ailes en plumes et en cire destinées à l'emporter sur la force la plus puissante: la gravité. L'émerveillement (θαυμαζεσθαι) des anciens concernait justement cet objectif: c'est à lui que l'auteur des Μηχανικα Προβληματα se réfère. Dédale doit remporter cette victoire pour se libérer du Labyrinthe qu'il a construit lui-même. Mais du résultat positif découle la tragédie la plus douloureuse: le sacrifice de son fils.

Dédale est un personnage qui me semble surprenant. Il incarne dans le langage archétype du mythe, la vérité de la technique que, dans son essence, nous pouvons presque effleurer matériellement encore aujourd'hui, bien que dans un scénario infiniment éloigné et nouveau. Certes, la technique nous apparaît aujourd'hui surtout sous forme d'application du savoir scientifique qui la précède, et si nous cherchons à être cohérents jusqu'au bout, nous devrions actuellement presque effacer, dans notre esprit, la distinction entre les sciences et la technique; non seulement parce que la recherche scientifique dans les secteurs de pointe doit désormais adopter des instruments techniques si sophistiqués qu'elle se concentre et s'exprime justement dans la construction de ces instruments (voir le cas des recherches dans les secteurs de l'énergie, de la conquête de l'espace ou de l'informatique) mais surtout pour des raisons plus cachées et profondes, d'ordre épistémologique.

En effet, la connaissance scientifique actuelle reconnaît que la *construction* de l'objet est immanente à son développement et son but intentionnel: la création de systèmes axiomatiques en logique, en mathématiques et dans certaines branches de la mécanique ou de la thermodynamique, la production croissante de modèles physico-mathématiques auxquels il est souvent possible de donner de multiples interprétations et, de façon plus générale, le dépassement du concept de loi naturelle en concept de construction théorique; tout cela porte à configurer une pensée qui s'articule dans le double moment du décret (position des axiomes et des règles d'inférence) et de l'obéissance cohérente aux normes établies. Une telle structure spéculative s'unit idéalement à celle qui, depuis toujours, gouverne le progrès technique: un progrès qui dépend du recours à des codes et normes fixés au préalable, d'une intention de projet et de construction, d'une transgression prudente mais créatrice de ces normes et de ces codes qui, à son tour, devient codificatrice et normative. Notons que tout cela est valable non seulement pour les techniques dont l'origine remonte très loin dans le temps mais aussi pour les nouvelles techniques qui, en quelques décennies, ont bouleversé la vie de notre planète: de la production énergétique aux télécommunications, à l'informatique. En partant du prototype expérimental, où création et découverte ne font qu'un, où l'émerveillement de la connaissance prévaut sur les objets à la mode, la technique entre en action, contournant et corrigeant l'invention originale en ajoutant cent autres, latérales, tout aussi sagaces et efficaces pour passer aux outils de la première et ensuite de la deuxième jusqu'à l'énième génération.

Devons-nous donc conclure que le conflit entre Dédale et Bradamante a désormais disparu ? La réponse est non. Dans le développement de la connaissance scientifique, la construction de la théorie est effectivement ressentie comme quelque chose qui se trouve dans les mains du savant (rappelez-vous l'affirmation de Popper, selon laquelle, *les théories sont nos inventions, nos idées: elles ne nous imposent pas leur volonté mais sont les instruments de pensée que nous seuls avons créés*[14], alors que ce qui provient de l'extérieur est l'impact avec la *matérialité* des objets de l'expérience, trace muette mais précieuse de l'objectivité du réel dont la science n'a pas pour tâche de venir à bout.

Pour la technique, c'est le contraire: l'objet matériel est exactement ce qui est dans les mains de son créateur; en revanche, les règles suivies pour la conception et la réalisation, les procédés instrumentaux qui permettent de modeler le réel de la façon voulue, autrement dit, les *théories*, proviennent pour ainsi dire de l'extérieur en s'inscrivant dans un code explicite ou virtuel qui reflète les caractéristiques typiques du temps; et chaque opérateur les reconnaît comme référent *naturel* de son activité, étrangers à son rayon d'action, tels qu'ils constituent donc eux-mêmes le critère d'évaluation et de vérification pour chaque produit manufacturé *bien construit.*

Curieux bouleversement ! Nous pouvons en tirer un autre, déjà cité par Dessauer dans sa *Philosophie de la Technique* de 1927: dans la découverte du savant, les hypothèses et les théories sont la configuration d'un ordre possible, alors que le réel se situe dans la donnée d'expérience là où la *nature* se manifeste. En revanche, *l'oeuvre de l'ingénieur est une loi de la nature car elle est possible, mais en tant qu'oeuvre réelle elle représente quelque chose de plus.* Dans l'oeuvre du technicien, les données expérimentales, les lois qui les coordonnent, etc., représentent l'horizon de la possibilité, alors que l'artifice, la construction, l'instrument produit, déterminent de façon nouvelle la réalité et l'enrichissent en prévalant sur la nature au profit de l'homme, comme disait le poète Antiphon.

---

14 K. POPPER, *Scienza e filosofia*, trad. it., Torino, 1969, p. 43 (essai déjà publié dans *Contemporary British Philosophy*, vol. 3, 1956).

Conclusion

Entre Mécanique et Architecture, donc, dans le sens aussi de cette surprenante analogie épistémologique ! Mécanique de l'Architecture et Architecture de la Mécanique.

Aujourd'hui la Mécanique appliquée à la construction présente le statut d'une discipline parfaite, presque surfaite par sa perfection, qui l'apparente aux grands systèmes déductifs de la Mécanique rationnelle et de la Physique mathématique; rien, si ce n'est le nom, pourrait laisser prévoir une référence privilégiée aux applications en architecture. Sa base empirique, qui soutient expérimentalement les hypothèses sur le comportement des matériaux, constitue un chapitre important mais condensé, confronté à la luxuriante et incroyable floraison théorique qui a donné cohérence, harmonie, ordre aux parties individuelles et à l'ensemble du corps disciplinaire, dévoilant d'insoupçonnables symétries formelles, élargissant le rayon des problèmes résolus en en unifiant le langage pour les affronter. Il n'est pas exagéré d'affirmer que la plus belle architecture qui demeure dans l'esprit intime de celui qui s'occupe de Mécanique des structures est l'architecture idéale de la Mécanique même, où l'ordre et le nombre, la technique et l'unité du langage, manifestent la puissance de l'acte architectural.

Malheureusement, tout ceci ne peut être que vaguement entrevu dans la didactique du cours d'études architecturales. Quelques fragments seulement de la construction théorique peuvent être offerts à l'étudiant, en sélectionnant les formules d'emploi commune pour les applications les plus évidentes: quelque chose qui donne au moins une idée des critères d'organisation des éléments structuraux ou de vérification statique, et aptes à rendre raison d'autres développements instrumentaux spécifiques exposés dans les enseignements pratiques. De cette façon malheureusement, se perd ce qu'il y a d'essentiel dans les relations qui unissent la *firmitas* à la *venustas* et à l'*utilitas*; la science et la technique prennent, en effet, le rôle périphérique de sentinelles postées aux frontières définissant les limites de compatibilité statique qu'il est impossible de violer, tandis que dans le territoire compris entre ces limites, d'autres motivations prennent le pas et le choix structural devient un moment subalterne, devant être confié à quelqu'un du métier.

Ceci se traduit, entre autre, par un appauvrissement ultérieur quand le rapport entre structeur et architecte revient au premier plan pour le projet d'oeuvres énormes et hardies, qui demande le secours des sentinelles de frontière. Comme si la Science et la Technique devaient trouver leur propre terrain d'action dans ces architectures exceptionnelles où la structure est déterminante et la merveille pour le prodige technique devient *l'unique thème esthétique*, selon la curieuse théorie de Schopenhauer. Une position semblable, bien que corroborée par des témoignages significatifs, appartient à l'idéologie d'un moment particulier et d'une *tendance* assez marginale de l'architecture contemporaine, mais elle est réductrice en deux sens: elle est réductrice pour l'architecture, parce qu'elle ombrage le faux concept que seulement dans des objets privilégiés de forme bizarre, la cohérence statique et la splendeur de la technique constructive se rendent hôtes d'une signification *poétique*; elle est réductrice surtout pour l'idée constructive, parce qu'elle suggère l'idée trompeuse que l'itinéraire rationnel qu'elle suit à la recherche d'un langage unitaire et puissant, trouve son ultime justification dans le contact direct avec les oeuvres de l'architecture où le calcul peut être protagoniste.

Notre ouvrage cherche donc à approfondir le rapport complexe entre la Mécanique structurale et les autres disciplines qui caractérisent le cours des études d'architecture. C'est presqu'un lieu commun que de réclamer la situation incertaine où se trouvent aujourd'hui nos écoles et la faille inquiétante qui s'est ouverte entre les enseignements tecnico-scientifiques et les enseignements qui, tantôt sur le plan cognitif, tantôt sur le plan conjectural, concernent le monceau uniforme des sciences humaines. Deux horizons culturels gouvernés par des méthodologies hétérogènes et par des critères divergents de validation, se rencontrent sans souvent trouver de réelles occasions de comparaison.

La vieille alternative: "Science ou Art de la construction ?", consciente de la longue histoire qui a divisé les Académies et les Ecoles polytechniques, avait été même sommairement composée au moment où le mouvement "rationaliste" exerçait une hégémonie en Architecture, favorisant ainsi l'entrée et la valorisation des disciplines structurales. Mais il s'agissait d'une solution provisoire, qui, en partie seulement ,correspondait aux problèmes bien plus profonds suscités par un récent débat encore vif sur le rôle et sur les compétences de l'architecte.

Désormais l'alternative n'est pas entre science et art, mais, entre deux positions épistémologiques différentes: et ce n'est pas une alternative, mais une rencontre féconde, quoique problématique, dont l'histoire est très riche et peut-être inexplorée.

Edoardo Benvenuto

Le Nuraghe de Burghidu dans la plaine de Ozieri (Sassari)

La construction des "Nuraghi" en Sardaigne (Le "Nuraghe" envisagé comme machine de lui-même)

Franco Laner[1]

Summary : The "Nuraghi", those little constructions in dome strewn over all Sardenia are particular and stereotyped. They furnish a unique testimony of the way of building on that island between 1600 and 600 B.C. The author proposes a way of building that uses an inclined plane in helix incorporated to the edifice itself.

Résumé : Les "Nuraghes", ces petites constructions en dôme qui parsèment toute la Sardaigne, sont particulières et stéréotypées. Elles fournissent un témoignage unique de la manière de construire sur cette île entre 1600 et 600 avant J.C. L'auteur propose un processus de construction qui fait appel à un plan incliné en spirale incorporé à l'édifice lui-même.

Ethnologie et construction

Cette recherche vise à fournir une contribution à l'étude des modes de construction primitifs. J'ai choisi le "nuraghe" parce que, parmi toutes les constructions du néolithique de type cyclopique, il a été mal étudié et n'a pas encore reçu d'explications vraiment convaincantes. Les "nuraghi", retrouvés sur toute la surface de l'île, sont au nombre d'environ 7.000 et ont été construits entre 1.600 et 600 avant J.C. et, probablement, encore après.

Toutes les techniques de construction jusqu'ici décrites, surtout par les archéologues, ne sont en rien crédibles: la plus en vogue, le plan incliné (rampe), construit au flanc du "nuraghe", qui était enlevé lorsque la construction était terminée ne pouvait, par exemple, être employée dans le cas des "nuraghi" construits sur le sommet d'un rocher. Dans tous les cas, le plan incliné est un type de construction qui, dans certaines circonstances, s'avère plus difficile que l'oeuvre elle-même et ne représente donc pas un moyen intelligent.

La proposition que nous faisons maintenant s'appuie sur certaines considérations de fond. La plus importante d'entre elles est constituée par la conviction que, pour

1 DIPARTIMENTO SCIENZA E TECNICA DEL RESTAURO - ISTITUTO UNIVERSITARIO DI ARCHITETTURA DI VENEZIA, Tolentini, 197 - 30135 Venezia (Italia)

l'homme archaïque, et en conséquence pour le nuragique lui-même, l'acte de construire est sacré. L'acte de faire et l'objet final de celui-ci ne peuvent être séparés de la signification primaire, celle d'acte de création. Chaque construction est la répétition de l'acte initial, de la création. En d'autres mots, il n'existe pas de scission entre l'objet imaginé et réalisé et les techniques et les matériaux servant à lui donner corps.

En procédant au choix du lieu, au tracé des fondations, à la fermeture de la fausse voûte, au développement de la rampe en colimaçon et enfin à l'acte de donner une signification à ce qui a été construit, on accomplit un unique geste sacré[2].

Je veux donc démontrer qu'il est possible de donner une consistance matérielle à la nécessité - au contraire toute spirituelle - de "cosmiser" le territoire. Démontrer enfin comment cet acte ne doit pas être séparé de la manière de construire, dans la mesure où l'oeuvre ne peut consister en une première phase de conception du projet, suivie de la phase de réalisation avec des systèmes "neutres", externes, un aboutissement symbolique sans conséquence. Toutes ces phases doivent constituer un "*unicum*", une fusion entre faire et penser, sans aucune espèce de dichotomie.

La construction du "nuraghe", justement parce qu'elle correspond et donne corps au stade d'évolution ethnologique de l'homme dans ce contexte historique précis, peut être reproduit sans difficulté, dans la mesure ou on y a "participé", on l'a compris, mais pas seulement comme technique. Il est donc sans intérêt de se poser des questions portant, par exemple, sur le point de savoir s'il existait des équipes de constructeurs qui se déplaçaient sur commande pour construire des "nuraghi", justement parce que le "nuraghe" n'incarne pas une technique (qui doit en effet être enseignée) mais un phénomène de culture. C'est-à-dire qu'il s'agit d'un phénomène ethnologique. S'interroger sur les techniques qui ont été employées pour construire le "nuraghe", équivaut à introduire une division disciplinaire avec laquelle on ne peut pas expliquer, ni comprendre le "nuraghe".

Le "nuraghe" appartient à la sphère cosmique. Si ensuite, avec les siècles, il est devenu un sanctuaire, une tombe, un lieu de rassemblement des populations, une frontière, une forteresse, une habitation - actuellement beaucoup d'entre eux servent d'étables - tout cela pourra être mis en lumière par des fouilles soignées, qui permettront de définir les différentes destinations. Mais toute interprétation de fonction, me semble tellement limitée et occasionnelle, qu'elle conduit à une certaine forme de suffisance, dans la mesure où elle peut être facilement démontée. Le "nuraghe" appartient au sacré et son système de construction ne peut être séparé de la grande unité existant entre ethnologie et

---

2 M. ELIADE, *Spezzare il tetto della casa*, Milano, 1988; ID., *I riti del costruire*, Milano, 1990.

construction. Encore une observation. La “création” possède en elle-même le concept de durabilité: on ne construit pas seulement pour maintenant mais pour toujours. En regardant ces constructions, on ne peut que constater à quel point cette volonté, dans le choix et dans la disposition des pierres, pesantes et fortes, présente également cette fin, qui transcende le matériau lui-même, ce qui fait qu'il est impossible de penser au “nuraghe” comme à un phénomène de construction uniquement destiné à satisfaire quelque but utilitaire.

Le parcours de construction

Pour décrire le processus de construction, je me servirai de quelques figures qui synthétisent, par des croquis, les moments fondamentaux. Les premières d'entre elles représentent le passage possible de figures fortement symboliques (le mandala, le labyrinthe, le taureau-soleil, symbole masculin et de vie), au plan-élévation de trois constructions nuragiques (l'autel pré-nuragique du Mont d'Accoddi, le nuraghe lui-même, la tombe des géants, avec symbole renversé, dans la mesure où la mort est la négation de la vie). Que l'on me concède ceci mais pas seulement à titre de suggestion.

La troisième figure illustre des exemples proposés pour la construction des nuraghi. Ici également, les impératifs de la synthèse m'empêche de procéder à une réfutation systématique. Par exemple, seule une imagination particulièrement fertile peut avoir pensé à des machines de soulèvement. Celles-ci impliquent une “changement de paradigme” qui ne s'est réalisé qu'avec la construction des temples grecs, dans la mesure où de telles machines exigent des connaissances de la mécanique très précises, que personne n'a encore été en mesure de pouvoir attribuer aux nuragiques.

Le geste technique de soulever des poids - si on fait exclusion de la “machine” homme - n'est pas immédiat: seul le fait de trainer est immédiat, avec des traîneaux ou par roulement: mais il y a toujours contact, c'est-à-dire transfert - par l'intermédiaire d'un appui - du poids sur le terrain. Soulever est une autre question, qui pour le moment ne nous intéresse pas ici.

La séquence de la proposition avancée peut se résumer ainsi: le lieu ayant été choisi, les axes de référence ayant été tracés - ce qui constituent des actes “techniques” mais surtout des actes “créatifs”, rituels, en un mot cosmiques, dans la mesure où ils dépassent le chaos et imposent un ordre et donc rassurent et protègent - le premier tour est

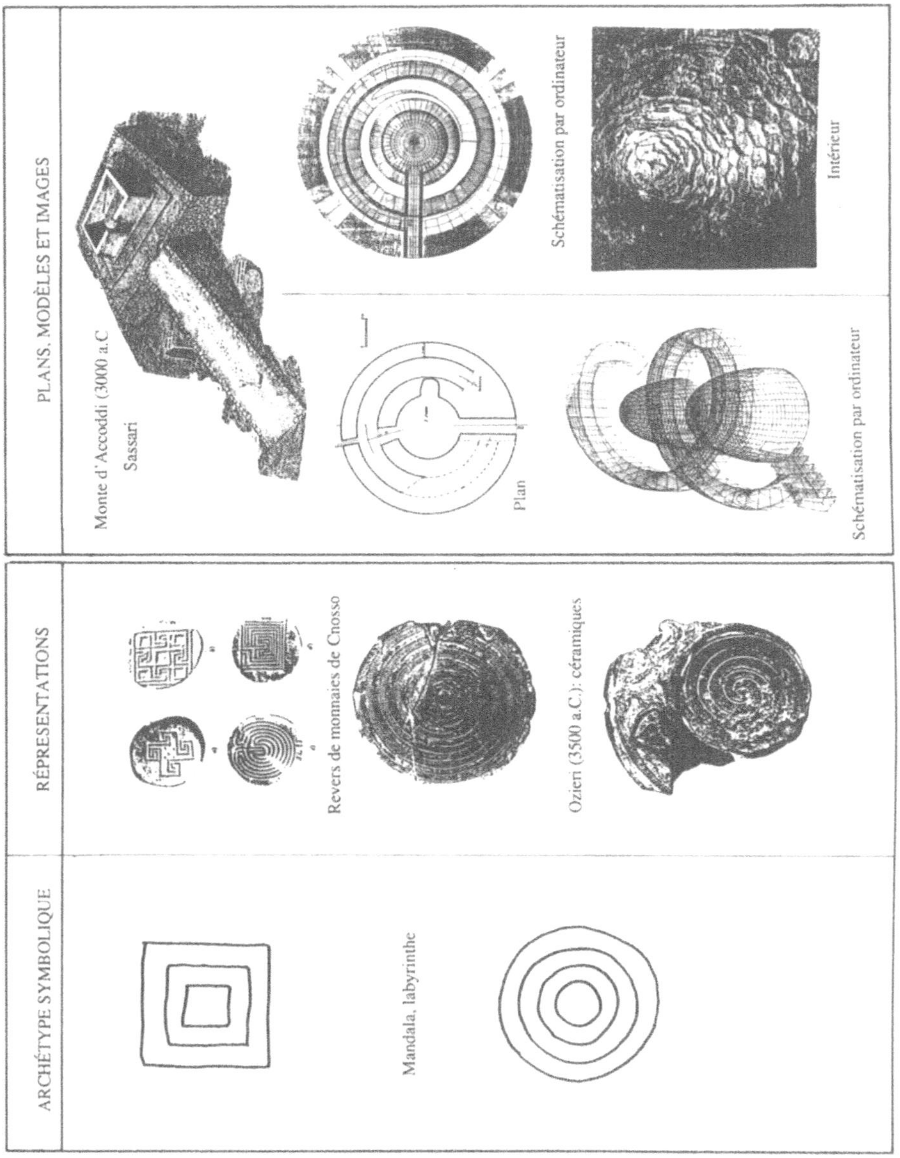

Fig. 1 et 2 : Ces figures synthétisent le passage du symbole à la concrétisation de l'objet construit :

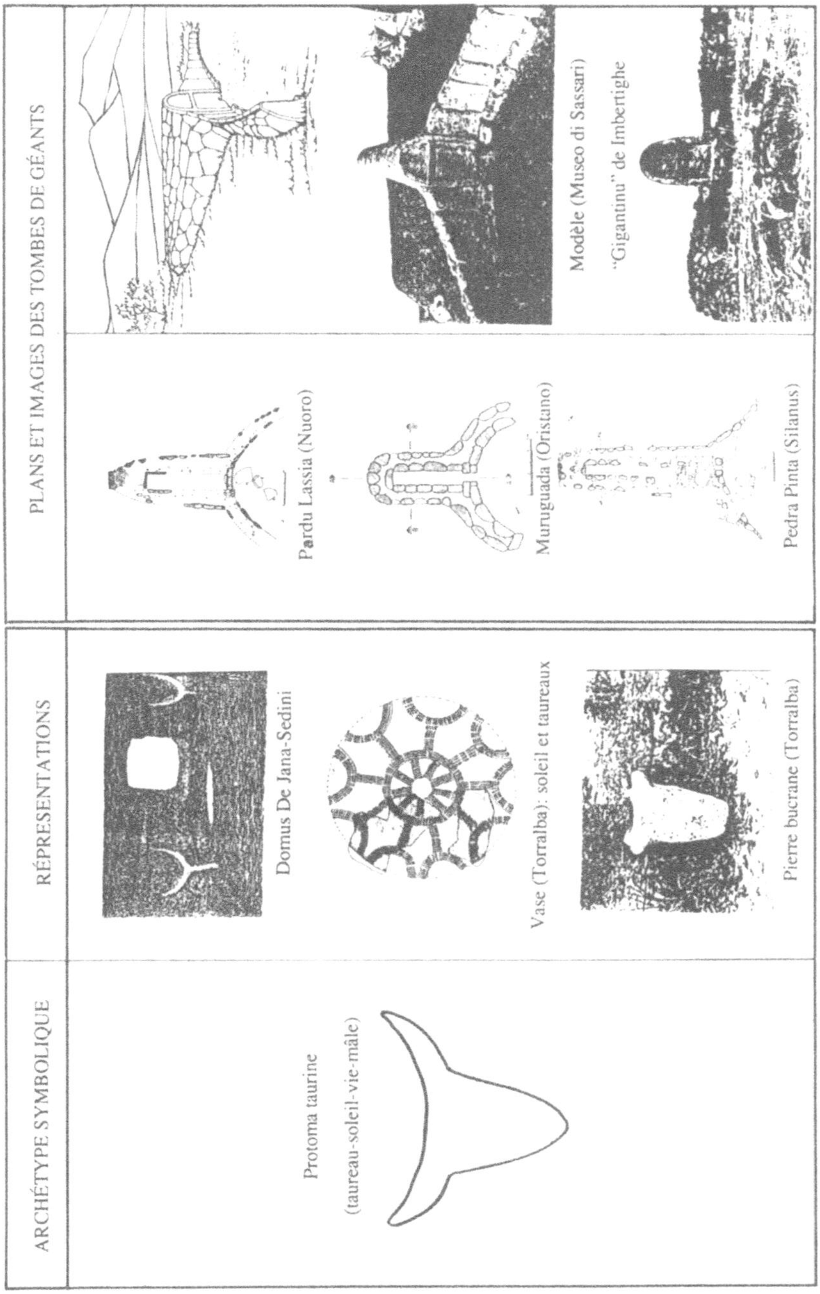

du mandala au Nuraghe, de la protoma taurine à la tombe des géants.

réalisé. Le cercle permet de retourner au début et de recommencer (la construction circulaire du point de vue statique élude beaucoup de difficultés, spécialement celles qui sont dues à l'angle, dans la mesure où chaque voussoir travaille de manière similaire à son voisin. Mais que l'on ne prenne pas cette observation comme une justification de la circularité!). On recommence donc à reconstruire sur le déjà fait, qui devient une "marche", une machine pour poursuivre.

De cette manière, la construction devient la machine d'elle-même. Le plan incliné est comme congelé dans le nuraghe même. Le plan de travail est le même plan que le corridor interne qui se déroule selon une spirale ascensionnelle, réalisant ainsi une autre intention. C'est-à-dire que se matérialise la signification du mandala et du labyrinthe. On crée la "défense" contre le chaos: le mandala marque l'ordre cosmique, le labyrinthe défend des forces négatives extérieures.

La forme circulaire du nuraghe ne peut que reporter vers un centre. A travers ce centre passe l'axe du monde (axis mundis). Cet axe, qui demeure, concret, visible et utile pendant toute la durée de la construction - et qui reste ensuite comme signification - est l'élément qui met de l'ordre dans la construction, une sorte de "gnomone".

Tous les "nuraghi" ont leur entrée placée sur l'axe sud-est. Début et fin du trajet solaire. Je ne veux pas non plus débattre de cette question, je ne veux que renforcer l'intention "cosmisante" de l'acte de construction[3].

Je peux par contre brièvement traiter d'une autre question que l'interprétation "cosmique" du nuraghe peut impliquer. Comment se fait-il que le paramètre lapidaire du "nuraghe" soit aussi rudimentaire, et que les pierres ne sont que rarement carrées? Les nuragiques ont démontré, dans les puits sacrés contemporains, qu'ils savaient habilement travailler la pierre et qu'ils étaient en mesure de résoudre les problèmes d'une construction du point de vue formel. Or, je pense que le nuraghe nait comme "tectonique" et non pas comme "architecture". Celui-ci doit avant tout répondre à la nécessité primaire de "cosmiser" le territoire et de marquer des références. En conséquence, les conditions requises ne sont pas celles, qui au contraire sont de type indéniablement architectonique, qui sont obligatoires dans la réalisation des puits consacrés au dieu des eaux ou à la mère terre. Dans les deux constructions subsiste cependant le même "technème", c'est-à-dire la technique avec vousseaux échelonnés, en files parallèles et concentriques, de la fausse voûte, commune à toute la zone méditerranéenne, qui sera remplacée plus tard par l'"invention" diabolique, de l'arc.

---

3 À ce sujet, voir les récentes études de P. ZEDDA et M. MAXIA.

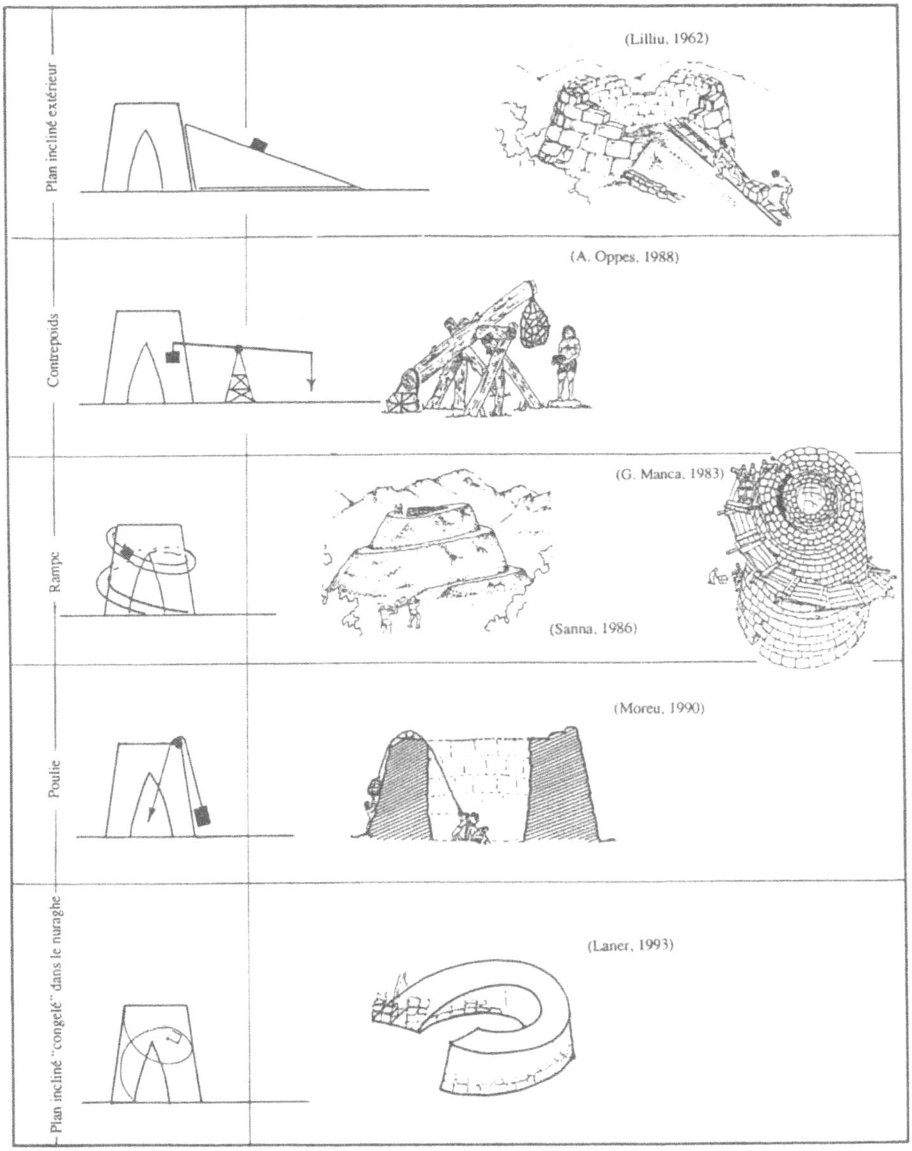

Fig. 3 - Exemples de systèmes de construction de Nuraghe

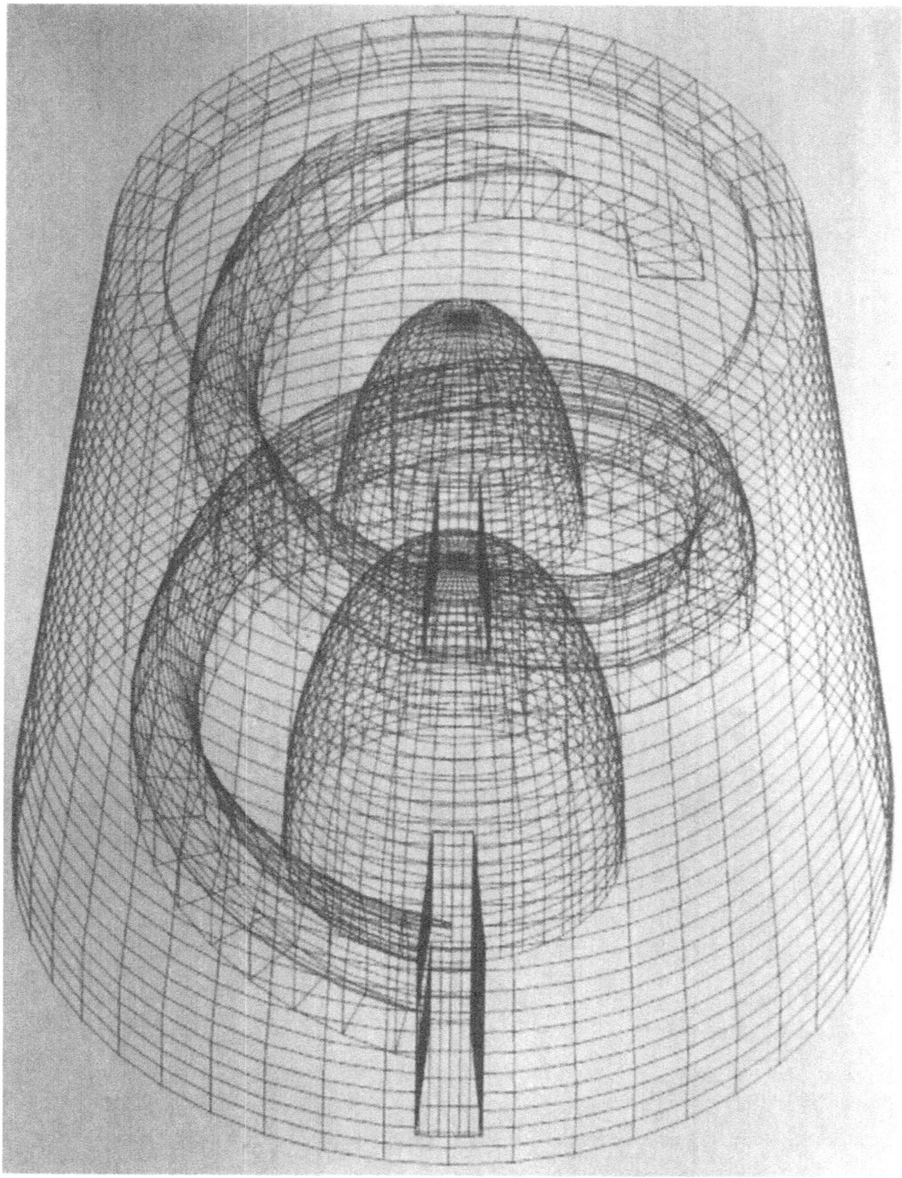

Fig. 6 - Schématisation par ordinateur du nuraghe, machine de lui-même.

Les dimensions des masses de pierre sont imposantes mais non mégalithiques. Evidemment les plus grands (maximum 3 tonnes) sont placés dans les premiers cercles. Les dimensions diminuent avec la hauteur du nuraghe. Les masses des premiers cercles étaient "déplacées"; plus haut, ils pouvaient être "soulevés", c'est-à-dire portées par plusieurs hommes avec un brancard spécial, ou encore être roulés ou traînés sur le plan incliné.

J'ai vu récemment - à Perfugas - un nuraghe "recouvert" par un berger par la seule force des bras. Ceci pour dire que le problème de déplacer et de soulever les poids n'est pas fondamental dans la construction du nuraghe, qui cependant ne pouvait représenter qu'un fait collectif.

Pour mieux soutenir cette hypothèse de construction du nuraghe, au vu du caractère incertain des croquis, une de mes élèves, Fabia Cigni, l'a reconstruit à l'aide de l'ordinateur. Le nuraghe de référence est hypothétique, résultat d'une moyenne entre les dimensions les plus communes, et du type assez répandu de la tour unique avec deux tholos. Les images me semblent très éloquentes.

Conclusions

Quelqu'un a affirmé que ce qui se voit se sait. En conséquence, il arrive souvent que si n'abandonne pas notre manière de penser, il est difficile de trouver des solutions. En faisant usage de nos catégories techniques, il apparaît impossible de se représenter la construction du nuraghe. Revenir en arrière ne représente pas cependant une opération d'appauvrissement technique ou, pire encore, mentale. Il s'agit d'assumer d'autres catégories et ceci représente la plus grosse difficulté, ou pour mieux dire, la seule, vraie difficulté. J'ai pris comme base le plan incliné, la force des bras de dix ou vingt hommes (les pierres du nuraghe peuvent être aussi bien roulées (levier) que traînées (traîneau) que levées (brancards). J'ai essayé de discerner les technèmes possibles, pour ce moment historique précis. Mais j'ai surtout agi sur la signification de l'acte de construction. Pour cela, je me suis exclusivement fié à l'historien des religions Mircea Eliade.

La solution exposée est due en conséquence à ces disciplines, consolidée par les données relevées au cours des enquêtes sur le terrain, même si celles-ci, malheureusement, furent peu nombreuses. Je n'ai pas trouvé beaucoup de secours dans les oeuvres des archéologues qui, parce qu'ils ont imaginé le nuraghe comme une construction de type militaire, examinent chaque chose en partant de cette idée préconçue qui les égare. Je dois beaucoup plus aux savantes analyses du linguiste M.Pittau[4].

Cette note, qui est ici présentée de manière synthétique, constituera le premier chapitre d'une histoire des techniques de la construction, sur laquelle je suis en train de travailler avec beaucoup de difficultés avec certains chercheurs de l'Institut Universitaire d'Architecture de Venise, justement parce que cette discipline possède peu de fondements et est - à tort - négligée dans notre pays.

4 Cf. par exemple M. PITTAU, *La Sardegna Nuragica*, Sassari, 1988.

Fig. 4 - La ruine du nuraghe semble suivre l'ordre inverse de sa construction

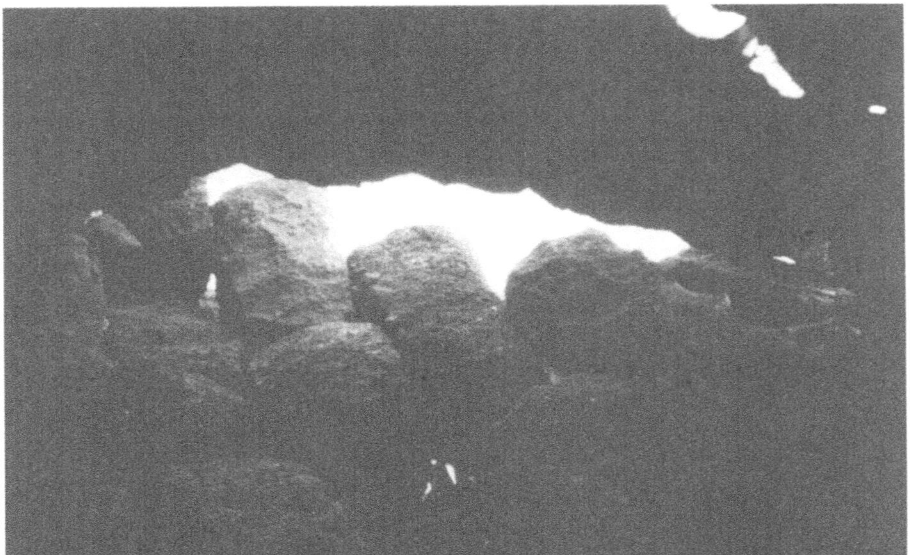

Fig. 5 - Le corridore interne, en spirale, construit avec la technique du tholos.

Von der Architectur/das vi. Cap. 567

Augenscheinlich fürmalung des obgedachten vast gebreuchlichen vnd schnellen Zugs/nach der Lehr vnd meynung Vitruuij.

ein Wagen so vber die hundert Centner schwer/mit zweyen Fingern in die höhe schrauben kan: mit dieser Winden mag man ein jedes Geschoß/ wie schwer das sey / hinden auff die Laden gesetzt/nach dem Quadranten zurichten/ auff ein gewissen Schuß auff vnd nider treiben. Vnd das viel mehr sich zuverwundern/ ein einige Person mag mit solcher Winden ein jedes Stuck Büchsen/wie schwer es sey/vast leichtlich auß der Laden auffheben/welches man vor Jahren ohn grossen mechtigen gewalt nicht hat zuwegen bringen mögen. Also verstehe auch von vielen andern der gleichen Machination so man noch täglich erfindet/auß scharpffsinnigem fleissigem nachtrachten/dardurch der Menschlichen blödigkeit nicht weniger in krefften/ sonder auch in behendigkeit vnd vortheil vielfaltiger weiß geholffen wirt. Dann jetziger zeit vns solche Machinationes notwendig/ vnd mögen die gewaltigen Gebew eben als wenig ohn die selbigen vollendet werden/als zu den zeiten Vitruuii. Wiewol zu mutmassen/ daß zu derselbigen zeit die Menschen nicht allein der schweren harten arbeit gewohnter/ sonder auch starcker vnd von Leib vermüglicher gewesen seind.

Vv ij Contra.

Lifting engine taken out of the german edition of Vitruve's *De Architectura*

The so-called "Petrification" and the Birth of the Science of Construction in the Greek Architecture

Giorgio Gullini[1]

Summary : This article relates the progressive introduction of stone in the greek edifices. It also describes the lifting machines, cranes etc. that its use imposes. Those machines make part of the "simple machines" from which statics will come out. The author also explains some methods used to restore some elasticity to the pillars of stone. He completes his picture with some socio-political considerations.

Résumé : Ce texte relate l'introduction progressive de la pierre dans les édifices grecs et décrit les machines de levage, grues etc. que son utilisation impose. Ces machines font parties des "machines simples" dont l'étude débouchera sur la statique. L'auteur explique encore certaines méthodes utilisées pour rendre une certaine élasticité aux colonnes en pierre. Il complète son tableau par quelques considérations socio-politiques.

The ancient civilisations of the Near and Middle East, if we go after the literary and archaelogical documentation, the storiographical tradition and the present common opinion, represent the architect as a designer of great projects wishing to satisfy the requests of an important client , a potentate who considers building, and the construction activity in general, as a manifest sign of his power.

The architect, thus, is mainly the technicians having the capacity to identify and realize the solution of a building problem and, even more, the organizer, on both the temporary and organizational side, of the site where the great work was made for the endless glory of the person wishing and financing it.

The procurement of the raw materials and the availability of the necessary resources were problems to be solved by the client, in the framework of his power, meeting the requests of the architect. The real power of the client was measured by the importance and exceptionality of the resources made available for the architect.

It would be useless to remind the many documents evidencing this kind of relationship, as they go from the egyptian paintings to some of the most significant orthostates of the Assyrian palaces.

---

1 CENTRO RICERCHE ARCHEOLOGICHE E SCAVI DI TORINO, Via G. Ferrari, 1 - 10124 Torino (Italia).

The architect, thus, is an important and basical instrument of the power which he serves through his projectual and technological creations: he expresses the cultural scenario to which his works belong, but is not a maker of such scenario.

In the two centuries between the IX and the VIII century b.C. which are the core of the geometrical era and mark the beginning of the Greek architecture, we find quite different conditions. It is a crucial moment in the history of the Greek civilisation: a moment in which the polis is born as a consequence of the aristocratic revolution which said the word end for the power of the king. The "anax" had been the owner of the palace and of the top power on a territory, managed mainly through the control on the crops and the military power being the supporting element of such control. The rule, the law, the "nomos" replaces the will of one man only: this is the expression of the will of a community of citizens. They obtain this condition through their possibility of granting their self-sufficiency having a portion of land which produces what is necessary for their life.

The end of the power of the anax and of his palace involves the cancellation of those qualified craftsmen who were linked to the palace by the frequency of the orders and the availability of raw materials; the "aristoi" cannot stand on the scarce products of their small properties and, even if they are the managing class of the polis, cannot commit financial resources to needs different from the survival ones.

This fact explains the great poorness of the materials which have been found, with the sole exception of pottery: its production is not submitted to the general recession as it is the most common element, not to say the absolutely prevailing one, both for the before death and after death life. For this reason the "dark ages" or the "hellenic middle-age" have been mentioned, compared to the splendour of the documents coming from the Minoan and Mycaenian civilisations.

When the archaeological research engaged itself in a deeper study of these memories, an exceptionally creative projectuality regarding these two centuries has been recovered.

It is based on the birth of the tridimensional concept of space and of the tectonic logic of any structure conceived as a function of its static attitude. For the first time in the history of the humanic civilization the mental category where every motion by the man is realized and where any product of his activity takes form and is positioned - the space, in fact - is set and identified by the three segments converging to a vertex, which synthesize the possible directions of each movement and, by the same time, the solid consistency of each handicraft.

It is the evident proof of the most significant interest of the geometric culture for those which are the universal, basic, terms of any appearance allowing to get from them what are the universal, essential terms of any appearance and allowing to identify in it what is basically and permanently constituent. It is the research for the principle of the general rule which opens the functional dialectic of the Greek science up to the Ellenism, this being between rule and application, between the principle which has been elaborated deriving it from the multiplicity of experiences and the praxis to use such principle. In this way that richness of knowledge and experience which is the basis for activity of production by men is formed.

This is also the basis for the design and the realization of any craftwork, starting of course by the built one. The need for giving houses to the inhabitants of the "polis" is more and more increased by the need for evidencing, through a building of very special importance, the very image of the town, of the importance of its resources and, mainly, of its culture, this being intended as a whole of its living conditions, both material and spiritual by the same time.

The building which has to express this duty is no more the palace: it has been replaced by the "agora" being the political and urbanistic heart of the "polis"; but the house of the protecting god, the temple, is the sole building which may emerge on the common houses which are not allowed to excel, to avoid the fear for a return to the prevalence of one man on the others. On the temple are concentred the resources of the "polis" attributable to religious feelings but also the need of demonstrating the power and the wishes typical of his citizens. It stimulates and applies, by the same time, the craftsmanship and the ability in assessing the necessary raw materials and in using them. These raw materials are, in a country having a diffused calcareous structure, the stones being chips naturally cutout from the mother rock, the river stones and, mainly, the clay or, better, the clayey earth.

This, mixed with sand and straw, when sun-dried, becomes a raw material sufficiently strong for partition walls. It is the raw material which, since the oldest times, has been used by the man to build a shelter close to the fields he was cultivating, after having abandoned caves and natural shelters.

Stones were used to build the basis which had to give a stronger resistance to the mechanic stress of the rain waters, mainly of the splash. The clayey earth, sometimes mixed with sand and always with straw, supported by a network of branches, was the main elevation structure.

The planimetric typology, an elongated rectangle with the entrance preferably on a short side, was the one, highly simplified, of the throne hall in the palace: for this reason we use normally the term "megaron" which is now used currently for these incunabula of the greek literature. This conventional term has been employed also for the earliest ancestors of this type, thousand years earlier (ancient Elladicus II and III) which are similar just for their symmetrical scheme (rectangles are always similar) but are made using a completely different structural logic for the elevation. The geometric age megaron has originally (IX century, just to simplify) a prevailing apsidal shape, with the abside opposite to the entrance, as consequence of the technique to realize the elevation. It is in fact very difficult to realize sharp corners using the clayey mixture employed for the elevation. In the same way we can explain the oval typologies, occurring when the entrance was on a long side.

The rediscovery of the sundried brick (plinthos in greek) as basic cell for the elevation, allows generally, from the beginning of the VIII century, to identify the structure built with the ideal of solid which is built, or better generated, by the three sides, each one synthesizing a dimension of the space. This expressive inspiration develops the special wood-sundried brick synergic cooperation of the geometric architecture. To obtain more monumental dimensions, this seems to rediscover a typical character of the elladic tradition where, on the stone basis (the one revealed by the digged out palaces in Creta) a wooden frame formed the supporting structure for the upper floors. This wood supporting structure is resumed in the geometric age to form the supporting structure of the building. The bricks had the function of padding material around the wooden uprights and horizontal beams. No document exists showing the elevation; the study of many places of such an old period allows us to recover only the planimetric scheme as it is committed to a stone basis forming in part the foundation and in part the starting of the elevation. We have, however, some other documents allowing us to integrate those risings which were lost. First of all the votive models which have been dedicated, mainly starting from the subsequent century, when the adoption of stone will lead to a general reconstruction of the oldest buildings, with the aim of keeping the memory of the original temple. This is the building which people considered as being the sign of the long presence of the god in the place.

The models (more than fifty have been preserved) are made by terracotta or stone; they reproduce, in the painting of the surface, the vertical and horizontal supporting structures the paddings and the covering system. A special importance example is given by the model of the Heraion of Argos which, evidently, represents the oldest temple of that place, in the middle of the geometric period, and certainly with monumental dimensions. The complicate wooden, structure which we may desume, needs a highly specialized craftsmanship. Its existence is also proved by the word indicating the person responsible for the project and the realization of the building: "architecton" which means leader of the "tectones", these being the carpenters. The term, however, does not indicate only a person able in working wood, but the person who knows how to structure it in order to realize complicate and dimensionally important structures, joining strongly elements which are, by unit, modest. The preparation of bricks is a work which does not require a special skill, while the ability to realize strong wooden structures using the rather scarce wood requires a skill deriving from a long practical experience. This experience, starting from the consideration of the elasticity of the material, knows how to use it in the structure in such way to meet at the best level the stresses to which it is submitted. Thus the "tectones", and consequently their leader who knows how to design and plan, who knows both the principles and the applications of mechanics in the use of wood, are the main actors in the building production.

This production is, in the geometric Greece, the result of a structure whose elements are the generators of the solid which is the building. This ideal image is produced not only by the surfaces, where the natural plasticity of the mud bricks cancels the geometric planarity, but by the revealed woodwork. It is perfectly suitable to suggest the generation of the solid to which the building tends to be identified. This explains how the votive models mainly reproduce on their surfaces the lines which refer to this woodwork. The architect is thus the main protagonist of that identification of the building as a solid which will be a rule of the Greek architecture up to the entire classical age; we do understand how also his name is still valid to identify the person responsible for the design and realization of the building, even when this will be realized using the material which is commonly considered as typical of the Greek architecture: stone. We can, however, also explain how this radical change must sign a basic step of that connection between scientific research and building art which characterizes, at least up to the V century, the Greek civilization.

The architect, as technites, is an actor in the dialectic between "episteme" and "techne", basic mechanism of the Greek science. The adoption of stone in the realization of the buildings, at least in those which were considered the bearers of the image of the "polis", like the temples, is a total change in the architecture, starting from the second fourth of the VII century. It corresponds to the start up of a deep change in the social tissue of the town. It is a real revolution caused, by one side, by an exception growth in the craftsmanship and by the other by the progresses made by the scientific research which stimulated the first one but are still offering the conditions for a better respondence to the market needs.

All this generates a fall out in the great development of the merchant activities based on the exchange of raw materials and foods with finished products, these being not only ceramics but also metal products and mainly tools.

The quality of these last ones allows a real change in the life conditions both to obtain handcrafts which are more appropriate and meet better the functions for which they have been made, and to improve the utilization of the agricultural resources and the mining ones in the area of the "polis". Stone occupies a prominent position in the Greek peninsula and in the islands of the Aegian sea but also in the Western area, in Southern Italy and in Sicily. Being either limestone or marble, depending on places, stone begins from that time (the first years of the VII century) to become the election material for building.

The availability of suitable iron tools to quarry and work it, sided by the wish of meeting better by the building surfaces the geometric ideal desired for the image of it, generates building solutions which become rapidly important due to the monumentality generated by the long lasting characteristic and the aesthetic value of the finished material.

This interpretation of the process leading to the use of the stone explains how it starts with the filled up walls of the cell in the temple, while the vertical uprights (the columns), the epistyles and the framework supporting the roof are still in wood. The surfaces of the stone walls offer, in the new material, the required geometrical sharpness, while for some more time, the basic generatrixes of the solid, these being the columns or better the vertical uprights of the epistylium and of the cover, still remain in wood, both on the front of the building and in the peristasis around the walls of the cell.

The use of the stone material, however, does not depend only on the availability of tools for quarruing it and working it in blocks. It implies also the solution of all problems connected to the transportation and the setting up of elements having great dimensions and heavy weight. This because their static attitude is committed to the contact surfaces and to their weight. The moving of such pieces from the front of the quarry and from the first working place up to their loading on carts having wide plane and high wheels, is made using rolls and levers, according to a very old technique. Unfortunately we know only superficially the evolution of an elementary tool as the lever. Only the shape of the holes for its fulcrum may offer some elements to reconstruct the evolution of this tool. The main innovation in the Greek architecture takes place through the organization of the site. Here the system of rolling on planes to take heavy stone elements to high levels cannot be used adopted widely due to the typical power crisis of the poleis. In fact in a cultural horizon where the mechanic energy is given only by men or animals, the Greek town has not a sufficient quantity of food to feed some hundreds of workers (whether they are free or slave men it is not important: they eat every day even if they do not work) or some tenths of pairs of animals to be used in towing heavy architectural elements to be assembled in a monumental building. We cannot suppose for the Greek architecture a site organization like those illustrated by curved or painted representations in Egypt or Mesopotamia. Only the palace being the centre of a power controlling a wide territory can grant the food resources allowing to have human and animal energy necessary for rolling and then gradually moving up to the final positioning of the various elements both horizontally and vertically using the embanking earth platforms.

By this technique, in the regions where the piece will be, in the third fourth of the second millenium, it was realized the famous lions gate in Micene with the huge architrave and the superimposed curved triangle, with the two lions. Only the wealthy Greek cities of the Asia Minor could have the resources to embank earth platforms and to roll over them heavy architectural elements as a famous Plinius' passage mentions referring to the Artemis temple at Ephesus built by Chersiphron.

The energy crisis by one side and, by the other side, the ambition to meet the expected monumentality of the building and its interpretation of a solid generated by the relevant architectural structures, induces the Greek architects, from the beginning of the stone use era, to study and test devices most suitable to move and lift heavy weights using a modest quantity of power. The first lifting equipment, widely employed in the building sites, was the "geranos" (the crane, according to the literary translation of the Greek word). We know this equipment from some epigraphic and literary witnesses of the classic and hellenistic era, but, due to its genial simplicity and its evident naval origin, it can be dated back to the first important stone constructions. However the cutting of the wall stone blocks show some projecting parts wherein to fix ropes for lifting the blocks. These parts were removed when the surface of the wall was finished. We do not exclude that this system had been already used for buildings having wooden framework and mud bricks padding, in order to lift the heaviest wooden structures of the top of the walls or of the roof.

The "geranos" is formed by three basic components: the base, made by a plank floor, the vertical mast fixed to the base and the jib superimposed astride the mast by a fork. The mast could be made either by a single wooden element or by assembling several staggered elements bound by wooden jaws. The joint of the jib astride the mast was the most ingenious device of the equipment. We can reconstruct the details of its manufacturing and operation by the epistemology of its name in greek and by some description in later epigraphic documents.

It was called "carchesion", a term which means "small hollow head" and which, later on, will be used also to designate a shape of a cup with the edge protruding inside. It was formed by two hollow emispheres around the shaft, with a slot for the arm beside the fork; the protruding upper edge blocked this last one, allowing any horizontal motion inside the arm area and great vertical displacements upward and downward within the hollow portion of the sphere, without the possibility for going out from the protruding upper edge which we suppose was fixed against the shaft. The whole carchesion, stopped by a tooth on the shaft, could rotate around it to allow the horizontal displacements of the arm, thus giving a great flexibility to this equipment. The movement of the arm according to vertical angles was controlled by a rope fixed at the extremity of the arm and sent to the top of the shaft by a simple block (the Greek work "auchen" means neck) and wound on a wooden drum fixed to the basis of the shaft, by the power given by the operators at the terminals of long arms connected to the drum. The effort for moving the arm was demultiplied by the return on top of the shaft and by the ratio between the diameter of the winding drum and the length, compared to this one, of the handles. The horizontal deplacements were more simple and committed to a rope fixed to the terminal part of the arm: the rotation on the shaft arm was possible through such rope. The lifting of the load, in our case the stone block for the wall, took place using a pulling rope sliding on a block at the end of the arm, on a second block on top of the shaft and on a third one at the basis of the shaft, to wind on a second drum at the end of the platform and actioned by long arms. With a similar equipment two workers applying a 20 kilos effort to each arm at the two extremities of the drum, could lift a load of 900 kilos.

This might correspond to the effort needed to lift and positionate a block of 500/600 kilos, considering also the percentage for the frictions. This is the average weight of one square wall element having a dimension lightly smaller than one fourth of cubic meter. We believe that this was the operational limit of the ingenious joint of the charchesion, highly mobile but also rather fragile. Another limit was given by the possible maximum height of the "geranos", mainly of its shaft which we believe should have been limited to 8/9 meters above the platform. As we have far higher stone walls over the level of the offset, we must believe that the site plan was not at the level of the euthynteria of the building but that it was raised by earth embankments made in different subsequent times, to lift also the basis of the "geranos".

The success in the use of the stone material and the dimensional growth of the temple buildings led by one side to the research for extending the adoption of stones to other portions of the building, starting from the columns, and, by the other side, to study different lifting devices which are more specifically functional to the building site.

The analysis of that research and study is highly interesting to use completely the contribution given by the architectural documents to the historical reconstruction of moments of the Greek civilization. The "geranos", renouncing to its total mobility, has been replaced by a shaft mounted directly on the basis platform with the sole possibility for moving according to a vertical angle. The arm could be formed by one sole shaft, obviously in different parts, or by two X, converging upward in a V shape: they were called "monokolos" and "dikolos", respectively. The possibility for composing the arm with different elements allowed to give to this one a notable height but mainly a greater resistance to loads far heavier than those which could have been lifted using the "geranos".

The load was lifted to a plan parallel to the one of its final positioning up to a level higher than this one, which could be reached by slowly lowering the arm. But if the equipment was certainly stronger, the limit in the load derived from the reduced possibility for demultiplying the effort needed to lift it by the few possible returns over the block. These, formed by fixed blocks, did always generate a rather strong friction that at a point, due to the multiplication of the returns, cancelled the advantage due to the demultiplication.

This fact represented, for approximately one century, the basic limit to the extension in the use of stone. When the petrification was extended to the columns of the peristasis or of the building front, and of the inside part of the cell, it seemed to be absurd to share the vertical structure into a wall structure as for the walls where the attitude was due to the weight and to friction among the contact sides of each single element. So the columns were monolithic. These did certainly create a problem in the quarry for the choice of the suitable rock, particularly in case of great dimensions, as well as for their transportation, but they could be simply set uprights, when in the site, without any special need for lifting. An ancient technique was used, well known for the Egyptian obelisks and which, in the Greek architecture, had already been used for the large wooden columns of great buildings. It is proved by the Heraion of Olympia which, built around the end of the VII century, had originally a peristasis of wooden columns which, through the time, were gradually replaced by stone columns.

The shafts were made by the assembling planks side by side. The rims of the planks were protected by the fluting curved to allow rain to flow away very easily: so it avoided the seepage by the moisture within the planks and the consequent decay of the wood. On the Heraion stone stylobate very deep nail signs have been noticed: they were used as fulcrum for the rim of the wooden columns bottom, at the moment of their setting uprights.

The oldest example of peristasis totally in stone which reached us is the one of the Apollonion at Syracuse. It was built approximately by the same time of the Heraion at Olympia; it offers a very interesting document of the stone use process, so deeply connected to the progress in the science and technique of building. The temple was, at the time, an unprecedented and prominent innovation: it is proved by the absolutely exceptional signature of the architect, carved on the second step of the eastern crepidoma, the entrance side. The inscription states: *Kleomenes o Knideida epoiesen to peloni kepeile styleia kala erga.* It means Cleomenes, son of the Cnidian, made for Apollon and erected the beautiful works of the columns. The exceptional event, thus, was not the erection of the temple for Apollon, but the erection of the "beautiful columns works". This appeared beautiful, which for an ancient Greek had the meaning of "high quality" as the columns were made by stone. This is confirmed by the adjective "styleia" of "kala erga" - the substantive of "styleya" is "stylos": it will take, later on, the meaning of column but originally, it derives etymologically from "styo" which means, compact, solid and was used to identify the stone column.

In this way the stone column differentiated from the wood one which was called "kion". This derives from "keimai" which simply means support; it had to be, up to that time, the technical term used for the column.

The beautiful stone columns of the Apolloion were erected: the shafts were rolled on an earth embankment to a slightly higher level than the upper surface of the stylobate. From here, by digging a small quantity of the earth of the embankment, they did glide towards the stylobate in an obliquities lay out. By ropes the columns were set upright; a suitable wooden propping avoided any unforeseen and undesired movement. The stone used for the foundations, the crepidoma, the cell walls, the inside stylobate and for the peristasis columns was extracted at the Plemmyrion, the rocky promontory which encircles the so-called Great Harbour, south of Ortigia, the island occupied by the city. The stone was transported by sea: landing took place in a harbour north of Ortygia, the Lakkios, approximately one hundred meters from the site. Transportation was not a problem.

It is important, we believe, to emphasize the modulus of these columns, with a 1:4 ratio between base diameter and the height of the body. This is the biggest one in the whole archaic doric architecture. In the traditional anthropomorphic or better phytomorphic interpretation of the greek orders, which are suggested by the ancient and modern classicistic storiography, the ratio is the starting point of an endless formal evolution. This evolution has been studied many times and with different explanations, but its starting point has never been clarified: if we refer to the tight connnection between science and building art which is typical of the Greek architecture, since the geometric age, and if we insert the petrification process at the first point in this tight connection, we must explain the proportion of the traduction of the column in the stone material (the "styleia erga", to use the words of the Apollonion) as the consequence of a position of this building science which was formed since 150 years through the continuous and vivid dialectic between episteme (the principle) and techne (the application).

We have already noted how the diffused and more and more complex use of wood in any possible framework which was the original skill of the architect implied the positive evaluation of the elasticity characteristics of this material. The consequence of this positive evaluation was the realization of the network structure destined to collect the force expressed by the roof elements to change a pushing force into a pressing cover. This girder is, as we believe by sure now, the etymology of the doric frieze.

Due to the meaning of the expression of a deep structural logic, it will become necessary even in the stone constructions, when, obviously, the answers granting the static attitude will be far different. This assessment which has repeated as test procedure, generates a principle of elasticity applied in dimensioning and connecting the main wood supports in the building and then in the module of those which, during the VII century, became the most significant expressive elements of the temples' architecture: the wooden columns of the monumental peristasis. The knowledge of this principle leads to the conviction that, using an absolutely not elastic material like stone, such modules could not be kept any more, these being those dimensional ratios which did not derive from aesthetic rules only but from principles accepted by the building science.

To safeguard from the lack of elasticity of stone, the dimensions of the supporting elements are increased, increasing notably the ratio between the diameter of the basis and the height up to a very large safety margin for a material which, up to that time, had never been used for columns.

It is easy to state that the aesthetic result was far different from the one of the wooden peristasis: if we remind that the vertical supports of the building, and thus the columns, were already in the architecture of the geometric age considered as being the generatrices of the solid which was identified with the building, it does not seem to be illogical that this materialization is now committed to an almost symmetrical alternative of empty and solid spaces, formed by the sequence of columns and gaps which, dimensionally are almost equivalent in a sequence of right and inverted, filled and empty , determined by the strong tapering of the shafts.

After the columns, the petrification of the temple adds only the architrave or, better, a L shaped stone coverage of the beginning of the wood structure of the epistilium and of the framework of the roof, and covered by the very richly decorated terracottas.

The adopted lifting equipment was certainly the "geranos" but, mainly, the demoltiplication of the effort necessary for lifting was limited by the number of the returns which, on fixed blocks, could not exceed the number of two or three as a maximum. Positioning the L shaped blocks of the architrave, whose weight we can evaluate in 3000, 3500 kilos, should have been made using a "monokolos" or "dikolos" in a very difficult way due to the low demultiplication and no more than three fixed returns beside the ratio handle/winding drum.

The wooden structure of the roof and the heaviest portions of the cover have been certainly lifted using the "geranoi" from embankments which reduced notably the field of the temple. It is not casual that the oldest example we have conserved of the stone peristasis is in Siracuse, in the Western Greece, in an area of grecity, where a curiously updating designing was connected to a very high interest for the practical application of the scientific studies particularly for that building projects which gave a very high contribution to the image of the town.

After the example of the Apollonion, the stone peristases grow in number with a progressive research for better proportions base diameter/height of the columns ratio and in their shape, by the introduction of the enthasis. This as a consequence of the increased experience which allowed to reduce the too high safety margins adopted by Kleomenes in the Apollonion in Siracuse.

The stress principle which the wood builders transmitted since many generations must, when applied to the stone material, not only face the standard needs of the static attitude but also the dynamic stresses which, in seismic areas, affected the building damaging it, or even destroying it, with such frequency to enter in the experience of the builders in one place or in another.

The stone columns were the elements more exposed to the risk of such stresses. The column, monolithic for needs connected to its erection, and being stiff, undergoes the risk of breakages and dangerous lesions unknown to the elasticity of the wooden support. It was thus necessary to introduce in the shaft some "elastic joints" cutting the column in at least 4/6 places, depending on its elevation, to dissipate cutting power and recover its static attitude.

This result could be obtained by inserting a vertical connection on the axis which might allow a limited movement of one portion on the other, taking them to recover their original attitude. These researches, which lead to the introduction of the drum columns are proved by the evidences in which the new technique is applied. They prove, first of all, that this last one is in no way the extension of the equipment used for walls to the columns, but a choice deriving from different needs: to solve the problems determined by the excessive stiffness of the monolithic stone columns.

The C temple in Selinunte gives the most significant example of this change and of its consequences on the construction field in the most significant building typology of the Greek architecture of the archaic age. The peristasis of the C temple has been realized with monolithic columns, starting from the north/east corner, for the whole eastern side and for one half of the souther one, where the columns start to be formed by five drums originally interconnected by a wooden pole, the Greek "polos", having a diameter of some centimeter on the axis of the column. The solution did certainly attribute a special elasticity to the stone column but implied the assembling of the drums, one on top of the other, lifting them in safety and easily to insert the wooden pole destined to connect them. It was necessary, in fact, to lift each drum over the lower one and, after having individuated the centre and made the hole for the polos, to lower it in such a way that the hole in the bottom of the lowered drum was coincident with the pole in the top of the already set up one. The pole of a sector, which we suppose as just cut (finishing and flutings were made when the building had been completed) and thus with a volume even higher than the one of the already positioned sectors, could not be lower than 9000/10000 kilos. This means, following what we said above - with no more than 3 fixed returns and the ration between handle and winding drum, an absolutely insufficient demoltiplication: the effort to be made on the handle was over 100 kilos for each one of the four possible workers in charge of this operation. We cannot, in fact hypothesize more than two workers by each terminal of he winding drum, each one acting at the extremity of one handle.

The epigraphic tradition of the reports on the public buildings, which came hundred years after the contraction of temple C, the literary sources and some interesting findings describe the creation of the mobile return, the pulley, in Greek named "trochilos", from "trecho" = to run, so the return which can run, move rapidly, cancelling the friction of the rope of the fixed return. This means the possibility for increasing the number of the return for the pulling rope: at the hook, at the top of the arm of the "dikolos", at its basis up to a number of 7 or 8, beside, of course, to the ratio between handle and winding drum. It was possible to reach, also considering the residual frictions, to the availability of a strength lower than 20 kilos on the handles at each terminal of the winding drum. This means that two workers on the platform of the lifting equipment could grant the movements of the sector fixed with passing through ropes to large protruding sections of its external, roughly cone-shaped surface.

This invention allows to solve he problem of granting elasticity to the stone supports but also the one of lifting and positioning the stone elements along the whole epistilium of the building up to the roof. This happens for the C temple which had the architrave, the frieze, the geison and the batten over the geison by stone, and the batten over the geison. The last one, intended to receive the wooden rafters of the framework supporting the tiles of the roof, was covered, without any more functional reason, by the richly decorated terracottas. We believe that the temple had been designed with wooden epistilium and terracottas when the swivel was not yet invented, then introduced during the works.

The new invention led to the full petrification of the buildings and in subsequent ones also the tiles were made by stone. In the case of the C temple it was decided not to renounce to the terracottas being part of the original design and which became useless by the whole petrification made possible only as a consequence of the introduction of the swivel and of that device known under the name of "trochileia". The whole of the returns on the swivel becomes the basic lifting equipment, independently from the wooden structure of the basis and of the shaft necessary to reach the desired height.

The years close to the half of the VI century in Selinunte are of top importance, we believe, for the construction science of the Greek architecture. Blocking the landslips in the Acropolis, at their beginning, was an exceptional work of both engineering and hydraulics which opens a different chapter of the science applied to the architecture, at the beginning of which we have now to stop, to avoid trespassing the limits of our subject.

Extrait du Carnet de Villard de Honnecourt (1225 - 1235)

FORMULES D'ARCHITECTES DANS LES RECEPTAIRES ET LES MANUSCRITS D'ARPENTAGE DE L'ANTIQUITÉ ET DU HAUT MOYEN AGE

Robert Halleux - Anne Catherine Bernès[1]

Summary : The historian who deals with the science of constructions treats various types of documents and faces problems of great diversity. He not only has to consider the works that forme the "practical geometry" but also the studies on the "simple machines", on automatons. On the other side he is confronted to a transmission of knowledge done by word and gesture that left no traces a part from the realisations, the buildings themselves.

Résumé : L'historien qui se donne pour tâche de retracer l'histoire de la Science des Constructions se trouve devant des documents et des problèmes très divers. Il doit considérer les "traités de mesurage", les ouvrages qui forment la géométrie pratique mais aussi les études des "machines simples", des automates. Par ailleurs, il est confronté à une transmission du savoir par le geste et la parole, qui n'a laissé que peu de traces si ce ne sont les réalisations, les édifices eux-mêmes.

Introduction

Que les architectes médiévaux aient possédé des connaissances de mécanique, leur oeuvre bâti est là pour le prouver. Mais la nature de ces connaissances, les mécanismes de leur transmission et leur évolution éventuelle ont fait l'objet de grands débats auxquels il paraît impossible d'apporter du neuf. Les travaux de Hahnloser sur Villard de Honnecourt[2], ceux de Bertrand Gille sur les ingénieurs de la Renaissance[3] ont ouvert le

---

1 INSTITUT DE MATHÉMATIQUE - UNIVERSITÉ DE LIÈGE, Av. des Tilleul, 15 B - 4000 Liège (Belgique).

2 H.R. HAHNLOSER, *Villard de Honnecourt*, Kritische Gesamtausgabe des Bauhüttenbuches ms. fr. 19093 der Pariser Nationalbibliothek, Vienne, 1935. Nouvelle édition revue et complétée, Graz, 1972.

3 B. GILLE, *Les Ingénieurs de la Renaissance*, Paris, 1964 (2e édition, 1978).

dossier. Guy Beaujouan[4], Pierre du Colombier[5], Jean Gimpel[6], Lon Shelby[7], Carl Barnes[8], Roland Bechmann[9], Robert Branner[10], Maurice Daumas[11] y ont apporté des contributions importantes, tandis que Menso Folkerts[12], Roger Baron[13], Steven Victor[14] et Nan Hahn[15] exploraient les géométries dites "pratiques".

En fait, la pièce maîtresse du dossier est le carnet ou portfolio, (improprement appelé album) de Villard de Honnecourt, c'est-à-dire le manuscrit français 19.093 de la Bibliothèque nationale de Paris[16], composé vers 1225-1235 et enrichi peu après par l'anonyme magister II.[17] Comme l'observe Carl Barnes[18], il n'est pas prouvé que Villard

---

4 G. BEAUJOUAN, *L'interdépendance entre la science scolastique et les techniques utilitaires (XIIe, XIIIe et XIVe siècles)*, Paris, 1957 (Conférences du Palais de la Découverte, série D, n° 46); reproduit dans G. BEAUJOUAN, *Par raison de nombres: l'art du calcul et les savoirs scientifiques médiévaux*, Aldershot, 1991 (Collected studies series CS 344), article XIV; ID., *Réflexions sur les rapports entre théorie et pratique au Moyen Age*, dans J. MURDOCH et E. SYLLA (eds), *The Cultural Context of Medieval Learning*, Dordrecht - Boston, 1975, pp. 437-484; reproduit dans G. BEAUJOUAN, *Par raison de nombres...*, article XVI.

5 P. DU COLOMBIER, *Les chantiers des cathédrales*, nouvelle édition, Paris, 1973.

6 J. GIMPEL, *La révolution industrielle du Moyen Age*, Paris, 1975.

7 L. R. SHELBY, *The geometrical knowledge of medieval master masons*, Speculum, vol. 47, 1972, pp. 395-421; ID., *Setting out the Keystones of Pointed Arches. A Note on Medieval "Baugeometrie"*, Technology and Culture, vol. 10, 1969, p. 537; ID., *Review of Hahnloser facsimile*, Speculum, vol. 50, 1974, pp. 496-500.

8 C. F. JR BARNES, *Villard de Honnecourt, The Artist and his Drawings - A Critical Bibliography*, Boston, 1981.

9 R. BECHMANN, *Villard de Honnecourt, architecte et ingénieur médiéval*, Pour la science, n° 94, Paris, août 1985, pp. 69-75; ID., *L'arc de Villard de Honnecourt: un piège pour les médiévistes*, Historia, n° 475, juillet 1986.

10 R. BRANNER, *Three problems from the Villard de Honnecourt manuscript*, Art Bulletin, vol. 39, 1957, pp. 63-66; ID., *Villard de Honnecourt, Reims and the origin of gothic architectural drawing*, Gazette des Beaux-Arts, 1963, pp. 129-146; ID., *Villard de Honnecourt, Archimedes and Chartres*, Journal of the Society of Architectural Historians, vol. 19, 1960, pp. 91-96; ID., *A note on gothic architects and scholars*, Burlington Magazine, vol. 99, 1957, p. 372.

11 M. DAUMAS, *Le faux échappement de Villard de Honnecourt*, Revue d'Histoire des Sciences, tome XXXV, n° 1, pp. 43-54.

12 M. FOLKERTS, *"Boethius" Geometrie II: ein mathematisches Lehrbuch des Mittelalters*, Wiesbaden, 1970 (Boethius, IX).

13 R. BARON, *Hugues de Saint-Victor, auteur d'une "Practica geometriae"*, Mediaeval Studies, vol. 17, 1955, pp. 107-116; ID., *Sur l'introduction en Occident des termes "geometria theorica et practica"*, Revue d'histoire des sciences, vol. 8, 1955, pp. 298-302; ID., *Note sur les variations au XIIe siècle de la triade géométrique: altimetria, planimetria, cosmimetria*, Isis, vol. 48, 1957, pp. 30-32.

14 S. K. VICTOR, *Practical Geometry in the High Middle Ages :* Artis cuiuslibet consummatio *and the* Pratike de Geometrie, Philadelphia, 1979 (Memoirs of the American philosophical society, vol. 134).

15 N. L. HAHN, *Medieval Mensuration* Quadrans vetus *and* Geometrie Due Sunt Partes Principales ... , *Transactions of the American philosophical society*, 728, Philadelphia, 1982.

16 On dispose à présent d'un fac-similé commode: A. ERLANDE-BRANDENBURG, R. PERNOUD, J. GIMPEL, R. BECHMANN, *Carnet de Villard de Honnecourt, d'après le manuscrit conservé à la Bibliothèque nationale de Paris (n° 19093)*, Paris, 1986. Voir, en particulier, les études de J. GIMPEL, *Villard de Honnecourt, architecte-ingénieur*, pp. 27-38 et de R. BECHMANN, *Les dessins techniques du carnet de Villard de Honnecourt*, pp. 39-50.

17 A ce sujet, voir H. R. HAHNLOSER, *op.cit.*

18 Carl BARNES, compte rendu de A. ERLANDE-BRANDENBURG et alii, *op.cit.*, Archives internationales d'histoire des sciences, vol. 37, n° 118, 1987, pp. 191-193.

de Honnecourt ait pratiqué l'architecture, comme les collectionneurs d'*experimenta* de tous les arts et métiers pouvaient être parfaitement étrangers à la profession. La qualité et la célébrité de ce recueil ont éclipsé des traditions plus modestes, fragmentaires et embrouillées, susceptibles toutefois de le sortir de son isolement et d'apporter des éclairages nouveaux sur les connaissances qu'ils reflètent.

Pour rejoindre le but du symposium, le présent exposé comprendra donc deux parties:

1° Quelques observations méthodologiques générales sur la transmission des savoirs artisanaux avant l'époque moderne et l'exploitation des sources qui nous les font connaître.

2° Une exploration de diverses traditions textuelles liées à l'architecture et l'analyse d'un certain nombre d'exemples techniques pris à ces traditions, et confrontés avec Villard de Honnecourt et sa descendance.

Remarques méthodologiques

La «première remarque» méthodologique, c'est que l'architecture n'est pas isolée d'un ensemble d'autres techniques : la géodésie et le mesurage, la construction des engins de levage, la construction des machines de guerre, des automates. Il y a une concordance frappante entre le contenu de cette "syntaxe mécanique" telle qu'elle est décrite au IIe siècle avant Jésus-Christ par Philon de Byzance[19] et celui du carnet de Villard. Pour les automates, le chauffe-main à cardan, l'horloge (f° 6v°), la chantepleure hydraulique (f° 9), l'ange mécanique et l'aigle mobile, la scie automatique (f° 22v°) et les mouvements perpétuels (f° 5); les engins de guerre avec l'arc automatique (f° 22v°), le trébuchet (f° 30); les engins de levage (f° 22v°-23); le mesurage avec les "figures estraittes de géométrie" (f° 20) sans parler des recettes relatives aux matériaux, aux remèdes et aux couleurs (f° 21v° et 33).

«Deuxième remarque»: toutes ces activités mettent en oeuvre des connaissances de mécanique. Jusque bien tard dans l'époque moderne, ces connaissances sont purement pratiques, et ne représentent en aucun cas l'application d'une théorie.

Dans un récent article d'*Alliage*, Jean Matricon a décrit *L'angoisse du saucier-chimiste au moment de la liaison*[20], c'est-à-dire les interprétations moléculinaires qui se

19 B. GILLE, *Les mécaniciens grecs : la naissance de la technologie*, Paris, 1980.

20 J. MATRICON, *L'angoisse du saucier-chimiste au moment de la liaison: petit récit moléculinaire*, Alliage, n° 1, automne 1989, pp. 63-68.

forment dans l'esprit d'un scientifique occupé à préparer une blanquette. C'est la théorie qui cherche à rendre raison des réalisations techniques. Bélidor l'observe encore dans la préface de sa *Science des ingénieurs* (1729)[21] : *l'opinion qu'il n'y a que la seule pratique qui peut les mener au but, est encore un obstacle qui n'est pas le moins difficile à vaincre. Il est bien vrai que l'expérience contribue beaucoup à donner des connaissances nouvelles, et qu'elle fournit tous les jours aux plus habiles gens des sujets de réflexion dont ils ne se seraient peut-être pas avisés, si elle ne les avait fait naître : mais il faut que cette expérience soit éclairée, sans quoi l'on ne peut avoir que des idées très-confuses sur tout ce qui se présente; on voit toujours les objets par la même face, on veut qu'ils soient tels qu'on nous a dit qu'ils étaient, ou tels qu'il a plu à notre imagination de nous les représenter, et qu'on soit dans le vrai ou non, on passe toute sa vie sans rien savoir de juste et de précis sur ce que l'on croit pourtant posséder le mieux. De là vient que bien des choses imparfaites demeurent toujours dans le même état; [...] et pour ne parler que de l'*architecture, *qui est le seul objet que j'ai en vue, n'est-il pas surprenant que depuis le temps qu'on la cultive, on l'ait si peu perfectionnée en certains points essentiels qui en sont comme la base ? car, si l'on en excepte quelques règles de convenance et de goût qui appartiennent à la décoration, on n'a rien d'assez précis ni d'exact sur la plupart du reste; aucun architecte n'a donné des principes pour trouver le point d'équilibre entre les forces agissantes et celles qui doivent résister : on ne sait pas, par exemple, quelle épaisseur il faut donner au revêtement des terrasses ou à ceux des remparts, des quais et des chaussées, aux pieds-droits des voûtes, aux culées des ponts, pour être en équilibre par leur résistance avec la poussée que ces différents murs doivent soutenir sans y employer des matériaux superflus.*

Le fil conducteur est donc la notion de routine ou plutôt de tradition qu'il faut appréhender à partir d'un certain nombre de sources.

«Troisième remarque»: le problème des sources et du mode de transmission de ce savoir.

Appréhender ces connaissances de mécanique pratique, pose le même problème que pour toutes les connaissances techniques au Moyen Age. On dispose pour ce faire de deux types de sources. D'un côté les monuments, de l'autre les documents écrits.

Les "monuments" eux-mêmes ont fait l'objet d'études par des architectes. Mais la question qui nous occupe n'a pas été véritablement étudiée sauf par Pierre du Colombier, (*Les chantiers des cathédrales*). On se heurte alors à un autre problème, c'est la difficulté

---

21 Nous citons d'après la deuxième édition, Paris, 1830, pp. 11-12.

de dégager des constantes numériques quand on n'est pas certain de la métrologie utilisée.

En ce qui concerne les "écrits", ils sont de deux catégories. Les premiers sont des documents diplomatiques, par exemple des comptes de construction, bien étudiés par M. Pressouyre et son équipe. Il y a peu de cas, cependant, qui soient aussi éclairants que le compte de construction de la cathédrale de Milan étudié par Guy Beaujouan[22].

Les seconds sont les traités censés destinés à la pratique. En fait, ici, les problèmes critiques se posent. André Leroi-Gourhan l'a bien montré[23]: ce type de savoir se transmet fondamentalement par le geste et la parole, pas par l'écrit et ce mode de transmission porte en lui-même sa propre sanction. Le mur tient - le mur croule. Il y a donc entre la pratique et les textes censés la représenter, les recettes, un rapport qu'il convient d'élucider[24].

L'interprétation des recettes requiert un travail de critique. Recette = *recipe* en anglais, vient de *recipe* en latin "prenez" qui est usuellement le premier mot. C'est un écrit qui est censé représenter un enchaînement d'opérations, de gestes arrivant à un certain résultat. Il n'y a pas besoin de justification théorique. On ne dit jamais pourquoi faire ceci ou cela, le but obtenu en tient lieu. Ceci a été particulièrement étudié dans le domaine chimique et médical, mais les mêmes règles valent pour les prescriptions d'architecture ou de mesurage. Une recette a une fonction d'aide-mémoire, soit à l'usage de l'artisan, soit à l'usage de personnes étrangères au métier qui veulent garder trace d'un procédé. Dans ce sens, un dessin ou un modèle, pourvu ou non de légende, peut être traité comme une recette.

Une recette ne dit jamais tout, puisqu'elle n'est qu'un aide mémoire. Ce qui fait le tour de main particulier ou bien ce qui va de soi n'est pas indiqué. On a par exemple observé pour les recettes médicales et chimiques, la co-existence pour le même procédé de descriptions élaborées et détaillées (*Vollrezepte*) et de formulations plus concises, limitées à l'essentiel (*Kurzrezepte*). Il en va de même pour l'interprétation des dessins techniques dont nous avons tort d'attendre la précision des photos qui illustrent nos livres de cuisine, de bricolage ou de jardinage.

---

22 G. BEAUJOUAN, *Calcul d'expert, en 1391, sur le chantier du Dôme de Milan*, Le Moyen Age, vol. 79, Livre Jubilaire, Bruxelles, 1963, pp. 555-563, reproduit dans G. BEAUJOUAN, *Par raison de nombres...*, article XV.

23 A. LEROI-GOURHAN, *Le geste et la parole, technique et langage*, Paris, 1964.

24 C'est la méthodologie que nous appliquons aux recettes chimiques et médicales. Voir R. HALLEUX, *Recettes d'artisan, recettes d'alchimiste*, dans R. JANSEN-SIEBEN, *Actes Mechanicae en Europe médiévale, actes du colloque du 15 octobre 1987*, Bruxelles, 1989, et aussi in Archives et Bibliothèques de Belgique, numéro spécial, vol. 34, pp. 25-49.

Mais à partir du moment où la pratique devient écrit (texte ou image), la transposition vit d'une vie autonome indépendamment de la pratique. La recette et le dessin se transmettent de manuscrit en manuscrit, se déforment, se réinterprètent.

Le résultat est fort variable selon les hasards de la transmission et selon la compétence des interventions volontaires des copistes, plus ou moins éloignés du métier.

Enfin, cette tradition procède par agglutination de procédés nouveaux pris à la pratique ou à la lecture.

Par conséquent, si la littérature des recettes reflète à son départ une pratique, elle n'est pas obligatoirement transposable à la pratique à son arrivée.

L'exploration des traditions

A. Vitruve

On a depuis longtemps remarqué des parallélismes entre Vitruve et Villard de Honnecourt. Le *De architectura* reflète des connaissances du 1er siècle de notre ère. Mais le fait de le copier à une époque donnée dans un manuscrit ne reflète pas un intérêt d'antiquaire. Le texte est copié pour sa valeur de science, et les additions au texte original reflètent un apport de connaissances supplémentaires. Chaque texte est une copie revue et corrigée de son modèle. Les abrégés et florilèges, les interpolations connues sous le nom d'*Appendix Vitruviana* charrient des matériaux intéressants[25].

Vitruve n'est pas seul. Il a inspiré au IVe siècle le *Liber artis architectonicae privatis usibus adbreviatus* de Marcus Cetus Faventinus qui simplifie les données techniques de Vitruve[26], et d'autre part, au milieu du Ve siècle, le *De agricultura* de Palladius qui fournit, d'après Vitruve, les techniques de constructions (p. 6) d'une *villa rustica*.[27]. Dans leurs traditions manuscrites, ces trois textes interfèrent souvent, et des

25 Sur la tradition manuscrite de Vitruve, voir l'introduction de V. ROSE à son édition de VITRUVIUS, *De architectura libri decem*, Leipzig, 1899, (édition Teubner); P. RUFFEL et A. SOUBIRAN, *Recherches sur la tradition manuscrite de Vitruve. Annales de la Faculté des Lettres de Toulouse*, Pallas, vol. IX, 1960, pp. 3-154; J. P. CHAUSSERIE-LAPRÉE, *Un nouveau stemma vitruvien*, Revue des Etudes Latines, vol. 47, 1969, pp. 347-377; B. BISCHOFF, *Die Überlieferung der technischen Literatur*, dans *Artigiano e tecnica nella società dell'alto medioevo occidentale, 2-8 aprile 1970*, t. I, Spoleto, 1971 (*Settimane di studio del centro italiano di studi sull'alto medioevo*, XVIII), pp. 272-274; C. H. KRINSKY, Journal of the Warburg and Courtauld Institutes, vol. 30, 1967, pp. 36-70.

26 H. PLOMMER, *Vitruvius and Later Roman Building Manuals*, New York-London, 1973.

27 PALLADIUS, *Traité d'agriculture*, tome premier (livres I et II), texte établi, traduit et commenté par R. MARTIN, Paris, 1976 (Collection des Universités de France).

recettes passent de l'un à l'autre. Ainsi le chapitre des pâtes à colmater (*de malthis*) de Palladius (I,40) est inséré postérieurement dans les appendices à Vitruve[28].

Ainsi, le manuscrit latin 6842C de la Bibliothèque nationale, f° 54, contient un remaniement de Faventinus augmenté de recettes de mesurage prises aux arpenteurs, et d'une recette pour la construction d'un arc (f° 63v°).

Si vous voulez construire un arc dans un édifice, voici un moyen de déterminer sa hauteur, par exemple si vous décidez de faire un arc, c'est-à-dire une voûte sur deux colonnes, prenez la distance entre les deux colonnes, retirez la moitié de cette mesure et élevez l'arc selon l'autre moitié à partir de la base, ou un peu plus[29].

C'est la formule de l'arc en plein cintre, avec une possibilité de surhaussement.

Le manuscrit le plus ancien conservé de Vitruve, le *Codex Harleianus* 2767 (vers 800), dérive peut-être par un intermédiaire anglo-saxon d'un manuscrit italien de la fin de l'Antiquité. Le texte est déjà enrichi d'appendices d'origine inconnue sur les poids spécifiques c'est-à-dire sur les rapports des poids des différents métaux et de la cire employés dans les travaux à la cire perdue (*de mensura cerae et metalli in operibus fusilibus*) : *pour une once de cire, sept onces et dix-sept deniers d'étain* etc[30].

Ce manuscrit *Harleianus* possède des descendants qui, à leur tour, se trouvent enrichis : le *Parisinus* (BN latin 10277) provenant de Corbie, l'*Escorialensis* (III F19) du X-XIe siècle, provenant de Soissons, le *Leydensis* (Vossianus latinus f° 88), X-XIe siècle provenant du nord-ouest de l'Allemagne et surtout le manuscrit de Sélestat (1153B, aujourd'hui 17) de la seconde moitié du Xe siècle[31]. Dans ce dernier manuscrit, le texte de Vitruve est associé à un certain nombre de textes :

a) le traité de Faventinus

b) des extraits de Palladius

c) une indication sur la mesure des tuyaux d'orgue

d) un texte sur les 7 merveilles faites de la main de l'homme

---

28 V. ROSE, *op.cit.*

29 *Si vero arcum in edificiis facere volueris, hoc modo quante altitudinis facere oporteat judicabis. Verbi gratia, si super duas columpnas arcum, id est volsam, facere deliberas, collige mensuram qua ipse columne inter se distant, et subtracta medietate mensure ipsius, secundum alteram medietatem arcum levabis ab eo loco quo eum facere incipis et parum plus.*

30 V. ROSE, *op.cit.*, p. xx, §1 et version développée pp. xxix-xxx.

31 Sur ce dernier manuscrit, voir A. GIRY, *Notice sur un traité du moyen âge intitulé* De coloribus et artibus Romanorum, *Mélanges publiés par la section philologique et historique de l'Ecole des Hautes Etudes pour le 10e anniversaire de sa fondation, Bibliothèque de l'Ecole des Hautes Etudes*, vol. 35, 1878, pp. 210-227; ID., Revue de philologie, III (1879), pp. 16-18; K. A. WIRTH, *Bemerkungen zam NachlebenVitruvius im 9 und 10. Jahrhundert und zu dem Schlettstädter Vitruv-Codex*, Kunstchronik, vol. 20, 1967, pp. 281-291, fig. 1-4; C. S. SMITH, J. G. HAWTHORNE, *Mappae clavicula. A little Key to the World of Medieval Technique*, Philadelphie, 1974 (Transactions of the American Philosophical Society, 64, 4, 1974, pp. 1-5). (Désormais, cet ouvrage sera cité par l'abréviation SMITH-HAWTHORNE).

e) des dessins de charpentes et de corniches

f) un texte intitulé *Symetria* (variante *geometria*) *columnarum* "sur la proportion des colonnes" qui appartient à la tradition des arpenteurs

g) la *mappae clavicula* c'est-à-dire la traduction d'un traité alchimique grec[32]

h) les compositions de Lucques, c'est-à-dire un texte qui se retrouve dans le ms 490 de la bibliothèque capitulaire de Lucques copié à Lucques entre 787 et 816. Ces *compositiones* sont un recueil de recettes, traduit du grec vulgaire en latin, probablement au VIe siècle, et concernant la teinture des peaux, des os, du verre, les peintures, l'enluminure, la mosaïque etc.[33] Certains procédés concernent l'architecture.

Il s'agit d'un ensemble de trois chapitres[34], sur la disposition de la construction (*de dispositione fabrice*) sur la construction dans l'eau (*de fabrica in aqua*) et sur les mastics ou ciments hydrauliques (*de multa* ou *maltha*). Voici le premier texte[35].

Sur la disposition de la construction

Disposition pour la construction à propos des ponts, ou bien avec quelles mesures il faut disposer les édifices, ou bien avec quelles mesures les élever en hauteur selon le genre de construction.

Si la construction atteint quatre hauteurs d'homme, les fondations doivent être d'une hauteur d'homme. Si elle est de trois, la fondation ira jusqu'à la fourche des bras.

---

32 R. HALLEUX, P. MEYVAERT, *Les origines de la Mappae clavicula*, Archives d'histoire littéraire et doctrinale du Moyen Age, 1988, pp. 7-58.

33 H. HEDFORS, *Compositiones ad tingenda musiva herausgegeben, übersetzt und philologisch erklärt*, thèse, Uppsala, 1932, à compléter par l'étude linguistique de J. SVENNUNG, *Compositiones Lucenses. Studien zum Inhalt, zur Textkritik und Spache*, Uppsala, 1941. R.P.JOHNSON, *Compositiones variae from codex 490, Biblioteca Capitolare, Lucca, Italy. An Introductory Study*, Urbana, Illinois UP, 1939 (University of Illinois Studies in Language and Literature, vol. 23). La thèse avait été soutenue en 1933. Voir R. P. JOHNSON, *An Abstract of a Thesis*, Urbana, 1933, p. 7; *The Compositiones ad tingenda*, Technical Studies, vol. 3, 1935, pp. 220-236.

34 Le texte se trouve dans le manuscrit de Lucques au f° 211 v°, dans Selestat, f° 14 r°-v°, dans le ms Phillips 24 v°-25 r°. Il n'a pas été édité par Hedfors.

35 *De dispositione Fabrice. Dispositio fabrice de pontibus, vel quibus mensuris oporteat edificia disponere, vel quibus mensuris in altitudinem elevare, secundum modum fabrice. Si in altitudinem iiij. staturis fuerit, fabricam unius staturae altitudine oportet esse fundamentum. Si vero tribus staturis altitudo, usque ad bifurcum erit fundamentum. Si autem unius staturae altitudo, usque ad geniculum fundamentum. Si statura iiij. cubitorum, si vero iij. usque addida, si duorum, usque ad furcam. Si in lignis opertum in altitudine fuerit. Si voltile fuerit, quantum in altitudinem, tantum et in fundamentum debes cavare; ita videlicet altitudinem mensurari oportet, ut tantum parietis absque camera mensuretur. Si autem durus fuerit locus et montuosus, cubito minus per staturam pones fundamentum. Si mollis locus fuerit, sicut supra diximus, edifices. Si vero petrosus fuerit locus, non crede petris, sed cava, sicut oportet, ne pondere nimio deprimatur, et subsidat fabrica.*

Si elle est d'une, la fondation ira jusqu'au genou. Ceci quand le [bâtiment] est couvert d'une toiture en bois en haut. S'il est voûté, vous devez creuser pour les fondations autant que la hauteur; il faut ainsi mesurer la hauteur, sans la voûte (absque camera). Si le sol est dur et montagneux, posez les fondations en diminuant la hauteur d'homme d'une coudée par stature. Si l'endroit est mou, construisez comme nous l'avons dit plus haut. Si l'endroit est caillouteux, n'ayez pas confiance dans les cailloux, mais creusez comme il convient, de peur que le mur ne s'enfonce par un poids excessif et que la construction ne s'affaisse.

Ces prescriptions sont originales. Vitruve (I, 5) préconise simplement de creuser *jusqu'au solide et même dans le solide autant qu'il est nécessaire, pour soutenir la pesanteur des murailles.*

Les architectes de l'époque moderne, quant à eux, donneront surtout des indications sur l'épaisseur des murs. Palladio donne aux murs de fondation le double de leur épaisseur supérieure, et lorsqu'il n'y a pas de cave, le sixième de leur hauteur[36].

Le deuxième chapitre décrit la construction d'un caisson triangulaire bien colmaté attaché à quatre bâteaux mis à l'ancre[37].

Le troisième donne la composition d'un mastic ou pâte à colmater contenant de la chaux, du sable, de la brique pilée, de la paille en poudre, de l'eau et de la graisse[38].

Il existe d'autres compositions semblables chez l'agronome Palladius (I, 40). On trouve une formule semblable dans le carnet de Villard de Honnecourt où on a vu à tort une composition céramique (f° 21v°).

On prend chaux et tuile de païens : (tuile romaine, ou tuile ancienne) pilée, et vous ferez autant de l'une que de l'autre, mettant un peu plus de tuile de païens, jusqu'à ce que sa couleur domine l'autre. Détrempez ce ciment d'huile de lin, et vous en pourrez faire un vaisseau à contenir l'eau[39].

---

36 *Encyclopédie, ou dictionnaire raisonné des arts et métiers*, article "fondations", t. IX, (Neufchastel, MDCCLXV), p. 829 a.

37 *De Fabrica in aqua.Si fabricam in aqua necesse fuerit erigere, facis aream triangulam, et picas eam foris cum sepo et pice, ut non in eam intret aqua, et solvat ipsam calcem, et eos qui laborant intus; et positam arcam inter iiij. naves, constitues in loco ubi necesse fuerit: et oneratas ipsas naves, ut non moveantur in aqua, et tunc impones lapides ad fabricandum. Temperatio autem calcis talis fiat. Mittis arene partem j. et calcis ij. et tune operaris. Ipsa autem arca habeat j. cubitum super aquam.*

38 *De Multa. Multa quoque debet ita confici. Mittis calcis partem j. arenae partes iij. vel iiij. teste tuse tertiam, pulveris palearum sextam partem, aque vero congium j. olei porcini sextaria ij. et requiescat ebdomada j.; si plus dimiseris, melior fiet. Assidue autem infundatur secundum mensuram quam indiget, et conficiatur, et tunc operare.*

39 Villard et la *Mappae clavicula* ont en commun la chaux, la tuile pilée et l'huile. La *Mappae clavicula* ajoute le sable, la paille en poudre et l'eau. Une des recettes de Palladius comprend de la chaux et de l'huile. Une autre, de la brique pilée et de la chaux, avec de la poix, de la cire et de l'étoupe. On trouve aussi la recette *de compositiones* dans le manuscrit Vatican palatinus latinus 1449 f° IV r°.

Les compositions de Lucques et la *Mappae clavicula*, fusionnées, vont connaître une abondante tradition manuscrite. Dans la dernière version représentée par le célèbre manuscrit Phillipps conservé au Corning Museum of Glass[40], un troisième niveau d'additions, datables du XIIe siècle, contient des procédés relatifs à l'art militaire et aux compositions incendiaires (chap. 264 à 278), à la géodésie (chap. 213) ainsi que, à la fin, après une lacune, des phrases énigmatiques où l'on a cru voir des formules magiques et où il s'agit en réalité de légendes d'automates dépourvues de figures[41].

1. Etain 9 onces cuivre 1 argent 6 onces. Fondez ensemble.
2. Par la figure ARRAGAB la fontaine coulera et s'arrêtera à votre volonté. Par la même, la coupe rendra ou gardera la boisson.
3. De la figure A, si les boeufs boivent d'abord, elle suffira aux boeufs et aux chevaux. Si ce sont d'abord les chevaux, elle fera défaut et pour les boeufs et pour les chevaux.
4. De la même, le vin coulera du tonneau dans un bassin, jusqu'à remplir le bassin. Le bassin rempli, rien ne sortira du tonneau. De même, dans une lanterne à l'huile par le sable, et le clou et l'eau.
5. D'une petite maison sortira un simulacre et il y rentrera.
6. Par le feu et l'eau enfermés un petit jeune homme soufflera.
7. Par la figure A si on enlève la lance les soldats sortiront du camp, et ils entreront si la lance est brandie.
8. L'oeuf dans la chaux, la chaux dans le puits.
9. Si quatre cercles pivotent les uns dans les autres, selon la disposition de leurs diamètres, et qu'un vase est suspendu à l'intérieur, de quelque façon qu'ils pivotent, rien ne se renversera[42].

---

40 SIR T. PHILLIPPS, *Letter... addressed to Albert WAY. Esq., Director, communicating a transcript of a MS Treatise on the Preparation of Pigments, and on various processes of the Decorative Arts practised during the Middle Ages, written in the twelfth century, and entitled Mappae Clavicula*, Archaeologia, vol. 32, 1847, pp. 183-244. Description du manuscrit dans SMITH-HAWTHORNE, *Mappae clavicula*, pp. 5-9.

41 MC p. 243 SH; Ms Phillipps-Corning f. 65 r°; feuillet précédent arraché; même main que le reste du ms.

42 *Stagni;.ix. c(u)pri;. ar(genti) vj.;. simul funde per figuram arragab. ad libitum tuum manabit, et stabit fons. Per eandem, ciphus potum aut reddet aut retinet.*

Ex figura a si prius potaverint boves, sufficiet et bobus et equis. Si prius equi, deficiet et bobus et equis. Ex eadem a dolio in alveum exibit vinum, donec impleat alveum. Impleto alveo, nil exibit a dolio.

Idem in lucerna et oleo per arenam et clavum et aquam a domuncula exibit fantasma et redibit. Per ignem et aquam subclusis ventilabit coridon.

Per figuram. a. ablata lancea, exibunt milites a castro, et intrabunt stridente lancea.

Ovum in calce, calcem in puteo. Quatuor circulis imis inter alios, exposita diametrorum formatione, volventibus, vaseque interiore suspenso, quocunque modo volvantur, nil effundetur.

Les formules 2,3,4, sont des fontaines intermittentes fonctionnant par le principe de la chasse d'eau. On peut les rapprocher de la cantepleure du folio 9 de Villard.

Voyez ici une cantepleure qu'on peut faire dans un hanap [une coupe] *de cette manière: en son centre le hanap doit avoir une tourette* [une petite tour] *et dans le milieu de la tourette il doit y avoir un tube qui tienne au fond de la coupe. Mais que le tuyau soit aussi long que le hanap est profond. Et dans la tourette* [il] *doit* [y] *avoir trois conduits contre le fond du hanap, de façon que le vin du hanap puisse aller dans le tube. Et par-dessus la tourette, il doit y avoir un oiseau qui doit tenir son bec si bas que, quand le hanap est plein, il boive. Alors le vin pénétrera dans l'intérieur du tube et puis* [dans] *le pied du hanap, qui est double. Et entendez bien que l'oiseau doit être creux.*

On en trouve aussi dans les *Pneumatiques* de Héron d'Alexandrie[43].

La figure 5 correspond à une autre machine de Héron, un temple dont les portes s'ouvrent laissant sortir une statue si on y allume du feu.[44]

De même, le n° 6 est un *sufflator* c'est-à-dire la statue d'un jeune homme (latin *coridon* transcription du grec κοριδιον) soufflant de la vapeur d'eau sur les braises d'un calorifère[45].

Enfin, le n° 9 - quatre cercles concentriques dont les diamètres se coupent à angle droit, est une suspension à cardan, qui précède d'un bon siècle la chaufferette de Villard, laquelle possède six cercles au lieu de quatre[46].

Si vous voulez faire une chaufferette à mains, vous ferez une sorte de pomme de cuivre en deux moitiés qui se referment. Dans la pomme de cuivre il doit y avoir six cercles de cuivre, chacun des cercles a deux tourillons et au milieu il doit y avoir un petit récipient à deux tourillons. Les tourillons doivent être alternés de telle manière que le récipient à feu reste toujours droit, car les tourillons se portent les uns les autres. Et si vous le faites exactement comme indiqué sur la légende et la figure, vous pouvez le tourner comme vous voulez, jamais le feu ne se répandra. Cet appareil est commode pour un évêque. Il peut sans crainte assister à la grand-messe, car tant qu'il tiendra cet appareil entre ses mains, il ne les aura pas froides tant que le feu pourra durer. Dans cet appareil, pas plus.

Cet appareil est fait de telle manière que, de quelque côté qu'on le tourne, la poêlette [coupelle] *est d'aplomb.*

---

43 HERONIS ALEXANDRINI, Opera quae supersunt omnia, t. I, Leipzig, 1899

44 Op. cit.

45 Voir L. WHITE, *Technologie médiévale et transformations sociales*, Paris-La Haye, 1969, pp. 110-111.

46 VILLARD, f° 9 r°.

Jérôme Cardan, à qui le nom du dispositif reste attaché, est en réalité l'héritier d'une tradition bien plus ancienne[47]. Il est intéressant d'observer que si les traités de Héron et de Philon sur les automates ne semblent pas avoir été traduits en latin, mais existent en arabe, l'absence de traduction complète n'exclut pas l'infiltration sous forme de recettes isolées, de légendes sans textes ou de textes sans légende propices à une *stimulus diffusion*[48].

La connaissance que Villard pourrait avoir de Vitruve et de ses nombreuses additions peut ainsi reposer par les innombrables recueils, abrégés et florilèges de recettes isolées.

B. Les géométries pratiques

Au folio 20 du carnet, le magister II fournit douze figures géométriques et conclut par ces mots *Totes ces figures sunt estraites de geometrie.* Il s'agit de procédés du type: *par ce moyen on prend la grosseur d'une colonne que l'on ne voit pas tout entière; par ce moyen, on trouve le centre, on procède au compas.*

Au verso (20 v°), on trouve douze procédés du même genre, et au folio 21, huit.

Depuis longtemps, les érudits s'interrogent sur le sens de l'expression "estraites de geometrie" et ont cherché à identifier la source[49]. En réalité, on peut rapprocher l'expression des termes "extrait de grammaire" qui désigne le bestiaire et le lapidaire de Philippe de Thaon (XIIe siècle) et qui implique la référence à des sources écrites[50]. De fait, au moins une partie de ces procédés se retrouvent dans les traités de mesurage des arpenteurs latins et dans les géométries dites "pratiques" qui en dérivent.

Pour les besoins du cadastre, de la colonisation et de la construction des camps, les romains avaient constitué un corps de mesureurs spécialisés, *gromatici* ou *agrimensores*, possédant des méthodes traditionnelles et efficaces de mesurage. Leurs écrits furent constitués dès la fin de l'Antiquité en un corpus dont le *codex arcerianus* de Wolfenbuttel est le plus précieux témoin. Ce sont en fait des recueils de recettes dont les exemples numériques sont souvent identiques d'un texte à l'autre. Ceux dont le contenu mathématique est le plus considérable sont les fragments de Balbus (1er siècle), le

---

47 R. FRANKE, *Histoire de l'articulation à cardan*, Culture technique, n° 19.

48 CARRA DE VAUX, *Des appareils pneumatiques et des machines hydrauliques de Philon de Byzance*, dans *Notices et extraits des manuscrits,* 38 (1903), p. 27 et sv.

49 R. BECHMANN, *Les dessins techniques du Carnet de Villard de Honnecourt*, cit., pp. 45-46.

50 L. PANNIER, *Les lapidaires français du Moyen Age des XIIe, XIIIe et XIVe siècles*, Paris, 1882 (Bibliothèque de l'Ecole des Hautes Etudes, Sciences philologiques et historiques, fasc. 52), p. VII.

podismus attribué à Marcus Julius Nipsus (peut être IVe siècle) et le *Liber* d'Epaphroditus et de Vitruvius Rufus (peut-être IVe siècle)[51]

Au VIe siècle ou au début du VIIe, le corpus s'enrichit d'énoncés repris aux quatre premiers livres d'Euclide traduits par Boèce et dépourvus de démonstrations, c'est-à-dire réduits en recettes. Ce corps mouvant de textes inspire aux Xe et XIe siècles la *Géométrie* de Gerbert[52], la *Geometria incerti auctoris*[53] et les deux géométries apocryphes attribuées à Boèce[54]. Au siècle suivant, ils constitueront encore le plus gros des géométries "pratiques" dites *artis cuiuslibet consummatio* [55] et *pratikes de géométrie* [56], puis le *geometrie due sunt partes principales* [57] et le *quadrans vetus* [58], contemporains de Villard de Honnecourt

Comme les définissent les auteurs du XIIe siècle, ces géométries "pratiques" ont pour but le mesurage. Certains des termes employés comme *inauratio sphaerae* et *pentagoni pavimentum* semblent se référer à un usage pratique[59]. Certains des procédés qui cheminent dans cette tradition ont migré dans des manuscrits de recettes.

Ainsi, par exemple, les formules sur la proportion des colonnes qui interpolent le Vitruve de Sélestat viennent du traité d'arpentage d'Epaphroditus et Vitruvius Rufus conservé dans le manuscrit 13084 de Munich (IXe-Xe s.), f. 64v° et sa copie le 14836 (XIe s.) provenant tous deux de Ratisbonne, et Victor Mortet les a édités en 1896 d'après les trois manuscrits[60].

Voilà comment l'artisan doit faire la bonne proportion des colonnes pour qu'il sache quelle peut être la grosseur selon la proportion de la longueur. La colonne doit avoir la septième partie de sa longueur dans le bas, c'est-à-dire dans la partie qui repose

---

51 F. BLUME, K. LACHMANN, TH. MOMMSEN, A. RUDORFF, *Die Schriften der Römischen Feldmesser*, Berlin, 1848-52; réimpression: Hildesheim, 1967; V. MORTET, *Un nouveau texte des traités d'arpentage et de géométrie d'Epaphroditus et de Vitruvius Rufus, publié d'après le ms. latin 13084 de la Bibliothèque royale de Munich*, Notices et extraits des manuscrits de la Bibliothèque nationale et d'autres bibliothèques, vol. 35, 2, 1896, pp. 511-550; H. BUTZMANN, *Corpus Agrimensorum Romanorum. Codex Arcerianus A der Herzog-August Bibliothek zu Wolfenbüttel*, Leyde, 1970 (Codices Graeci et Latini photografice depicti, t. 22); O. A. W. DILKE, *Illustrations from Roman surveyor's manuals*, Imago Mundi, vol. 21, 1967, pp. 9-29.

52 N. BUBNOV, *Gerberti Opera mathematica*, Berlin, 1899; réimpression Hildesheim, 1963, pp. 46-97.

53 N. BUBNOV, *op.cit.*, pp. 310-365.

54 La première a été éditée par G. FRIEDLEIN, *Boetii de institutione arithmetica libri duo, de institutione musica libri quinque. Accedit geometria quae fertur Boetii*, Leipzig, 1867, pp. 372-428. La deuxième a été éditée par M. FOLKERTS, *"Boethius"Geométrie II*, *op.cit.*, note 11.

55 S. K. VICTOR, cité note 13, pp. 108-471.

56 S. K. VICTOR, *op.cit.*, pp. 472-601.

57 N. L. HAHN, *Medieval Mensuration*, cité note 14, pp. 115-165.

58 N. L. HAHN, *op.cit.*, pp. 1-113.

59 N. BUBNOV, *op.cit.*, p. 360, 361 et 545; *Artis cuiuslibet consummatio*, I, 15, p. 158.

60 V. MORTET, *La mesure des colonnes à la fin de l'époque romaine d'après un très ancien formulaire*, Bibliothèque de l'Ecole des chartes, LVII, 1896, pp. 277-324.

sur le pied. La partie supérieure de la colonne, sur laquelle repose le chapiteau, doit avoir un huitième de la longueur[61].

La mesure des colonnes pour que l'on puisse estimer quelle hauteur elles peuvent avoir, doit être mesurée par rapport à la circonférence. Si le tronc de cône a sur son assise 5 pieds de tour, il aura en hauteur 12 pieds et demi. Si le tronc de cône a 10 pieds de tour, il aura en hauteur 25 pieds, parce que un pied de tour lève vers le haut 2 pieds et demi.

Il s'agit de deux calculs de proportion. Le module, c'est-à-dire la base du calcul, est ici la circonférence de la colonne et non son diamètre comme chez Vitruve, ce qui indiquerait peut-être que l'on mesure des colonnes toutes faites, c'est-à-dire des tambours de récupération.

La première formule établit un rapport modulaire de 7 à 8 entre la largeur de la base et celle du sommet. Cette ordonnance en huitièmes est ce que Vitruve appelle l'ordonnance aréostyle. Ce même rapport est chez Héron (Stéréométrie II 22).

La deuxième formule est l'échelle modulaire du fût de la colonne. Elle nous donne un rapport entre la circonférence et la hauteur de 1 à 2,5. Si on donne à π la valeur classique de 22/7 qu'il a chez les arpenteurs, le diamètre est égal à 7/55 de la hauteur (soit un peu moins d'1/8). C'est un peu moins que l'ordre ionique à son commencement décrit par Vitruve, où *la proportion des colonnes était d'avoir huit modules ou diamètres de haut.*

D'autres formules des arpenteurs présentent un rapport étroit avec les folios du carnet de Villard relatifs au mesurage. Il s'agit par exemple des procédés pour déterminer la hauteur d'un objet éloigné. Voici une des méthodes qui est chez les arpenteurs[62], dans la *Geometria incerti auctoris* [63], dans les géométries pratiques du XIIe siècle[64], dans la *Mappae clavicula* [65] et chez Villard[66].

---

61 V. MORTET, *op.cit.*, p. 289. *De Geometria columnarum et mensuris aliis. Geometria columnarum hoc modo debet ab artifice fieri ut sciat quantum grossa possit esse, quantaque ejus longitudo fuerit. 1. Columna septimam partem debet habere longitudinis in imo, hoc est in parte qua[e] supra pedem sedet. Superior autem pars columne, ubi capitellum insidet, octavam partem debet habere longitudinis. 2. Mensura columnarum, ut possit estimar[i] quant[a]m altitudinem habere possit, mensuranda in circuitum. Si habuerit collurus super stragulum in circuitum pedes V, habebit in altum collurus pedes XII et dimidium; si habuerit vero collurus in circuitu pedes X, habebit in altum pedes XXV, quia unius pedis circuitu[s] levat in altum pedes II et dimidium.*

62 Epaphroditus, 43, p. 551 BUBNOV (sans mention d'instrument, mais à ras du sol comme chez Villard).

63 *Geometria incerti auctoris*, p. 328, 329, 330 BUBNOV.

64 *Artis cuiuslibet consummatio*, II, 32, pp. 302-306 VICTOR.

65 *Mappae clavicula*, 213, p. 228. *De planitie, seu altitudine mensurandi. In primis, orthogonium hoc modo compones. Tres virgulas planas et rectas facies, primam iij. unciarum, vel pedum, seu ulnarum; secundam iiij. terciam v. Illam, quae trium mensurarum est in altum dirigas; illam, que iiij. in planum colloces; illam, quae v. a summitate illius, quae in altum dirigitur, usque in summitatem illius, quae in planum collocatur, deducas. Sic angulatim illae tres virgulae conjunctae orthogonium faciunt. Virgula autem directa vocatur cathetus : collocata, basis, deducta, ypotemusa. Deinde baculum accipias,*

Du mesurage en plaine, ou en hauteur. D'abord, vous construisez un triangle rectangle de la façon suivante. Vous ferez trois baguettes, plates et droites, la première de trois onces, ou pieds, ou aunes; la deuxième de quatre, la troisième de cinq. Celle qui est de trois mesures, disposez-la verticalement; avec celle qui est de quatre, horizontalement; avec celle qui est de 5, joignez l'extrémité de celle qui est debout à l'extrémité de celle qui est à plat. Ainsi ces trois lattes jointes angulairement font un angle droit. La baguette verticale s'appelle cathète; la baguette horizontale, la base; la baguette abaissée, l'hypoténuse. Ensuite, prenez un bâton dont la hauteur atteigne votre oeil : fixez-y le triangle rectangle par le milieu de sa base, ensuite appliquez votre oeil à l'angle où se joignent la base et l'hypoténuse. Dirigez votre regard vers l'angle où se joignent l'hypoténuse et la cathète; en avançant et en reculant, marchez jusqu'à ce que votre regard, à votre estime, joigne l'angle de l'hypoténuse et la cathète au sommet de cette chose dont vous cherchez la hauteur. Ceci fait, mesurez la distance depuis l'endroit où vous êtes, jusqu'au pied de cette chose. De cet espace, enlevez un quart. Les trois autres parties augmentées de la hauteur du bâton que vous teniez en main, tenez les pour la hauteur. Il faut veiller avec soin à ce que l'angle droit ne s'incline pas d'un côté ou l'autre par rapport au bâton; et pour que l'inclinaison puisse se repérer, laissez descendre un fil à plomb du milieu de l'hypoténuse. S'il touche le milieu de la base, sachez qu'il n'y a pas d'inclinaison du triangle rectangle.

C'est évidemment une application des triangles semblables, particulièrement commode grâce au rapport 3-4-5 des côtés de l'équerre servant à la visée. Chez Villard, le triangle est à ras du sol et l'observateur obligé de ramper.

On pourrait semblablement trouver dans les manuscrits de recettes les parallèles aux procédés médicaux et techniques décrits au f° 33. Par exemple, le procédé célèbre pour sécher les fleurs :

Cueillez vos fleurs au matin [donc fraîches] *de diverses couleurs, que l'une ne touche pas l'autre, prenez une sorte de pierre qu'on taille au ciseau, qu'elle soit blanche, moulue, déliée* [c'est-à-dire finement moulue]. *Puis mettez vos fleurs dans cette poudre, chaque espèce séparément, ainsi vos fleurs dureront en leurs couleurs* [c'est-à-dire se

---

cujus altitudo usque ad oculum tuum perveniat : huic orthogonium in medio basis effigias; postmodum oculum angulo opponas in quo junguntur basis et ypotemusa. Intuitumque ad illum angulum dirigas quo jungunt ypotemusa, et cathetus; et progrediendo ac regrediendo tamdiu perambules, quousque intuitus, secundum estimationem, angulum ypotemusae et catheta jungat summitati illius rei, cujus altitudinem queris. Hoc expleto, ab eo loco in quo tunc stas, usque ad pedem rei illius, metire spatium areae. Ex hoc spatio quartam partem subtrahe. Reliquas tres partes, superaddita baculi mensura, quem in manu tenebas, pro altitudine teneto. Hoc autem est caute videndum, ne in aliquam partem declinet ortogonium baculo superposito; et, ut declinatio deprehendi possit, a medio ypotemusae pendiculum demittito. Hoc, si medium basis tetigerit, nullam declinationem orthogonii esse scito.

66 VILLARD, f° 20 v°

conserveront avec leurs couleurs], trouve un parallèle dans le manuscrit de recettes de Jean le Bègue (Paris, BN ms lat. 6741)[67] :

A faire couleurs de fleurs - Alez au matin soleil levant aux champs et assemblez diverses fleurs de bles et dautres herbes, et criblez bien et molez chacun par soy avec gips bien cuit, et mettez le sechier et gardez chascun par lui et en ouvrez quant est besoing. Et quant vous vouldrez avoir couleur verde, meslez chaux vive avecques les dictes fleurs, et avez bonne couleur.

Il s'agit de sécher des fleurs fraîches en présence d'une matière adsorbante, ici vraisemblablement le gypse ou pierre spéculaire que l'on clivait au ciseau pour faire des vitres. Entre les deux formulations, il existe des variantes opératoires. Le Professeur Joseph Opsomer[68] a rapproché le texte de Villard et des méthodes modernes de séchage des plantes en herbier. La variante de Jean le Bègue suggère plutôt la fabrication d'une poudre colorée utilisée en peinture puisque les substances sont moulues et tamisées.

Conclusion

A supposer même que l'on trouve un parallèle écrit pour chaque élément du carnet, on n'aura pas pour autant expliqué leur présence simultanée, leur rassemblement en ce qu'il faut bien appeler un corps de doctrine. Villard n'a fait ni un manuel d'instructions technologiques, ni un recueil d'*experimenta*. Dans ce texte voué selon l'opinion commune à refléter la pratique architecturale, des éléments surprennent et mettent sur la voie d'une autre explication. Il s'agit de la machine à mouvement perpétuel dont le premier menuisier venu aurait pu s'apercevoir qu'elle ne marcherait jamais.

La légende au f° 5 est laconique: *Maint jor se sunt maistre despute de faire torner une ruée par li seule : vés ent ci com en puet faire par maillès non pers u par vif argent.*

A de nombreuses occasions, les savants ont discuté de la façon de faire tourner une roue toute seule; voyez ici comment on peut faire avec des maillets en nombre impair ou du mercure.

Le dessin représente une roue à quatre rayons, dont la jante est munie de sept maillets basculant tour à tour. Rien n'y évoque le mercure.

---

67 MERRIFIELD, *Original Treatises dating from the XIIth to XVIII centuries in the Arts of Painting*, 2 vol., Londres, 1849, t. I, p. 313, § 140.

68 J. E. OPSOMER, *Notes sur l'art des herbiers aux siècles passés*, dans *Annales du XLIe Congrès (Malines, 1970) de la Fédération archéologique et historique de Belgique*, pp. 518-525.

Lynn White l'a rapprochée d'un appareil semblable, une roue à compartiments où s'écoule le mercure[69], décrit au XIe siècle par le mathématicien indien Bhaskara, ce qui pose une fois de plus le problème de la transmission. Le rapprochement s'impose avec un autre essai de mouvement perpétuel, utilisant un aimant, décrit à la même époque par Pierre de Maricourt dans son *Epistola de magnete*[70]. Pierre, lui aussi présente le problème comme fort disputé en son temps.

Pierre affirme au chapitre 3 : *Dans ce chapitre enfin, je te révèlerai la façon de construire une roue qui tourne continuellement par un mécanisme merveilleux. Pour trouver cela, j'ai vu beaucoup de gens errer et se fatiguer en travaux multiples. Ils ne s'apercevaient pas que l'on pouvait arriver à la maîtrise de cette question par la vertu ou le pouvoir de cette pierre* [71].

Les machines totalement ou partiellement impossibles ne manquent pas chez les mécaniciens grecs. Tels sont par exemple les ressorts de bronze dans les catapultes de Philon de Byzance[72] ou encore les appareils par lesquels l'anonyme *de rebus bellicis* au IVe siècle propose de moderniser l'armée romaine[73]. L'important est l'état d'esprit que révèlent ces machines qui sont des constructions purement intellectuelles extrapolant à partir de mécanismes connus. Est-il téméraire de supposer que Pierre et Villard font allusion à une réflexion de ce genre menée en leur temps dans le milieu picard ? Maricourt et Honnecourt, sont deux villages de Picardie près de Cambrai et pas très éloignés l'un de l'autre. Villard fait référence à Pierre de Corbie, un autre Picard, et Pierre de Maricourt à Siger de Fauconcourt, encore un Picard. Thorndike a épinglé des références fort précises à l'*Epistola de magnete* chez le médecin Jean de Saint-Amand, chanoine de Tournai[74] Au XIVe siècle, le parc du château d'Hesdin, près de St Omer était plein d'automates: machines giclantes, singes mécaniques, statues animées, horloges et peut-être un labyrinthe (la maison dedalus). L'ensemble fut construit peu après 1288 par Robert II d'Artois, ancien régent du royaume angevin de Naples et neveu de Charles d'Anjou dans

---

69 L. WHITE, *op.cit.*, p. 134.

70 D. SPEISER, P. RADELET, *Le* De magnete *de Pierre de Maricourt, traduction et commentaire*, Revue d'histoire des sciences, t. XXVIII, 3, 1975, pp. 193-234.

71 D. SPEISER, P. RADELET, *op.cit.*, p. 226.

72 PHILON, *Syntaxe mécanique*, IV, 43, éd. H. DIELS et E. SCHRAMM, *Philons Belopoiika (Viertes Buch der Mechanik) Griechisch und Deutsch*, dans APAW, 1918, 16. Voir R. HALLEUX, *Le problème des métaux dans la science antique*, Paris, 1974 (Bibliothèque de la Faculté de Philosophie et Lettres de l'Université de Liège, fasc. CCIX), p. 126.

73 E. A. THOMPSON, *A Roman Reformer and Inventor. Being a new Text of the Treatise de rebus bellicis with a translation and introduction*, Oxford, 1952.

74 Il fleurit entre 1261 et 1298. Voir E. WICKERSHEIMER, *Dictionnaire biographique des médecins en France au Moyen Age*, t. 2, réimpression, Genève, 1979 (Centre de recherches d'histoire et de philologie de la IVe Section de l'Ecole pratique des Hautes Etudes, V, Hautes Etudes Médiévales et Modernes, 34/2), pp. 476-478; L. THORNDIKE, *John of St. Amand on the Magnet*, Isis, vol. 36, 1945, pp. 156-157.

l'armée de qui Pierre le Pélerin avait servi comme ingénieur en 1269[75]. Si Pierre de Maricourt est bien le Magister Petrus cité par Roger Bacon[76], les audacieuses anticipations de l'*Epistola de secretis operibus*[77] - automobiles, machines, volantes, miroirs ardents - prendraient un autre sens en se référant aux savoirs des mécaniciens de son temps et à leurs rêves.

75 A. HAGOPIAN-VAN BUREN, *The Park of Hesdin*, dans E. MAC DOUGALL (ed.), *Medieval Gardens*, Dumbarton Oaks, 1985.
76 R. BACON, *Opus maius*, II, p. 583 Bridges.
77 R. BACON, *Epistola de secretis operibus artis et naturae*, Brewer, p. 540.

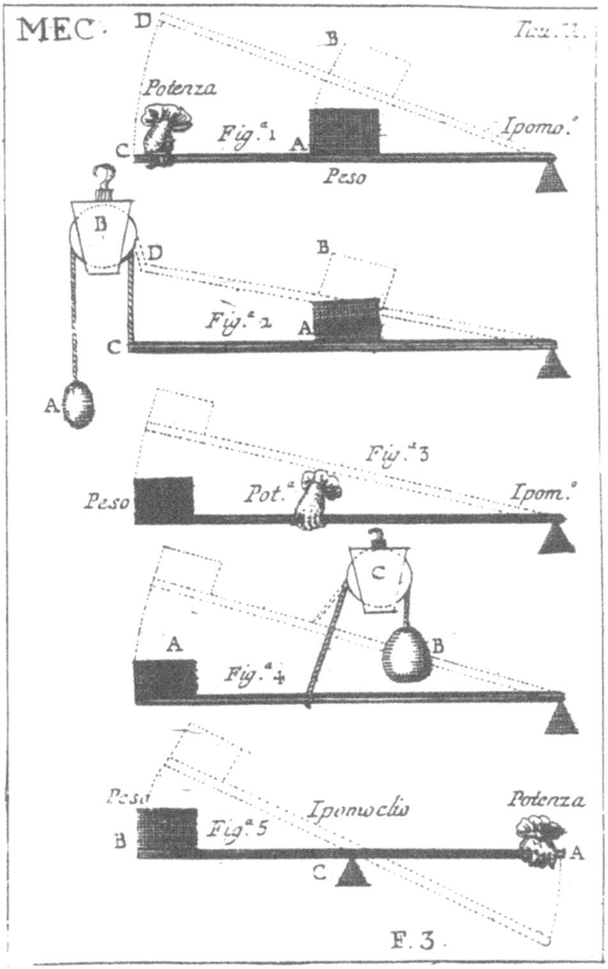

Figure tirée de l'*Architettura* de Vignola (1563)

LA GÉOMÉTRISATION DES QUALITÉS PHYSIQUES AU XVIÈME SIÈCLE: LES MODÈLES DE LA THÉORIE DES PROPORTIONS

Pier Daniele Napolitani[1]

Summary : The theory of proportions allowed to formulate the first mathematical law of mechanics: the law of the lever or balance equilibrium. This law permits to structure axiomaticaly the study of all "simples machines". But the investigators wanted to go further and to establish a quantitative conception of nature via a mathematical model of the surrounding world. This mathematical model also appeals to the theory of proportions.

Résumé : La théorie des proportions a permis d'énoncer pour la première fois mathématiquement une loi de la mécanique, l'équilibre du levier ou encore l'équilibre de la balance. Cette loi permet de structurer axiomatiquement l'étude de l'ensemble des "machines simples". Mais les chercheurs ne veulent pas en rester là et désirent instaurer une conception quantitative de la nature via un modèle mathématique du monde qui les entoure. Ce modèle mathématique fait appel à la théorie des proportions.

Introduction

Il est bien connu que Galilée passe d'une conception qualitative du monde à une vision quantitative, ou, mieux, mathématique: le livre de l'univers est écrit avec les caractères de la géométrie, pour citer la fameuse phrase du *Saggiatore*.

Toutefois, pour comprendre la démarche galiléenne, il faut d'abord se poser la question: d'où vient-elle? Est-elle propre à Galilée ou bien sa recherche s'inscrit-elle dans des courants de pensées établis à son époque? Et, dans ce dernier cas, quels étaient ces courants, et comment pourrait-on déterminer quelle a été la véritable contribution de Galilée, et plus généralement du XVIème siècle par rapport au XVIIème?

Il faut, au préalable, dire que l'idée d'utiliser l'outil mathématique est probablement aussi ancienne que l'homme. Vérité qui ferait la joie de Monsieur de La Palisse. Cependant, je ne voudrais pas parler ici des moyens par lesquels l'homme a essayé de maîtriser le monde qui l'entoure, moyens tels que mesurer, utiliser des balances, des nombres, etc. Je voudrais plutôt essayer de donner une perspective plus

---

1 DIPARTIMENTO DI MATEMATICA - UNIVERSITÀ DI PISA, Via Buonarroti, 2 - 56100 Pisa (Italia).

précise -surtout du point de vue des techniques mathématiques mises en oeuvre - du grand phénomène qui a lieu au XVIème siècle: l'instauration d'une conception quantitative de la nature qui se réalise par un modèle mathématique du monde qui nous entoure. Cette conception et ce modèle sont les nôtres après plus de quatre siècles. L'outil mathématique par excellence qui accompagne cette démarche a été la théorie euclidienne des proportions. L'idée que certaines qualités physiques peuvent être étudiées dans le cadre de cette théorie est presque un *topos* chez les commentateurs d'Euclide du Moyen Age et de la Renaissance. Elle remonte à Campanus de Novara: *Les rapports n'existent pas seulement entre les quantités, mais aussi entre les poids, les puissances et les sons. Dans le* Thimée, *Platon (là où il parle du nombre des éléments) veut qu'il y ait des proportions entre les poids eux-mêmes et les puissances. Boetius veut qu'entre les sons il y ait un rapport ... Mais, partout où l'on peut parler de rapport, on retrouve, là encore, la nature et les propriétés de la quantité*[2] et passe, amplifiée au XVIème siècle, chez Candalle, Tartaglia, Clavius, Cardan, pour ne citer que quelques noms. Lisons, par exemple, ce passage de Clavius: *Bien que dans les seules quantités on puisse repérer aussi la proportion, néanmoins tout le reste qui d'une certaine manière a par nature le parfum de la quantité (comme les temps, les sons, la voix, le lieu, le mouvement, le poids et les puissances) est aussi dit être en rapport si on considère son attitude vis à vis de la quantité.*[3] Le rôle que joue ici la définition de rapport (*proportio* ou *ratio*) d'Euclide (déf. 3.V) est évident: *Une raison est une certaine relation mutuelle selon la quantité de deux grandeurs de même genre*[4].

Mais, comme on vient de le dire, ces affirmations représentent plus un *topos* qu'un véritable programme de recherche visant à décrire *les temps, les sons, les voix, les lieux, les mouvements, les poids, les forces* dans le cadre de la théorie. Maints auteurs le répètent. Maints auteurs s'attachent à la théorie des proportions pour essayer de suivre

---

2 *Non enim solum in quantitatibus reperitur proportio, sed in ponderibus, potentiis et sonis. In ponderibus quidem et potentiis vult Plato in Timaeo esse proportionem: ubi elementorum numerum ostendit. In sonis autem esse proportionem...ut vult Boetius... Sed in quibuscunque proportio reperitur, ea partecipant naturam proprietatemque quantitatis.* Nous citons de l'édition de Bâle du 1546 (*Euclidis Megarensis...Elementorum geometricorum libri XV cum expositione ... Campani*, p. 103). Nous évitons ici et dans la suite, toute référence à la tradition des *calculatores*. Tradition qui a évidemment une très grande importance pour le sujet abordé, mais qu'on a décidé de laisser de côté étant donné les limitations intrinsèques de ce travail et le fait que aujourd'hui encore il n'y a pas un consensus général sur l'influence de cette tradition sur les mathématiciens et les philosophes du XVIème siècle.

3 *Quamquam autem in solis quantitatibus proprie reperitur proportio, tamen omnia alia, quae aliquo modo naturam sapiunt quantitatis, cuismodi sunt tempora, soni, voces, loca, motus, pondera, et potentiae proportionem habere quoque dicuntur, si eorum habitudo consideretur secundum quantitatem.* Nous citons de la quatrième édition du commentaire de Clavius à Euclide (*Euclidis Elementorum Libri XV*, Rome, 1603, p. 513), dont la prèmiere édition rémonte à 1574.

4 *Ratio est duarum magnitudinum eiusdem generis mutua quaedam secundum quantitatem habitudo.*

l'exemple d'Archimède - qui vient de réapparaître sur la scène - et décrire géométriquement des situations physiques telles que le mouvement, ou la balance, ou la balance hydrostatique.

Vers la moitié du XVIème siècle commence à prendre corps l'idée de mettre en oeuvre des outils mathématiques qui permettent une description unifiée de la variété qualitative de la nature. Cardan semble essayer quelque chose de ce genre dans son *Opus novum de proportionibus* (1570), ouvrage presque fabuleux par la variété d'applications que son auteur veut donner au concept de rapport. A côté de nombreuses intuitions mécaniques et géométriques on peut y trouver des propositions comme la 167:

... adapter les rapports harmoniques musicaux aux odeurs et saveurs [5]

ou des réflexions sur le fait qu'entre le monde de la nature, le monde humain et le monde divin ne peut exister aucun *rapport* - dans le sens géométrique, évidemment. Le *De proportionibus*, comme tout programme trop ambitieux, reste dans le vague. Il est toutefois le signe d'un esprit nouveau qui est en train de s'établir, même s'il faut chercher ailleurs les premières traces du chemin qui va mener à une nouvelle façon de comprendre la géométrisation de la nature. Essayons de préciser la question.

Si l'on considère différentes situations physiques - le mouvement uniforme, l'équilibre de la balance, le lien entre le poids d'un corps et son volume. Pour nous toutes ces situations peuvent se ramener à des lois "isomorphes", pour ne pas dire à la même loi:

$$s = v \cdot t \qquad M = P \cdot s \qquad P = \pi \cdot V$$

L'espace parcouru peut être représenté par le produit de la vitesse et du temps, le moment mécanique par le produit du poids et de l'espace et le poids par le produit du poids spécifique et du volume. Mais nous pouvons voir les choses de cette façon parce que:

1. Nous avons *déjà* une vision quantitative de ces situations physiques: par exemple l'espace et le temps peuvent être mesurés et sont liés entre eux par une constante de proportionnalité - la vitesse - qui, à son tour, peut être mesurée à partir de l'espace et du temps. L'aspect qualitatif du mouvement a été mis de côté. Ce qui importe n'est plus l'opposition qualitative *motus /quies* dans laquelle la vitesse n'est qu'un accident du mouvement. La vitesse est maintenant une grandeur qui distingue un mouvement particulier des autres: si elle est constante, le mouvement est uniforme.

2. Quand on exprime une loi physique de la manière suivante:

$$A = \alpha \cdot \beta$$

---

5 *Proportionem musicam ad odores et sapores coaptare.*

ce qui nous permet d'effectuer le produit de α et de β et de dire que ce produit là est égal à A est que nous pensons en fait à des mesures - donc à des nombres - des grandeurs physiques en jeu. Ceci n'a aucun sens dans le cadre de la théorie des proportions, même si l'on peut exprimer la loi comme suit:

$$\frac{A}{\beta} = \alpha$$

Dans la théorie des proportions on ne peut pas dire, par exemple, que la vitesse est le rapport entre l'espace parcouru et le temps qui s'est écoulé. En effet, espace et temps sont des *grandeurs*, ou mieux encore des *qualités* qu'on se permet de considérer comme des grandeurs géométriques. Mais comme elles ne sont pas du même genre, suivant la définition d'Euclide, on ne peut pas parler de rapport entre elles. Tout comme on ne peut parler de rapport entre le monde humain et le monde divin chez Cardan.

3. Comme on vient de le dire, pour exprimer une loi physique, il faut individualiser, dans la situation concrète des éléments qui puissent être traités mathématiquement. Mais lesquels? Pour le mouvement uniforme cela peut sembler clair. Et pour nous il est clair que les éléments du mouvement accéléré sont l'espace, le temps et l'accélération. Mais on connaît bien les difficultés qu'affronta le jeune Galilée dans ses *De motu antiquiora* pour reconnaître en l'accélération une grandeur caractéristique du mouvement de chute des graves et ne plus la considérer comme un simple accident qu'il fallait expliquer. Pour ne rien dire des difficultés qu'il lui fallut surmonter pour découvrir les liens entre accélération, temps, espace et vitesse. Ce qui est clair pour nous, habitants d'un monde mathématisé, est bien loin d'être évident pour le philosophe naturel et pour le mathématicien du XVIème, qui vivent dans un monde qualitatif. Considérons, par exemple, une situation physique beaucoup plus simple que celle de la chute des graves: l'équilibre de la balance. Il n'est pas clair du tout, dans la situation concrète comme dans les textes classiques d'Archimède, qu'on puisse considérer, que puisse même exister, une grandeur comme le moment mécanique, pour laquelle il n'existe même pas de mot. Ou, si nous considérons la balance hydrostatique, pourquoi faudrait-il élever au rang de grandeur géométrique le poids spécifique, une grandeur qui se prête très mal à être incorporée dans la théorie des proportions? Pourquoi ne peut-on pas suivre Archimède et utiliser sa loi, où la grandeur fondamentale est la perte de poids d'un corps dans l'eau?

Nous allons essayer de montrer ici que chez certains auteurs du XVIème apparaît la volonté de bâtir des modèles fondés sur la théorie des proportions et qui puissent s'appliquer à des situations physiques telles que celles dont nous venons de parler. Cette tendance aboutira finalement à Galilée. Ensuite, on montrera que l'on trouve dans l'oeuvre de Galilée non seulement des modèles spécifiques et divers pour différentes situations physiques, mais qu'est sous-jacent un modèle général des lois physiques qui peuvent être exprimées sous forme d'une proportion.

Que faut-il entendre par *modèle de la théorie des proportions*? La théorie des proportions, dans sa présentation euclidienne est une théorie générale applicable à toute grandeur géométrique. En élaborer un modèle pour une situation physique implique:

1. Individualiser des qualités physiques qui puissent être traitées comme des grandeurs géométriques, c'est-à-dire qui puissent être considérées d'un point de vue quantitatif. Le poids d'un corps, par exemple, sera parfaitement convenable, sa couleur ou sa saveur beaucoup moins.

2. Soumettre ces grandeurs aux structures démonstratives de la théorie des proportions, de manière à articuler les relations entre les qualités en jeu d'une manière abstraite. Nous allons expliquer en examinant les théories mécaniques de Francesco Maurolico (1494-1575), telles qu'elles sont exposées dans le premier livre du *De momentis aequalibus* (1547) et dans les *Prologi* (1554)[6]. Maurolico distingue en mécanique quatre *potentiae* ou quatre qualités fondamentales:

1. La *magnitudo rei*, l'extension d'un corps.
2. Le *pondus rei*, son poids.
3. Le *momentum*, le moment mécanique qui est défini comme *la force du poids exercée à une certaine distance*[7].
4. L'*impetus* ou *vis*.

Maurolico ne s'occupe pas de cette dernière *potentia*, d'un point de vue mathématique. Son oeuvre est surtout consacrée à l'équilibre et à la balance. Les trois premières *potentiae* - souligne-t-il - se distinguent entre elles; des corps différents en extension peuvent avoir le même poids et *vice versa*; des corps égaux en poids peuvent avoir des moments différents. De plus, ces trois *potentiae* sont des *qualitates respectivae*, des qualités relatives: *Le poids aussi, comme la légèreté étant les qualités respectives* ...

---

6 F. MAUROLICO, *De momentis aequalibus*, dans *Admirandi Archimedis syracusani monumenta...ex traditione Maurolyci*, Palermo, 1685; ID., *Prologi sive sermones quidam*, edizione a cura di Graziano Bellifemmine, Tipografia Mezzina, Molfetta, 1968.

7 *De momentis aequalibus*, livre I, def. 8, p. 86: *Momentum est vis ponderis a spacio quopiam contra pendentis.*

peuvent être réduits à la quantité. Telle est en effet une quantité respective: quand un même corps est léger par rapport à un autre, lourd par rapport à un autre encore. De la même manière une même voix est grave par rapport à une voix plus aiguë et aiguë par rapport à une voix plus grave. Comme donc les voix se comparent entre elles, ainsi se comparent aussi les poids[8].

On peut donc parler du poids en tant que quantité, parce qu'on peut le concevoir selon le plus grand, le plus petit et l'égal. Il en va de même du moment: *Donc des poids égaux à des distances différentes ne s'équilibrent pas; et des poids inégaux s'équilibrent. Il existe une troisième puissance ou troisième différentiation de la grandeur, autre que le corps, autre que le poids et que l'on appelle le moment. Le corps acquiert donc son poids par l'intermédiaire de la quantité et de la qualité. Le poids acquiert son moment par l'intermédiaire de la distance à laquelle on le suspend. D'où s'ensuit que lorsque les poids sont inverses des distances les moments sont égaux*[9].

A première vue ces extraits des *Prologi* ne s'écartent pas tellement du *topos* de Campanus et des autres commentateurs. Mais il faut souligner que les *Prologi* sont un texte "philosophique", dans lequel Maurolico résume les résultats de sa recherche mathématique. Pour mieux apprécier sa position il faut étudier le traitement du concept de moment mécanique qu'il avait donné sept ans auparavant dans le *De Momentis aequalibus*. Le premier livre du *De Momentis* s'ouvre sur une liste de définitions et de postulats qui lui sont nécessaires pour présenter sa propre reconstruction de la théorie archimédienne de l'équilibre et des centres de gravité. C'est là que le concept de moment est précisé de manière beaucoup plus formelle. Comme on vient de le dire, la démarche maurolicienne, se situe dans le cadre de la théorie archimédienne de l'équilibre. L' *Equilibre des plans* étant fautif du point de vue de la systématisation théorique et formelle (il n'y a pas de définition de l'équilibre, du centre de gravité; la démonstration de la loi du levier est assez étrange par rapport à la théorie euclidienne des proportions, etc.), Maurolico, veut dès le début, ramener la théorie dans un cadre satisfaisant. La nouvelle notion de moment qu'il introduit est destinée à rendre cohérent le traitement théorique de l'équilibre et la description mathématique de la balance réelle.

---

8 *Pondus quoque ac levitas cum respectivae qualitates sin...ad quantitatem redigi possunt. Qualitas enim talis respectiva est: cum idem corpus alio respectu leve sit, alio autem grave... Similiter vox eadem respectu vocis acutioris gravis est, respectu autem gravioris acuta. Sicut igitur voces inter se proportione, ita et pondera comparantur. Prologi*, p. 46.

9 *Rursus aequalia pondera a diversis spaciis non aequaliter: et inaequalia aequaliter ponderant... Erit ergo tertia quaedam potentia, sive tertia magnitudinis differentia, diversa a corpore, diversa a pondere, quam momentum vocant. Corpus igitur acquirit pondus a quantitate et a qualitate: pondus autem momentum suscipit a spacio ad quod appenditur. Unde quando spacia sunt ponderibus reciproca momenta sunt aequalia. Prologi*, pp. 46-47.

Regardons les choses d'un peu plus de près. Dans les axiomes et dans les 35 premières propositions, Maurolico établit la loi du levier. Il distingue avec une minutie à la limite de la prolixité la notion géométrique de centre de gravité de la notion physique d'équilibre. Dans la proposition 36 il veut établir que l'espace étant fixé, si le poids P a le moment M, le poids nP aura le moment nM. En fait la "démonstration" se réduit à une pétition de principe, parce que Maurolico n'a pas explicitement postulé l'"additivité" du moment qu'il utilise pour arriver à la conclusion: si le corps C_1 a un poids P_1 et un moment M_1^s par rapport à l'espace s et le corps C_2 a un poids P_2 et un moment M_2^s par rapport à l'espace s, il faudrait postuler que le corps $C_1 + C_2$, qui a le poids $P_1 + P_2$, a le moment $M_1^s + M_2^s$.

A ce point là, il démontre que (dénotons par M(P, s) le moment du poids P par rapport à la distance s):

1. Lorsque les espaces sont égaux les poids sont proportionnels aux moments (proposition 37):

(1) $$P_1 : P_2 = M(P_1, s) : M(P_2, s)$$

2. Lorsque les poids sont égaux, les espaces sont proportionnels aux moments (proposition 38):

(2) $$s_1 : s_2 = M(P, s_1) : M(P, s_2)$$

On ne peut pas entrer ici dans les détails de la démonstration. Il suffit de dire que l'outil fondamental que Maurolico utilise est la définition euclidienne de proportion[10], c'est-à-dire que

$$A : B = C : D$$

si ∀n, m

$$nA > mB \Rightarrow nC > mD,$$
$$nA = mB \Rightarrow nC = mD,$$
$$nA < mB \Rightarrow nC < mD.$$

Ainsi la prop. 37 découle naturellement de la proposition 36. En prenant un multiple nP_1 du poids P_1 et un multiple mP_2 du poids P_2 le moment $M(nP_1, s)$ sera égal à $nM(P_1, s)$ et le moment $M(mP_2, s)$ sera égal à $mM(P_2, s)$. Il est alors facile de montrer que la définition euclidienne peut s'appliquer. La théorie abstraite des proportions, valable pour toutes sortes de grandeurs, commence à s'incarner dans un modèle concret applicable à l'équilibre.

10 C'est la définition 6 du livre V. Dans le texte de l'édition de Clavius: *In eadem ratione magnitudines dicuntur esse, prima ad secundam, et tertia ad quartam, cum primae et tertiae aeque multiplicia, a secundae et quartae aeque multiplicibus, qualiscunque sit haec nultiplicatio, utrumque ab utroque vel una deficiunt, vel una aequalia sunt, vel una excedunt; si ea sumantur quae inter se respondunt.*

Mais faisons le point. Maurolico a individualisé trois grandeurs, l'espace s, le poids P, le moment M(P, s) et a énoncé les relations de proportionnalité qui subsistent quand l'une des deux grandeurs dont le moment dépend est fixée (relations 1 et 2 ci-dessus). Mais qu'est ce qui se passe quand P et s, sont toutes les deux libres de varier? L'outil auquel Maurolico a recours pour résoudre ce problème est celui du *rapport composé* (*proportio composita*).

Voyons de quoi il s'agit. Dans les *Elements* d'Euclide on ne trouve pas de définition satisfaisante du rapport composé[11]. Toutefois la façon dont cette notion est utilisée dans les *Elements* et chez d'autres auteurs classiques tels qu'Apollonius et Archimède est assez claire. Comme le dira Galilée dans la *Giornata aggiunta sulle proporzioni,* on peut penser que, par définition, le rapport A:B se compose des deux rapports A:X et X:B, où X est une grandeur quelconque. Dans la suite nous noterons le rapport composé par:

$$A : B = (A : X) \otimes (X : B)$$

Mais comment peut-on composer les rapports M:N et P:Q, c'est-à-dire comment peut-on faire la composition quand il n'y a pas de terme commun entre les deux rapports? Il faut évidemment se ramener à ce cas. Soit A une grandeur quelconque et soit X la quatrième proportionnelle de M, N, A:

$$M : N = A : X$$

et soit B la quatrième proportionnelle de P, Q, X:

$$P : Q = X : B$$

On aura alors:

$$(M : N) \otimes (P : Q) = (A : X) \otimes (X : B) = A : B$$

Il est évident que la technique du rapport composé n'est pas équivalente à ce que nous prendrions comme multiplication des rapports, mais c'est tout ce que la théorie des proportions peut offrir dans les situations où une loi en quelque sorte multiplicative est à l'oeuvre. La proposition 23 du VI livre des *Elements* est paradigmatique: *Des Parallelogrammes équiangles ont entre eux le rapport composé des rapports des côtés.* Soient P_1, P_2 deux parallélogrammes, l_1, l_1,b_1, b_2 les côtés correspondants. Il faut montrer que

$$P_1 : P_2 = (l_1 : l_2) \otimes (b_1 : b_2)$$

Si nous considérons les parallélogrammes comme des grandeurs dépendantes des deux autres, c'est-à-dire des côtés pris dans l'ordre:

$$P = P(l , b)$$

11 La déf. du livre VI *Un rapport se dit être composé d'autres rapports quand les quantités des rapports multipliées entre elles donnent quelque autre rapport* est très probablement interpolé.

nous savons que, si la grandeur b est fixée,

(3) $$P(l_1, b) : P(l_2, b) = l_1 : l_2$$

et que, la grandeur l étant fixée,

(4) $$P(l, b_1) : P(l, b_2) = b_1 : b_2$$

Il suffira alors de prendre le parallélogramme $P = P(l_1, b_2)$ pour avoir:

$$P_1(l_1, b_1) : P(l_1, b_2) = b_1 : b_2$$
$$P(l_1, b_2) : P_2(l_2, b_2) = l_1 : l_2$$

et donc

$$P_1 : P_2 = (P_1 : P) \otimes (P : P_2) = (b_1 : b_2) \otimes (l_1 : l_2)$$

Maurolico reprend tout simplement ce raisonnement en considérant les moments au lieu des parallélogrammes et au lieu des côtés respectivement les espaces et les poids[12].

La simplification de la démonstration par Maurolico n'est pas attestée parce que sa reconstruction du VIème livre des *Elements* d'Euclide, est perdue, mais il est fort intéressant de noter qu'on la retrouve dans un *scholium* de Clavius à la prop. 23.VI. Comme on le signale plus loin, Clavius a connu Maurolico à Messine en 1574, et il est certain qu'il utilisa ou fit connaître maintes techniques et idées du mathématicien sicilien. Les relations (3) et (4) correspondent évidemment aux relations (1) et (2) qu'il a démontrées dans les prop. 37 et 38. Et il est alors évident que la relation qui lie moment, poids et espace est: les moments de deux corps sont dans le rapport composé des poids et des espaces[13]

$$M_1 : M_2 = (P_1 : P_2) \otimes (s_1 : s_2)$$

La démonstration est identique à celle que l'on vient d'exposer. Il suffit de considérer le moment d'un corps de poids P_1 par rapport à l'espace s_2.

---

12 Il faut dire que la démonstration euclidienne de 23.VI est un peu différente de celle qu'on vient d'exposer ici. Euclide prend plutôt un segment l quelconque et détermine la quatrième proportionnelle m de l_1, l_2, l. Soit maintenant n la quatrième proportionnelle de b_1, b_2, m. On aura:

$$l_1 : l_2 = l : m$$
$$b_1 : b_2 = m : n$$

et donc

$$(l_1 : l_2) \otimes (b_1 : b_2) = l : n$$

Il suffit maintenant de démontrer que

$$P_1 : P_2 = l : m$$

C'est seulement maintenant que Euclide considère le parallelogramme $P(l_1, b_2)$. On a:

$$P_1(l_1, b_1) : P(l_1, b_2) .= b_1 : b_2 = m : n$$
$$P(l_1, b_2) : P_2(l_2, b_2) .= l_1 : l_2 = l : m$$

et donc, *ex aequali*,

$$P_1 : P_2 = l : n.$$

13 *Momentorum ratio componitur ex ratione ponderum et ex ratione spatiorum a quibus gravia pendent*, dans *De momentis aequalibus*, prop. 39, p. 104.

La théorie des proportions offre donc un cadre permettant d'élaborer un modèle complet de l'équilibre: la notion qualitative de *gravitas secundum situm* qui se bornait à offrir les mots pour exprimer l'action différente du poids selon son point de suspension a été géométrisée, elle est devenue une grandeur. Le *topos* des commentateurs euclidiens devient une démarche concrète décrivant la réalité physique.

Des modèles différents

Maurolico a donc modélisé le *moment*. Mais sa démarche est limitée par deux facteurs:

1. Il ne développe pas son modèle jusqu'au bout. Par exemple: que se passe-t-il lorsque les moments sont égaux? En effet, si le moment est fixé, les espaces sont inversement proportionnels aux poids: en d'autres termes la relation de proportionnalité entre espaces et poids pour un moment fixé n'est rien d'autre que la loi du levier, que Maurolico a établie, mais pas en termes de moments égaux[14]. De plus, on ne trouve aucune trace, dans le *De momentis aequalibus*, des deux autres relations qui lient moment, espace et poids lorsque tous trois sont libres de varier: *le rapport des poids se compose du rapport des moments et du rapport inverse des espaces* et *le rapport des espaces se compose du rapport des moments et du rapport inverse des poids*, c'est-à-dire:

$$P_1 : P_2 = (M_1 : M_2) \otimes (s_2 : s_1)$$

et

$$s_1 : s_2 = (M_1 : M_2) \otimes (P_2 : P_1)$$

2. Il n'envisage pas d'appliquer son modèle à d'autres situations. Il reste lié à une situation physique particulière, celle de l'équilibre de la balance. Je ne connais aucun passage de son oeuvre dans laquelle il essaye d'appliquer la même démarche à d'autres domaines comme par exemple, le mouvement uniforme, le poids spécifique, etc. Toutefois son modèle reste admirable. En premier lieu parce qu'il parvient à géométriser une grandeur comme le moment, qui, comme nous l'avons déjà relevé n'est nullement présente dans les textes archimédiens et qui ne s'offre pas immédiatement à l'intuition comme étant la grandeur fondamentale en jeu dans les situations d'équilibre. Deuxièmement, il faut rappeler que si son travail n'est achevé qu'en 1547, il est fort probable qu'il fut entamé bien des années auparavant. Malheureusement, le *De momentis aequalibus* ne sera imprimé qu'en 1685. Mais il est presque certain que ses oeuvres

14 Chose autant plus étrange, étant donné le titre de son ouvrage: *Sur les moments égaux.*

connurent une certaine diffusion via Christophe Clavius, le maître du Collège Romain des Jésuites, et peut-être aussi via Giuseppe Moleti le disciple de Maurolico et prédécesseur de Galilée à la chaire de mathématique de Padoue.

On peut mieux apprécier l'importance de ses résultats si on les compare avec d'autres, produits aux XVIème siècle dans le domaine de la géométrisation des qualités physique. Les auteurs se bornent généralement à donner des descriptions mathématiques, sans tenter d'établir des relations qui lient systématiquement toutes les grandeurs en jeu. Les tentatives les plus avancés se bornent à essayer de démontrer d'une façon rigoureuse que les poids sont proportionnels à l'extension des corps, comme, par exemple dans le cas du jeune Luca Valerio ou du jeune Galilée des *De motu antiquiora*[15].

L'oeuvre de Marino Ghetaldi *Archimedes promotus seu de variis corporum generibus gravitate et magnitudine comparatis* (Rome, 1603) retiendra, à présent, notre attention. Dans ce livre Ghetaldi arrive à de bonnes déterminations expérimentales du poids spécifique de différents matériaux, tels que les métaux, l'huile, la cire, le vin, le miel, l'eau. On vient de dire "poids spécifique" mais c'est assez incorrect. En effet cette notion, ou celle de *gravitas in specie* est complètement absente du traité de Ghetaldi. Ce qu'il détermine sont les rapports gravo-volumétriques, de différents corps *gravitate et magnitudine comparatis*. Et, ce qui est plus important ici, il place sa recherche expérimentale dans un modèle théorique dont le concept de poids spécifique est non seulement absent, mais soigneusement évité. Le point de départ de Ghetaldi est Archimède et la perte de poids d'un corps placé dans l'eau, concept typiquement archimédien, il choisit de géométriser la grandeur fondamentale pour obtenir un modèle applicable à la balance hydrostatique. Les huit premières propositions sont consacrées à l'élaboration de ce modèle, où les grandeurs en jeu sont la *gravitas* du corps donné (son poids), sa *magnitudo* (son volume) et le poids d'un corps liquide de *magnitudo* égale à celle du corps donné.

Nous ne voulons pas entrer dans le détail du modèle de Ghetaldi[16] mais il est peut-être intéressant de s'arrêter un moment à quelques aspects. Son modèle lui permet de discuter tous les cas théoriquement possibles (rapports à parité de volume et à parité de poids, rapports entre corps liquides et solides, etc.), et il est très rigoureux du point de vue mathématique. Mais, quoique fort bien élaboré, il n'est applicable qu'à l'unique situation physique à laquelle Ghetaldi s'intéresse. Si l'on compare sa modélisation de la

---

15 Sur ce dernier problème voir P.D. NAPOLITANI, *La geometrizzazione della realtà fisica: il peso specifico in Ghetaldi e in Galileo*, Bollettino di Storia delle Scienze Matematiche, vol. 8, 1988, pp. 139-237, en particulier pp. 186-190. Nous renvoyons aux chapitres 3 et 4 de ce travail où l'on trouve une discussion plus approfondie des contributions du XVIème siècle en matière de géométrisation.

16 Son modèle est exposé dans P.D. NAPOLITANI, *œuv. cit.*, en particulier dans le chapitres 2 et 5.

balance hydrostatique à celle que Maurolico donne pour l'équilibre de la balance, on ne peut s'empêcher de constater que les efforts de Maurolico, même s'ils sont plus primitifs, en arrivent à individualiser et à géométriser correctement le *moment* qui permet d'énoncer d'une manière similaire d'autres lois fondamentales valables dans d'autres situation physiques. L'énoncé de Maurolico *les moments sont dans le rapport composé des poids et des espaces* est transposable, *mutatis mutandis* au mouvement uniforme ou à toute autre situation où trois “grandeurs” physiques sont liées entre elles par une loi de proportionnalité; en plus cet énoncé est démontré en transférant directement la théorie et les techniques de la théorie des proportions établie pour les grandeurs géométriques en générale.

Ce qui n'est évidemment pas le cas chez Ghetaldi. Considérons, par exemple, l'énoncé de son théorème 6: *Soient quatre graves dont le premier et le second sont de même grandeur, le troisième ainsi que le quatrième également graves, et que le premier et le troisième soient aussi de même genre, ainsi que le deuxième et le quatrième. La gravité du premier corps sera à la gravité du second, comme la gravité d'une [quantité] de liquide égale à la grandeur du quatrième corps à la gravité d'une [quantité] de liquide égale à la grandeur du troisième corps*[17].

Si l'on note M_a la *magnitudo* d'un corps a, G_a sa *gravitas* et avec G_a^λ la perte de poids du corps a dans le liquide λ, l'énoncé de Ghetaldi revient à dire que si les corps a et a' sont d'un même genre et b et b' d'un autre, et si $M_\alpha = M_\beta$, $G_{a'} = G_{b'}$, alors

$$G_a : G_b = G_{b'}^\lambda : G_{a'}^\lambda$$

Cette proposition qui a une grande importance dans son modèle n'est pas transposable à d'autres grandeurs qui ne seraient pas le poids, le volume et la perte de poids dans un liquide. Non pas parce qu'elle n'est pas traduisible en termes, de vitesse, espace et temps, par exemple mais parce qu'une telle traduction donnerait une proposition tout à fait obscure sur le mouvement uniforme et, surtout, qu'une telle traduction ne serait possible qu'à celui qui, comme nous, sait déjà que le mouvement uniforme et la balance hydrostatique reposent sur des lois *isomorphes*:

$$P = \pi \cdot V$$
$$s = v \cdot t$$

---

17 *Si quatuor gravium corporum primum et secundum fuerint magnitudine aequalia, tertium vero, et quartum aeque gravia, fuerint autem primum et tertium eiusdem generis, itidem secundum et quartum, erit, ut gravitas corporis primi, ad gravitatem secundi, ita gravitas liquidi aequalis magnitudine corpori quarto, ad gravitatem liquidi tertio corpori aequalis.*

Pire encore, n'importe quelle traduction d'une proposition telle que le théorème 6, détruirait complètement le modèle ghetaldien. Par exemple, le théorème 7 affirme que, sous les mêmes hypothèses, et avec les mêmes notations que celles du th. 6,

$$G_a : G_b = M_{b'} : M_{a'}$$

En termes de poids spécifique les deux théorèmes affirment la même chose, étant donné que le rapport $M_{b'} : M_{a'}$ est le même que $G_{b'}^{\lambda} : G_{a'}^{\lambda}$. En effet, pour n'importe quel corps K, $G_k^{\lambda} = M_k \cdot \pi_l$, où π_l, dénote le poids spécifique du liquide λ. Dans le modèle ghetaldien au contraire les deux théorèmes sont essentiels à l'encadrement théorique de la balance hydrostatique: le th. 6 est utilisé pour comparer les 3 grandeurs lorsque les poids sont égaux, le th. 7 lorsque les volumes sont égaux.

Galilée

On a souligné jusqu'ici l'existence d'au moins deux modèles assez élaborés de la théorie des proportions appliquée à des situations physiques: la théorie de l'équilibre de la balance chez Maurolico et la théorie de la balance hydrostatique chez Ghetaldi. Le premier est transposable mais incomplet, le deuxième complet, mais limité à un seul phénomène physique. Chez Galilée on trouve finalement un modèle complet, transposable et, surtout, universel.

Le modèle galiléen est essentiellement celui de Maurolico. Il n'est pas certain que Galilée ait connu l'oeuvre de Maurolico. Ses rapports avec Clavius durant sa jeunesse[18], ou encore le fait que son prédécesseur à la chair de Padoue ait été un élève de Maurolico, Giuseppe Moleti; le fait que de nombreux manuscrits étaient en possession de Giovanni Antonio Pinelli ami de Galilée rend plausible cette éventualité même si le *De momentis aequalibus* n'a été publié qu'en 1685. Rien n'empêche, toutefois, que Galilée ait pu redécouvrir indépendamment la démarche de Maurolico. Quoiqu'il en soit, Galilée exploite toutes les possibilités de ce modèle, et le transforme en un modèle complet.

De plus, Galilée se rend parfaitement compte de ce qu'il s'agit d'un modèle universel, applicable à des situations physiques à première vue tout à fait différentes. On

---

18 Cf. G. GALILEI, *Le Opere di Galileo Galilei*, nouvelle réimp., Firenze, Giunti-Barbera, 1964--68, vol. 10, pp. 22-29.

va tout de suite esquisser les résultats galiléens du *De motu aequabili* (1609-1612). Ce petit traité[19] contient d'une définition du mouvement uniforme, quatre axiomes et les six théorèmes suivantes:

(I) $$v_1 = v_2 \Rightarrow s_1 : s_2 = t_1 : t_2$$

Lorsque les vitesses sont égales, les espaces sont proportionnels aux temps.

(II) $$t_1 = t_2 \Leftrightarrow s_1 : s_2 = v_1 : v_2$$

Lorsque les temps sont égaux, les espaces sont proportionnels aux vitesses; et si les espaces sont proportionnels aux vitesses, les temps sont égaux.

(III) $$s_1 = s_2 \Rightarrow t_1 : t_2 = v_2 : v_1$$

Lorsque les temps sont égaux, les temps sont inversément proportionnels aux vitesses.

(IV) $$s_1 = s_2 = (t_1 : t_2) \otimes (v_1 : v_2)$$

le rapport des espaces se compose du rapport des temps et du rapport des vitesses

(V) $$t_1 = t_2 = (s_1 : s_2) \otimes (v_2 : v_1)$$

le rapport des temps se compose du rapport des espaces et du rapport inverse de vitesses

(VI) $$v_1 = v_2 = (s_1 : s_2) \otimes (t_2 : t_1)$$

le rapport des vitesses se compose du rapport des espaces et du rapport inverse de temps. Comme le note E. Giusti, *le* De motu aequabilie *constitue un modèle de la théorie des proportions qui s'affirme ainsi comme base du programme galiléen de mathématisation de la science*[20].

---

19 *Opere*, VIII, pp. 191 et suivantes. Pour un'étude complète de ce texte voir E. GIUSTI, *Ricerche galileiane: il* De motu aequabili *come modello della teoria delle proporzioni*, Bollettino di Storia delle Scienze matematiche, vol. 6, fasc. 2, 1986, pp. 89-108.

20 E. GIUSTI, *Ricerche galileiane*, loc. cit., p. 90.

En effet, nous sommes en présence d'une théorie paradigmatique complète, pourvu que les trois derniers théorèmes recouvrent la cinématique des mouvements uniformes toute entière. Il est encore plus important de remarquer que Galilée met ce modèle à l'oeuvre chaque fois qu'il est en présence d'une loi physique de proportionnalité. Le cas le plus frappant est celui du poids spécifique. Dans son *Discorso sulle cose che stanno in su l'acqua* (1612)[21]. Galilée introduit explicitement le concept de poids spécifique (*gravità in ispecie*) et en le traitant comme une grandeur géométrique, il développe un modèle "presque" (nous reviendrons tout à l'heure sur ce *presque*) isomorphe à celui du *De motu aequabili*. Dans le *Discorso* on peut retrouver, mêlées dans le développement d'une argumentation non formellement structurée, les quatre propositions suivantes[22]. Si l'on note π_a la *gravità in ispecie* du corps a, G_a son poids ou *gravità assoluta*, M_a son volume ou *mole*, Galilée démontre ou énonce et utilise les résultats suivants:

(a) $$\pi_a = \pi_b \Rightarrow G_a : G_b = M_a : M_b$$

Lorsque les gravità in ispecie *sont égale les* gravità assolute *sont proportionnelles aux* moli

(b) $$M_a : M_b \Rightarrow G_a : G_b = \pi_a = \pi_b$$

Lorsque les mole *sont égales les* gravità assolute *sont proportionnelles aux* gravità in ispecie

(c) $$\pi_a : \pi_b = M_a : M_b \Rightarrow G_a : G_b$$

si les gravità ispecie *sont proportionnelles aux* moli, *le* gravità assolute *sont égales*

(d) $$G_a : G_b = (\pi_a : \pi_b) \otimes (M_a : M_b)$$

le rapport des gravità assolutes *se compose du rapport des* gravità in ispecie *et du rapport de* moli.

Ces propositions dépendent toutes de deux définitions que Galilée donne au début de son exposé:

---

21 *Opere*, vol. IV.

22 Pour une analyse du *Discorso* selon ce point de vue, voir P.D. NAPOLITANI, *œuv. cit.*, pp. 215-222.

$$\pi_a = \pi_b \Leftrightarrow (M_a = M_b \Rightarrow G_a : G_b)$$

les gravità in ispecie *de deux corps a et b sont égales si les mêmes* moli *de a et b ont la même* gravità assoluta

$$\pi_a > \pi_b \Leftrightarrow (M_a = M_b \Rightarrow G_a > G_b)$$

la gravità in ispecie *du corps a est plus grande que celle du corps b si, prises d'égales* moli *de a e b, la* gravità assoluta *de a est plus grande de celle de b.*

Ces deux définitions permettent à Galilée de soumettre le concept de *gravità in ispecie* à la théorie des proportions, en donnant un critère pour établir une comparaison quantitative entre les poids spécifiques. Cette grandeur est alors géométrisée grâce à la démarche suivie déjà dans le *De motu aequabili* pour la vitesse. En effet, au th.I du *De motu* correspond la prop.(a) *Discorso*; à la première des implications du th.II correspond la prop.(b); à l'inverse du th.III, la prop.(c); au th.IV, la prop.(d).

On disait tout à l'heure que les deux modèles étaient *presque* isomorphes. En effet, dans le cas du poids spécifique on ne trouve pas chez Galilée d'équivalents aux th. V et VI du *De motu aequabili* ; les prop.(a) et (b) ne sont pas démontrées et l'équivalent du th.III direct n'est pas démontré pour les poids, les poids spécifiques et les volumes. On pourrait expliquer ces différences entre les deux modèles au moyen de la différence de structure des deux textes. Le *De motu aequabili* est un traité formalisé, alors que le *Discorso* n'a pas une telle structure. Galilée se contente dans ce dernier d'obtenir les résultats dont il a besoin pour arriver à la démonstration de la loi archimédienne sur les corps flottants. Mais une différence de situation physique est à l'oeuvre qui fait que le poids spécifique est plus difficile à intégrer dans la théorie des proportions[23]. Il semble, toutefois, que Galilée à découvert un schéma universel pour aborder la géométrisation des qualités physiques. L'outil fondamental de sa démarche est le rapport composé, véritable clé de voûte de ses modèles.

On pourrait objecter que Galilée n'a jamais dressé explicitement une théorie générale de cette modélisation. Mais on peut retrouver à de nombreuses reprises dans son oeuvre la démarche suivie pour la vitesse et le poids spécifiques. Quand il traite de la résistance à la rupture des cylindres, du mouvement sur les plans inclinés, et du moment mécanique[24]. Et, surtout, on peut relire son essai de refonte de la théorie des proportions,

---

23 Sur ces différences et ces difficultés voir P.D. NAPOLITANI, *œuv. cit.*, § 4.4 et pp. 228-232.

24 Pour une liste de ces lieux, voir P.D. NAPOLITANI, *œuv. cit.*, pp. 227-228.

esquissé dans la *Giornata aggiunta sulle proporzioni di Euclide*[25], dans le sens indiqué ici.

Comme Enrico Giusti l'a très bien expliqué dans son *Euclides reformatus* [26], dans la physique géométrisée de Galilée, la possibilité de pouvoir toujours se donner la quatrième proportionnelle de trois grandeurs quelconques, joue un rôle fondamental. Ce n'est donc peut-être pas par hasard que Galilée propose de se débarrasser de la définition euclidienne de proportion, fondée sur la construction d'équimultiples et consacre une bonne partie de ses réflexions à une redéfinition du rapport composé et de la technique qu'il implique. On a vu que ce dernier est essentiel à l'élaboration de son modèle; et on pourrait peut-être lier la nécessité d'une nouvelle définition de la proportion aux exigences de son modèle. On faisait allusion ci-dessus à des difficultés liées à la géométrisation du poids spécifique, la principale d'entre elles est justement qu'il est très difficile d'appliquer directement la définition euclidienne fondée sur les équimultiples aux poids spécifiques. Qu'est-ce, en effet, qu'un multiple d'un poids spécifique? Si l'on prend, par exemple, le poids spécifique de l'argent, à quelle substance correspondra le double ou le triple de ce poids spécifique? A aucune, évidemment étant donné qu'il existe un poids spécifique maximum, celui de l'or. En substituant à la définition euclidienne, une définition fondée sur l'existence axiomatique de la quatrième proportionnelle, Galilée pensait peut-être aussi à des problèmes de ce genre.

Certes, le modèle galiléen peut aujourd'hui nous sembler à la foi banal et inutilement compliqué. Après tout, il ne fait qu'exprimer le fait que certaines situations physiques sont toutes régies par une loi de proportionnalité. Mais ce serait méconnaître d'un côté les contraintes de l'outil mathématique utilisé et de l'autre les difficultés rencontrées pour reconnaître la "bonne" grandeur qui permet d'exprimer le phénomène. On a vu chez Ghetaldi, que son modèle, quoique rigoureux est inapplicable à des situations différentes de celle de la détermination des rapports gravo-volumétriques et, surtout, qu'il rate la possibilité de discerner dans le poids spécifique la grandeur qui peut lier, de la façon la plus simple, poids et volume.

Au contraire dans les modèles galiléens, la vitesse, le poids spécifique, le moment, etc. acquièrent le *status* qu'on leur attribue aujourd'hui: celui de grandeur liant ensemble l'espace et le temps, comme le poids et le volume ou l'espace et le poids - dans une même structure formelle et démonstrative. Dans cette identité structurelle Galilée découvre - et nous croyons qu'on peut trouver là une de ses contributions majeures - une

---

25 *Opere*, VIII, pp. 349-62.

26 E. GIUSTI, *Euclides Reformatus. La teoria delle proporzioni nella scuola galileiana*, Torino, 1994.

des structures syntaxiques qui régissent la langue dans laquelle est écrit le livre de l'univers. Et la difficulté, les incongruités que lui imposent le langage des proportions, nous permettent de mieux apprécier le chemin parcouru au XVIème siècle et l'importance des accomplissements de Galilée.

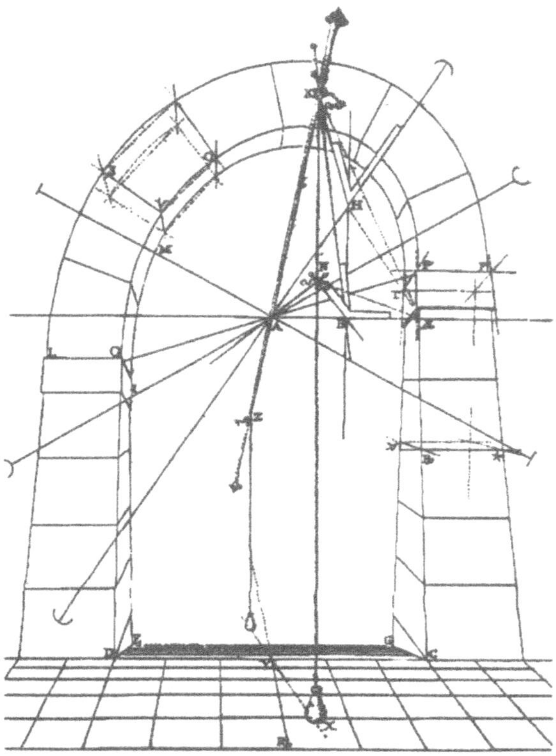

Vue perspective de la descente biaise tirée du *Brouillon project* de Desargues (1640)

DE LA PERSPECTIVE À LA GÉOMÉTRIE PROJECTIVE: LE CAS DU THÉORÈME DE DESARGUES SUR LES TRIANGLES HOMOLOGIQUES

Paolo Freguglia[1]

Summary : The following work studies the transition from a tool that permits an esthetically valuable representation of the background of a painting: perspective, to a science that will allow the Architect to transmit his ideas by means of a plane: projective geometry. It is remarkable to observe how many buildings are represented on the paintings around 1600.

Résumé : Le passage d'un outil permettant une représentation esthétiquement valable du décor d'un tableau, la perspective, à une science qui permettra a l'Architecte de transmettre ses idées au moyen d'un plan, la géométrie projective, tel est l'enjeu du travail qui suit. Il est remarquable d'observer sur les tableaux peints aux alentours de 1600 un nombre de plus en plus grand de bâtiments.

Introduction

Comme on le sait bien la perspective a déterminé de manière remarquable la naissance de la géométrie projective. On peut voir dans l'oeuvre de Desargues l'illustration historique de cette dépendance épistémologique[2]. Dans la contribution qui suit nous voulons attirer l'attention sur quelques uns des aspects et des moments cruciaux relatifs à la démonstration du théorème de Desargues sur les triangles homologiques en commençant par la démonstration de la *Première Proposition Géométrique* (1636) que nous trouvons dans *La Perspective de Mr. Desargues* (1648) de Abraham Bosse[3] pour terminer avec la démonstration de Giusto Bellavitis au moyen de son calcul des équipollences fondé aux environs de 1832-33.

---

1 DIPARTIMENTO DI MATEMATICA - UNIVERSITÀ DI SIENA, Via del Capitano 15 - 53100 Siena (Italia).

2 Voir P. FREGUGLIA, *Fondamenti storici della geometria*, Milano, 1982; J.V. FIELD, J.J.GRAY, *The geometrical work of Girard Desargues*, New York, 1987.

3 Qui est une élaboration d'un bref essai de Desargues de 1636 et dont le titre est *Perspective*.

La perspective, en tant que technique rigoureuse de dessin, devint une discipline autonome au cours du XVIIIme et du XIXme siècles. Citons à titre d'exemple les ouvrages de Brook Taylor (1715), (1719) et de J.H. Lambert (1752), (1759)[4]. Et ce que nous appelons *géométrie projective* reçut - à son tour - de Poncelet (1822)[5] une synthèse fondamentale. Nous analyserons les techniques proposées par ces auteurs pour effectuer cette démonstration et montrerons les différences entre ces techniques. Avec le calcul des équipollences, comme nous allons voir, Bellavitis redonne la priorité à une structure mathématique générale riche qui permet d'établir le théorème de Desargues comme l'une de ses applications. D'une manière analogue la démonstration de Desargues de ce théorème s'appuie sur une autre structure mathématique générale: la théorie classique des proportions. Au contraire les techniques de perspective proposées, en particulier, par Lambert, et les concepts de la géométrie projective de Poncelet, procèdent d'une façon différente. Nous les verrons brièvement. On doit dire que la perspective aussi (si l'on pense à l'oeuvre, par exemple, de Piero della Francesca) emploie la théorie des proportions pour établir les rapports qui déterminent l'effet de perspective, mais les aspects les plus significatifs sont toutefois représentés par les transformations perspectives qui sont explicitement données comme constructions géométriques et qui ont sans aucun doute un caractère graphique.

Il est important d'observer que Bellavitis fut directement influencé par les techniques de Monge, de Lazare Carnot et de Poncelet et qu'il fut le fondateur d'un calcul qui, plus que le calcul barycentrique de Moebius, anticipe le calcul vectoriel dans le plan[6]. Son oeuvre fut assez connue en France (Hoüel, fit traduire ses oeuvres). Il enseigna la Géométrie Descriptive et ses conceptions géométriques furent très constructives et liées à l'usage des techniques graphiques.

Rappelons à présent la démonstration de Desargues[7]. Commençons par l'énoncé de la *Première Proposition Géométrique*:

---

4 Voir K. ANDERSEN, *Brook Taylor's work on linear perspective*, New York, 1992; J. H. LAMBERT, *Essai sur la perspective*, 1752 (trad. J. PEIFFER, Prés.et annot. R. LAURENT, Préf. R. TATON, Monom, Paris, 1981), J.H. LAMBERT, *Die freye Perspektive*, Zürich, 1759.

5 Voir J.-V. PONCELET, *Traité des propriétés projectives des figures*, Paris, 1822.

6 GIUSTO BELLAVITIS (1803-1880) nacquit et mourut à Bassano del Grappa et étudia à Padoue, comme autodidacte. Il fut Professeur de Géométrie Descriptive et Recteur de l'université de Padoue et sénateur du Regne; voir pour sa biographie O. BRENTARI, *Biografia di Giusto Bellavitis*, Bassano, 1881; E.N. LEGNAZZI, *Commemorazione del Conte Giusto Bellavitis*, Padova, 1881; C.A. LAISANT, *Necrologie de Giusto Bellavitis*, Bull. des Sc. Math., II s., t. IV, 1880; A. FAVARO, *Justus Bellavitis. Eine Skizze seines Lebens und wissenschaftlichen*, Zeitschr. Math. Phys., vol. 26, 1881. Pour un examen historique des techniques géométriques de Bellavitis, voir P. FREGUGLIA, *Dalle equipollenze ai sistemi lineari*, Urbino, 1992, chapitres I et II.

7 Voir J.V. FIELD, J.J. GRAY, *op.cit.*, pp. 161-164.

Si les lignes droites HDa, Heb, HlK; cED, cba; lga, DgK; lfb, EfK se trouvent dans deux plans différents ou dans le même plan, alors les points c, f, g respectivement points d'intersection:

de cba avec cEB

de EfK avec bfl

de agl avec DgK

se trouvent sur une même ligne droite, et viceversa.

Remarque: Les triangles homologiques sont abl et DEK et:

le côté ab	est homologique de	DE
le côté bl	est homologique de	EK
le côté al	est homologique de	DK

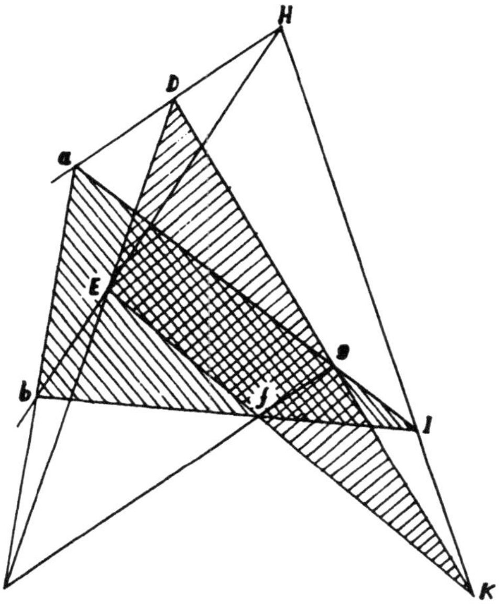

Fig. 1

Démonstration:

A) Dans l'espace: lorsque les plans abl et DEK sont différents. Dans ce cas, les lignes abc, lga, lfb qui forment le triangle abl se trouvent dans le même plan; d'une façon analogue les lignes DEC, DgK, KfE se trouvent dans un autre plan. Mais les points c, f, g appartiennent aux deux plans. Ils se trouvent donc sur la droite cfg, intersection des deux plans.

B) Dans le plan: lorsque les deux triangles abl et DEK sont dans le même plan. Dans ce cas Desargues applique systématiquement le théorème de Ptolémée - Ménélaüs qu'il connaît bien[8] et qui consiste, par exemple, à établir en considérant la figure ci dessous, la relation suivante :

$$\frac{Dh}{D4} = \frac{(Hh \cdot GK)}{(HK \cdot G4)}$$

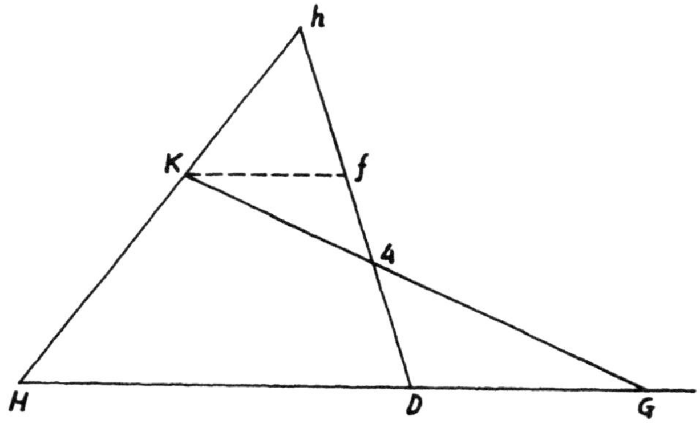

Fig. 2

Desargues utilise la réciproque de ce théorème à la fin de son raisonnement, lorsqu'il obtient (voir la figure 1)

$$\frac{cD}{cE} = \frac{(gD \cdot fK)}{(gK \cdot fE)}$$

et en déduit que c, f, g sont alignés[9].

8 C'est-à-dire: a) si hKH, h4D et K4G sont des transversales à la droite HDG, alors $\frac{Dh}{D4} = \frac{(Hh \cdot GK)}{(HK \cdot G4)}$ et viceversa; b) si H, D, G sont choisis respectivement sur les droites hK, h4, K4 de façon que $\frac{Dh}{D4} = \frac{(Hh \cdot GK)}{(HK \cdot G4)}$, alors les trois points H, D et G sont sur la même droite.

9 Voir J.V. FIELD, J.J. GRAY, *op.cit.*, p. 162.

Perspective et géométrie projective: Lambert et Poncelet

Lambert publie en 1759 un essai, *Die freye Perspektive*[10] et en 1774 une seconde édition du même essai, avec notes et commentaires. Il s'agit d'un ouvrage consacré uniquement à la perspective. Les notes finales sont très intéressantes car Lambert propose ici et résout des problèmes relatifs aux constructions géométriques. Il considère, par exemple, les problèmes suivants[11]:

a) Etant donnés deux lignes droites l et l' et un point P qui ne leur appartient pas, tracer une ligne droite qui passe par P et qui soit parallèle aux lignes l et l' données.

b) Etant données deux lignes droites l et l' qui se rencontrent en un point Q. Soit P un point qui n'appartient pas aux lignes l et l'. Tracer la droite PQR, où R est un point construit à propos[12].

Lambert emploie des techniques de perspective. Pour le problème *a)* la solution de Lambert consiste dans les constructions suivantes:

1) tracer la ligne EPDB et la ligne ECA (toutes les deux droites);

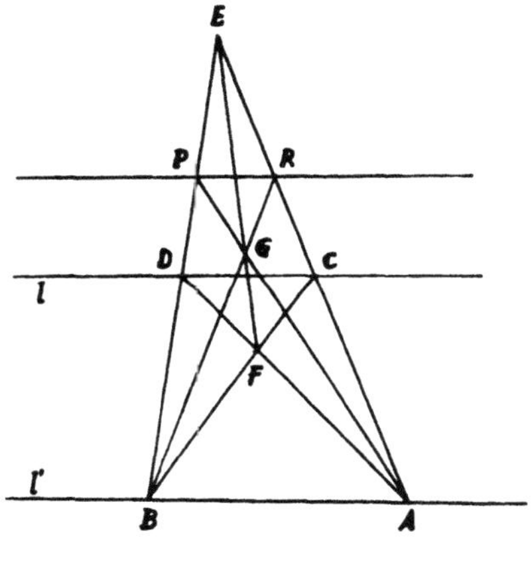

Fig. 3

2) joindre BC et AD qui ont pour intersection le point F;

3) tracer AP et EF qui se coupent en G;

---

10 Le premier travail de Lambert sur la perspective fut *Anlage zur Perspektive* (*Essai sur la Perspective*, *op.cit.*) de 1752 (août).

11 Pour ce qui suit nous renvoyons à J.V. FIELD, J.J. GRAY, *op. cit.*, pp. 41-43.

12 Taylor aussi a traité ce problème en 1715, mais sans démonstration.

4) tracer encore BG qui rencontre AE en R;

5) tracer la ligne droite PR qui se révèle être la ligne droite parallèle à l et à l'.

Pour démontrer que cette construction est vraie du point de vue de la perspective, Lambert pose E comme point à l'horizon, ABCD comme étant un rectangle (en perspective), F et G comme deux points respectivement au "centre" du rectangle ABCD et du rectangle CDPR.

Voyons maintenant le problème *b)*, dont la solution est analogue à celle du problème précédent. On considère dans ce cas les quadrilatères ABCD et CDRP. On a la figure ci dessous.

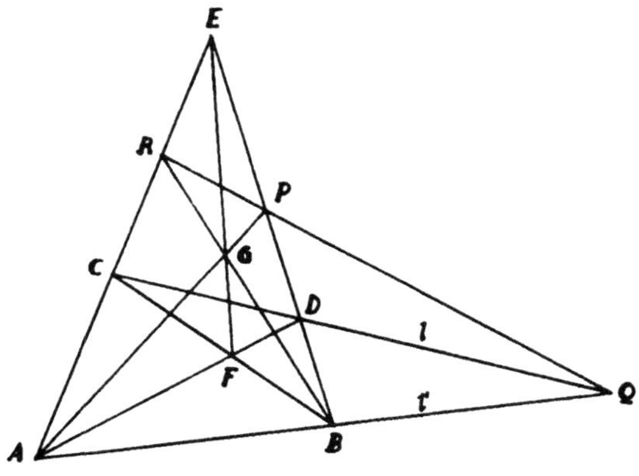

Fig. 4

En effet pour le problème *b)* il s'agit de déterminer le point R et de faire voir par construction qu'il appartient à la ligne droite déterminée par les points Q et P. Lambert ne relève pas les analogies entre les deux constructions, mais il devait sûrement savoir que la construction était valable dans les deux cas. Dans les deux figures (ou constructions) on peut observer que les triangles RPG et CDF sont en perspective et que la droite AB∞ ou ABQ est la ligne droite de Desargues.

Poncelet cite Lambert dans son *Traité des propriétés projectives des figures* (1822) par exemple, aux paragraphes 197 et 198 où il examine des problèmes qui présentent des analogies avec ceux que nous venons de voir. Observons que Poncelet commence le chapitre premier (*Notion préliminaires sur la projection centrale*) par les mots suivants:

Dans ce qui suit, nous donnerons presque toujours au mot projection le même sens que celui de perspective; ainsi la projection sera conique ou centrale[13].

On sait que le théorème de Desargues pour les triangles homologiques sera la base de la théorie de l'homologie[14] de Poncelet. Mais voyons directement ce que Poncelet dit à propos de ce théorème[15]:

Soient, par exemple, ABC, A'B'C' deux triangles tellement disposés, que le droites AA', BB', CC' concourent en un même point S; les côtés AB et A'B', BC et B'C', AC et A'C' iront concourir respectivement aux trois I, K, L situés en ligne droite; et réciproquement, si ces trois points sont sur une même droite, les trois droites AA', BB', CC' concourront en un même point S.

Cette relation nous offre le premier exemple de deux figures qui sont la projection ou perspective l'une de l'autre dans un plan, et il est bien digne de remarque que, pour l'établir, il n'est point indispensable d'avoir recours aux relations métriques des figures, car elle est évidente, à priori, pour le cas où les triangles sont dans l'espace, et elle le devient, par là même, pour celui où ils sont dans un plan, puisque l'une de ces figures peut toujours être considérée comme la projection de l'autre.

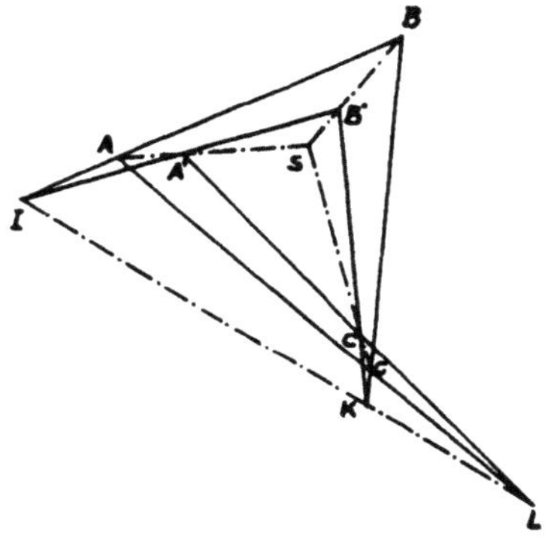

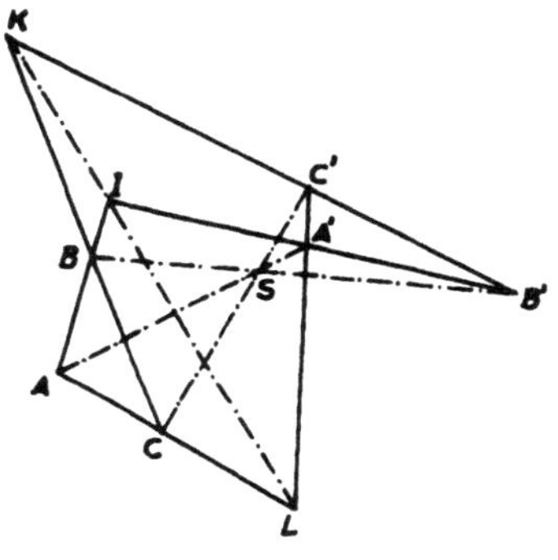

Fig. 5

Venons en maintenant aux conceptions de Bellavitis, et rappelons qu'il connaissait bien le traité de Poncelet et que les idées de ce dernier ont influencé les études de

---

13 Voir J.-V. PONCELET, *op.cit.*, p. 3.

14 Voir, par ex., A. DAHAN-DALMÉDICO, J. PEIFFER, *Une histoire des mathématiques*, préf. J. T. DESANTI, Paris, 1986, p. 142.

15 Voir J.-V. PONCELET, *op.cit.*, éd. 1865, p. 86.

Géométrie Dérivée[16] que Bellavitis avait analysées avant de proposer le calcul des équipollences.

Le calcul des équipollences de Bellavitis et son application à la géométrie projective

Les principes fondamentaux du calcul des équipollences sont exposés à plusieurs reprises dans l'oeuvre de Bellavitis. Ils consistent dans les axiomes et définitions suivantes:

1) AB et BA ne sont pas la même chose; mais AB = - BA ;

2) On dit que deux segments droits sont équipollents s'ils sont égaux, parallèles et ont la même orientation (nous dénotons la relation d'équipollence par ≈, bien que Bellavitis utilise un symbole typographiquement plus compliqué).

3) AB + BC ≈ AC, entraîne que AB + BC + CA ≈ 0.

4) AB ≈ nCD , veut dire que AB est parallèle à CD, a même orientation (ou même sens) que CD et sa longueur est égale à nCD.

5) incAB désigne l'angle orienté formé par la droite AB et la droite x (ou une droite quelconque) fixée à priori. Si CD est une autre droite, l'angle que AB forme avec CA est dénoté par:

incAB - incCD ;

6) L'équipollence AB ≈ (CD - EF)/GH signifie:

i) AB = (CD - EF)/GH

ij) incAB = incCD + incCF - incGH.

Bellavitis donne immédiatement le théorème fondamental (ou *Canon fondamental*): *Dans les équipollences (...) on peut effectuer toutes les opérations algébriques qu'on peut effectuer dans les équations (algébriques)*[17].

Bellavitis donne encore des canons, ou règles qu'il considère le plus souvent comme des axiomes. Nous reproduisons les deux premiers:

1er Canon:. Quels que soient les points A, B, C donnés, on a toujours:

AB + BC ≈ AC

---

16 C'est-à-dire la Géométrie des transformations traitée synthétiquement.

17 Pour la présentation de ces principes fondamentaux du calcul des équipollences nous avons choisi l'essai de G. BELLAVITIS, *Sull'origine del calcolo delle equipollenze*, Memorie dell'Istituto Veneto, vol. 19, 1876, pp. 453-454.

2me Canon:. Chaque fois que nous avons une équipollence binôme, nous pouvons la supposer réduite à la forme:

$$mIL \approx nMN$$

et on en déduira les deux conséquences:

$$incIL = incMN$$

$$m \cdot grIL = n \cdot grMN$$

où grIL veut dire longueur de IL.

On déduira aussi que si nous n'avons pas incIL = incMN alors les deux coefficients m et n doivent être nuls (égaux à zéro). On peut donc dire que si les deux termes d'une équipollence binôme sont d'inclinaisons différentes, alors chacun de ces termes est nul[18].

Voyons maintenant comment Bellavitis démontre, au moyen de son calcul, le théorème de Desargues sur les triangles homologiques. Voilà l'énoncé: *si les sommets de deux triangles ABC et A'B'C' sont alignés avec un point fixé S, alors les points T, U, V de rencontre de leurs côtés correspondants (homologiques) sont eux aussi alignés*[19].

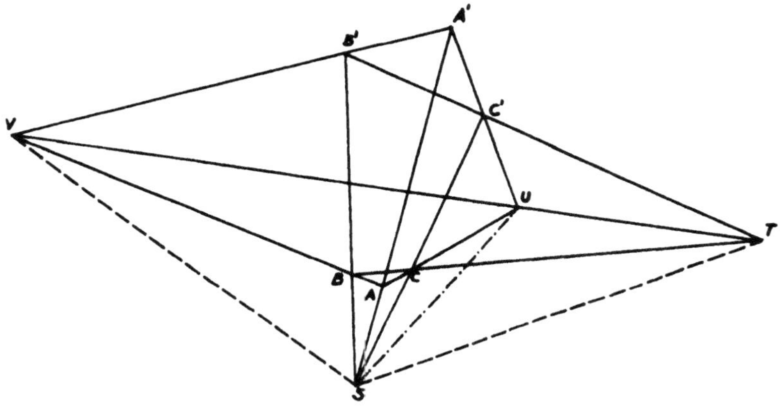

Fig. 6

La démonstration continue par la traduction dans la terminologie du calcul des équipollences des données de l'hypothèse (voir la figure au dessus), c'est-à-dire:

$$SA' \approx aSA \quad , \quad SB' \approx bSB \quad , \quad SC' \approx cSC$$

[18] Voir G. BELLAVITIS, *Sposizione del metodo delle equipollenze*, Memorie della Società Italiana, vol. 25, Modena, 1854, pp. 9-12.

[19] Pour la démonstration de Bellavitis du théorème de Desargues sur les triangles homologiques voir G. BELLAVITIS, *ibidem*, pp. 20-21.

où a, b, c sont des coefficients numériques.

La condition selon laquelle le point V appartient à la droite AB est exprimée par $AV \approx nAB$ ou, en se ramenant à SA, SB et SC, par:

(1) $SV \approx SA + AV \approx SA + nAB \approx SA - nBA \approx SA - n(SA - SB) \approx (1 - n)SA + nSB.$

Mais V doit aussi appartenir à A'B', donc de manière analogue, on aura:

(2) $$SV \approx (1 - m)SA' + mSB' \approx a(1 - m)SA + bmSB;$$

en comparant (1) et (2) on a:

$$(1 - n)SA + nSB \approx a(1 - m)SA + bmSB$$

d'où, grâce au *2me Canon* il résulte:

(3) $$(1 - n) = a(1 - m) \qquad \text{et} \qquad n = bm.$$

Du système (3) on tire:

(4) $$SV \approx \frac{(1 - b)}{(a - b)} SA' + \frac{(a - 1)}{(a - b)} SB'.$$

De la même façon on a immédiatement:

(5) $$SV \approx \frac{(1 - c)}{(b - c)} SB' + \frac{(b - 1)}{(b - c)} SC'$$

et

(6) $$SU \approx \frac{(1 - a)}{(c - a)} SC' + \frac{(c - 1)}{(c - a)} SA'.$$

Après avoir tiré SB' de (5) et SA' de (6) et après avoir inséré ces expressions dans (4) on a:

(7) $$(a - b - ac + bc)SV + (c - a + ab - bc)SU + (b - c - ac - ab)ST \approx 0$$

Comme:

$$SV \approx TV + ST \qquad \text{et} \qquad SU \approx TU + ST$$

en substituant dans (7), on obtient:

(8) $$(a - b - ac + bc)TV + (c - a + ab - bc)TU \approx 0.$$

Grâce au 2me Canon nous savons que:

si $mTV \approx nTU$ alors $incTV = incTU$

où $m = (a - b - ac + bc)$ et $n = - (c - a + ab - bc)$.

Donc (8) établissant que TV a la même inclinaison que TU, nous dit que les points T, U, V sont alignés. Et le théorème de Desargues est ainsi démontré.

Bellavitis applique encore son calcul des équipollences à des thèmes de la géométrie projective, comme par exemple à l'involution.

Conclusion

Ensuite, comme nous l'avons déjà montré[20], on trouvera encore des études et des recherches de géométrie qui considèrent avec une attention particulière le théorème de Desargues sur les triangles homologiques. Peano, son élève Cesare Burali-Forti et Roberto Marcolongo ont proposé un calcul géométrique, fortement influencé par l'oeuvre de Hermann Grassmann, et qui prévoyait la démonstration de théorèmes géométriques fondamentaux comme le théorème sur les triangles homologiques. Dans les traités de Peano et de Burali-Forti[21] on démontre, à l'aide du calcul géométrique, trois théorèmes fondamentaux, qui occupent une place très importante dans la géométrie projective classique. Il s'agit du théorème de Ptolémée et Ménélaüs, du théorème de Desargues sur les triangles homologiques et du théorème de Pascal sur l'hexagone. Le premier de ces théorèmes est démontré en employant le *produit progressif*, tandis que le *produit régressif* est employé pour les deux autres. Sans vouloir trop approfondir ceci ici[22], il faut néanmoins souligner que le *produit progressif* rend compte, de manière algébrique, de l'opération géométrique de projection alors que le *produit régressif* rend compte de la section. Malgré des origines diverses, le calcul géométrique de Peano peut être considéré d'une certaine façon, comme une variante perfectionnée du calcul des équipollences. Bien que, contrairement au second, le premier s'étende à l'espace tridimensionnel.

Un calcul géométrique est de toute façon une structure algébrique sur des objets (ou éléments) purement géométriques et qui aurait de plus l'exigence de se passer de coordonnées, considérées à tort ou à raison comme un lourd intermédiaire arithmétique algébrique.

David Hilbert et Mario Pieri, comme nous le savons déjà, ont examiné à fond et dans des optiques différentes, le théorème de Desargues (sur les triangles homologiques). Même si l'on trouve des différences remarquables entre leurs positions, il faut dire, cependant, qu'ils analysent tous deux la démonstration de ce théorème, en discutant le système d'axiomes nécessaires pour l'obtenir. Pour Hilbert, on peut démontrer le théorème plan de Desargues en considérant uniquement les axiomes plans et spatiaux de *connexion* et l'axiome des parallèles sous sa forme la plus forte. Il en déduit ensuite que la validité de ce théorème, dans une géométrie plane, est une condition nécessaire pour

---

20 Voir P. FREGUGLIA, *op.cit.*, chap. III.

21 En particulier voir G. PEANO, *Calcolo geometrico secondo l'Ausdehnungslehre di H.Grassmann preceduto dalle operazioni della logica deduttiva*, Torino, 1888, p. 47 et p. 92; et C. BURALI-FORTI, *Geometria analitico-proiettiva*, Torino, 1926, pp. 172-173; pp. 212-213.

22 Voir encore le chap. III de P. FREGUGLIA, *op.cit.*

que celle-ci puisse être considérée comme faisant partie d'une géométrie de l'espace dans laquelle sont satisfaits tous les axiomes de *connexion*, d'*ordre* et l'axiome des parallèles. Un fait souvent illustré par Hilbert et qui revêt une grande importance est que le théorème de Desargues ne peut être démontré dans une géométrie plane sans admettre la validité des axiomes de *congruence*. Pour Hilbert le théorème des triangles homologiques est ensuite mis à la base d'un calcul de segments sans appel aux axiomes de *congruence*. Pieri a étudié le théorème de Desargues à la page 22 de *I principi della geometria di posizione composti in sistema logico deduttivo* (1898). Suite au postulate XIII il affirme: *parmi les faits les plus remarquables qui puissent être développés à partir des principes fondamentaux I - XIII, il faut signaler le théorème des triangles homologiques, appelé aussi théorème de Desargues .... Mais pour l'énoncé comme pour la démonstration de ce théorème, nous renvoyons le lecteur à l'oeuvre classique de G.C. Von Staudt.*

Il faut encore rappeler que Pieri renvoie aussi à la démonstration de ce théorème faite par Peano au moyen du calcul géométrique et qu'il a traduit la *Géométrie de Position* de Von Staudt. Mais la position de Von Staudt et celle de Poncelet, comme nous l'avons vu précédemment, ont un caractère purement graphique (espace graphique). La démonstration du théorème de Desargues, se fait, dans ce cas-là, en utilisant les propriétés de l'*homologie plane* qui est une notion de géométrie projective développée sur la base des axiomes graphiques[23]. Donc les axiomes de Pieri tiennent bien compte de ce que Von Staudt avait proposé.

En résumé on peut affirmer que deux lignes, historiques et théoriques, sont à la base de la démonstration du théorème de Desargues et dans l'ensemble de la géométrie projective. L'une provient de la position originale de Desargues d'après laquelle, ce que nous appelons géométrie projective n'est rien d'autre qu'un enrichissement de la géométrie d'Euclide. La seconde a ses origines dans ces constructions de perspective qui font abstraction des rapports métriques, constructions qui ont été bien comprises dans les oeuvres fondamentales de Poncelet et de Von Staudt. Et c'est dans cette optique que la géométrie projective acquiert sa physionomie spécifique.

S'il est vrai que tout cela est assez connu des spécialistes d'histoire de la géométrie; il n'en va pas de même pour ce qui concerne le rôle que l'œuvre de Bellavitis a joué du point de vue historique, et qui donna lieu à un nouveau chapitre de la géométrie.

---

23 Voir, par exemple, G. MASOTTI BIGGIOGERO, *Lezioni di Geometria proiettiva*, Milano, 1958, pp. 51-55. L'oeuvre de Von Staudt, publiée en 1847, fut traduite en italien par M. Pieri en 1889 sous le titre *Geometria di Posizione* (Torino); voir dans cette éd. aux pp. 34-35 pour le théorème de Desargues.

E per vn breue esempio di questo che dico disegnai già la figura di vn' osso allungato solamente tre volte, & ingrossato con tal proporzione, che potesse nel suo animale grande far l'uffizio proporzionato à quel dell' osso minore nell' animal più piccolo, e le figure son queste: doue vedete sproporzionata figura, che diuiene quella dell' osso ingrandito. Dal che è manifesto, che chi volesse mantener in vn vastissimo Gigante le proporzioni, che hanno le membra in vn huomo ordinario, bisognerebbe ò trouar materia molto più dura, e resistente per formarne l'ossa, ò vero ammettere, che la robustezza sua fusse à proporzione assai più fiacca, che ne gli huomini di statura mediocre; altrimente crescendogli à smisurata altezza si vedrebbono dal proprio peso opprimere, e cadere. Doue che all' incontro si vede nel diminuire i corpi non si diminuir con la medesima proporzione le forze, anzi ne i minori crescer la gagliardia con proporzion maggiore. Onde io credo che vn piccolo cane porterebbe addosso due, ò trè cani eguali à se, mà non penso già che vn cauallo portasse ne anco vn solo cauallo à se stesso eguale.

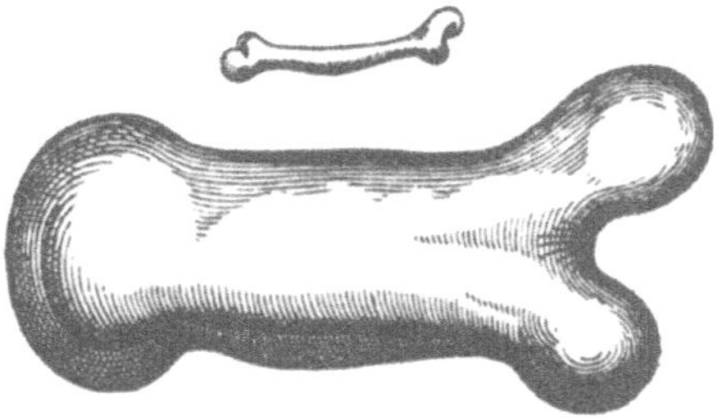

Simp. *Mà se così è, grand' occasione mi danno da dubitare le moli immense, che vediamo ne i pesci, che tal Balena, per quanto intendo, sarà grande per dieci Elefanti, e pur si sostengono.*

Salu. *Il vostro dubbio S. Sim. mi fà accorgere d'una condizione da me non auuertita prima, potente essa ancora à far che Giganti,*

R *& altri*

Page 129 of Galileo's *Discorsi* (1638)

On the Art of Building before Galilei

Salvatore Di Pasquale[1]

Summary : The first of the two "new sciences" proposed by Galileo in 1638 is the study of strength of materials. This set of constitutive relations completed by the fundamental laws of statics constitutes the hard core of building science. This new science is proposed by Galileo in reaction to the confidence his predecessors had in the properties of scale models. Galileo shows that if stability properties are preserved, strength of materials properties are not.

Résumé : La première des deux "nouvelles sciences" proposées par Galilée en 1638 est la résistance des matériaux. Cet ensemble de lois constitutives complétées par les lois fondamentales de la statique forment le noyau dur de la science des constructions. Cette nouvelle science est proposée par Galilée en réaction contre la confiance que ses prédécesseurs accordaient aux propriétés du modèle réduit. Galilée montre que si les propriétés de stabilité restent valables lorsqu'on dilate le modèle, ce n'est pas le cas des propriétés de résistance des matériaux.

Construction theory historians agree that *Discorsi e dimostrazioni matematiche intorno a due nuove scienze* constitutes the starting point of this theory. In fact Galileo expounds two theories of which one is about *"movimenti locali"*[2]. In the *Avvertimento al lettore* we read that it is a *scienza, pure da i suoi principii dimostrata, ... intorno alla resistenza che fanno i corpi solidi all'essere per violenza spezzati; notizia di grande utilità, e massime nelle scienzie ed arti mecaniche, ed essa ancora piena di accidenti e proposizioni sin qui non osservate.*

Descartes was amongst the first who read and commented on this work exhaustively. Today hardly anyone doubts that was a new science, provided that we avoid confusion between the well known behaviour of structures and materials and the attempt to systemize it into a rational theory. This in fact appears to be Descartes' mistake when he wrote[3] to Mersenne that: *Il propose ce qu'il veut traiter, a sçauoir pourquoy les grandes machines, estant en tout de mesme figure & de mesme matiere que les moindres,*

---

1 DIPARTIMENTO DI COSTRUZIONI - UNIVERSITÀ DI FIRENZE, Piazza Brunelleschi, 6 - 50121 Firenze (Italia).

2 G. GALILEI, *Discorsi e Dimostrazioni matematiche intorno a due nuove scienze attinenti alla meccanica e i movimenti locali*, Leiden, 1638.

3 R. DESCARTES, *Correspondance T. II Mars 1638 - Décembre 1639, Oeuvres pubbliés par C. Adam et P. Tannery*, Paris, 1878.

sont plus foibles qu'elles; & pourquoy un enfant se fait moins de mal en tombant qu'un grand homme, ou un chat qu' un cheual, &c. En quoy il n'y a, ce me semble, aucune difficulté ny aucun suiet d'n faire une nourvelle science; car il est evident qu'affin que la force ou la resistence d'une grande machine soit en tout proportionnée a celle d'une petite de mesme figure, elles ne doivent pas estre de mesme matiere mais que la grande doit estre d'une matiere d'autant plus dure, & plus malaisée a rompre, que sa figure & sa pesanteur sont plus grandes. Et il y a autant de difference autre deux egalement grandes, dont l'une est d'une matiere beaucoup moins pesante, & avec cela plus dure que l'autre ....

This letter was sent by Descartes to Mersenne on 11 October 1638 in reply to a request for annotations on Galileo's treatise. That request had been made before the publication of Galileo's work. Father Mersenne, a Minim, hosted every week the meetings of those scientists who, subsequently, would constitute the Académie Royale des Sciences with Minister Colbert's authorisation. He was on excellent terms with Galileo. The high opinion the monk had of Galileo had led the former to translate, annotate and publish his treatise on Mechanics[4], which dated back to his Paduan years and of which there were many imperfect copies around.

Probably Father Mersenne had come across the contents of the *Discorsi* through one copy that circulated in Paris in 1636. That manuscript had been taken there by the Count of Noailles, a former Galileo's pupil who had received it as a present while paying a visit to the old Master, at that time exiled in Arcetri. According to Galileo's biographer Vincenzo Viviani[5]: *... accettò il Signor Conte come gioia inestimabile l'esemplare manuscritto del Signor Galileo; ma giunto a Parigi, non volendo defraudare il mondo di tanto tesoro, ne fece pervenire copia in mano alli Elsevirii di Leida, i quali subito ne intrapresero l'impressione, che restò terminata nel 1638 ....*

The letter sent by Mersenne to Descartes was dated 29 June; on 23 August Descartes sent his first reply, saying that he had already read and annotated the book which had been published in the previous July.

Finally on 11 October Descartes sent a second letter containing a number of annotations listed in such a way as reading the treatise had prompted him to do. Descartes' opinion of Galileo's work was as low as that he gave, in the same letter, on Pierre Fermat and, worse still, on Gille Personne de Roberval. Descartes looked down with spiteful amusement on Fermat's ideas on the centroid and held de Roberval's

---

4 *Les Mécaniques de Galilée traduits de l'italien par le P. Marin Mersenne*, Ed. critique par B.Rochot, Paris, 1964.

5 V. VIVIANI., *Vita di Galilei*, Milano, 1954.

Treatise on Mechanics to be peppered with errors, accusing him of having made obscure the simple concepts that had been so clearly expounded by Stevin decades before.

According to Descartes Galileo's quest was that of setting norms regulating shape and size of those construction, architectural and mechanical elements which have a structural function in order to avoid failures due to lack of strenght or, as for machines, an excess passive resistance stopping them from working.

We must acknowledge though Descartes' great intuition that small scale models require different materials to those employed in the project realisation. Galileo had already written that: ... *or vegghino come dalle cose sin qui dimostrate si raccoglie l'impossibilità del poter non solamente l'arte, ma la natura stessa, crescer le sue macchine a vastità immensa: sì che impossibil sarebbe fabbricar navilii; palazzi o templi vastissimi, li cui remi, antenne, travamenti, catene di ferro, ed in somma le altre lor parti, consistessero; e parimenti sarebbe impossibile far strutture di ossa per uomini, cavalli o altri animali, che potessero sussistere e far proporzionatamente gli uffizii loro, mentre tali animali si dovesser aumentare ad altezze immense, se già non si togliesse materia molto più dura e resistente della consueta, o non si deformassero tali ossi, sproporzionatamente ingrossandogli, onde poi la figura ed aspetto dell'animale ne riuscisse mostruosamente grosso* ... .

Rightly so Descartes maintained that this was somehow partly known before, yet he proved wrong when he argued that this was not a "new science". In that he failed to understand Galileo's attempts to mathematically systemize those phenomena which everybody was able to witness; beams breaking off, faulty machines and projectiles missing their targets. And yet the term "new science" is conducive to further problems which have not been sufficiently stressed upon. Galileo's emphasis on the absolute novelty of the problems raised in his treatise prompts us to ask ourselves what principles might have been adopted before. More simply: if from then (first half of 17th century) onwards new criteria were estabilished why such radical changes took place that the proposed theory came to be labelled "new" ?

Galileo did not give any explanation about it. Often his writings show that he aimed at proving the fallacy of a theory so deeply rooted that traces of it can be found in the Holy Scripture. This theory had been firmly estabilished by 15th and 16th century treatise writers despite sheer evidence of its limits on occasion of catastrophic events which could not been explained by means of it.

And yet the art of building is as old as mankind itself. Tracking back the train of ideas which have led to remarkably valuable architectural landscapes seems very logical. That the realization of such domes as St. Peter, St. Sophia or Santa Maria del Fiore might have been carried out without their designers and constructors' ideas and choices being relied upon is out of the question. They dealt with their work in the same way as masters and foremen of the Venetian shipyard, whose work originated from "sensible experiences". On the contrary the *dotti*, the learned depositaries of the official science itself wrong. Shipyard masters and foremen as well as the authors of those buildings still extant and much admired kept to their own empirical criteria to carry out their work. A new theory had to be formulated which would not be in contrast with the outcame of experimentation. This was Galileo's programme; the construction theory he formulated differed from the traditional one, consisting of a stiff grid lacking flexibility and independent of both scale factors and mechanical characteristics of construction materials. Galileo purported to bear out the unreliability of those observations that cannot be made on a small scale model. He also criticized bringing up the theory of proportions as a means to justify the use of models.

Bearing in mind the Venetian shipyard gives us insight into the new theory and the *Discorso intorno alla nuova scienza*. This new theory (*nuova scienza*) would never lose touch with well estabilished practices, everyday experience in making any possible object, devicing instruments, weapons, building and repairing ships. On launching a newly built vessel what could be observed often contradicted predictions based on previous theories.

We can imagine what the Venetian shipyard might have looked like when Galileo was in Padua through Barbaro's commentaries to Vitruvius' edition published in 1556 containing a description of construction techniques for ports and buildings erected in water which touches upon the shipyard as a major work, only surpassed by the walls in the Venetian townscape: ... *ma ricercando le altre cose grandi mi si fa incontro il navale dei vinitiani, et la fabrica delle Galere et navi che hoggi dì si usano* ... .

What makes the shipyard worthy of mention is not the amount of marble or the magnificence of its ornaments. The shipyard was the site in which the Republic's freedom and the power of its empire originated. It symbolized the course of Venetian life and its stability: ... *Per il che si vede l'ordine meraviglioso delle cose che ad un muover d'occhio si trova et si cava tutti gli armeggi d'una galera, tutti gli instrumenti, tutto lo apparato non solamente si vede al suo luogo con ordine mirabile, ma si può prestissimamente porre in opera et oltre l'ordinario, che per la custodia del mare è sempre fuori, l'apparecchio di cento et più galere con tante facilità, et felicità dirò così, si muove dal suo luogo, che non si può credere. Le taglie, le argane, le ruote, i naspi sono così ingegnosamente fatti, posti e orditi, che non è peso sì grande che non si muova con gran prestezza ... .*

That is how Galileo related to the interlocutors of his *Discorsi*: Salviati, Simplicio and Sagredo.

Salviati was the one who tried to give a rational explanation of the shipyard foremen's work: ... *atteso che quivi ogni sorte di strumento e di machina vien continuamente posta da numero grande di artefici, tra i quali, e per l'osservazione fatte dai loro antecessori, e per quelle che di propria avvertenza vanno continuamente per se stessi facendo, è forza che ve ne siano de i peritisimi e di finissimo discorso ... .*

The shipyard foremen's mastery, therefore, originated from direct experience; it was constantly enhanced by their close contact with the ordinary labourers whose work they organized and supervised everyday.

Simplicio seemed chiefly intererested in aspects of the subjects bound up with Aristotelian themes; Sagredo was a keen observer, constantly comparing what went on in the shipyard with his theoretical grounding: ... *per natura curioso, frequento per mio diporto la visita di questo luogo e la pratica di questi che noi, per certa preminenza che tengono sopra il resto della maestranza, domandiamo proti; la conferenza de i quali mi ha più volte aiutato nella investigazione della ragione di effetti non solo meravigliosi, ma reconditi ancora e quasi inopinabili. É vero che talvolta anco mi ha messo in confusione ed in disperazione di poter penetrare come possa seguire quello che, lontano da ogni mio concetto, mi dimostra il senso di esser vero ... .*

He had just heard the advice an old master had given about launching a large vessel. Sagredo failed to understand why *tanto maggior apparecchio di sostegni, armamenti ed altri ripari e fortificazioni che non si fa attorno ad altri vasselli minori ...*, maintaining that all those riggings were of no use at all, to be deemed as *concetto vano del vulgo ... come altre che sono in bocca di poco intelligenti, credo da loro introdotte per mostrar di saper dir qualcosa intorno a quello di che non son capaci ... .*

For Sagredo this precaution was only justified by a need for more safety. This ran counter to every theoretical precept he held valid because if it all made sense then we ought to admit that: ... *In queste ed in altre simili machine non bisogna argumentare dalle piccole alle grandi perché molte invenzioni di macchine riescono in piccolo, che in grande non sussistono ... .*

This is impossible as: ... *essendo che tutte le ragioni della meccanica hanno i fondamenti loro nella geometria ... quando la macchina grande sia fabricata in tutti i suoi membri conforme alle proporzioni della minore, che sia valida e resistente all'esercizio al quale ella è destinata* - Sagredo says- *non so vedere perché essa sia esente da gl'incontri che sopraggiugner gli possono, sinistri e distruttivi* ... .

Galileo did not tell us explicitly about the theory Sagredo referred to and this was perhaps an exaggerated precaution prompted by what had led him into exile. He, though, hurried to crush it through Salviati. At the beginning of the *Discorsi* Salviati seems to agree with Sagredo, saying that the opposite is also true, since large clocks work better than small ones.

There are good reasons to dismiss popular beliefs, and yet others, *più intelligenti*, stand on better ground when they attribute them to themselves as: ... *della riuscita di tali macchine grandi, non conforme a quello che si raccoglie dale pure ed astratte dimostrazioni geometriche, ne rimettono la causa nel'imperfezione della materia che soggiace a molte alterazioni ed imperfezioni* ... .

Galileo's thought, albeit fascinating, is not easy to understand; he summarizes briefly what appears to be a sound, unassailable theory which is going to be demolished shortly afterward.

Now the "learned" (*dotti*) were not the followers of the Peripathetic School, striving to bring up again Aristotle's thought despite failing to grasp its essence. There was no risk of falling foul of the official culture; all that had nothing to do with heavens and stars. What it was all about was earthy matters, mechanical problems Man tackled to build edifices and ships, weight-lifting machines and missile shooting devices.

Learned people and experts on these problems who dealt with them to build around them a theory were not astronomers, philosophists, theologists but architectural theoreticians, if not architects and engineers.

Galileo's target was the theory that they elaborated and all the arguments brought forward by them to justify its shortcomings, whenever necessary. According to Salviati's own words: ... *ma qui non so s'io potrò, senza inciampare in qualche nota di arroganza, dire che né anco il ricorrere all'imperfezzioni della materia, potenti a contaminare le purissime dimostrazioni matematiche, basti a scusare l'inobbedienza delle machine in concreto alle medesime astratte ed ideali: tuttavia io pure il dirò, affermando che, astraendo tutte l'imperfezzioni della materia e supponendola perfettissima ed inalterabile e da ogni accidental mutazione esente, con tutto ciò il solo esser materia le fa sì che la macchina maggiore, fabbricata dell'istessa materia e con l'istesse proporzioni che la minore, in tutte le altre condizioni risponderà con giusta simmetria alla minore, fuor che nella robustezza e resistenza contro alle violente invasioni; ma quanto più sarà grande, tanto a proporzione sarà più debole. e perché io suppongo, la materia essere inalterabile, cioè sempre l'istessa, è manifesto che di lei, come di affezzione eterna e necessaria, si possano produre dimostrazioni non meno dell'altre schiette e pure matematiche ....*

Galileo never said expressly what was the theory which must be changed. This was probably because in those days such problems were not dealt with specifically. What was available then instead was a number of well known Treatises on Architecture containing all the construction rules taken from Vitruvius' *firmitas.*

All the treatises Galileo is likely to have come across were steeped in the Theory of Proportions, *à propos* of which A. Favaro, editor of the National Edition of Galileian Works, informs us that in his library there was a copy of the Palladian Treatise, published in 1570, and that was the only book which had something to do with Architecture.

A passage from the *Discorsi* should be quoted because of all the comments which it has provoked as yet. Amongst all the possible examples that could be shown in dealing with a certain problem Galileo chose a giant's bone, both unusual and seemengly remote from what he was concerned about. The *Discorsi* have so entered their second day, the interlocutors are still the same as before. The setting is that of an ideal place where language has become rational, i.e. that of Nature, for those who can read it. Galileo has just demonstrated the fallacy of the Theory of proportions applied to the resistance of materials. He then moves on to estabilish how large a beam should be so that it could withstand certain weights without breaking off. Then he leaves over mathematical demonstations and calls for people's common sense, explaining through Salviati why an exceptionally tall man's skeleton should present totally different proportions from that of a normal person, if they were to be equally strong: ... *Or vegghino come alle cose qui dimostrate apertamente si raccoglie l'impossibilità del poter non solamente l'arte, ma la natura stessa, crescere le sue macchine a vastità immensa: sì che impossibil sarebbe fabbricar navilii, palazzi o templi vastissimi, li cui remi, antenne, travamenti, catene di ferro, ed in somma le altre lor parti, consistessero; come anco la natura non potrebbe far alberi di smisurata grandezza, poiché i rami loro, gravati dal proprio peso, finalmente si fiaccherebbero; e parimente sarebbe impossibile far strutture di ossa per uomini, cavalli o altri animali, che potessero sussistere e far proporzionatamente gli uffizii loro, mentre tali animali si dovesser aumentare ad altezze immense, se già non si togliesse materia molto più dura e resistente della consueta, o non si deformassero tali ossi, sproporzionatamente ingrossandoli, onde poi la figura ed aspetto dell'animale ne riuscisse mostruosamente grosso: il che forse fu avvvertito dal mio accortissimo Poeta, mentre descrivendo un grandissimo gigante disse:*

non si può compartir quanto sia lungo,
sì smisuratamente è tutto grosso.

E per un breve esempio di questo che dico, disegnai già la figura di un osso allungato solamente tre volte, ed ingrossato con tal proporzione, che potesse nel suo animale grande far l'uffizio proporzionato a quel dell'osso minore nell'animal più piccolo, e le figure son queste: dove vedete sproporzionata figura che diviene quella dell'osso ingrandito. Dal che è manifesto, che chi volese mantener in un vastissimo gigante le proporzioni che hanno le membra di un uomo ordinario, bisognerebbe o trovar materia molto più dura e resistente, per formarne l'ossa, o vero ammettere che la resistenza sua fusse a proporzione assai più fiacca che ne gli uomini di statura mediocre; altrimenti, crescendogli a smisurata altezza, si vedrebbono dal proprio peso opprimere e cadere. Dove che, all'incontro, si vede, nel diminuire i corpi non si diminuir con la medesima proporzione le forze, anzi ne i minimi crescere la gagliardia con proporzion maggiore: onde io credo che un piccolo cane porterebbe addoso due o tre cani eguali a sé, ma non penso già che un cavallo portasse né anco un solo cavallo, a se stesso eguale.

Galileo's example of the enormous man throws light upon the *Discorsi*; he might have exploited many other ways to break down his theoremes for us by mentioning prismatic, cylindrical, full or hollow beams, etcetera. All this would only have been accessible to those who understood the language of geometry, while his argument stretched far beyond. The laws that he expounds are about Nature with its manifold manifestations and Man which is its main creature: trees, ants, whales etcetera are subject to the newly discovered laws.

In this way though his thought ran the risk of becoming obscure; Galileo had to reply to Anthony de Ville who had written to him asking for clarification: ... *conviene che io confessi di non aver saputo spiegare il mio concetto con quella evidenza che è necessaria per ben dichiararsi, e massime quando si arrecano proposizioni remote dalle opinioni comuni. Dico per tanto che l'intenzione mia fu molto diversa, anzi del tutto contraria al senso che V.S. ne ha cavato...* .

He then repeated what had written at the beginning of the *Discorsi* changing only few words. Perhaps he was aware of the need for a clarifying example and so he chose that of the bridge which de Ville himself had given Galileo to express his doubts: ... *E per meglio dichiararmi seco, piglio il suo medesimo esempio di un ponte per passare un fosso largo, ... , venti piedi, il quale si trovi riuscito esser potente a sostenere e dare il transito a peso di mille libbre, e non più: cercasi ora se per passare un fosso largo quattro volte tanto, un altro ponte, contesto del medesimo legname, ma in tutti i suoi membri accresciuto in quadrupla proporzione, tanto in lunghezza quanto in larghezza ed altezza, sarà potente a reggere il peso di 4000 libbre. Dove io dico di no; e talmente dico di no che potrebbe anco accadere che e non potesse regger se stesso, ma anche il peso proprio lo fiaccasse ... .*

Thus he concluded his long demonstration by describing the objective he had pursued: ... *sicché, conosciuta la resistenza di un picciol chiodo, o di una piccola caviglia di legno o di qualsivoglia altra materia, io potrò dimostrativamente sapere le resistenze di tutti i chiodi, di tutti i pali, di tutte le catene di ferro, ed in somma di tutti i solidi di qualsivoglia materia, rimossi però gl'impedimenti accidentari di nodo, tarli, ecc... .*

Galileo's "manifesto" was thus explicitly laid out, together with those amongst the learned people's ideas which were to be replaced by the new science; here the example of the bridge is illuminating, expecially if likened to what Andrea Palladio wrote on the same subject.

Andrea Palladio was a close collaborator of Vitruvius' commentator Daniele Barbaro. In the third of his four Books of Architecture Palladio dealt with bridges after writing about roads. That section contains his famous drafts of reticular wooden beams, complete with accurately described construction details. Concluding it he wrote: ... *I ponti di queste quattro maniere si potranno far lunghi quanto richiederà il bisogno, facendo maggiori tutte le parti loro a proportione.*

There is no doubt about the theoretical ground on which Palladio based this statement: bridges, no matter how long, are supposed to comply with the same law as public and private edifices whose architecture is regulated by the module-diameter of columns, as long as the proportions which appear on drafts are maintained in their realization.

Galileo proved this theory to be totally wrong.

The two verses by Ariosto quoted by Galileo have been interpreted in different ways.

A. Carugo and L. Geymonat seem to agree with what A. Borelli wrote in his *Trattato sul moto degli animali*. E. Panofsky's analysis[6] keeps more to the developments of Galileo's thought, which considers too weak to be acceptable. In reality this is all more complicated; none of them has in fact pointed out that the first line quoted by Galileo differs slightly from the original by Ariosto and this shows that Galileo was bent on demostrating his thesis at all costs.

---

6 E. PANOFSKY, *Galileo as a critic of the arts*, The Hague, 1954.

It is well known that there were misprints in the first edition of the Orlando Furioso. Ariosto himself changed the text in many ways, making lots of corrections and enhancements; its final edition came out in 1532. Galileo's own copy dated 1603; it has gone missing but Galileo's comments transcription made by Viviani is extant and there is no annotation on these two verses.

We must point out that the aforementioned verses are in the Seventeenth Canto which does not tell us about a Giant but an Ogre, enormous as well as physically and morally repugnant: ... *l'Orco (...) terribil mostro (...) mostra le zanne fuor, come fa il porco (...) sotto il braccio un fastel d'alcuni uomini fece (...) un suo capace zaino empissene (...) e prima il fa veder ch'all'antro arrivi; che tre de' nostri giovini ch'aveva, tutti li mangia, anzi trangugia vivi* ... .

Galileo turned the Ogre into a Giant in order to bear out the thesis that huge living beings cannot keep the normal proportions which are found in smaller creatures: ... *il che fu avvertito dal mio accortissimo poeta mentre, descrivendo un grandissimo gigante, disse* ... .

Galileo altered Ariosto's text because he suspected that the poet was aware of the deceitful quality of those paintings or sculptures portraying giants with well proportioned, faithfully reproducted human features. The deceit lies in the fact that human proportions were deemed to be a paragon for everything; the traditional architectonic theory had therefore been built around this concept.

Perhaps Galileo's *accortissimo poeta* understood that those proportions could not be maintained if the monster's strenght and destructive power were to be gauged up to its size. Norandino's unfortunate subjects watch in sheer terror the advancing of the monstrous blind ogre that on its way to his lair grabs whoever happens to be within reach, puts them under his arm, shoves them into his bag and now and then takes one out and devours him. The monster is so big that:

non gli può comparir quanto sia lungo,
sì smisuratamente è tutto grosso ...

Still they can see that:

in luogo d'occhi, di color di fungo
sotto la fronte ha due coccole d'osso .

Yet no one can measure the ogre's length as what they can see is all too big; Galileo craftily changed the verse to adapt it to what he believed would make clearer to the reader its truest significance:

non si può compartir quanto sia lungo .

The impersonal use of the verb originates from the replacement of *comparire* with *compartire*; the added consonant hardly alters the sound of the word but it does change its meaning radically; *comparire* stands for "appear" and infers, in that context, the impossibility of reckoning the creature's size with the bare eyes. *Compartire*, instead, meant something different in the technical language of the period suggesting the idea of ... *scompartire in più parti, una dopo l'altra, con gli opportuni intervalli* ... that is "dividing up into parts according to some estabilished criterium".

Barbaro also wrote in his commentaries on Vitruvius: ... *Compartimento in questo luogo io chiamo una ragionevole divisione del piano accompagnata dal decoro, dalla efficienza delle parti e dalla rispondenza delle cose/ sì che a grandi soggetti grandi edifici si facciano e de i grandi edifici grandi siano i membri.*

Andrea Palladio gave *compartire* a wider meaning. His Second Book of Architecture is titled *Del Compartimento delle Stanze ed altri Luoghi* deals with the criteria regulating the layout of rooms: ... *Acciocché le case siano commode all'uso ella famiglia, senza la qual commodità sarebbono degne di grandissimo biasimo* ... .

In Palladio's concise language the architectural metaphor of Man as "measure and paragon for all the things" acquires a wider significance; but the human body has also a skeleton, like those of animals, made up of bones. Palladio failed to deepend this analogy and yet the *reliquie degli antichi edifici* mentioned in his Treatise foreword withstood the wear and tear of time and the ruthlessness of Barbarians. Those were the same as prompted Raphael to write the well-known letter to Leo X saying that human bones are to building structures as the beauty of human body is to edifice *venustas*. Galileo could have not possibly chosen a better simile than that of the Giant's bone to demolish that architectural theory which had been elaborated by L.B. Alberti and other scholars. Palladio took measure of ancient remains *con grave suo pericolo*, in order to learn from them. He also made drawings of them so that everyone could get inspiration from them and possibly copy them taking pains to respect their proportions. Palladio reconstructed the drawings which were missing from Vitruvius' text on behalf of Barbaro's edition. He also read and studied L.B.Alberti's works, which he also criticized although he owed much to the ideas expressed in them.

No one in fact had clarified the relationships between Man and Architecture and between Man and Machine better than L.B.Alberti. On masonry frameworks he wrote[7]: ... *I naturalisti hanno notato che in natura i corpi degli esseri animati risultano strutturati in modo tale che le ossa non restino in nessun punto staccate tra loro. Allo stesso modo le*

7 L.B. ALBERTI, *De re aedificatoria, LIII. CXII*, Milano, 1968.

ossature saranno da riunire alle ossature, ed esse tutte da rafforzare nel modo più opportuno con nervi e legamenti; sicché la successione delle ossature collegate tra di loro, risulti tale da resistere da sola, quand'anche ogni altro elemento venisse a mancare, perfettamente conchiusa nella solidità della sua membratura ....

The monuments of our past will always bear witness to their greatness, no matter if they have lost their ornaments and appear as skeletons stripped of their flesh. Machines too: *sono da considerare alla stregua dei corpi animati, provviste di mani eccezionalmente forti e che per rimuovere i pesi si comportano esattamente come ognuno di noi. Quindi occorre riprodurre con le macchine le stesse dimensioni e gli stessi ripiegamenti che noi facciamo con le membra e coi nervi nell'appoggiarci, nello spingere e nel trasportare oggetti.*

And since machines were still as in Vitruvius' times a *contignazione di legnami*, pieces of wood assembled together each acting as a beam, it was necessary that: ... *Per il buon funzionamento di tutti questi meccanismi occorre avere l'avvertenza di non impiegare, per rimuovere pesi colossali, mezzi di dimensioni limitate o troppo deboli ... Nelle funi, nei raggi, e in ogni mezzo di cui ci si avvale per spostare pesi, la lunghezza significa debolezza; essa infatti è per propria natura assai vicina all'esilità, mentre la brevità corrisponde alla grossezza ....*

L.B. Alberti here pointed out masterfully what one should mean by beam thickness and its relation to beam resistance; needless to say that stating that a beam is bigger than another means very little if no term of comparison is estabilished. Two beams which are equal in lenght will be considered one bigger than the other if the former presents a transversal section larger than that of the latter. Yet when the cross- sections of both beams have equal surfaces but different shapes then estabilishing which of the two is bigger becomes arduous unless we adopt some evaluation criterion.

It is also worth mentioning what Baldinucci wrote in his Dictionary[8] towards the end of the 17th century: ... *Serve agli architetti per istabilire le lunghezze, larghezze, altezze e grossezze; il numero, l'ampiezza, la specie e la quantità di tutte le cose come debbono essere acciò la fabbrica sia perfetta ....*

Since length, highness and width are sufficient to define the three dimensions of the physical space the meaning of "thickness" lies elsewhere. Nowadays the technical language employs the term "slenderness", as previously done by L.B. Alberti to define that quality in beams which is opposite of "thickness"; a solid, whether a prism or a

8 F. BALDINUCCI., *Vocabolario Toscano dell'Arte del Disegno*, Firenze, 1681.

cylinder, is considered slender if it is remarkably long in relation to the smallest dimention of its cross-section.

To Galileo "thickness" meant something precise; it defined quantity not quality and was directly related to the resistance of beams to bending stress. The two fundamental problems he was confronted with concerned the resistance to breakage of a beam fastened at one end and subject to a force applied to the loose end lenghtwise or orthogonally, parallel to one of the two sides of the section, if rectangular.

This yielded different results which Galileo labelled respectively "absolute resistance" and "relative resistance". The term "thickness" is explicitly bound up with relative resistance and constitutes the pivot around which revolves the whole of the second day of the *Discorsi* whose contents concern the size (thickness) of a beam which is supposed to bear a particular load, or the comparison between the resistance of differently shaped beams in relation to their thickness.

In the *Discorsi* Salviati brings up again the topic which had been left over in the first day in order to make room for a long speech about cohesion, gluten and *horror vacui*; if a beam has a circular cross-section then thickness and diameter coincide. To be as big as strong the giant's bones, which are like roughly cylindrical and hollow beams, must be totally misshapen; only a "miracle" could enable them to preserve human proportions. It is worth mentioning that the previous analysis of cylindrical and hollow beams aims at determining the resistance of bones. Hence: *Chi non vede come un cavallo cadendo da un'altezza di tre braccia o quattro si romperà l'ossa, ma un cane da un tale, e un gatto da una di otto o dieci, non si farà mal nessuno, come un grillo da una torre, né una formica precipitandosi dall'orbe lunare ? ...* .

Therefore: ... *La natura non potrebbe fare un cavallo grande per venti cavalli, né un gigante dieci volte più alto di un uomo, se non o miracolosamente o con l'alterare assai le proporzioni delle membra e in particolare dell'ossa, ingrossandole molto e molto sopra la simmetria dell'ossa comuni ...* .

Galileo, though, was aware of another possibility which, strangely enough, Descartes put forward as his own in the letter to Mersenne, forgetting to have read it in the *Discorsi* as it came shortly before a digression on whales which he much appreciated. Galileo had an intuition of an aspect which would not fully emerge until the beginning of this century: a giant may exist provided that his bones are made up of a stronger substance. This is the miracle he hinted at, since all the bones, human or animal, contain the same stuff.

Galileo worked on the *Discorsi* around the year 1632 while he was exiled in Siena and in Florence, using notes he had been writing since his Paduan days. Although the architectural scenario was remarkably different from that described by L.B. Alberti many traces still survived of the theory that he had elaborated and that others had developed and applied to those buildings which represented Renaissance itself.

It must be said that the unitarian and parallel development of Vitruvius' cathegories on which that theory was based could not overcome the crisis that one of them had triggered off. In fact the impossible giants against whom Galileo fought his battle represent the only cathegory handed down by Humanistic architecture which was not subject to changes in politics, society or taste. Vitruvius' concept of *firmitas* was bogged down in the theory of proportions could not yield different results from those, often negative, which it did. While *venustas* and *concinnitas* were giving way to different interpretations, the firmly estabilished principles of *firmitas* still held out; Palladio constitutes an amazing example of it. In a new awareness had started creeping in since the end of the 15th century; yet those "learned people" whom Galileo referred to had not found a better argument than matter imperfection to try and salvage in the old theory at least the concept of *firmitas*.

The theory could only be modified by means of something coming in form outside of the natural setting of architectural debates. A critical revision of the discipline was necessary as well as a better understanding of those phenomena that the traditional theory failed to explain. Building collapses, soil subsidences and sometimes real disasters were rather frequent. Their causes were to be investigated outside the conventional models. Ariosto's monster became Galileo's giant who lacked the strenght he should have had because Nature, therefore Mechanics, obeyed to laws which were different from the hypothesed ones. No doubt Galileo twisted the meaning of his favourite poet's verse; this was part of his way of expressing himself. And yet his *Discorso* is impeccable; his demonstration is conducted in the same language as that of Nature itself.

In truth Vitruvius had already ponted out with great precision the twofold problem tackled by Galileo.

The first aspect of the problem is to be found in the last pages of his Treatise[9], in the book on machines. It concerns the unreliability of models.

Here we find the story of the architect who had been fired because the defence machine he had deviced and studied by means of a small scale model had turned out to be too heavy to be transported. This is what he wrote: ... *Infatti non tutti i progetti si*

---

9 VITRUVIO, *De architectura*, Pordenone, 1990.

possono realizzare secondo gli stessi princìpi: ve ne sono alcuni su grande scala che hanno la stessa efficacia di quelli su piccola scala; altri che addirittura senza modello vengono realizzati solo dal vero. Alcuni, poi , realizzabili su piccola scala, appena vengono aumentate le dimensioni si rivelano inefficaci ... .

The second aspect of the problem, that of the main beam (*architrave*) resistance, the temple "arché-trabs", is in the third book, in which he expounds the modular criteria regulating the architectural orders. The "arché-trabs" should not extend across a lenght exceeding two and a half modules because it may break off. If a longer span is inevitable then the whole arrangement of architrave, frieze and frame must be modified. The architrave and the frieze will then be made respectively of wood and stone, as in the Etruscan fashion. It is worth mentioning that what Vitruvius said agrees with the modern concept of "composite beam" in which the use of wood and stone enables it to withstand both traction and compression stress.

Vitruvius gives no explanation about model failure and beam collapse; all he does is to warn those who resort to models and to suggest some remedy for those beams that may break off.

As for the latter problem several solutions were going to be put forward especially in Venetia even though in the architectural treatises both architrave collapse and, more reticently, model failure were always ascribed to matter flaws. Matter meant construction materials; to admit that they might be faulty implied the idea that their expected behaviour might be different from what is supposed to be. The importance that all the treatise writers gave to those problems is a proven fact; to appreciate it we only have to read the many pages devouted to material selection, preparation and use.

Hence if an architrave snaps off materials will be blamed for; viceversa if it does not happen then it means that materials are flawless. Yet talking about perfect and imperfect material only makes sense in relation to a hypothesis trying to explain its mechanical behaviour.

Treatise authors never formulated hypotheses although what they wrote would have been incompatible with any matter "deformation".

As compositions were supposed to bear witness to the intrinsic beauty of geometrical relationships a beam which could sag or a column which could dilate were not even conceivable. A minimum fault in one of the construction elements, no matter how small, would have proved wrong the theory which justified their presence and regulated their use in the project.

The material they talked about had to be rigid, undeformable both in the model and in reality. Vitruvius knew that to be untrue; his 15th and 16th century commentators resorted to the trick of material imperfection in order to set up an absolute theory and by doing so, whenever necessary, to cover up its falsehood and justify its failure. This contrivance appears fully legitimate if considered an acknowledgement of the hypothesis of matter rigidity or, in general, an explanation of the reluctance of reality to being crushed into a theoretical mould which implied total absence of deformations.

It is loaded with significance that Galileo introduced the concept of absolute resistance only relative to traction stress. It is beyond his comprehension that a solid might break because of compression; hence the error attributed to him by his exegetes who appear to have forgotten that as research progresses and instruments evolve continual changes of tack take place and new models are introduced in order to describe thoroughly the mechanical behaviour of materials.

Galileo was under the influence of *horror vacui* ; thus he thought it possible to cause compression breaking only by repetitive hammer blows aimed at a tiny piece of matter until it has been broken into minuscule bits. He was also sure that those fragments could be smashed into smaller and smaller particules, in an endless process.

Galileo brought in the concept of the need for a rational explanation of facts. It must be acknowledged, though, that it is always been so in history, as the problem of knowledge is an integral part of human nature which only stops before final causes, the prime motor and nature inscrutability.

Vitruvius explains the phenomenon of pozzolana mortar hardening with the idea of "sympathy" amongst its ingredients; he has just concluded his book on construction materials by saying: *Nessuna cosa presente in natura, né tra gli esseri animati né tra le cose inanimate può esistere e neppure essere concepita se non come fusione di elementi fondamentali. D'altro canto la natura non potrebbe avere altre spiegazioni che quelle date dai Fisici, a meno che le cause, che sono tutte insite nella materia e che ne determinano le carateristiche, non possano essere spiegate da criteri sottili e astratti.*

It all appears under a different light when we are in the presence of motion. Since the perception of movement is immediate we are led to track back its causes attributing them to a prime motor. But force, an indispensable ingredient of Mechanics, was unknown before Newton; its life will never be an easy one after that, as it has often run the risk of being wiped out of existence, replaced with the concept of Energy in the Statute of Mechanics.

Galileo resorted to the concept of "force embryos"; his goal is to determine inflected beam resistences in order to prevent fractures; basically he introduced that rational method whereby causes are known as forces and the effects are to be found.

Causes and effects can only be related to each other on condition that they are predefinite; yet, while effects are always evident, causes require specific investigations.

Vitruvius says that the property of levers is bound up with that of the circle and that those properties are the same as give Man ripe fruits through heavens rotation. This is not too far from what believers in the Greek philosophy held to be true.

Vitruvius knew that temple architraves could break if they were too long but did not know why. He knew that if properly mixed up pozzolana, water and sand made a very solid matter suitable for underwater works but still did not know why. Architects who designed arches knew that on removing props they could collapse; he did not know what caused it but was perfectly aware of what was going on before his eyes; those were movements that he must oppose to stop the arch from collapsing. L.B. Alberti wrote on this problem memorable pages; he listed all the precautions to take so that props were removed slowly, gradually, thus giving designers and builders the chance of doing something to prevent collapse.

This is why on arches truss-rods are placed half way up and not at the level of springers. Buttresses are at times so bulky one may wander why such heavy masses have been erected, as they only seem to serve the purpose of preventing arches from spreading. Sometimes the cross-vault extrados may reproduce on the outside the same shape as that of the intrados. Furthermore a cross-vault may present such an amount of side supporting material that the extrados surface is almost totally flat.

These are facts which are still to be interpreted. A common mistake is that of obstinately regarding them as foreplanned interventions stemming from a "science of causes" based on mere intuition that could not be rationalized and clearly explained. They were nothing but ways of staving off umpredictable as well as unwanted effects.

Florence Cathedral construction records show that clearly: once the first two spans of the three naves were built props were removed very slowly after which the transepts began to crack up.

Truss-rods were then applied in many places, they were not in the original plan; their position suggests that they were placed in the first place to curb horizontal shifts (and not to absorb stress) as that could only be their function.

The Art of Construction is generally likened to a "sum of empirical notions", in a constant, albeit slow process of growth. Where these notions originated from was never going to be revealed. In the case of Gothic archtecture the idea was that it was the result of intuitions or of costruction procedures totally unknown to us.

If we go back to the first arch calculations we can easily appreciate the relation between construction art and contruction theory. De La Hire, Bélidor and Couplet knew what gradual props removal was as that was a legacy of the past. They know that was the terribile time of reckoning, when all the choices that have been made proved either right or totally wrong, in which case the collapse of the building was the likely upshot.

The novelty consisted of predicting what the likely behaviour might be and, through simple balancement equations, offsetting both stabilizing and destabilizing forces, so as to face the unforeseeable outcome of props removal. As a consequence all ensuing debates will revolve around the placement of hinges which will turn structures into mechanisms and around the need of regarding friction and coesion forces as resistences.

Those calculation methods dominated construction statics up until the end of 18th century. Coulomb worked out a method aimed at establishing the exact placement of hinges and Cauchy tried to add rigour to that method. They all attempted to translate into mathematics the experiences relative to props removal outcomes. Those who had been building arches knew and feared what might happen. They also knew how to tackle the problems, once they hed arisen. The changes in the way of thinking which took place at the end of the 16th century was made possible by the ouvert acknowledgment of the causes which led to certain effects, by their quantification and by keeping them under control. Thus the art of building became the science of building.

As I have previously pointed out the ability to turn intuitions into rational language or to learn from errors requires a theory and a behavioural model.

Forces must be defined, otherwise no theory can come into existence and develop. "Mechanical models", on their part, are neither inventions nor intuitions. Its proposers have clearly stated that their choice stemmed from the centuries- old building practice which had provided the scheme which explained how "roughly" an arch could be made into a mechanism.

All this may seem simplistic; suffice it to consider that walls, pillars and columns made of stone, brick and mortar cannot exist unless they are more or less perfectly upright. Domes, arches and vaults can be made which require much more than that because the interacting forces are not just weights but variously oriented thrusts; nothing else can be done with stones and bricks nor would there be any justified legend about cathedral constructors' secrets.

That they were the depositaries of secret rules or geometrical formulas granting stability and strenght for their works is as much improbable as historically unsound. Implied variables in such contexts are so many that the mere assumption of the hypotheses from which models are derived is bristling with problems.

Nor can we refer to past experiences, unless these consist of the faithful reproduction of a "text", from which we learn about the soil works are built on, which materials have been used, which techniques have been adopted. Every building site is a case of its own in which each of these factors play its precise role. Knowledge deriving from experiences can give some clue, it cannot make sure that realizations will necessarily be succesful until the work is finished. Galileo did in fact pave the way for architects to be able to foresee how imaginary edifices would behave.

As Galileo put it, that was only the beginning of a route whose developments nobody in those days could have predicted.

It would in fact take almost two centuries to develop the instruments and the experimentation techniques, and subsequently the hypotheses on which to found the Mathematical theory of elasticity of solid bodies which originated the modern Construction Theory, consisting of rigorous method for determining what happens to a building once external causes such as subsidence, sagging etcetera come into play.

Obviously there is more to it than simply this, as architecture presents us with something that official science cannot justify yet; suffice it to consider the role of manuals and that of the construction models codified in them. Suffice also to think about events which could not be foreseen before they took place. All this is part of a *Discorso* that neither Galileo nor I can make.

FIG. XIV.

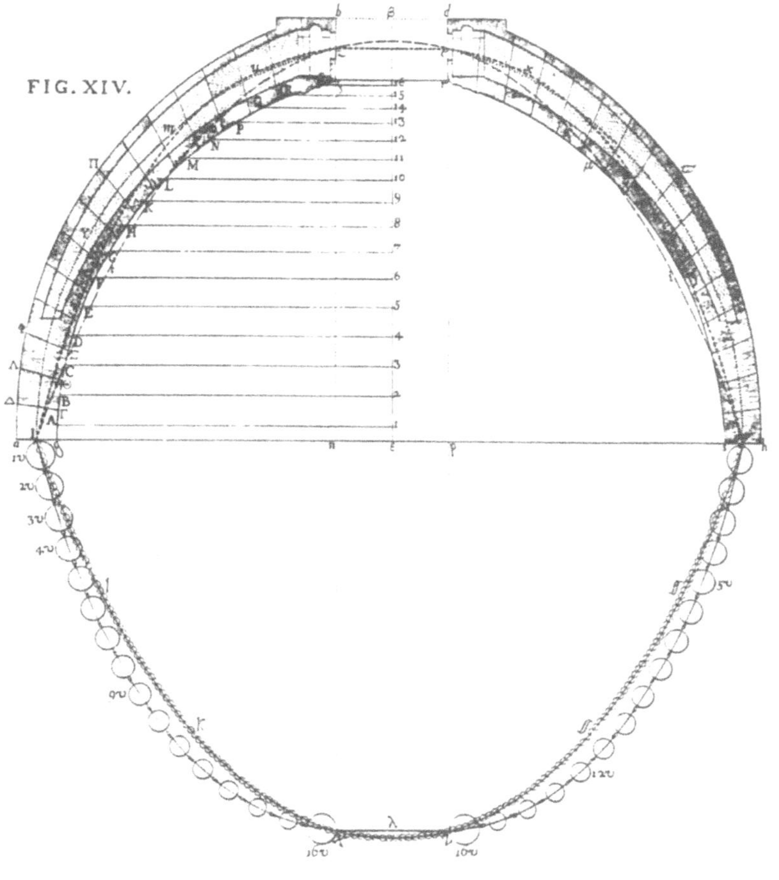

Poleni's *Memorie Istoriche della Gran Cupola del Tempio Vaticano* (1747)

THE ANALOGY BETWEEN EQUILIBRIUM OF THREADS AND THIN MASONRY STRUCTURES

Cristiana Pesciullesi - Marta Rapallini[1]

Summary : The analogy between the catenary and the thin vault stable under its own weight stated by Hooke in 1676 was during two centuries the center of numerous researches. How to place correctly this curve in a vault of a certain thickness, what does it learn for the construction of a dome? The following article presents a modern treatment of the problem and shows its limits.

Résumé : L'analogie entre la caténaire et la voûte mince stable sous son propre poids énoncée par Hooke en 1676 a été durant plus de deux siècles le moteur de très nombreuses recherches. Comment placer cette courbe dans une voûte d'une certaine épaisseur, quelle leçon donne-t-elle pour les dômes? L'article qui suit présente un traitement moderne de ce problème et en montre les limites.

The equations governing the equilibrium of inextensible and infinitely flexible threads can be used to analyse thin masonry elements as arches, vaults, domes.

In this paper we use the analogy between equilibrium of threads and equilibrium of thin masonry structures to determine the optimal shape of some particular flying buttresses and of a self-weighted dome. In the first case, we look for the shape coinciding with the inverted funicular when loads represent the weight of the flying buttress; in this case it is possible to find an analytical solution. In the case of the dome, we search the pressure surface for self-weight load: for the assumed model, in this case we have only meridional stresses, while parallels are not stressed; the solution is found approximately and sperimentally.

Before studying these models, we give a brief review of the most important contributions to the problem, since studies about "catenaria", up to the developments of XVIII and XIX centuries dealing with veils and domes.

1 DIPARTIMENTO DI COSTRUZIONI - UNIVERSITÀ DI FIRENZE, Piazza Brunelleschi 6 - 50121 Firenze (Italia).

Historical introduction

Models for the analysis of masonry structures deriving from the analogy with funicular problems represent the foundations of the statics of masonry solids, where we adopt the no-tension behavior for masonry.

Discussions about funicular equilibrium started in XVII century, through the works of the most important scientists. A detailed review of authors and theories is found in Benvenuto[2]. Here we recall the principal contributions in order to give a historical picture for the studies this paper aims at presenting.

In 1690 Jacob Bernoulli in the Acta Eruditorum proposed to scientists the problem about the shape assumed by the "catenaria". In 1691 three solutions from Huygens, Leibniz and Johann Bernoulli were published[3]; but the definitive statement and solution are due to Jacob Bernoulli (1694)[4], who in 1704 stated the analogy between "catenaria" and a masonry arch in its differential form[5]. The analogy between the funicular problem and the equilibrium of thin arches had been intuitively stated in 1675 by Robert Hooke[6] and, some years later, by David Gregory[7].

During the XVII and the XVIII centuries, there were many discussions about "catenaria" and the problem was extended to surfaces, as "lintearia", "velaria" and the hanging veil. In 1691, Jacob Bernoulli demonstrated that the "velaria" directrices are "catenarias"[8]. So the results about the equilibrium of "velaria" can be used to analize the static behavior of an optimal masonry barrel-vault, with no-tension masonry; in fact if we

---

2 E. BENVENUTO, *An Introduction to the History of Structural Mechanics*, 2 voll., New York, 1991.

3 JO. BERNOULLI, *Solutio problematis funicularii*, in *Opera Omnia*, Tomo I, Lausannae and Genevae, 1742, pp. 48-51.

4 JA. BERNOULLI, *Articul XXXIX: Problema: Invenire quam curvam referat funus laxus e inter duo puncta fixa libere suspensus*, in *Opera*, Tomo I, Genevae, 1744, pp. 424-426; ID., *Articul XLII: Additamentum ad problema funicularium*, in *Opera*, Tomo I, Genevae, 1744, pp. 449-453.

5 JA. BERNOULLI, *Articul XXIX: Problema de Curvatura fornicis, cujus partes se mutuo proprio pondere suffulciunt sine opere caementi*, in *Varia Postuma, Opera*, Tomo II, Genevae, 1744, pp. 1119-1123.

6 R. HOOKE, *A description of helioscopes, and some other instruments*, London, 1676 (actually 1675).

7 D. GREGORY, *Transcripta ex Actis (Transactionis) Philosophicis Anglicanis, mensis Augusti 1697 (pp. 633 segg)*, Acta Eruditorum Lipsiae, July, 1698, pp. 305-321.

8 JA. BERNOULLI, *Articul XLVIII: Curvatura veli*, in *Opera*, Tomo I, Genevae, 1744, pp.481-490; ID., *Articul LXVI: Explicationes, Annotationes et Additiones: de Velaria*, in *Opera*, Tomo I, Genevae, 1744, pp. 652-658.

suppose the vault divided into arches, each of them takes the "catenaria" shape. The "velaria" problem has been studied and solved by De Martino[9], too.

In XVIII century the analogy between a masonry dome and *un velo lento pendente da un cerchio orizzontale che senza rughe si disponesse per il proprio peso nella forma di un catino*[10] was stated. All over XVIII century, dome was assumed to be a revolution surface entirely compressed; the presence of stresses in the parallels is only qualitatively suggested, while equilibrium equations are written in the limit case, i.e. with no stresses in the parallels. It means that the shape of meridians coincides with the funicular shape, provided that the load represents the weight of the slices in which the surface is divided: in the following these "catenarias" are said "funicular meridians".

Pierre Bouguer[11] was the first to study the equilibrium of domes. He considers forces among slices writing a disequation by which he can ascertain the equilibrium of a dome entirely compressed. However he neglects the circumferential stresses when he wants to find the limit shape of the curve that generates the dome by revoluting around the axis. The problem becomes monodimensional: the equation Bouguer writes gives exactly the "meridian funicular".

The same equations as Bouguer's ones were obtained by Bossut[12], Mascheroni[13] and Venturoli[14] some years later. Mascheroni affirms that the imposition of the masonry dome slice equilibrium gives a differential equation that coincide with the equation describing the shape of a veil hanging from a circular horizontal ring. Between the "funicular meridian" and the *velo pendente da un cerchio orizzontale* there is the same analogy existing between a thin masonry arch and the "catenaria". Venturoli uses another example to show the same analogy: he states that a masonry dome is like a "*testuggine*"; it is entirely compressed since it is made by simply leaned elementar surfaces.

---

9 N. DE MARTINO, *Elementa Statices in Tyronum Gratiam tumultuario studio concinnitata*, Napoli, 1727.

10 L. MASCHERONI, *Nuove ricerche sull' equilibrio delle volte*, Bergamo, 1785.

11 P. BOUGUER, *Sur les lignes courbes qui sont propres à former les voûtes en dome*, Mem. Ac. Roy. Sc., 1734, pp. 149-166.

12 C. BOSSUT, *Nouvelles Recherches sur l'équilibre des voûtes en dôme*, Mem. Acad. Roy. Sc., 1778, pp. 587-596.

13 L. MASCHERONI, *op cit.*

14 G. VENTUROLI, *Elementi di meccanica*, V ed., Napoli, 1833 (I ed. 1806).

The catenary and the thin arch

The equilibrium equations for a thread hanging by its ends and loaded in accordance with a regular mathematical law are due to Jacob Bernoulli.

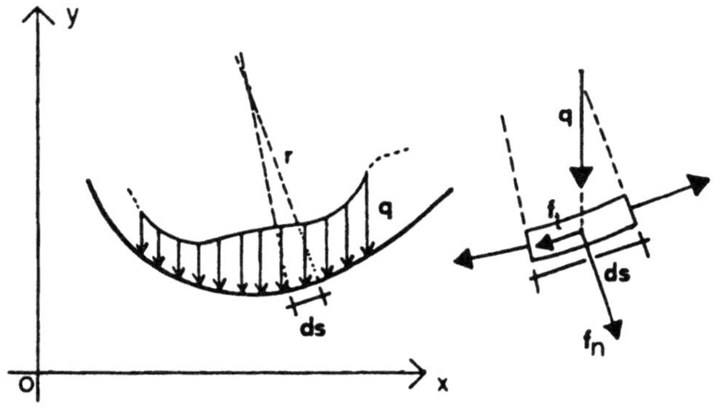

Fig. 1

Let s be the current curvilinear abscisse and let (n,t) be the intrinsic reference system, where the directions are shown in the figure 1. The equilibrium differential equations are:

$$\frac{dN}{ds} + f_t = 0$$

$$\frac{N}{r} - f_n = 0$$

where r is the bending radius in the considered point.

If there are only loads directed as y, the equilibrium equations can be rewritten in the global reference system (x,y) and it is possible to show that the horizontal component N_x of the normal force in the thread is always constant: $N_x = H$.

The equation in the y direction is transformed in a non-linear second-order differential equation:

$$\frac{y''}{\sqrt{1+y'^2}} = -\frac{p}{H}$$

where p is the load directed as y. Integrating, we obtain:

$$y(x) = -\frac{H}{p}\cosh\left(-\frac{p}{H}x + C_1\right) + C_2.$$

The constants C_1 and C_2 are determined imposing boundary conditions.

Through the funicular analogy, the optimal shape of a flying buttress intrados is established, the extrados being rectilinear.

We suppose the point of application and the inclination of S are known, where S is the force the cross vaults above the nave exert on the flying buttress. We neglect to consider the strength of materials, so that the arch can be as small in thickness as we want and it may be confused with its intrados curve. Neglecting the material self-weight, we would find the rectilinear solution, i.e. the prop. We introduce the weight of the arch in the model as a dinstributed load, whose law $p = p(x)$ depends on the arch shape. As a thread subject to vertical loads assumes a convex shape, so, for the analogy, the arch sets according to a concave curve.

Since the material is supposed homogeneous and the problem is plane, the load depends on the area between the unknown intrados and the rectilinear extrados. The function $y = y(x)$ describing the intrados shape is required to be C^2-continue, so that the solving equations are meaningful.

1st Case

In the simplest case we consider a horizontal extrados and S normal to the gravity direction (Fig.2):

$$S \equiv H.$$

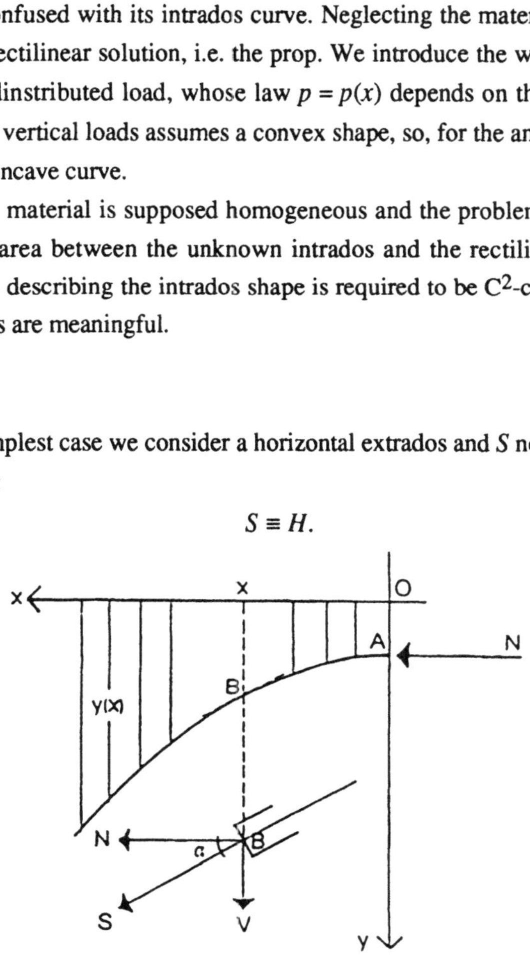

Fig. 2

Working a vertical section in the abscisse x, the components of $N(x)$ in the global reference system are:

$$N_x = H$$
$$N_y = N_x\, y'(x) = H\, y'(x).$$

For the material homogeneity, we assume the density to be one. So the equilibrium equation in the y-direction is:

$$N_y = H\,y'(x) = \int_0^x y(t)\,dt.$$

Since we find a first order integrodifferential equation, it can be reduced, deriving with respect to x, to a second order differential equation. To determine univocally the integration constants it is necessary to state two boundary conditions, both written in x=0. The opposite end is not subject to any condition. Deriving, for the fundamental theorem of integral calculus, we obtain:

$$H\,y''(x) = y(x) \qquad \text{where} \qquad H > 0$$

$$y(x) = C_1 e^{\frac{x}{\sqrt{H}}} + C_2 e^{-\frac{x}{\sqrt{H}}}.$$

Deriving the initial equation we can find a non admissible solution: we have to state an analitycal compatibility condition for C_1 and C_2. Substituting the solution in the initial equation, we have:

$$\sqrt{H}(C_1 e^{\frac{x}{\sqrt{H}}} - C_2 e^{-\frac{x}{\sqrt{H}}}) = \int_0^x (C_1 e^{\frac{t}{\sqrt{H}}} + C_2 e^{-\frac{t}{\sqrt{H}}})dt,$$

i.e. $C_1 = C_2$.

This analytical condition might be unacceptable as to the "geometrical" conditions in $x = 0$. They are $y(0) = y_0$ and $y'(0) = 0$ and supply the following system in C_1 and C_2:

$$y(0) = C_1 + C_2 = y_0$$
$$y'(0) = C_1 - C_2 = 0$$
$$C_1 = C_2 = \frac{y_0}{2}.$$

The values for C_1 and C_2 satisfy both analytical and geometrical conditions. The final solution is:

$$y(x) = y_0 \cosh\frac{x}{\sqrt{H}}.$$

Let $x = a$ be the free end of the flying buttress line; the volume of the optimal flying buttress is:

$$V = \int_0^a y(x) = y_0\sqrt{H}\sinh\frac{a}{\sqrt{H}}.$$

If we put $y'(a) = b$, b is the curve slope for $x = a$:

$$b = y'(a) = \frac{y_0}{\sqrt{H}}\sinh\frac{a}{\sqrt{H}},$$

So the volume is $V = bH$.

Assigned the arch span a, the material volume does not depend on initial thickness y_0, while it is directly proportional to the thrust H and to the slope we require for the arch action on the external buttress.

As a limit case we pose $y_0 = 0$; the optimal solution is then $y(x) = 0$, i.e. the horizontal prop.

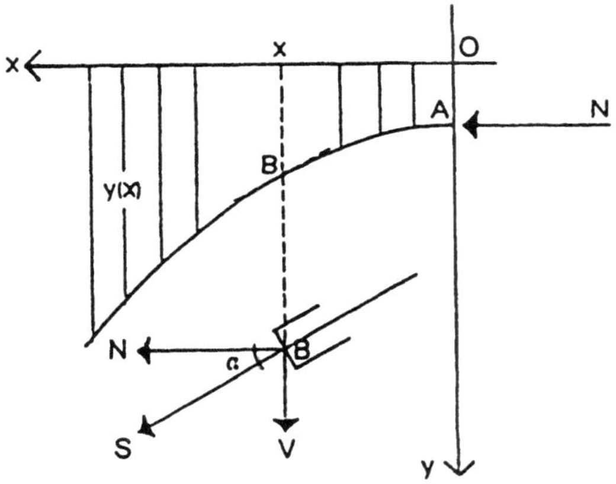

Fig. 3

Otherwise if we assign the final slope b and the initial thickness y_0, the necessary span a depends on H; the larger it is, the longer the arches are and the smaller the curvature is (Fig.3). It can be quickly deduced from the relations:

$$a = \sqrt{H}\ \text{settsinh}\ (b\sqrt{H})$$

$$y'' = \frac{y}{H}.$$

2nd Case

If S does not coincide with H, the vertical component of S is $V = H\tan\alpha$, where α is the angle between x and the S-direction (Fig.4);

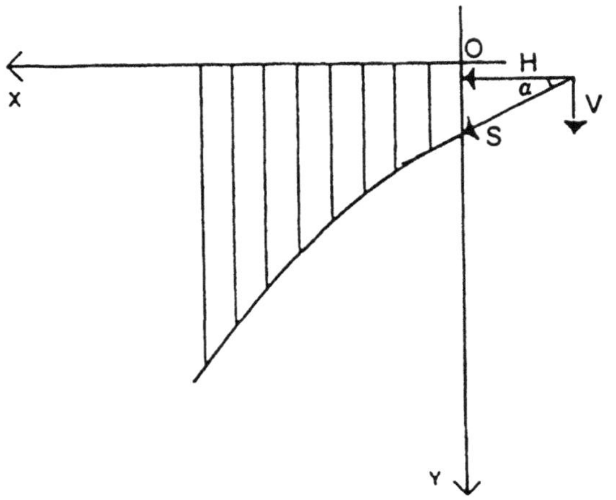

Fig. 4

In the global system (x,y) the equilibrium equations are:

$$N_x = H$$

$$V + \int_0^x y(t)dt - N_y = 0, \quad \text{or}$$

$$H \tan\alpha - Hy'(x) + \int_0^x y(t)\, dt = 0.$$

Following the same process as in the first case, we have:

$$Hy''(x) = y(x)$$

$$y(x) = C_1 e^{\frac{x}{\sqrt{H}}} + C_2 e^{-\frac{x}{\sqrt{H}}}.$$

The analytical condition for C_1 and C_2 is:

$$C_1 - C_2 = \sqrt{H} \tan\alpha.$$

The geometrical conditions are:

$$y(0) = y_0$$

$$y'(0) = \tan\alpha,$$

from which we obtain:

$$C_1 = \frac{1}{2}(y_0 + \sqrt{H} \tan\alpha)$$

$$C_2 = \frac{1}{2}(y_0 - \sqrt{H} \tan\alpha).$$

The only solution is then:

$$y(x) = y_0 \cosh \frac{x}{\sqrt{H}} + \sqrt{H} \tan\alpha \sinh \frac{x}{\sqrt{H}}.$$

This time we have for $y(0) = 0$:

$$y(x) = \sqrt{H} \tan\alpha \sinh \frac{x}{\sqrt{H}} \neq 0 \quad \text{per} \quad x \neq 0.$$

3rd Case

Finally let the extrados form the angle β with respect to x (Fig.5).

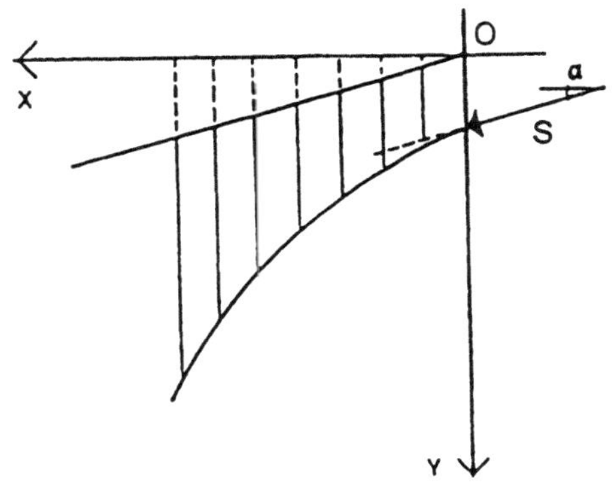

Fig. 5

$$N_x = H$$

$$N_y = V + \int_0^x [y(t) - t\tan\beta]\, dt$$

$$Hy''(x) = y(x) - x\tan\beta.$$

Since the solutions $e^{x/\sqrt{H}}$ and $e^{-x/\sqrt{H}}$ of the homogeneous associated equation are linearly independent, the general solution can be written in the following form:

$$y(x) = C_1(x)\, e^{\frac{x}{\sqrt{H}}} + C_2(x)\, e^{-\frac{x}{\sqrt{H}}}.$$

To determine the functions $C_1(x)$ and $C_2(x)$ let's use the method of variation of the arbitrary constants; this means we have to solve the following differential system:

$$C_1' e^{\frac{x}{\sqrt{H}}} + C_2' e^{-\frac{x}{\sqrt{H}}} = 0$$

$$C_1' e^{\frac{x}{\sqrt{H}}} - C_2' e^{-\frac{x}{\sqrt{H}}} = -x\sqrt{H} \tan\beta,$$

which gives, as the general solution:

$$y(x) = x\tan\beta + Ae^{\frac{x}{\sqrt{H}}} + Be^{-\frac{x}{\sqrt{H}}}$$
$$y(0) = y_0 \quad y'(0) = \tan\alpha \quad \Rightarrow \quad A + B = y_0$$
$$A = \frac{y_0}{2} + \frac{\sqrt{H}}{2}(\tan\alpha - \tan\beta)$$
$$B = \frac{y_0}{2} - \frac{\sqrt{H}}{2}(\tan\alpha - \tan\beta)$$
$$y(x) = x\tan\beta + y_0\cosh\frac{x}{\sqrt{H}} + \sqrt{H}(\tan\alpha - \tan\beta)\sinh\frac{x}{\sqrt{H}}.$$

If α coincides with β, we obtain:

$$y(x) = x\tan\alpha + y_0\cosh\frac{x}{\sqrt{H}}.$$

In such a case, let again b be the first derivative of the solution for $x = a$; it is $V=H(b\text{-}\tan\alpha)$, where it is always $b>\tan\alpha$. Let the final slope and the horizontal component H of S be assigned; the greater the slope of S is, the lesser the volume of material we need to build the optimal flying buttress. Once again V does not depend on y_0.

The proposed applications of the analogy with the threads equilibrium can be interpreted as an analytical view over the architectural reduction of the full buttress to the flying buttress; practically it was obtained eliminating the wall portion under the intrados curve and that over the extrados line (in the limit case, up to $\beta = \alpha$).

Hanging veils and domes

Bouguer, Bossut, Mascheroni and Venturoli stated the equations in order to determine the dome shape in the limit hypothesis of zero circumferential stresses. Although the solutions appear formally different, it is possible to verify their equivalence through some calculations.

We write the equilibrium equation for a dome slice, in the hypothesis that among slices there are no actions. In order that parallels are not stressed, the meridians must coincide with the funicular for loads representing the slices weight. In a membrane force state, using the Pücher equations[15] for the dome, it is easy to demonstrate that for zero circumferential stresses, meridians are non-homogeneous catenarias:

15 W. FLÜGGE, *Stresses in shells*, Berlin-Heidelberg-New York, 1962.

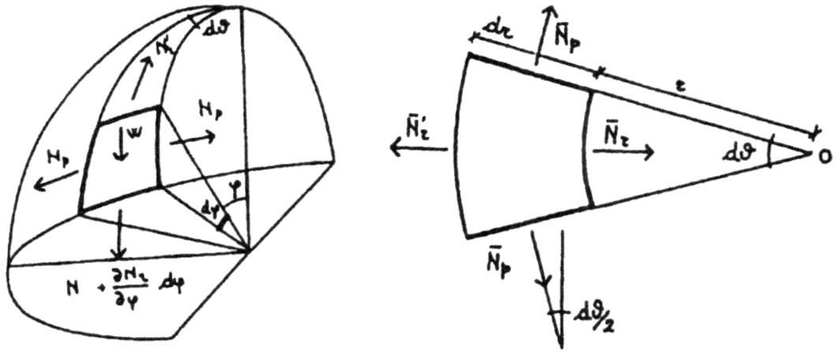

Fig. 6

$$\begin{cases} r\dfrac{d\overline{N}_r}{dr}+\left(\overline{N}_r+\overline{N}_p\right)=0 \\ \dfrac{d}{dr}\left(r\overline{N}_r\dfrac{dy}{dr}\right)=-p\,r \end{cases}$$

where we indicate the projections with the overlining. Posing the circumferential stress equal to zero, the first equation gives:

$$r\frac{d\overline{N}_r}{dr}=-\overline{N}_r,$$

and substituting in the second one, we obtain:

$$\frac{d^2y}{dr^2}r\overline{N}_r=-p\,r.$$

Replacing p with its projection $q=p(1+y'^2)^{-1/2}$, where y' is the derivative with respect to r, we have:

$$\frac{y''}{\sqrt{1+y'^2}}=-\frac{q}{\overline{N}_r}$$

i.e. the catenaria equation, since the projection of the meridian stress on the horizontal plane is constant.

Adopting the XVIII century formulation, we look for the "funicular meridian" shape, i.e. the curve on which the flexible and inextensible thread arranges itself when loads are the weights of the dome slice, the dome being obtained from the rotation of the thread. The measure of the revolution surface is:

$$S_{2\pi}=2\pi\int_0^a x\sqrt{1+(y'(x))^2}\,dx.$$

$y=y(x)$ is the equation of the meridian joining (0,0) and $(a,y(a))$. The measure of a slice surface is:

$$S_\alpha = \alpha\int_0^a x\sqrt{1+(y'(x))^2}\,dx$$

where α is the span of the slice. Working a section corresponding to the abscisse x we can write the equilibrium equations for the meridian:

$$N_x = H = \text{constant}$$

$$N_y = V - \alpha\int_x^a t\sqrt{1+(y'(t))^2}\,dt$$

Since it is:

$$N_y = N_x \tan\alpha = H\,y'(x)$$

$$V = \alpha\int_0^a x\sqrt{1+(y'(x))^2}\,dx \quad \text{we obtain :}$$

$$H\,y'(x) = \alpha\int_0^x x\sqrt{1+(y'(x))^2}\,dx.$$

Deriving with respect to x, we obtain:

$$H\,y''(x) = \alpha\, x\sqrt{1+(y'(x))^2}.$$

Integrating we have:

$$\int \frac{H\,\mathrm{d}(y'(x))}{\sqrt{1+(y'(x))^2}} = \alpha\int x\,dx$$

and the equation becomes:

$$H\ \text{settsinh}\, y'(x) = \alpha\frac{x^2}{2} + \alpha C \quad \rightarrow \quad y'(x) = \sinh\left[\frac{\alpha}{H}\left(\frac{x^2}{2}+C\right)\right].$$

Through the initial condition $y'(0) = 0$, it is possible to state $C = 0$.

$$y(x) = \int \sinh\left(\frac{\alpha}{H}\frac{x^2}{2}\right)dx.$$

Since the integral does not admit a closed solution, the primitive function must be determined approximately. Following Bouguer's method, we develop the function inside the integral sign in a polynomial series:

$$\sinh\left(\frac{\alpha}{H}\frac{x^2}{2}\right) \cong \frac{\alpha}{2H}x^2 + \frac{\alpha^3}{48H^3}x^6 + \frac{\alpha^5}{3840H^5}x^{10} + \ldots$$

The approximate solution for $y(x)$ is:

$$y\,(x) = \frac{x^3\alpha}{6H} + \frac{x^7\alpha^3}{336H^3} + \frac{x^{11}\alpha^5}{42240H^5} + \ldots$$

and it is the same solution as Bouguer's and Venturoli's one.

This solution shows a particular behavior in the origin $x = 0$, since for $x = 0$ the second derivative is zero.

$$y''(x) = \frac{\alpha}{H}x\cosh\left(\frac{\alpha}{2H}x^2\right) \rightarrow y''(0) = 0.$$

Qualitatively speaking, this means that the curve is very "flat" in $x = 0$, where the slice weight is near zero. Setting some values for α and for H, we trace the curve representing the approximate solution; in the figure 7 there is the table of the calculated x and y for $\alpha = 0{,}1745$ rad and $H = 1$.

TABELLA 1

x	y
0	0
0,5	0,00363
1	0,02910
1,5	0,09844
2	0,23474
2,5	0,46426
3	0,82068
3,5	1,35269
4	2,13701
4,5	3,30073
5	5,05949

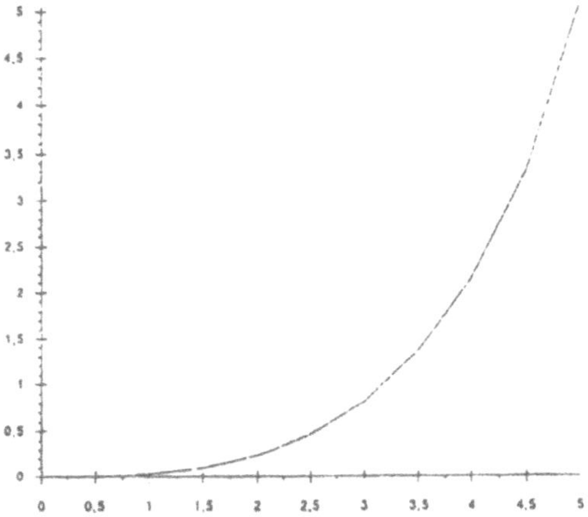

Fig. 7

Giovanni Poleni[16], in the statical check of the Vatican dome in Rome, used a method based on the "funicular meridian" search. He aimed at determinig sperimentally the shape of a thread hanging from its ends and loaded with the slice weight, where the weights are concentrated in a finite number of points: the beads of the chain constituting Poleni's model.

Poleni's neglecting the circumferential stresses is practically justified by the meridian cracks that affected the dome. This pathology is very frequent in masonry domes; their statical behavior is no more bidimensional and it becomes monodimensional. Poleni's chain is not the "funicular meridian", since the calculated weights are referred to the real dome; rotating the obtained curve, we would find different weights and a different curve, too. This means that Poleni's method can success in finding the "funicular meridian" through an iterative process. Before searching the curve, we analize Poleni's solution via a FEM method using the MACSAP code.

The surface was discretized in quadrangular shell elements; loads are those Poleni used for his chain. We pointed out the ratios between meridian forces N_m and

16 G. POLENI, *Memorie Istoriche della Gran Cupola del Tempio Vaticano*, Padova, 1747.

circumferential ones N_p: they are put in the Table 1 for a slice divided in sixteen elements.

Except for the area just near the flat zone, N_p is everywhere smaller than the fifth of N_m. Though it is the first step of the proposed process, the result is interesting. As in Poleni's method, we use a chain to find the meridian shape. The steel chain is made of rectangular links and is hanged from two hooks in a cartesian reference system as in Fig.8.

Obviously the chain is not perfectly flexible, for the gearing among links, but it can be assumed to be inextensible with respect to the applied loads.

The load points are provided with brass brackets whose weights were considered in determining the initial loads. The initial homogeneous catenaria has been plotted to verify the congruence with the analytical determination of the curve. The coordinates of the load points at the zero step are reported in Table 2.

Tab. 1:Stresses in the elements

ELEMENTI	N_m(lib/cm^2)	Np(lib/cm^2)	(Np*100)/Nm)
1	- 3386	+ 269	8 %
2	- 2390	+ 1015	42 %
3	- 1898	+ 562	30 %
4	- 1645	+ 270	16 %
5	- 1582	+ 101	6 %
6	- 1585	+ 0.80	0 %
7	- 1654	- 187	11 %
8	- 1767	- 245	14 %
9	- 1886	- 104	5 %
10	- 2006	+ 126	6 %
11	- 2128	+ 203	10 %
12	- 2277	+ 219	10 %
13	- 2423	+ 121	5 %
14	- 2594	- 195	7 %
15	- 2773	- 411	15 %
16	- 2957	- 618	21%

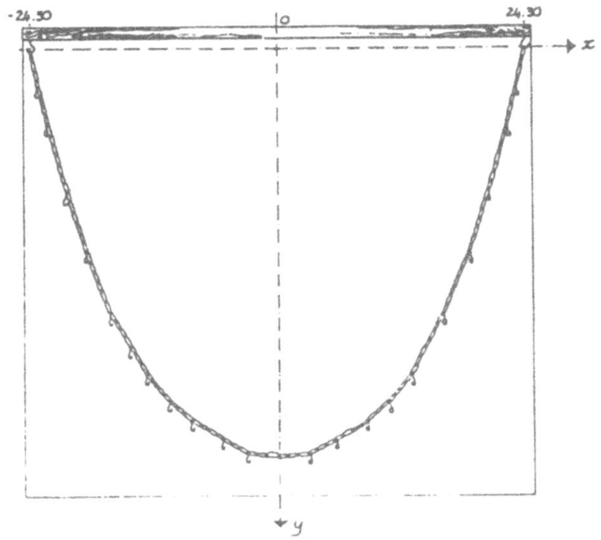

Fig. 8

Assuming the dome is divided into 36 slices, a slice surface ($\alpha = 0{,}1745$) has been calculated and the ashlar weights have been applied in the load points.

Tab.2: Co-ordinates of the points at the step 0

PUNTI	X_0 (cm)	Y_0 (cm)	PUNTI	X_0 (cm)	Y_0 (cm)
A	24.30	0.00	H	13.00	33.05
B	23.50	3.80	I	10.70	35.80
C	22.60	7.70	L	8.70	38.10
D	20.80	14.30	M	5.50	40.00
E	18.70	20.70	N	3.00	41.40
F	16.25	26.97	O	0.00	41.50
G	14.50	30.30			

To obtain the variation of weights with respect to the homogeneous catenaria, we use fish sinkers; the used scale guaranted a 0,1 gram precision. The proportionality factor between areas (cm^2) and weights was $\gamma = 1{,}5$: it was determined since the step zero.

Ashlar weights for the new surface are reported in Table 3.

Tab.3:Ashlar weights in the new revolution surface		
P_A = 24.20 gr	P_E = 22.695 gr	P_I = 7.31 gr
P_B = 31.515 gr	P_F = 13.20 gr	P_L = 5.017 gr
P_C = 37.02 gr	P_G = 11.595 gr	P_M = 2.16 gr
P_D = 32.70 gr	P_H = 9.825 gr	P_N = 1.185 gr

Obviously the chain shape was modified by the weight variations; it was plotted again. Repeating the same process we calculated the variations to loads. The new coordinates of the load points and the increases in weights are reported in Table 4.

Tab.4: Co-ordinates of the points at the step 1 e variation in the applied loads

PUNTI	X_1 (cm)	Y_1 (cm)	ΔP
A	24.30	0.00	
B	24.00	4.00	0.42 gr
C	23.40	7.80	0.71 gr
D	22.20	14.50	2.06 gr
E	20.50	21.00	3.30 gr
F	18.20	27.40	3.155 gr
G	16.15	30.80	1.45 gr
H	14.80	33.20	1.125 gr
I	12.00	35.80	0.83 gr
L	9.50	37.10	0.37 gr
M	6.00	38.20	0.30 gr
N	3.00	38.40	0.10 gr
O	0.00	38.40	0.00 gr

In Table 5 data about step two are reported:

With respect to the required precision, the weight variations are now negligible; so the process was stopped and the final curva was plotted (Fig.9).

The chain shape is the same we found through the approximate mathematical method, although the model was very poor, given the limited number of load points and the rough precision of the scale.

Tab.5: Co-ordinates of the points at the step 2 e variation in the applied loads			
PUNTI	X_2 (cm)	Y_2 (cm)	ΔP
A	24.30	0.00	
B	24.00	4.00	+ 0.11 gr
C	23.40	7.80	0
D	22.20	14.50	0
E	20.50	21.00	+ 0.30 gr
F	18.30	27.30	- 0.04 gr
G	16.60	30.80	+ 0.40 gr
H	14.80	33.20	+ 0.02 gr
I	12.00	35.70	- 0.06 gr
L	9.50	37.10	+ 0.07 gr
M	5.90	38.00	+ 0.04 gr
N	3.00	38.30	+ 0.03 gr
O	0.00	38.30	0

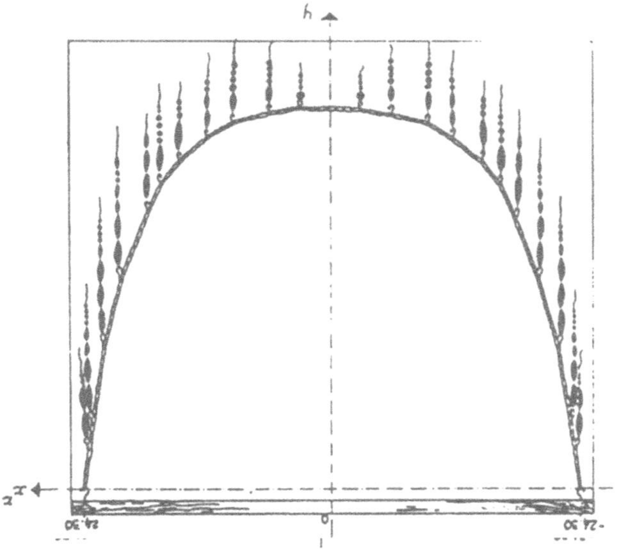

Fig. 9

Buste du Commandeur de Nieuport par Charles Geefs (1874)
(Cliché Pascal Meurisse)

LE "*DE CURVATURA FORNICIS*" DE JACOB BERNOULLI OU L'INTRODUCTION DES INFINIMENT PETITS DANS LE CALCUL DES VOÛTES

Patricia Radelet-de Grave[1]

Summary : The limits and possible generalisations of the thin vault stable under its own weight underlined by Ph. De La Hire were not immediately understood. The successors of Jacob Bernoulli have to understand in the same time the implications of the new differential calculus. The difficulties they met when they wanted to generalise the theory to a vault of some thickness shows it.

Résumé : Les limites et les généralisations possibles de la voûte mince stable sous son propre poids n'ont pas été comprises d'emblée. Les successeurs de Jacob Bernoulli doivent en même temps comprendre les implications du calcul différentiel. Les difficultés rencontrées lorsque l'on veut étendre la théorie à une voûte dotée d'une certaine épaisseur en témoignent

Introduction

Il m'a semblé intéressant d'analyser les premières applications du calcul infinitésimal au calcul de stabilité des voûtes et plus précisément des voûtes stables sous leur propre poids, pour différentes raisons. Ce problème, central dans l'histoire de l'architecture fut l'un des premiers à laisser prise à la mécanique, plus précisément à la statique. La statique elle-même fut la première dont les lois furent formulées mathématiquement. Ce problème est, de plus, lié à celui de la caténaire ou fil parfaitement libre et flexible suspendu entre deux points, comme nous le verrons encore dans l'exposé de Cristiana Pesciullesi & Marta Rapallini *The analogy with equilibrium of threads for the investigation of masonry structures*. Or, déterminer l'équation de cette courbe fut l'un des tous premiers problèmes, le premier même posé par Jacob Bernoulli, encouragé par Leibniz, à la communauté scientifique dans le but de développer le nouveau Calcul[2] que ce dernier s'était contenté d'esquisser dans sa *Nova methodus*.

---

1 INSTITUT DE PHYSIQUE THÉORIQUE (FYMA) - UNIVERSITÉ CATHOLIQUE DE LOUVAIN, Chemin du Cyclotron 2 - B-1348 Louvain-la-Neuve (Belgique).

2 Cf. la table chronologique donnée en fin d'article.

En précisant que les voûtes considérées sont stables sous leur propre poids, c'est-à-dire composées de voussoirs parfaitement rigides séparés par des joints parfaitement lisses, on élimine les problèmes d'élasticité et de friction. Ces problèmes sont également centraux dans l'histoire de l'architecture mais la friction est intrinsèquement trop compliquée pour débuter une analyse telle que la nôtre. Et l'élasticité, également complexe, est à ce point mêlé à l'histoire du développement du calcul différentiel lui-même qu'il ne permet plus de dissocier les ingrédients. C'est en forgeant le calcul différentiel que Jacob Bernoulli découvre l'équation de l'élastica qui fournit comme son nom l'indique le point départ de l'élasticité. On ne peut pas, sur base de cet exemple, isoler les deux temps, celui du développement scientifique et celui de l'application ou solution d'un problème posé par la technique. Ou pour être exact le deuxième temps se situe après l'introduction du fer et du béton dans les constructions, c'est-à-dire à une époque où le calcul différentiel est d'utilisation courante. Or l'un des objectifs de notre exposé est la description et l'analyse d'une interaction entre science et technique.

Dans le cas des voûtes, toute la différence est là, un problème, celui de la caténaire, a été solutionné au moyen du calcul différentiel, via l'idéalisation de la corde parfaitement flexible et inextensible. Cette solution a ensuite été appliquée, par une analogie qui avait déjà été montrée R. Hooke[3] et G. Pardies[4] à la voûte stable sous son propre poids pour permettre l'utilisation du Calcul. Nous allons analyser le travail de Jacob Bernoulli qui applique le Calcul directement à la voûte et précise ainsi l'idéalisation qui permet la dérivation. Ensuite nous verrons plusieurs chercheurs, Krafft, Couplet, de Nieuport et d'autres, essayer de se dégager de cette idéalisation trop stricte pour être utile dans la pratique.

Néanmoins, notre analyse permettra d'établir certains parallélismes prudents avec le développement de l'élastica. Nous y reviendrons dans les conclusions.

Nous mènerons notre étude en analysant soigneusement quatre textes[5] .

Le premier est celui de Jacob Bernoulli, annoncé dans le titre, qui fut écrit dans les *Meditationes*, journal scientifique de Jacob le 5 décembre 1704. Il s'agit de l'avant dernière de ses *Meditationes* et l'une des rares qui soit datée. Elle a été publiée en 1744 avec des remarques par G. Cramer dans les Opera de Jacob. C'est par cette publication que le texte sera connu.

Le deuxième est publié par Claude Antoine Couplet en 1729; le troisième par Bossut en 1778 mais il avait déjà été lu à l'Académie en juillet 1770.

---

3 R. HOOKE, *Helioscopes and some other instruments*, London, 1676.

4 G. PARDIES, *La statique ou la science des forces mouvantes*, Paris, 1673.

5 Cf. la table des textes donnée en fin de l'article.

Ces trois textes sont assez connus, contrairement au quatrième publié par le Vicomte de Nieuport, ingénieur belge, en 1778.

Nous ferons encore appel à un commentaire du travail de Jacob dû à W. Krafft ainsi qu'à un commentaire du commentaire, proposé par le même Vicomte de Nieuport.

I. 1704 Jacob Bernoulli, *Problème de la courbure des voûtes qui se soutiennent par leur propre poids sans faire appel à du ciment*[6]

Résumons le texte de Jacob, sa clarté permet d'être bref. Il commence par les conditions de l'expérience[7]:

Soit une voûte ABC construite avec des pierres taillées DKLE de la figure d'un parallélépipède rectangle oblong ayant KL légèrement plus grand que DE, sa largeur DK suffisamment étroite ou infiniment petite; et nommons EN = dx, ND = dy, DE [le poids de la particule DL] = ds, et le poids de BE = s.

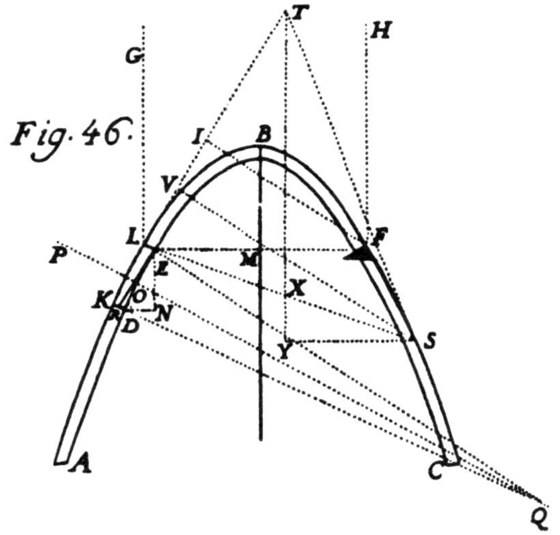

Fig. 1

Nous sommes en présence d'une voûte infiniment mince, ce qui correspond au fait que la chaînette est uni-dimensionnelle, dont les voussoirs sont infiniment petits. Ces

6 Cf. la table des textes donnée en fin de l'article.

7 Notre traduction du texte de Jacob, *Opera*, p. 1119.

voussoirs n'étant maintenus par aucun ciment, ne pourront tomber que sous l'effet de leur propre poids:

La pierre DL n'adhérant à la partie inférieure AK par aucun ciment, ne peut tomber que sous l'effet de son propre poids; ce qu'elle ne peut faire qu'en glissant sur le plan KD, si ce plan est parfaitement lisse, ou en tournant autour du point D, ... [8]

Jacob écrit une première relation qui décrit l'équilibre de translation ou équilibre des forces en faisant appel, soulignons le, au rayon osculateur ou rayon de courbure. Il a trouvé très tôt l'expression de ce rayon en termes différentiels[9] mais il n'a publié ce résultat qu'en 1694 dans son premier texte sur l'elastica. Il était particulièrement fier de ce résultat, au point de le baptiser *"Theorema aureum"*. Probablement parce que cette expression lui donne la clef permettant la traduction des résultats de l'ancienne géométrie, qui faisait souvent appel à la développée dans les termes de la géométrie différentielle. Ceci lui assurait la possibilité de contrôler ses résultats. Nous verrons que de plus, dans l'étude que nous faisons ici le rayon de courbure joue un rôle essentiel et ce n'est pas un hasard.

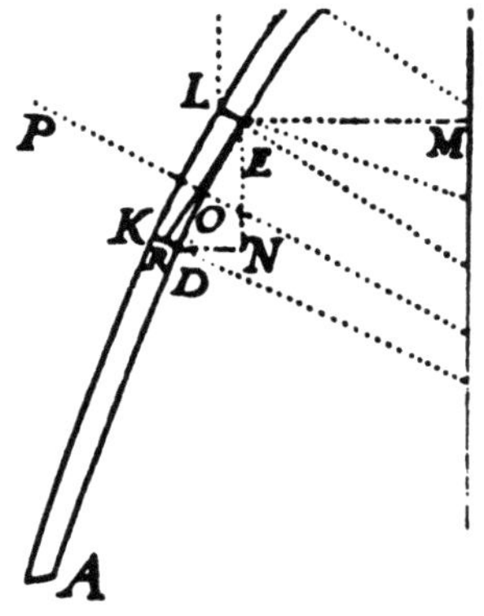

Fig. 2

Il écrit ensuite une deuxième relation qui décrit l'équilibre de rotation ou équilibre des moments mais il commet une malheureuse erreur dans ce calcul. Jacob estime que

8 Notre traduction du texte de Jacob, *Opera*, p. 1119.

9 Le calcul différentiel et de la formule du rayon de courbure sous la forme \F(- dx ds;ddy) ou \F(dy ds;ddx) apparaissent dans Med. CLXI, *De Spiralis Parabolicae (Parabolae helicoidis) dimensione*, T.P. 1689 - T.A. 1/1691.

DR, perpendiculaire à la corde DE, est colinéaire du joint KD, placé lui dans l'alignement du rayon de courbure DQ. Cette erreur, qui ne concerne pas le calcul différentiel, sera rectifiée par G. Cramer dans son édition des œuvres de Jacob mais elle sera encore commentée par W. Krafft en 1754 et par C. Coulomb en 1773.

La conséquence de cette erreur est qu'il obtient bien l'équation de la caténaire en intégrant la relation trouvée pour l'équilibre de translation mais qu'il ne la retrouve pas pour l'équilibre de rotation. Le calcul différentiel confirme le résultat annoncé par R. Hooke, G. Pardies et Ph. De La Hire qui affirment en comparant les deux problèmes du point de vue de la statique, que la courbe d'équilibre de la chaîne libre sous son poids devait être la même que celle de la voûte stable sous son poids. Jacob ne se contente plus de comparer des problèmes, il compare les équations qui en résultent.

Le problème est donc résolu mathématiquement de manière "presque" parfaite. Mais, et c'est ce qui justifie la suite de notre exposé, cette solution est, comme toujours celle d'un cas idéalisé et cette idéalisation n'est pas très utile dans la pratique. Les voussoirs infiniment minces et d'épaisseur infiniment petite ne se trouvent pas dans la réalité. W. Krafft le fera remarquer et ajoutera malheureusement, car il commet là une erreur, qu'il eut été aisé pour Jacob de passer à des voûtes d'épaisseur finie, mais il se trompe dans sa généralisation. de Nieuport aussi soulignera la distance entre cette idéalisation et les cas pratiques qui continuera à le faire réfléchir.

La première réaction allant dans le sens qui nous occupe est celle de Couplet. Couplet ignore volontairement car certains éléments montrent qu'il les connaît, le travail de Jacob et le calcul différentiel pour se fonder sur un travail antérieur, celui d'Antoine De La Hire[10].

On suppose icy que les directions des poids sont paralleles entr' elles, c'est pourquoy si la puissance X qui tire le point B selon AB demeure en équilibre avec le poids M suspendu en B, & avec une puissance Q qui tire selon la touchante BD, par la vingt-troisième proposition le triangle CAF dont les côtés sont perpendiculaires aux directions des puissances et du poids, donnera le rapport de ces trois puissances en prenant le poids pour une puissance. Ainsi la puissance X sera représentée par CA, la puissance Q par CF, & la puissance ou le poids M par AF.

10 P. DE LA HIRE, *Traité de Mecanique*, Paris, 1695, pp. 456-457.

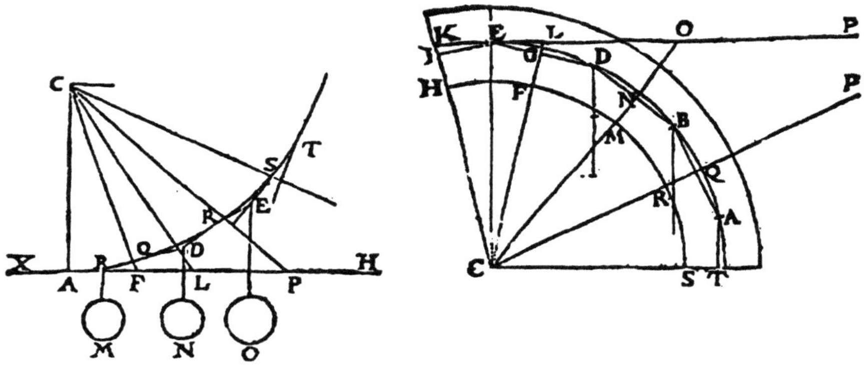

Fig. 3

Proposition qu'il adapte immédiatement aux voûtes dans la figure que nous avons juxtaposée: *Cette proposition n'est qu'une converse de la précédente: car que la voute soit circulaire...* [11]

II. 1729 Claude Antoine Couplet, *De la poussée des voûtes*

Contrairement à Jacob Bernoulli, qui fondait la statique sur la loi du levier, Couplet la fonde sur la loi du parallélogramme des forces. Il particularise cette loi à son étude grâce à une relation de similitude dans les triangles à côtés perpendiculaires.

LEMME *Si la force x se décompose en deux forces y & z, ces trois forces seront entre elles comme les côtés d'un Triangle formé par les perpendiculaires menées sur les directions de ces trois forces.*
Ceci est démontré dans presque toutes les Méchaniques.[12]

11 P. DE LA HIRE, *Traité de Mecanique*, Paris, 1695, p. 466.
12 C.A. COUPLET, loc. cit., p. 80.

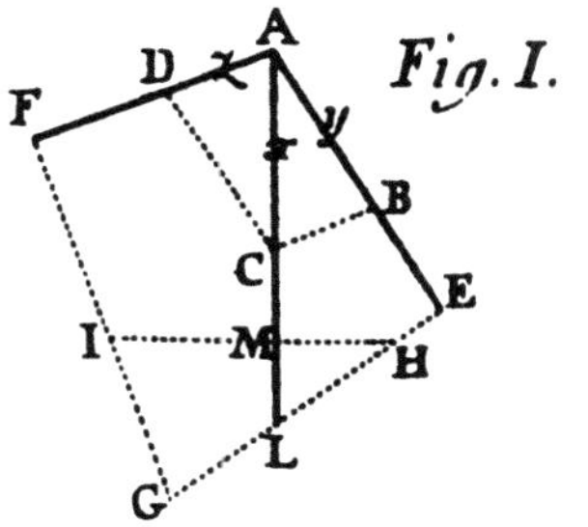

Fig. 4

L'idée de passer, dans le cas spécifique des voûtes, du triangle (ou parallélogramme) des forces au triangle dont les côtés sont perpendiculaires aux directions des forces est due à De La Hire. Elle a l'avantage de faire intervenir le rayon du cercle de la voûte dans le problème. Le fait est important parceque le rayon de ce cercle deviendra le rayon du cercle osculateur ou rayon de courbure, dans le travail de Bossut et d'autres. Cette idée ouvre ainsi la porte à l'emploi du calcul différentiel. Même si Couplet, ne va pas, quant à lui, jusqu'à introduire le calcul différentiel dans ce problème, il fournit consciemment, il ne faut pas en douter, plusieurs clefs qui permettront son application par ses successeurs.

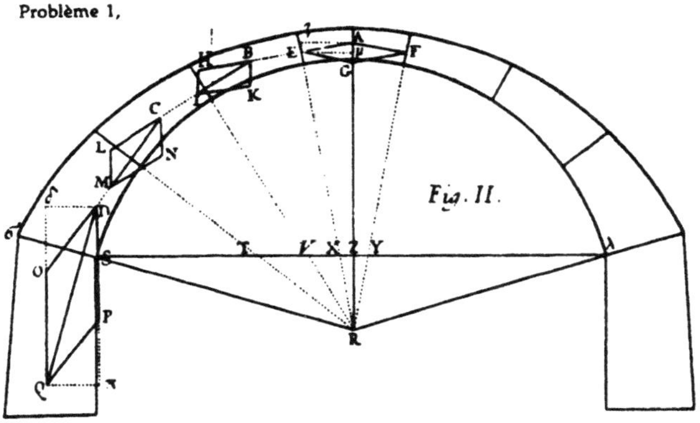

Fig. 5

Dans le problème 1, il considère le poids des voussoirs comme proportionnel à leur surface[13] et va ainsi grâce à la loi du parallélogramme donnée en lemme *Déterminer le rapport qu'il doit y avoir dans les pesanteurs des Voussoirs qui forment une Voûte quelconque, & quelle est la poussée des Voussoirs, afin qu'ils fassent équilibre entre eux sans le secours de l'engrènement de leurs parties.*[14]

Ce rapport déterminé, Couplet introduit un théorème qui lui permettra dans le problème II d'introduire l'épaisseur des voussoirs. Ce qui était le premier pas à franchir. Théorème I, *Lorsque tous les joints de la Voûte sont dirigés vers un même point R, comme l'on dit qu'ils doivent être dans la Voûte, dont l'intrados est circulaire, si l'on tire une ligne horizontale quelconque S l, les pesanteurs des Voussoirs A, B, C, D, seront exprimées par les parties XY, VX, TV, ST, de cette ligne horizontale renfermées entre les joints prolongés de ces Voussoirs.*
Leurs poussées seront exprimées par RX, RV, RT, RS, qui sont les prolongements de leurs joints inférieurs interceptés & compris entre le point de concours R & la ligne horizontale S l, si tous ces Voussoirs font équilibre entre eux. [15]

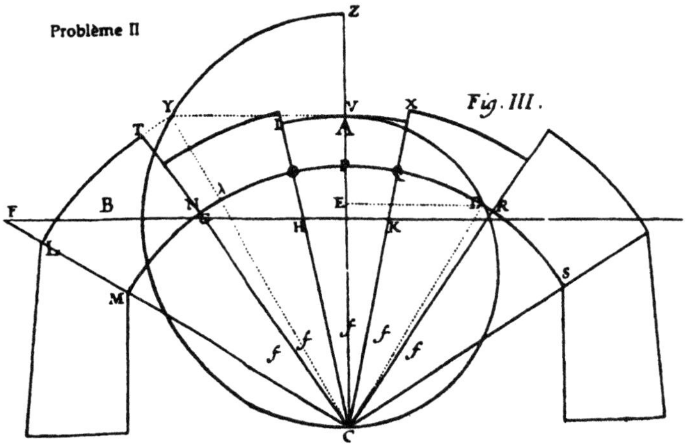

Fig. 6

[13] Une précision de vocabulaire, dans le but de clarifier l'exposé. Il ne sera jamais question dans l'exposé de la troisième dimension d'une voûte, sa profondeur. On ramène donc les voussoirs à des surfaces et leur poids sera toujours proportionnel à cette surface. Dès lors, j'appelle épaisseur d'un voussoir, la dimension qui va dans le sens de la hauteur de la voûte et largeur ou minceur, son autre côté, qui va dans le sens du morcèlement de la voûte.

[14] C.A. COUPLET, loc. cit., p. 81.

[15] C.A. COUPLET, loc. cit., p. 84.

Un théorème particulier toujours dû à De La Hire va lui faciliter l'étude du cas de la voûte d'intrados circulaire dont les joints sont perpendiculaires à ce cercle d'intrados. C'est le seul cas qu'il traitera, même s'il se donne l'illusion d'en traiter un plus général. Le théorème de La Hire ramène le rapport des poids des différents voussoirs au rapport des segments interceptés par les rayons ou directions des joints sur une droite horizontale quelconque. Il reste tributaire de l'existence d'un centre R unique, donc d'un cercle[16].

Muni de ces éléments, il va étudier l'épaisseur à donner aux voussoirs d'une telle voûte, lorsque la largeur de ces voussoirs est toujours la même. Il aboutit au Problème II *Déterminer la longueur des Voussoirs qui par leur propre poids soutiennent en équilibre dans une Voûte circulaire, sans y considérer l'engrènement des parties.* [17]

Il transforme immédiatement ce théorème en plaçant l'arc circulaire au centre de la voûte,

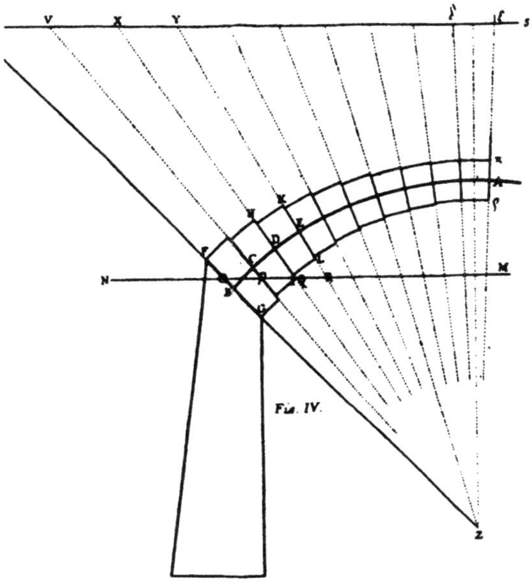

Fig. 7

Problème III, *Trouver les longueurs des Voussoirs d'une Voûte, telle qu'un Arc de Cercle soit également distant de l'intrados & de l'extrados de chaque Voussoir.* [18]

16 On peut se demander s'il existe une généralisation de ce théorème.
17 C.A. COUPLET, loc. cit., p. 87.
18 C.A. COUPLET, loc. cit., p. 90.

Il ponctue la solution de ce problème de la remarque suivante: *Comme la démonstration éxige que chaque voussoir ait son intrados & son extrados en Arcs de cercles concentriques, ayant tous les deux leur centre commun en Z, pour lors l'intrados et l'extrados ne seront point des courbes parfaites, à moins que l'épaisseur de chaque voussoir ne soit infiniment mince.* [19]

Cette remarque, faite par quelqu'un qui connait le calcul différentiel, mais qui s'en sépare volontairement pour recommencer à zéro dans le cas qui l'intéresse, est assez remarquable. La figure qu'il propose est également parlante.

Si l'on applique le même raisonnement au problème II FIG. III, on trouve à la limite la concoïde de Nicomède, comme le montre Coulomb[20].

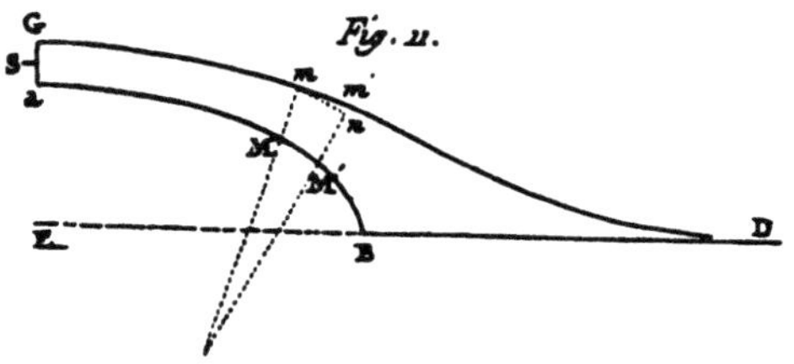

Fig. 8

Le calcul de cette courbe est la seule place que Coulomb laisse au calcul différentiel dans son fameux texte de 1773. Ce travail est fondé sur la théorie *de maximis et minimis* de Fermat. Théorie beaucoup moins élaborée, il le sait mais suffisante, à son avis, pour les artisans. Elle lui permet de calculer les valeurs extrêmes qui assurent la stabilité. Nous ne reviendrons pas ici sur l'originalité de ce calcul[21].

Le théorème II par lequel Couplet poursuit son étude montre le même type d'approche.

L'on aura la pesanteur de la moitié de la Voûte, si du dessous & du dessus de la Clef l'on tire deux lignes horizontales, c'est à-dire, une tangente à l'intrados, & une tangente à l'extrados, toutes deux menées jusqu'à la rencontre du dernier joint inférieur du Voussoir prolongé; & la moitié de la somme de ces deux tangentes étant multipliée par la hauteur de

---

19 C.A. COUPLET, loc. cit., p. 91.

20 C.A. COULOMB, *Essai sur une application des règles de* Maximis *et* Minimis *à quelques Problèmes de statique, relatifs à l'Architecture, par M. Coulomb*, Mémoires de l'Académie de Paris, vol. 7 (1773), 1776, pp. 343-382.

21 Cf. P. RADELET, *Etude de L'Essai sur une application des règles de* Maximis *et* Minimis *à quelques Problèmes de statique, relatifs à l'Architecture, par M. Coulomb*, dans Science et technique en perspective, n° 27, Université de Nantes 1994.

la Clef qui est le premier Voussoir donnera une surface égale à la coupe de la Voûte, & donnera par conséquent la solidité de la Voûte, & partant sa pesanteur. [22]

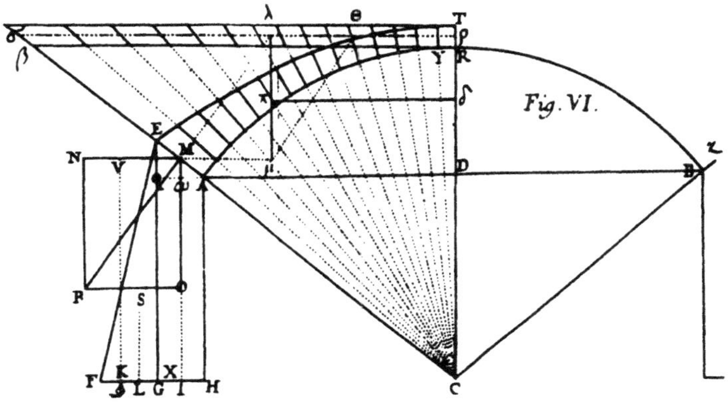

Fig. 9

Ce théorème montre que quelle que soit la manière dont on trace la voûte dans le faisceau de rayons, si les éléments sont de même surface, le rapport des poids est le même que celui de la voûte particulière appelée plate bande et construite entre les tangentes à l'intrados et à l'extrados. Son corollaire II rend peut être mieux compte du contenu de ce théorème. Couplet y montre que la surface et donc le poids de la demi voûte est égale à l'aire comprise entre deux tangentes l'une à l'intrados l'autre à l'extrados. De là il déduit que *si l'intrados est une ligne courbe quelconque, l'extrados sera aussi une courbe qui dépendra de la courbure de l'intrados.* [23]
Cette dépendance mérite notre attention.

Dans la suite Couplet veut: *Déterminer la courbure uniforme d'une Voûte, telle qu'elle se maintienne en équilibre, & dont nous considérons les Voussoirs comme polis, c'est-à-dire, sans liaison.* [24]
Il connaît visiblement la réponse de la chaînette ou de la corde lâche comme il la nomme mais son explication prouve qu'il n'a pas bien compris. Il considère en effet que les perpendiculaires à cette courbe se coupent toutes en un point. Il n'a pas vu le rôle joué par

22 C.A. COUPLET, loc. cit., p. 92.
23 C.A. COUPLET, loc. cit., p. 94.
24 C.A. COUPLET, loc. cit., p. 95.

le rayon de courbure dans la généralisation qu'il envisage et qui lui permet de contourner cette restriction trop forte.

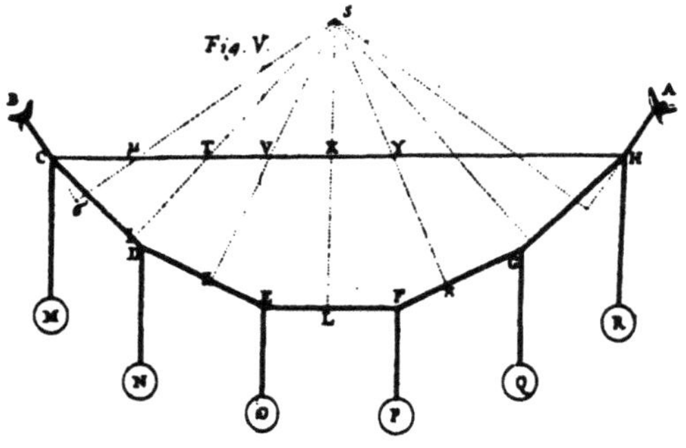

Fig. 10

La suite de son travail a pour but de: *Trouver le centre de gravité de la demi-Voûte ANDE, dont l'intrados est circulaire.*[25]

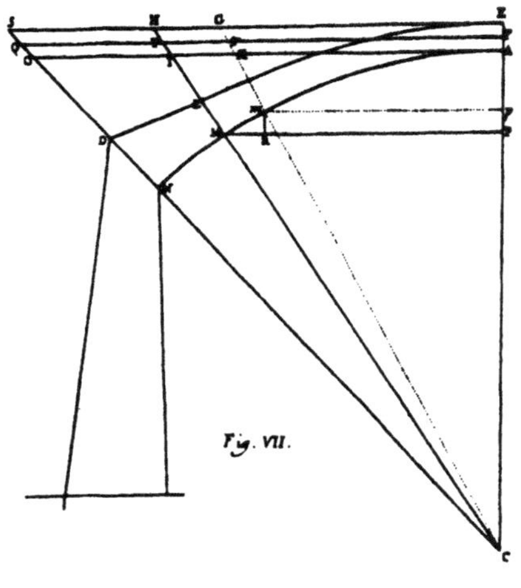

Fig. 11

Il va le trouver par sommation mais le calcul des centres de gravité a déjà donné lieu des intégrations bien avant l'introduction du Calcul Leibnizien. Il utilise ensuite ce centre de

25 C.A. COUPLET, loc. cit., p. 99.

gravité pour calculer l'effort exercé par la voûte sur son pied-droit. Cette partie de son travail sort du cadre de notre exposé.

En résumé, nous observons chez Couplet, un net recul, par rapport à Jacob Bernoulli, dans l'utilisation du calcul différentiel. Mais il est clair que de telles préoccupations sont à l'origine de sa réflexion et qu'il n'arrive pas à appliquer ce calcul au problème réel des voussoirs qui ont une certaine épaisseur.

Sa réflexion le mène à souligner que les courbes de l'intrados et de l'extrados ne sont pas indépendantes et lui fait remarquer judicieusement que la chaînette, qui caractérise la plus grande stabilité d'une voûte infiniment mince sous son propre poids doit, si la voûte n'est pas infiniment mince, relier les centres de gravité des voussoirs.

III. 1754-55 G. W. Krafft, *De la courbe funiculaire et caténaire, ou de celle adoptée par les corps flexibles lorsqu'il sont sollicités par des forces quelconques*[26]

A la fin de ce texte consacré à la funiculaire ou chaînette, Krafft qui connait la propriété de stabilité de cette courbe dans le cas de la voûte, poursuit le même but que Couplet, à savoir donner de l'épaisseur à la voûte. Pour ce faire, il considère des voussoirs infiniment étroits, minces, mais d'une certaine épaisseur, compris entre deux rayons de courbure infiniment voisins. En soulignant ce dernier point, qui se trouvait déjà chez Jacob Bernoulli, il permet bien l'accès au calcul différentiel. Malheureusement, il ne voit pas la contradiction qui existe entre les hypothèses faites par Bernoulli sur le poids proportionnel à l'élément de ligne ds et le fait de donner une épaisseur à la voûte.

Cette contradiction sera mise en évidence par le Vicomte de Nieuport, dans un Mémoire sur la propriété prétendue des voûtes en chaînettes, présenté le 6 novembre 1780. Après avoir reproduit textuellement le passage de Krafft et rappelé les hypothèses de Jacob Bernoulli, de Nieuport écrit: *Voilà ce qui a occasionné le paralogisme en question. En effet il est évident que dans toute autre courbe que le cercle*[27]*, le rayon de Développée variant à chaque instant, tandis que l'arc d'intrados & l'épaisseur de la voûte sont constants; il faut nécessairement que celui d'extrados varie, & conséquemment ces voussoirs ne sauroient être proportionnels à ds.*[28]

---

26 Cf. la table des textes donnée en fin de l'article.

27 Nous avons déjà constaté que Couplet n'arrive pas à s'abstraire du cercle.

28 DE NIEUPORT, loc. cit., p. 22.

Il reprend ensuite le calcul de Krafft en y remplaçant l'élément de ligne par l'élément de volume pour conclure que bien que les équations obtenues soient à très peu près identique il n'est malheureusement pas possible de les identifier: équation de de Nieuport *qui se réduit à Vddy = - dydV, ou Vddy + dydV =0, dont l'intégrale est Vdy=adx, qui ne diffère du résultat de Mr. Krafft qu'en ce que le voussoir V s'y trouve à la place de s qui est l'arc d'intrados. Le paralogisme vient donc uniquement, comme nous l'avons dit, de la supposition que l'un soit proportionnel à l'autre.* [29]

IV. 1770 Abbé Charles Bossut[30], *Recherches sur l'équilibre des voûtes*, Mémoire lu le 12 juillet 1770

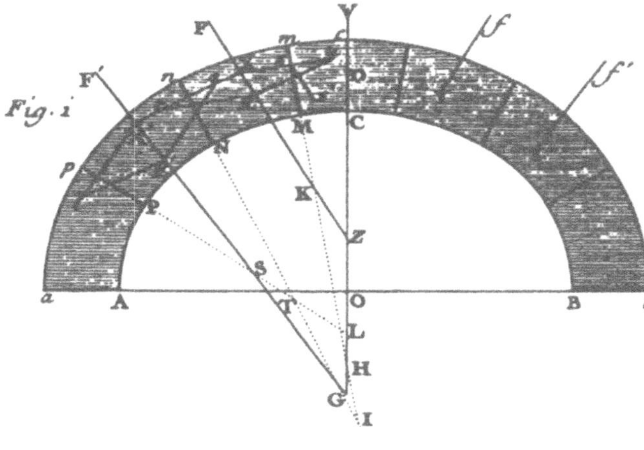

Fig. 12

Il est intéressant de remarquer que l'organisation, la structure de son texte est très voisine de celle de Couplet, et de celle, postérieure, de de Nieuport. Comme Couplet, il part de la description de l'équilibre des voussoirs au moyen de la loi du parallélogramme des forces. Loi qu'il écrit en fonction des sinus et qui induit une relation entre les côtés d'un triangle aux côtés perpendiculaires, comme chez De La Hire et chez Couplet.

29 DE NIEUPORT, loc. cit., p. 23.

30 Cf. la table des textes donnée en fin de l'article.

Il calcule d'abord l'équilibre de trois voussoirs voisins sans faire appel au calcul différentiel puis particularise au cas de Couplet étant donné un intrados circulaire et les joints perpendiculaires à cet intrados, déterminer les grandeurs des voussoirs, leur épaisseur donc. Il retrouve une courbe en escalier qui uniformisée donnerait la courbe de Nicomède chère à Coulomb et que nous avons déjà évoquée.

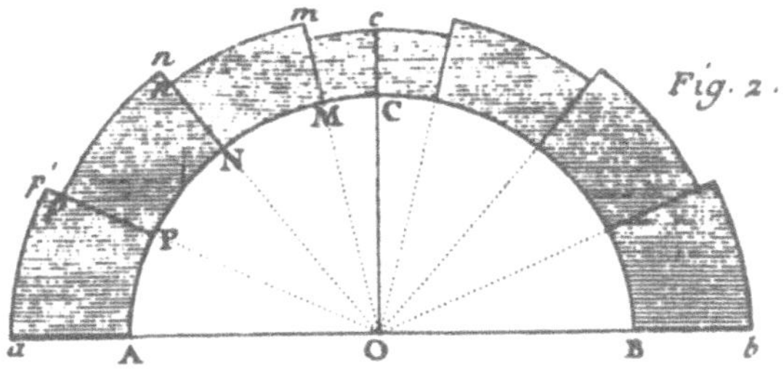

Fig. 13

Cela fait, et c'est là qu'il devient original, il réécrit la même relation entre les forces appliquées à deux voussoirs contigus mais cette fois en considérant ces voussoirs comme infiniment minces et situés entre deux rayons osculateurs ou rayons de courbure infiniment voisins. Il réécrit donc cette relation en fonction de l'élément de ligne de la courbe et du rayon de courbure.

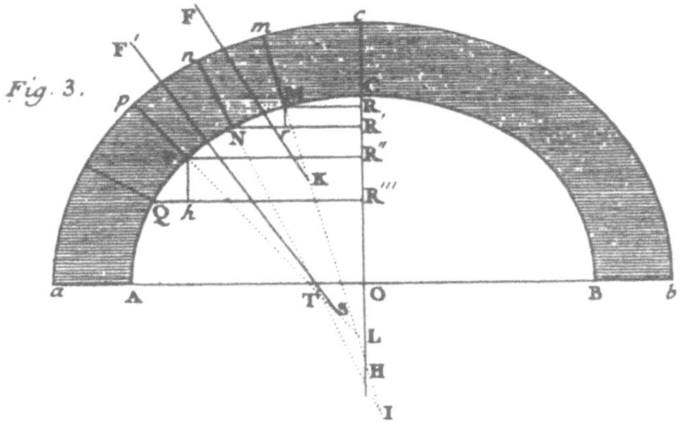

Fig. 14

Revenons à l'hypothèse générale de la figure première; & supposons que le nombre des voussoirs soit infini. Alors les arcs MN, NP, &c. sont infiniment petits; & les angles NIM, PTN, &c. sont ceux que forment entr'eux les rayons osculateurs consécutifs. [31]

Il explique ensuite, un point qui mûrira chez de Nieuport, qu'*il y a deux questions principales à examiner: L'une consiste à trouver la figure de la voûte lorsqu'on connoît la loi des forces qui pressent les voussoirs; l'autre, au contraire, à trouver la loi des forces qui doivent presser les voussoirs lorsqu'on connoît la figure de la voûte. On voit que la seconde question est l'inverse de la première. L'équation (C) va nous servir à les résoudre l'une & l'autre.* [32]

Il va ensuite jouer avec le calcul différentiel et envisager différents cas de champs de forces particuliers, "vertical", comme dans le cas de la pesanteur. Dans ce cas, il retrouve comme prévu la chaînette. "Central", comme dans le cas de voûtes pressées par de l'eau, il retrouve l'elastica et finalement des "combinaisons" de ces deux types, grâce à la composition ou parallélogramme des forces.

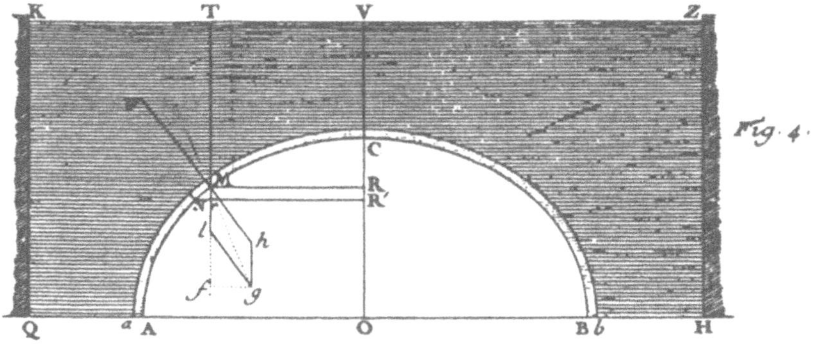

Fig. 15

A partir du moment où il considère des voussoirs infiniment minces, Bossut ne s'explicite plus très clairement quant à l'épaisseur des voûtes. Si l'on en croit le fait qu'il ne fait jamais allusion à leur épaisseur et si l'on regarde sa figure 4, on peut imaginer qu'elles sont sans épaisseur ou encore que la courbe qu'il recherche et qualifie d'intrados est celle qui passe par les centres de gravité. Comme il considère des forces quelconques

31 Cf. C. BOSSUT, loc. cit., p. 539.
32 Cf. C. BOSSUT, loc. cit., p. 541.

appliquées à cette courbe; ces forces peuvent donc prendre le poids des voussoirs en compte.

En résumé, alors que De La Hire et Couplet introduisent le rayon d'un cercle soit intrados, soit extrados, grâce au théorème de De La Hire, Bossut, quant à lui, étudie l'équilibre local de trois voussoirs et introduit le rayon de courbure. Les courbes qui sous-tendent ses voûtes ne sont donc plus exclusivement circulaires.

V. 1778 Charles-François le Prud'homme d'Hailly, Vicomte de Nieuport, *Essai analytique sur la méchanique des voûtes*[33], présenté le 18 mai 1778.

De Nieuport, comme son nom l'indique était belge, né par accident à Paris le 13 janvier 1746 et mort à Bruxelles le 20 Août 1827. Il était gantois d'origine et s'exprimait volontier dans le patois de cette ville. Il était ingénieur et ne commença à s'occuper de mathématiques qu'à l'âge de quarante ans. Ce qui ne l'a pas empêché d'être le premier à développer le calcul différentiel en Belgique.

Bien que cet essai paraisse à peu près en même temps que celui de Bossut, nous savons que ce dernier fut lu 7 ans plus tôt. Par ailleurs, si l'on en croit Adolphe Quetelet, de Nieuport et Bossut se connaissaient. On peut donc penser qu'il existe une influence de Bossut sur de Nieuport. Mais il est curieux de voir qu'alors que Bossut, s'est appliqué, pour pouvoir utiliser le rayon osculateur, à écrire une relation d'équilibre local, de Nieuport s'interroge sur la valeur des résultats obtenus par le calcul différentiel justement parce qu'ils sont inéluctablement locaux:

Avant de quitter cette matière, il est à propos de faire quelques réflexions, faute de quoi on pourroit attacher des idées peu exactes à certaines expressions qui se trouvent dans ce chapitre. D'abord que signifie cet équilibre entre des voussoirs infiniment petits? s'il étoit possible d'avoir de pareils voussoirs, & d'en former une voûte, seroit-elle vraiment en équilibre? non sans doute. Il n'y auroit réellement qu'une partie infiniment petite de cette voûte qui auroit cette propriété. Ceci n'étonnera par le lecteur qui sait que des millions de pareils voussoirs ne sont encore qu'une grandeur infiniment petite. Ainsi, ces millions de voussoirs seront en équilibre, mais jamais une portion finie de la voûte. En effet, supposons qu'une infinité de ces petits voussoirs formassent la portion finie &O, dès-lors l'équilibre cesseroit d'avoir lieu; car la somme &O de petits voussoirs ne sauroit être en équilibre, sans que les deux parties E & H n'y soient aussi. Or, nous

33 Cf. la table des textes donnée en fin de l'article. Je tiens à remercier B. Van Tiggelen - Urbain qui a attiré mon attention sur ce texte.

avons vu qu'alors, au lieu de la proportion AB : BC qui règne entre les parties E, H, il faudroit cele AB : BV. Donc &c.
Mais dira-t-on peut-être, pourquoi trouvons nous par le calcul des portions finies, des courbes entières qui ont la même propriété? le voici. Ces courbes n'ont pas la propriété de l'équilibre proprement dite; elle ont celle qui est exprimée par la formule $PT^2 - PV^2$*; & cette formule ne coïncide avec la propriété de l'équilibre que des portions infiniment petites de la courbe. Voilà le seul sens dans lequel il faut entendre ce chapitre; & l'énoncé exact du problème revient à chercher les courbes qui ont la propriété de l'équilibre, pour chaque partie infiniment petite de leur circonférence subdivisée en voussoirs encore plus petits, mais de même ordre, & non pas pour la somme finie de ces parties. On peut juger delà s'il est raisonnable de vouloir approprier la chainette & autres courbes semblables à la pratique des voûtes.*[34]

Je ne m'explique ses hésitations que par le fait qu'il n'entrevoit pas le rôle joué par les conditions aux bords.

Du point de vue de leur structure, les deux textes ont des éléments communs, mais comme la table des matières nous le montre, de Nieuport a sauté un pas, il a trouvé un procédé de classification qui exploite le calcul différentiel.

Table des matières

34 Cf. DE NIEUPORT, loc. cit., p. 87.

35 Comme le texte de de Nieuport le montre clairement, ce sont les joints séparant les voussoirs qui, prolongés, concourent en un point.

Comme ses deux prédécesseurs, Couplet et Bossut, de Nieuport part de la loi du parallélogramme des forces, qu'il adapte en y faisant intervenir le rayon de courbure grâce au théorème de De La Hire. Pour suivre, il considère que, dans ce problème, il y a en général trois courbes importantes: l'intrados, l'extrados et la courbe formée par les points d'intersection des joints des voussoirs. Lorsque l'on considère ces joints perpendiculaires à l'intrados, ce qui était généralement requis pour des raisons esthétiques, cette courbe, qui relie les centres de courbure, est la développée de l'intrados. Mais de Nieuport envisage des cas plus généraux.

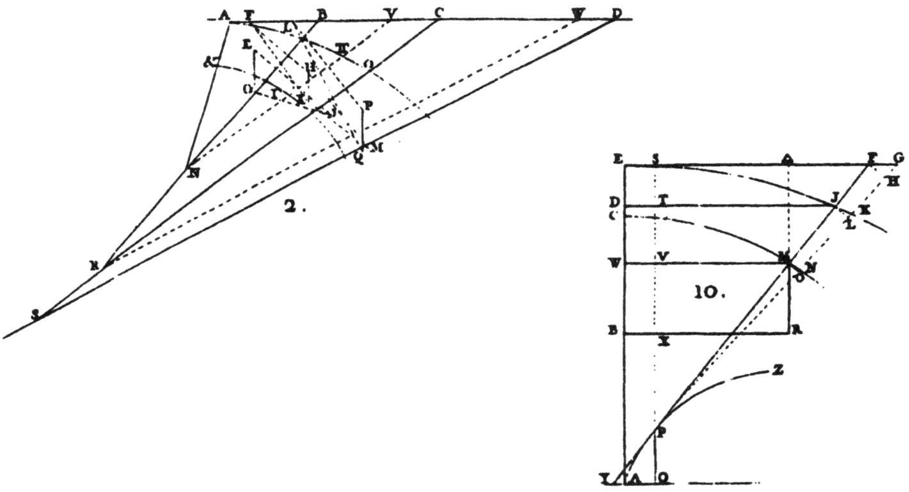

Fig. 16

La structure de son texte découle immédiatement de la considération de ces trois courbes. D'abord les cas où l'une de ces courbes, à savoir la courbe liant les intersections des joints se réduit à un point. Ces cas sont les seuls que Couplet pouvait envisager sans utiliser le rayon de courbure. Comme le dit de Nieuport, dans ce cas, il n'est pas indispensable de considérer des voussoirs infiniment petits. Dans ce cas, il étudie comme ses prédécesseurs, la courbe d'extrados lorsque l'intrados est un cercle et il retrouve la concoïde de Nicomède. Comme Coulomb déjà, il en donne l'équation.

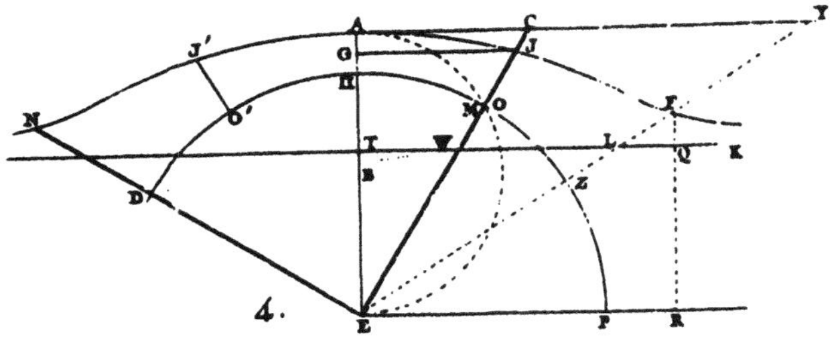

Fig. 17

Par contre lorsque ces joints ne concourent pas en un point on doit faire appel au rayon de courbure et considérer des voussoirs infiniment minces. On ne parle plus ici d'une épaisseur infiniment petite comme celle utilisée par Jacob Bernoulli mais bien une largeur infiniment mince séparant deux rayons de courbure consécutifs. De Nieuport ajoute encore à cela une remarque que nous avions déjà vu poindre à l'horizon de Couplet et s'affirmer chez Bossut, à savoir que ces trois courbes sont reliées entre elles et que si l'on en connait deux, les relations d'équilibre permettent de déterminer la troisième. Voici notre homme partit pour une étude analytique de longue haleine dont nous nous contenterons de montrer quelques résultats graphiques

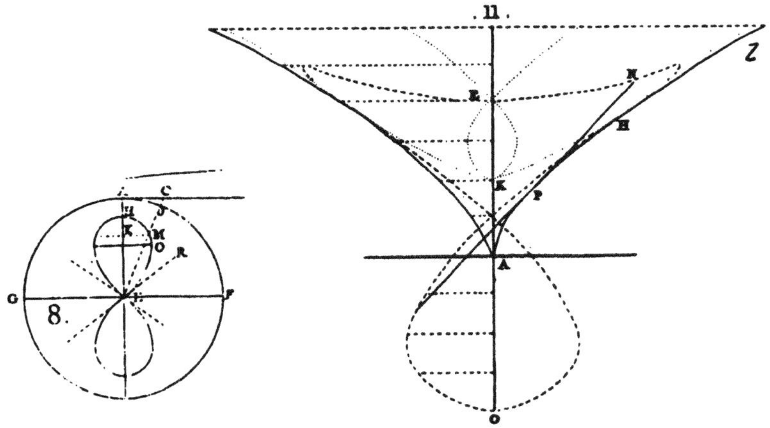

Fig. 18

Cette étude rappelle celle qu'Euler[36] fait dans le cas de la lame élastique, généralisant cette élastique vulgaire qui avait été trouvée par Jacob Bernoulli tout comme ici, on généralise la caténaire vulgaire. Même si il faut limiter cette remarque en sens divers, parce que le problème traité n'a pas la même ampleur. Cette remarque veut souligner l'appel fait dans un contexte physique à un même type d'analyse purement mathématique.

De Nieuport saisit également l'occasion de montrer que la chaînette ne correspond pas à la courbe d'intrados de la voûte stable sous son propre poids lorsque celle-ci a une certaine épaisseur. Pour retrouver la chaînette, il faut rechercher la courbe qui passe par les centres de gravité des voussoirs. Nous avons déjà évoqué un autre article que de Nieuport publiera à ce sujet et dans lequel il commente le travail de Krafft.

Dans la suite du travail qui est encore longue, de Nieuport voudrait traiter le cas des voûtes dont les voussoirs ne sont plus infiniment petits[37].

Après avoir considéré l'hypothese des voussoirs infiniment petits, & démontré qu'on ne peut en faire aucune application utile dans la pratique, il est tems de passer à ceux d'une grandeur finie, & d'en examiner la méchanique, dans le cas où leurs joints ne concourent pas en un point. [38]

Mais, comme Couplet et Bossut, lorsqu'ils affrontaient l'épaisseur de la voûte, il ne peut traiter que quelques cas particuliers sans faire appel à des voussoirs infiniment minces et en laissant donc en retrait l'outil mathématique qu'il avait si brillamment utilisé auparavant. L'ingénieur a repris les rennes, il a compliqué le problème et va s'efforcer d'adapter les outils mathématiques.

Conclusion

Il me semble que cette analyse de l'introduction du Calcul dans un domaine resté, à première vue, à la traîne de ce point de vue, nous apporte de nombreux renseignements sur les relations entre science et technique ou application. En voici quelques uns.

Nous avons vu comment les premiers auteurs se rattachent à un problème déjà développé mathématiquement au moyen de la caténaire. On observe le même phénomène chez Daniel Bernoulli et Euler lorsqu'ils commencent l'étude du magnétisme, ils se

36 L. EULER, *Methodus inveniendi lineas curvas maximi minimive proprietate gaudentes, Additamentum I de curvis elasticis*, Lausanne et Genève, 1744.

37 Cf. Table des matières donnée supra.

38 Cf. DE NIEUPORT, loc. cit., p. 88.

ramènent à des descriptions où ils peuvent appliquer des théories qu'ils ont déjà développées comme l'hydrodynamique ou l' élasticité.

Jacob Bernoulli propose une idéalisation de la voûte qui permet de retrouver mathématiquement la caténaire. Il s'agit de la voûte infiniment mince, composée de voussoirs infiniment étroits. Cette idéalisation va être assouplie pour mieux rendre compte des problèmes réels. Pour ce faire les auteurs commencent par renoncer au calcul différentiel puis progressivement à le réutiliser pour déboucher sur une classification issue de ce calcul qui a permis un foisonnement de solutions.

Il nous a semblé intéressant de souligner cette marche vers une construction analytique et de montrer la prescience que les deux premiers auteurs en avaient dans une certaine mesure. Trois courbes interviennent dans le problème, l'intrados, l'extrados et la courbe de concours ou orientation des joints. Lorsque deux de ces courbes sont données la troisième en découle par la relation d'équilibre. Couplet avait remarqué que lorsque la courbe de concours se réduisait à un point la courbe d'extrados était déterminée une fois la courbe d'intrados donnée.

Nous a également paru mériter notre attention, le fait que Couplet ait une vision différentielle géométrique du problème alors qu'il n'utilise pas l'outil différentiel mathématique. Alors que, par opposition, chez de Nieuport, l'outil mathématique est acquis mais la représentation réelle pose problème, au point de considérer son jeu mathématique comme dépourvu d'utilité pratique.

Table chronologique

1684 Leibniz, *Nova Methodus*
1686 Leibniz pose le problème de l'isochrone
1690 Jacob pose le problème de la caténaire
1691 Jacob se pose le problème de la voilière
1692 Leibniz, Johann et Huygens solutionnent la caténaire
Jacob pose le problème de l'elastica
1694 Jacob publie sa formule du rayon de courbure dans son premier travail sur l'elastica
1695 De La Hire publie son *Traité de mécanique*
1696 Johann pose le problème de la brachistochrone
1704 Jacob publie le *de curvatura fornicis*
1744 publication des œuvres complètes de Jacob
publication de la *Methodus inveniendi* par Euler

Tables des textes analysés

JACOB BERNOULLI, Problema de Curvatura fornicis, cujus partes se mutuo proprio pondere suffulciunt sine opere caementi, VP XXIX, 5/12/1704, publ. Opera Omnia Genève 1744, p. 1119-1123.

CLAUDE ANTOINE COUPLET, De la poussée des voûtes, Mém. Paris 1729.

G. W. KRAFFT, De curvis funiculariis et catenariis, vel illis, quae corporibus flexilibus inducitur, cum a potentiis quibusvis solicitantur, Novi Commentarii academiae scientiarum Petropolitanae, 1754-55, p. 145-163.

CHARLES AUGUSTIN COULOMB, Essai sur une application des règles de Maximis et Minimis à quelques Problèmes de statique, relatifs à l'Architecture, Mémoires de l'Académie de Paris 1773, p. 343-382.

Abbé BOSSUT, Recherches sur l'équilibre des voûtes, Mémoire lu le 12 juillet 1770, déposé le 5 septembre 1777 et publié dans les Mémoires de l'Académie de Paris 1774.

CHARLES-FRANÇOIS LE PRUD'HOMME D'HAILLY, Vicomte de Nieuport, Essai analytique sur la méchanique des voûtes, présenté le 18 mai 1778, Mémoires de l'Académie impériale et royale des sciences et belles-lettres de Bruxelles. Tome II, 1781.

CHARLES-FRANÇOIS LE PRUD'HOMME D'HAILLY, Vicomte de Nieuport, Mémoire sur la propriété prétendue des voûtes en chaînettes, présenté le 6 novembre 1780, Mémoires de l'Académie impériale et royale des sciences et belles-lettres de Bruxelles. Tome IV, 1783, p. 18-26.

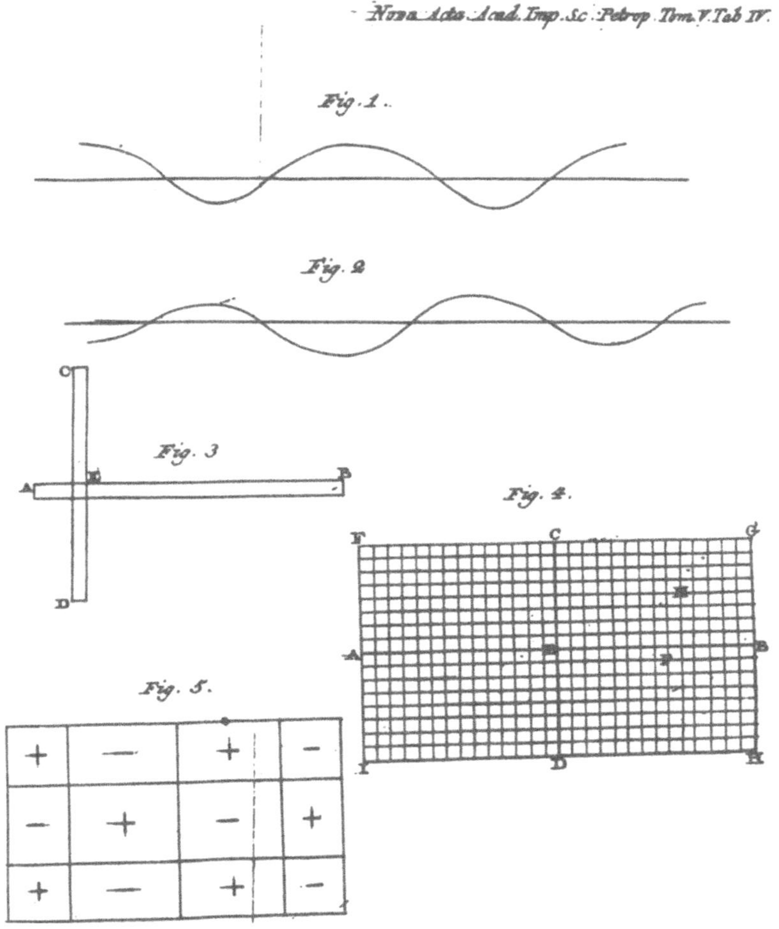

Jacob II Bernoulli's *Essai Theorique sur les Vibrations des Plaques Elastiques, Rectangulaires et Libres*. (1789)

JACOB II BERNOULLI AND THE PROBLEM OF THE VIBRATING PLATE

Diarmuid Ó Mathúna[1]

Summary : The study of the elastic lamina by Euler is compound of a static part and of a part dedicated to the study of the oscillations of the rod. This study plays an important role in the elaboration of the concepts of shear and stress and are with them in the center of the preoccupations of engineers. The brave attempt, unfortunately wrong, due to Jacob II Bernoulli to generalise to two dimensions the theory of the oscillations of the elastic rod underlines the difficulties.

Résumé : L'étude de la lame élastique par Euler comprend une partie statique et une partie consacrée à l'étude des oscillations de la lame. Cette étude joue un rôle important dans l'élaboration des concepts de tension et de cisaillement et sont avec celles-ci au centre des préoccupations des ingénieurs. La tentative courageuse mais malheureusement entachée d'erreur, due à Jacob II Bernoulli de généraliser à deux dimensions l'étude du mouvement d'oscillation de la lame élastique nous en montre les difficultés.

Introduction

In the history of the theory of Structural Mechanics the year 1820 stands as a natural dividing line. We are then on the threshold of the comprehensive work of Cauchy which would clarify once and for all the general concepts of stress and strain, give a full analysis of equilibrium and formulate the constitutive relations for a three dimensional continuum. While the contributions of his contemporaries, notably Navier, Poisson and others are not to be discounted the work of Cauchy was to launch the Theory of Elasticity on its new and fruitful course, in which for a long time, problems related to the elastic plate would play a central role.

The subject of this talk definitely belongs to the earlier period and the fact that the equation proposed by Jacob II Bernoulli is clearly incorrect has led historians, when they do mention it, to dismiss it - sometimes in a tone bordering on contempt. In this paper we suggest that the work is a not insignificant milestone on the road leading to the crisis that

1 DUBLIN INSTITUTE FOR ADVANCED STUDIES - SCHOOL OF THEORETICAL PHYSICS, Burlington Road 10 - Dublin 4 (Ireland).

would be resolved only by the formulation of the general theory. Moreover, we shall see that Bernoulli missed the correct outcome only by an unlucky choice in timing for the application of his basic assumption.

We start by tracing the context in which the work appeared. The survey necessarily will be selective, but is intended to highlight the works that played a major influence on the approach of Jacob II Bernoulli.

Background of the Problem

The earlier period may be considered to have begun with the enquiry of Galileo on the rupture of a beam put forward in his *Discorsi* [2] which appeared in 1638. Parallel with the subsequent formulation of the stress-strain law by Hooke, published in 1675, come the investigations of Mariotte, whose interesting work on the beam bending contained an elementary error that led to an incorrect conclusion regarding the position of the neutral fibre - namely, the erroneous belief that the position of the neutral fibre was irrelevant. Though subsequently corrected by Parent (1713) and later by Coulomb (1773), investigators continued to place the neutral fibre on the concave face of the stressed beam, which, however, yielded fruitful results with the beam considered as a one dimensional continuum. As has been pointed out by Truesdell, the question of the position of the neutral fibre is still with us, three hundred years on.

In the later years of the century, as noted by Speiser, the subject takes a significant turn when it attracted the attention of Leibniz who saw, in the analysis of deformation, the potential application for his newly discovered differential calculus. His interaction with Jacob I Bernoulli set the latter on a course of investigation which besides leading to the differential equation for the deflection curve of the elastica, also saw the first assertion of a variational principle as well as the introduction of concepts which would become mainstays in the emerging theory. Most significant for our purpose is the relation

$$M = f\left(\frac{1}{R}\right)$$

2 G. GALILEI, *Discorsi et Dimostrazioni matematiche intorno a due nuove scienze attenenti alla Meccanica e i movimenti locali*, Leiden, 1638.

the general form of the constitutive moment-curvature relation of Jacob I for the beam under flexure. The simpler linear version of this functional relation was proposed by Daniel Bernoulli in 1732, in the form

$$M = D\frac{1}{R}$$

which inaugurates the next phase for our attention.

This is the period (1733-51) of the interrelated investigations of Euler and Daniel Bernoulli on the vibrations of elastic rods. The interesting story of the interaction between these two contrasting personalities throughout the 1730s and 40s has been diligently sorted out and discussed by Truesdell[3]. The main points of Euler's work can be found in the Additamentum I, *De Curvis Elasticis*, in his book *Methodus Inveniendi lineas curvas maximi minimive proprietate gaudentes*[4] published in 1744, while the results of Daniel Bernoulli appear in the *Commentarii* of St. Petersburg for the years 1741-3 published in 1751.

These studies include the introduction of the Elastic Energy as the integral of the square of the curvature for the originally straight rod by Daniel Bernoulli, the minimization of the energy through the application of the Calculus of Variations by Euler, and the identification of the vibrations of the rod with those of an isochronous simple pendulum of length l, permitting the formulation of the equation for rod vibration:

$$\frac{\partial^4 z}{\partial x^4} = \alpha^2 \frac{\partial^2 z}{\partial t^2}$$

in the form:

$$\frac{\partial^4 z}{\partial x^4} = \alpha^2 \frac{z}{c^4}$$

where the linearized formula for the curvature has been used. The nodes are to be determined from the values of c (a constant having dimension of legth), for which solutions exist for the above equation satisfying the specified form of the end-conditions. Good agreement with experimental results is reported in the papers of Daniel Bernoulli.

3 L. EULER, *Opera Omnia*, Vol XI, Pt. 2.

4 L. EULER, *Methodus Inveniendi lineas curvas maximi minimive proprietate gaudentes*, Lausanne, 1744.

The twenty-year period 1746-66 might be justifiably called the era of the wave equation. Motivated again by interest in the acoustic phenomena exhibited by the vibrating string, the equation was given its first formulation by d'Alembert and given its modern form and solution by Euler in sustained activity over the period.

Still motivated by the acoustical note, there appeared in 1767 two further papers by Euler that are relevant to our survey. The first deals with the vibrations of the drum-membrane modelled as a network of perfectly flexible strings for which the equation takes the form:

$$\frac{\partial^2 z}{\partial t^2} = \alpha^2 \frac{\partial^2 z}{\partial x^2} + \beta^2 \frac{\partial^2 z}{\partial y^2}$$

in which he then makes the argument that one can set $\alpha = \beta$, giving the equation its anticipated symmetric form. While the membrane has limited applicability since, by definition, it cannot resist a bending moment, this paper is significant in that it is the first formulation of a spatially two-dimensional problem.

The second paper addresses the vibrations of bells and concentrates on those of an annulus cut by two concentric cylinders parallel to the axis of the bell. To the annulus he applies the method previously derived for curved bars. Taking x as the distance measured along the bar, he arrives at the equation:

$$\frac{\partial^4 z}{\partial x^4} + \frac{1}{\alpha^2} \frac{\partial^2 z}{\partial x^2} + \frac{1}{\beta^2} \frac{\partial^2 z}{\partial t^2} = 0$$

However, there were many, including Euler himself who had misgivings about this theory and were keenly aware of the shaky assumptions on which it was based.

In the 1770s Euler returned once more to the problem of the elastic vibration of bars and after exhaustive analysis of solutions for various end-conditions: his final word on that topic appeared in the *Acta* of St. Petersburg for 1779, published in 1782. [In the return of Euler in the 1770s to such intense work on the vibration of bars, it is difficult to avoid the conjecture that he may have been backing away from any further attempt on the problem of the plate.] Also in 1782 in Verona appeared the work containing the extensive numerical studies by Giordano Riccati based on Euler's earlier (1740s) work.

Before finishing this background survey, cognizance should be taken of the study by Coulomb delivered to the Académie Française in 1773, and published in 1776, entitled: *Essai sur une application des Regles* de Maximis & Minimis *à quelques*

Problèms de Statique, relatifs à l'Architecture. In this attractively systematic analysis of the beam he re-directs attention to the long neglected thickness dimension and the question of the neutral fibre. Moreover, its very title should merit it a mention at this Symposium and, in fact, the work has already been cited by Mme. Patricia Radelet de Grave in her lecture.

In 1787 appeared the book by Chladni on the vibrational characteristics of thin plates. This work, containing the first clear experimental results of the two-dimensional nodal formations was the immediate stimulus for the work of Jacob II Bernoulli on the analysis of the elastic plate.

The *Essai* of Jacob II Bernoulli

Preliminaries

The work appears in Volume 5 of the *Nova Acta Academiae Scientiarum Petropolitanae*, St.Petersburg, 1789 under the title: *Essai Theoretique sur les Vibrations des Plaques Elastiques, Rectangulaires et Libres.*

Three authors are cited in the work besides Chladni, namely Daniel Bernoulli, Euler and Giordano Riccati.

Referring first to Euler's work on the bells and noting Euler's awareness of the precarious nature of the underlying hypothesis, he notes that comparison with the physical results of Chladni shows that this theory is not acceptable. Next he notes Euler's work on the drum - the two-dimensional membrane - and regrets that there are no physical results against which the latter theory can be tested. He, therefore, proposes to extend Euler's model of the membrane as a network of strings by treating the elastic plate as a network of elastic strips and thereby derive a theory, the results of which can then be tested against the physical results of Chladni. But first he gives a review of the prior work on elastic rods by Daniel Bernoulli and Euler.

Focusing on the the work of Euler as presented in the Additamentum of 1744, he gives a full review of the procedure for dealing with the elastic rod. The rod, whose weight is considered negligible, is considered to be subject at each point to a net transverse force denoted by ∂p: taking x as the abscissa along the rod and with z representing the transverse co-ordinate, he lets r denote the radius of curvature of the deformed rod: then with the constant D as a measure of the elasticity one has the moment-curvature relation in the form:

$$\int p \, dx = D \frac{1}{r}$$

and we recognise p as what we would now call the transverse shear. Implicit in this equation is the relation

$$M = \int p \, dx \quad \text{or} \quad p = \frac{\partial M}{\partial x}$$

which appears to be the first cognizance of the moment-shear relation.

Observing that in the deformed position the rod element ∂s is subject to the reactive restoring force $\frac{\partial p}{\partial s}$, and noting further that for small deflections we have:

$$\partial s \approx \partial x \qquad \text{and} \qquad \frac{1}{r} \approx \frac{\partial^2 z}{\partial x^2}$$

it follows that:

$$\left[\frac{\partial p}{\partial s} = \right] \qquad \frac{\partial p}{\partial x} = D \frac{\partial^4 z}{\partial x^4} \quad \left[= D \, \frac{\partial^2}{\partial x \partial s} \frac{1}{r}\right]$$

Then applying the technique of Daniel Bernoulli for identifying the accelerative force with the restoring accelerative force of the isochronous simple pendulum of length l, and setting[5]:

$$c^4 = D \, l$$

we retrieve the basic equation for rods in the form:

$$\frac{\partial^4 z}{\partial x^4} = \frac{z}{c^4}$$

with solutions in the form:

5 For a discussion of the dimension of c, see Appendix.

$$e^{\pm\frac{x}{c}} \quad e^{\pm i\frac{x}{c}}$$

This is then applied to the case of the rod of length $2a$ with free ends, for which there results the following characteristic equation for the determination of c:

$$\frac{a}{c} = (2n+1)\frac{\pi}{2} \pm \frac{2}{e^{\frac{\pi}{2}(2n+1)} + e^{-\frac{\pi}{2}(2n+1)}}$$

with the plus sign holding for n odd and the minus sigh holding for n even.

The solutions represent an infinity of sounds, rising in pitch with increasing n, and whose strength is reflected in the amplitude.

Modelling of the Plate

Now consider two strips - AB of length a, and CD of length b, crossing at right angles at F having infinitesimal width η, thickness θ, density k, and specific elasticity E, so that the elastic constant for each strip is $E\eta\theta^3$.

The plane of the strips being horizontal, let us take the elementary transverse (vertical) force to which the strips are subjected as ∂p for strip AB and ∂q for the strip CD. Consider the x-abscissa along AB and the y-abscissa along CD and let z denote the (assumed small) transverse displacement: further let r_x denote the radius of curvature of the deformed strip and r_y the radius of curvature of the deformed strip AB. Then following the previous results for rods, Bernoulli writes the moment-curvature relations for the two strips in the form:

$$\int p\,dx = E\eta\theta^3\frac{1}{r_x}, \quad \int q\,dy = E\eta\theta^3\frac{1}{r_y}$$

From these and the approximations valid for small deflections:

$$\frac{1}{r_x} \approx \frac{\partial^2 z}{\partial x^2}, \quad \frac{1}{r_y} \approx \frac{\partial^2 z}{\partial y^2}$$

it follows that:

$$\frac{\partial p}{\partial x} = E\eta\theta^3 \frac{\partial^4 z}{\partial x^4}, \qquad \frac{\partial q}{\partial y} = E\eta\theta^3 \frac{\partial^4 z}{\partial y^4}$$

Since η is the width of each strip, it follows that, for the element of intersection common to the two strips of dimension $\eta\times\eta = \eta^2$, the motive forces acting are given respectively by the above factors multiplied by η: noting further that as the mass of the element is given by $k\eta^2\theta$ it is necessary to divide the motive forces by this mass to get the accelerative forces in the form:

$$\frac{E}{k}\theta^2 \frac{\partial^4 z}{\partial x^4} \quad \text{and} \quad \frac{E}{k}\theta^2 \frac{\partial^4 z}{\partial y^4}$$

respectively. Here Jacob II Bernoulli makes explicit his binding assumption namely: *the common area of two strips, being as glued together, move together and share equally between them the motive forces acting on them* from which it follows that for each element the accelerative force is given by:

$$\frac{1}{2}\frac{E}{k}\theta^2\left[\frac{\partial^4 z}{\partial x^4} + \frac{\partial^4 z}{\partial y^4}\right]$$

so that, following the procedure for identifying the vibration with that of the isochronous pendulum of length l, and setting:

$$c^4 = \frac{1}{2}\frac{E}{k}\theta^2 l$$

the governing equation takes the form:

(1) $$\frac{\partial^4 z}{\partial x^4} + \frac{\partial^4 z}{\partial y^4} = \frac{z}{c^4}$$

the "*fundamental equation of the entire theory*".

He observes that as the tone for the simple pendulum is proportional to $\sqrt{1/l}$ it follows that for the plate it is proportional to $\theta\sqrt{E/k}$ in agreement with experimental results for rods.

The equation is then solved by separation of variables and the procedure followed for the case of rods is applied. The comparison of the results with the physical results of Chladni does not suggest any confirmation except perhaps for the particular cases where the nodal lines parallel to the plate-edges - as apparently was anticipated by Chladni for such a model. Beyond recognising the ingenuity displayed we shall not discuss further these later sections of Jacob II's *Essai*.

Discussion of Approach

Rather we wish to focus on the fundamental equation (1) and in particular on the operator on the left hand side which we now know should be the biharmonic operator, namely:

$$\frac{\partial^4 z}{\partial x^4} + 2\frac{\partial^4 z}{\partial x^2 \partial y^2} + \frac{\partial^4 z}{\partial y^4} \quad .$$

The equation (1) is incorrect in that the operator on the left is deficient in not including the mixed term underlined above. We can ask where is the source of this deficiency and would it have been possible for Jacob II to correct it?

There are two factors, either of which - or both combined - could be considered the reason for the absence of the mixed term in the final equation (1), namely:

1. The model does not admit the possibility of a twisting moment;

2. There is a lack of symmetry in the manner in which the restoring force is distributed.

It is difficult to see how the problem with the twisting moment could be remedied. Even apart from the limitations of the model, the concept of the twisting moment would seem to require a clearer concept of shear stress and a fuller equilibrium analysis than was then available.

However, even staying within the framework of the model there does appear to be potential for remedy in the second point. The exploration of this latter possibility followed from a (private) communication with Professor David Speiser, prompting a review of the basic assumption in relation to symmetry considerations. Clearly the basic assumption not only does not violate, but rather asserts the symmetry expectations. As the order of the final equation is correct (fourth order) and its deficiency lies in the absence of the mixed term whose inclusion would restore its symmetry, we are forced to the conclusion that the error must lie in a misapplication of the basic assumption. This led to the following reconsideration.

As already mentioned, at the end of his analysis Jacob II Bernoulli makes explicit the assumption that is meant to reflect the binding of the overlapping strips namely: *the common area of two strips, being as glued together, move together and share equally between them the motive forces acting on them* (*) on which is based the final addition leading to equation (1). However, it would appear that as this is a reflection of the binding of the "glued" elements, this assumption should have been introduced earlier and applied strictly.

If instead of taking over without modification the previous results for independent rods, one admits at the outset that the combined elastic restoring force is proportional to the sum of the curvatures of the constituent strips, it (i.e. the combined restoring force) takes the form:

$$E\eta\theta^3\left[\frac{1}{r_x}+\frac{1}{r_y}\right]\approx E\eta\theta^3\left[\frac{\partial^2 z}{\partial x^2}+\frac{\partial^2 z}{\partial y^2}\right]=E\eta\theta^3\Delta z$$

where we have written Δ to represent the two-dimensional Laplacian operator, i.e.

$$\Delta \equiv \frac{\partial^2}{\partial x^2}+\frac{\partial^2}{\partial y^2} \quad .$$

Then assuming in accordance with (*) that this restoring force is shared equally by there active shear forces one has the moment-curvature relations in the symmetric form:

$$\int p\, dx = \frac{1}{2}E\eta\theta^3\,\Delta z \ , \qquad \int q\, dy = \frac{1}{2}E\eta\theta^3\,\Delta z$$

so that there follows for the components of the transverse motive forces:

$$\frac{\partial p}{\partial x}=\frac{1}{2}E\eta\theta^3\frac{\partial^2}{\partial x^2}\Delta z \ , \qquad \frac{\partial q}{\partial y}=\frac{1}{2}E\eta\theta^3\frac{\partial^2}{\partial y^2}\Delta z \ .$$

These, on multiplication by η can be added to give the resultant transverse motive force, which, on division by the combined mass $2k\eta^2\theta$ gives the resultant acceleration in the form:

$$\frac{1}{4}\frac{E}{k}\,\theta^2\,\Delta\Delta z$$

which, on following the procedure for the isochronous pendulum, and setting,

$$c^4 = \frac{1}{4}\frac{E}{k}\,\theta^2 l$$

we have for the fundamental equation:

$$\Delta\Delta z = \frac{z}{c^4}$$

or, explicitly,

$$\frac{\partial^4 z}{\partial x^4} + 2\frac{\partial^4 z}{\partial x^2 \partial y^2} + \frac{\partial^4 z}{\partial y^4} = \frac{z}{c^4} \qquad (2)$$

replacing (1). It would appear that only the delayed application of his basic assumption at the last stage of his derivation, rather than inserting it together with its implications at the outset of his analysis, deflected Jacob II from obtaining the correct equation in his "premier essai".

Sequel

Unfortunately there was little in the way of a sequel. The equation proposed by Jacob II Bernoulli was recognised as inadequate even by its author - yet nobody thought of exploring a more symmetric application of his assumptions. We can conjecture what difference the absence of the great Euler might have made at this point. As it was proposed as "un premier essai" it is fair to assume that Jacob II Bernoulli intended to return to it. Sadly he was to die tragically in a drowning accident later that year of 1789, when he was barely thirty years old. We can only conjecture what he might have done.

Nothing much happened until after the turn of the century when Chladni on a lecture tour was making his results known in France. In 1809 the appearance of the french translation of his work aroused an excitement that infected many including Napoleon. This led to the announcement by the Académie of a Special Prize for a satisfactory analysis of the Plate Problem, which on its third offering was awarded to Sophie Germain in 1816. That she was the sole applicant on all three occasions was at least partly due to the fact that Lagrange had let it be known that he considered it a problem of extreme difficultly - though it was he also who played the crucial role in rectifying the incorrect initial essay of Sophie Germain. But now we are nearing the end of the early period and the new controversies surrounding the Plate Problem had forced its attention on Cauchy to whom we owe the formulation of the general theory. The role of the Plate Problem in the new is an even longer story.

Jacob II grew up in the shadow of his Uncle Daniel and of that of his wife's grandfather, Leonhard Euler, neither of whom made a frontal attack on this problem. It seems his approach to the problem was closer to getting the right equation than either he or anyone else has recognised. But if we admit that he should have - or at least could have - got it right, it is still hazardous to speculate on the consequences. It has been convincingly argued by Truesdell that it was the very success with special problems in the eighteenth century that may have postponed the formulation of the general theory. Which ever way one speculates, it appears that this work merits more sympathetic consideration than it has recieved heretofore.

Appendix: A Note on Dimensions

In the analysis of "Modelling of the Plate", when identifying the vibration with that of the isochronous pendulum, it appears that Bernoulli has set the gravity acceleration factor $g = 1$. Strictly we would have:

$$\frac{\partial^4 z}{\partial x^4} + \frac{\partial^4 z}{\partial y^4} = \frac{z}{c^4} \qquad \text{with} \quad c^4 = \frac{1}{2}\frac{E}{k}\,\theta^2\,\frac{l}{g}$$

Noting that E is M L^{-1} T^{-2} ; k is M L^{-3} ; g is LT^{-2} , so that c has the dimension of length. Similarily in Section "Discussion of Approach" where:

$$\Delta\Delta z = \frac{z}{c^4}, \qquad \text{with} \quad c^4 = \frac{1}{4}\frac{E}{k}\,\theta^2\,\frac{l}{g}$$

it is clear that the c-factor again has dimension of length.

In Section "Preliminaires", when recapitulating prior work, in order to make the identification with the isochronous pendulum, we should introduce a density for the rod (mass per unit length) and the identification takes the form

$$D\frac{\partial^4 z}{\partial x^4} = \frac{\partial p}{\partial x} = \kappa\frac{\partial^2 z}{\partial t^2} = \kappa\frac{g}{l}z$$

so that when we write

$$\frac{d^4 z}{dx^4} = \frac{z}{c^4}, \qquad \text{we should have} \qquad c^4 = \frac{Dl}{g\kappa}$$

Noting the dimensions of g and κ it follows that $g\kappa$ is M L^{-2} and within the two-dimensional framework, the stiffness factor D is given by

$$D = \left(\frac{\text{Force}}{\text{Unit length}}\right) \times (\text{Moment of inertia of cross section}) \text{ is } M\,T^{-2}L^{3}.$$

It follows that c^4 is L^4, showing that here also c has the dimension of length.

PROGRAMMA INAVGVRALE

IN QVO

PECVLIAREM DIFFERENTIALIA INVESTIGANDI RATIONEM EX THEORIA FVNCTIONVM DEDVCIT;

SIMVLQVE

PRAELECTIONES

PROXIMO SEMESTRI HIBERNO HABENDAS

INDICIT

IOANNES FRIDERICVS PFAFF

PROF. MATH. P. O.

IN

ACADEMIA IVLIA CAROLINA.

HELMSTADII

TYPIS IOAN. HENRIC. KÜHNLIN

MDCCLXXXVIII.

Page de titre de l'article de Johann-Friedrich Pfaff.

UNE CONCEPTION ARCHITECTURALE DES MATHÉMATIQUES : LA SÉPARATION DES VARIABLES CHEZ PFAFF

Jean Dhombres[1]

Summary : The vocabulary describing the edifice of mathematics is in great part taken from Architecture. The words basis, foundation, structure, coherence, support, ... are there to testify. The metaphor given here proposes as does J. Dieudonné, an urbanistic interpretation of the internal development of mathematics that is more original.

Résumé : Le vocabulaire décrivant l'édifice mathématiques est en grande partie repris à l'Architecture. Les termes de base, fondement, structure, cohérence, soutènement ... sont là pour nous le rappeler. La métaphore proposée ici s'étend à une interprétation urbanistique de la vie interne des mathématiques due à J. Dieudonné et qui est plus originale.

C'est en un sens métaphorique que je traiterai du thème autour duquel sont organisés les articles de ce volume, appuyant mon propos sur l'expression célèbre de Nicolas Bourbaki - l'Architecture des mathématiques - qui affirme une pulsion constructive dans la pratique de cette science[2]. Parce qu'il prônait la méthode axiomatique, il n'est pas indifférent de noter que l'image favorisée par Bourbaki relevait plutôt du ressort de l'urbanisme que du bâti architectural à proprement parler. Pris par la fièvre des reconstructions citadines de l'après-guerre, l'auteur pluriel comparait non sans plaisir la vie interne des mathématiques à *une grande cité, dont les faubourgs ne cessent de progresser, de façon quelque peu chaotique, sur le terrain environnant, tandis que le centre se reconstruit périodiquement, chaque fois sur un plan plus clair et une ordonnance plus majestueuse, jetant à bas les vieux quartiers et leurs dédales de ruelles, pour lancer vers la périphérie des avenues toujours plus directes, plus larges et plus commodes.* Si l'on peut bien - provisoirement pour l'exercice de cet article - accepter le principe moteur d'une constante remise en ordre des mathématiques, l'image n'en reste pas moins joliment floue, accordant au centre un modernisme dynamique quoique que l'on ne sache pas si tout y est refait de neuf et sans récupération des matériaux anciens, et gardant à la

---

1 CENTRE FRANÇOISE VIÈTE, UNIVERSITÉ DE NANTES, 2 Chemin de la Houssinière, F - 44072 Nantes Cedex.

2 N. BOURBAKI, *L'architecture des mathématiques*, in F. LE LIONNAIS, *Les grands courants de la pensée mathématique*, Paris, Blanchard, 1962. L'article date de 1948.

banlieue sa profusion, à l'exception de la planification entièrement nouvelle des grandes voies d'accès. M'intéresse, on le lit par cette critique même, ce que porte d'ambiguïté le mot reconstruction car il engage un rapport entre un passé et un avenir - où se joue l'ambition descriptive de l'historien - et le sens à donner au compte-rendu temporel d'un domaine du savoir qui ne s'avoue fondé qu'en raison.

Renonçant pourtant à une réflexion d'ordre général, j'analyserai un seul exemple, pris dans un siècle, le XVIIIè profus s'il en est par ses inventions et par ailleurs siècle de pensée urbanistique, dont une historiographie désormais dépassée prétendait qu'il n'était pas véritablement intéressé par les questions d'organisation des fondements[3]. Si l'on poursuit l'image de Bourbaki, le centre en l'occurrence du siècle des Lumières ne peut désigner que le Calcul, le calcul différentiel et le calcul intégral. Et c'est bien évidemment ce Calcul que vise Johann-Friedrich Pfaff, alors âgé de vingt trois ans, lorsqu'il s'installe comme professeur à l'Université de Helmstedt en Basse-Saxe et publie non sans véhémence son *Programma inaugurale in quo peculiarem differentialia investigandi rationem ex theoria functionum deducit*[4].

Le titre du programme place la détermination des différentielles comme issues de la méthode fonctionnelle: il y a indéniablement volonté de construction et simultanément changement de perspective avec l'installation au centre d'une possible théorie des fonctions, mais aussi bien modification de toute la périphérie du calcul différentiel.

---

3 La veine descriptive classique est donnée par C.B. BOYER, *The History of the Calculus and its conceptual development*, nouvelle édition, New York, 1949, ou encore par l'article de J. Dieudonné, *L'analyse au XVIIIè siècle*, in J. DIEUDONNÉ (éd.), *Abrégé d'histoire des mathématiques (1700-1900)*, Paris, 1978, vol. 1, pp. 19-53. Quoique globalement classique, une réévaluation fut fournie avec le livre de J. GRABINER, *The Origins of Cauchy rigorous calculus*, Cambridge, 1981. Mais c'est à une reconstruction toute autre que se livrent M. PANZA, *La forma della quantità. Analisi algebrica e analisi superiore: il problema dell'unità della matematica nel secolo dell'illuminismo*, Cahiers d'Histoire et de philosophie des sciences, Paris, Belin, vol. 38 et 39, 1992; C. FRAZER, *The calculus as algebraic analysis: some observations on mathematical analysis in the 18th century*, Arch. Hist. Exact Sc., 39, 1989, pp. 317-335; C. GILAIN, *Condorcet et le Calcul intégral*, in *Sciences à l'époque de la Révolution française*, R. RASHED (éd.), 1988, pp. 87-147.

4 *Programme inaugural où J.F. Pfaff tire de la théorie des fonctions une méthode particulière pour chercher les différentielle.* La page de titre se poursuit par: *Simulque praelectiones proximo semestri hiberno habendas indicit Ioannes Fridericus Pfaff, Prof. Math. P. O. in Academia Iulia Carolina, Helmstadii, Typis J. H. Kühnlin, 1788.* Le texte latin a été traduit et commenté par J. DHOMBRES, *La méthode fonctionnelle chez J.F. Pfaff: une filiation leibnizienne*, Sciences et techniques en perspective, vol. 26, 1993, pp. 97-147.

Un principe de calcul: la séparation des variables

D'emblée, et parce que cette généralité est fondatrice, ce sont les fonctions de plusieurs variables qui sont envisagées par Pfaff, et non les fonctions d'une seule variable. Derechef, la notion de variables dépendantes s'avère cruciale et elle organise toute la construction. Nous devons d'autant plus donner à voir cette articulation qu'elle engage de la part de Pfaff une analyse, c'est-à-dire une réflexion sur le chemin démonstratif suivi, réflexion qui débouche sur du constructif, réflexion qui constitue peut-être la construction elle-même. En d'autres termes, Pfaff ne sépare pas une pratique et une technique de l'objet même qu'il donne à voir au final. Voilà ce que nous voudrions montrer.

Partons du principe de la séparation des variables que Pfaff dégage avec soin, principe dont l'expression est particulièrement simple et pour lequel n'intervient d'ailleurs aucune propriété différentielle: *Que s'il est constant que des fonctions X et Y sont déterminées de la même manière, l'une par x et l'autre par y, en sorte qu'elles donnent en retour des fonctions semblables de x et y, quantités comme ci-dessus qu'aucun lien ne relie : je dis que, de l'équation X = Y, suit que X = const* [5].

En notations modernes, si pour tout x, tout y, on dispose de l'égalité fonctionnelle

$$X(x) = Y(y),$$

alors X(x) est une fonction constante, et tout autant Y(y) d'ailleurs. Mais cette dernière remarque n'a pas lieu d'être car il figure une surprenante et inutile restriction dans la formulation de Pfaff, à savoir l'imposition d'une "similarité" des fonctions X et Y: les fonctions doivent être les mêmes, l'une de la variable x, l'autre de la variable y. Tous les exemples choisis par Pfaff dans le texte en question satisferont cette restriction superflue.

Constatons sur la résolution d'une équation fonctionnelle à laquelle Pfaff s'attaque que le principe de séparation est manié avec dextérité. Il part, avec $a \neq 0$, de

$$\varphi(x + y) = \varphi(x) + \varphi(y) + a\,\varphi(x)\,\varphi(y). \tag{1}$$

Une différentiation totale le conduit à

$$\varphi'(x+y)dx + \varphi'(x+y)dy = \varphi'(x)dx + \varphi'(y)dy + a\,\varphi'(x)\,\varphi(y)dx + a\,\varphi(x)\,\varphi'(y)dy. \tag{2}$$

---

5 *Quod si constet, functionum X et Y determinari unam eadem ratione per x, ac alteram per y, ita ut similes referant functiones twin x et y, quantitatum, uti prius, nullo inter se nexu junctarum: dico ex aequatione X = Y, consequi X = Const.*" *P.I.* N° II. Une référence au texte de Pfaff est introduite par *P.I* suivi du numéro de l'article, et ce afin de permettre aussi bien la confrontation au texte original qu'à sa traduction.

Les variables x et y étant par définition indépendantes, il dispose des deux égalités qui reviennent à l'identification dans chaque membre des termes en dx et dy :

$$\varphi'(x+y) = (1 + a\ \varphi(y))\ \varphi'(x)$$
$$\varphi'(x+y) = (1 + a\ \varphi(x))\ \varphi'(y).$$

Par conséquent :

$$(1 + a\ \varphi(y))\ \varphi'(x) = (1 + a\ \varphi(x))\ \varphi'(y).$$

Soit

(3)
$$\frac{\varphi'(y)}{1 + a\ \varphi(y)} = \frac{\varphi'(x)}{1 + a\ \varphi(x)}$$

Les variables sont séparées - et l'on remarque que la forme fonctionnelle est identique dans les deux membres - de sorte qu'une intégration détermine la fonction inconnue sous la forme:

$$\varphi(x) = \frac{C^{ax}-1}{a}\ .$$

Cette tactique réussit tout aussi bien avec l'équation fonctionnelle issue de la considération de la propriété d'addition des arcs pour les sinus à laquelle Pfaff donne la forme fonctionnelle suivante:

(4)
$$\varphi(x+y) = \varphi(x)\sqrt{1-\varphi(y)^2} + \varphi(y)\sqrt{1-\varphi(x)^2}\ .$$

Cependant, les calculs sont nettement plus lourds et il faut être guidé par l'idée de réaliser une séparation des variables pour réussir et écrire:

(5)
$$\frac{\varphi'(x)}{\sqrt{1-\varphi(x)^2}}\left[\sqrt{1-\varphi(y)^2}\sqrt{1-\varphi(x)^2} - \varphi(y)\ \varphi(x)\right]$$
$$= \frac{\varphi'(y)}{\sqrt{1-\varphi(x)^2}}\left[\sqrt{1-\varphi(x)^2}\sqrt{1-\varphi(y)^2} - \varphi(x)\ \varphi(y)\right]$$

Ce qui conduit, après intégration, à l'expression de la fonction inconnue φ sous la forme

$$\varphi(x) = \sin Cx,$$

où C désigne une constante quelconque.

Il ne s'agit pas seulement d'exercices. La tactique de séparation des variables est aussi bien au service de la résolution des équations fonctionnelles auxquelles Pfaff accorde une certaine importance, que de la détermination des dérivées, détermination qui est l'objectif déclaré de son article. Une présentation en parallèle permet de visualiser cette similitude dans l'investigation de Pfaff, et c'est ce parallélisme qui lui a permis de pousser jusqu'au tableau fonctionnel final.

Dérivée du logarithme

Une équation : $\log xy = \log x + \log y$

Choix d'une inconnue :

$$\varphi(x)dx = d.\log x$$

Deux équations grâce aux différentielles :

$$\varphi(x) = y\varphi(xy);\ \varphi(y) = x\varphi(xy)$$

Une symétrie : $x\varphi(x)= y\varphi(y)$

Séparation des variables :

$$x\varphi(x) = C$$

Valeur de $\varphi(x) = \frac{C}{x}$

Constante C reste indéterminée, et ne sera pas précisée

Equation fonctionnelle du produit en somme

Une première équation : $\varphi(xy)= \varphi(x)+\varphi(y)$

Choix d'une nouvelle inconnue :

$$\psi(x)dx = d.\varphi(x)$$

Deux équations grâce aux différentielles :

$$\psi(x) = y\psi(xy);\ \psi(y) = x\psi(xy)$$

Une symétrie : $x\psi(x)= y\psi(y)$

Séparation des variables :

$$x\psi(x) = C$$

Valeur de $\psi(x) = \frac{C}{x}$

Expression de $\varphi(x) = \log x$, la base n'étant pas précisée et la constante additive d'intégration s'annulant

La séparation des variables constitue un outil efficace, non par hasard mais parce qu'elle représente un concept.

La recherche de règles organise celle des concepts

La séparation des variables n'est pas une innovation et son utilisation remonte au fameux article de d'Alembert relatif à la vibration des cordes[6]. Mais l'auteur du *Traité de Dynamique* ne donnait de cette séparation qu'une application, sans en faire un énoncé individualisé, alors que Pfaff insère une règle pour le calcul: l'égalité $X(x) = Y(y)$ pour deux variables indépendantes x et y implique que X et Y sont des fonctions constantes. Puisque l'enjeu de Pfaff est une construction, une formulation aussi explicite exige non pas tant une preuve - son évidence s'impose une fois le concept de fonction adopté - que l'identification d'un principe qui manifeste la cohérence par l'indication d'une lignée. Ainsi, à partir de règles dont on peut justifier le bien fondé par les applications qu'elles

6 J. D'ALEMBERT, *Recherches sur la courbe que forme une corde tendue mise en vibration*, Hist. Acad. Berlin, 1747 (publ. 1749), t. 1, pp. 214-249.

permettent, il y a à proprement parler marche à rebours vers des principes fondateurs du calcul. La façon dont procède Pfaff est un mouvement de la périphérie vers le centre qu'il faut bien qualifier de mouvement analytique. Même si dans l'écriture finale de son article - ce qui nous est donné à lire - le principe fondateur est érigé en premier (comme l'impose d'ailleurs le sens des mots). L'analyse paraît finalement recouverte par la vague de la synthèse qui reste le procédé canonique de l'exposition académique au XVIIIè siècle. Le revêtement extérieur risque alors de cacher le dynamisme de l'architecture et en tout cas gomme l'échafaudage; à se laisser aveugler, on manquerait la lecture du programme pfaffien, mais aussi bien on ne saisirait pas la structure d'imagination à l'œuvre bien avant la splendide formalisation de l'Analyse par Cauchy. A laquelle ne resterait plus pour l'historien qu'à accrocher le qualificatif de miraculeux; cela a déjà été fait maintes fois!

Aussi évident qu'elle puisse paraître, la séparation des variables n'en joue pas moins sur deux variables x et y, et forcément sur leur indépendance. A en faire un noyau dur de son travail, Pfaff prend le risque de la multiplicité des variables, sans la considérer comme une simple extension, ou comme un deuxième temps du calcul. Certes, Pfaff use de la remarque toute simple que dans une fonction f(x, y), si l'on fixe y, on dispose d'une fonction d'une seule variable sur laquelle joue bien sûr l'opérateur différentiel *d*. Ce pourrait d'ailleurs fournir l'argument de réduction pour ne traiter que du cas d'une variable. Mais c'est parce qu'il sera inéluctablement nécessaire de faire également varier y que Pfaff estime dès le départ enrichir d'autant la différentielle en évitant de spécifier le nombre de variables. Il est donc conduit à relativiser la notion de constante: *En général, dans un grand nombre de recherches analytiques, il paraît fort utile d'étendre la notion de Constante de telle façon qu'une quantité m quelconque soit considérée comme constante par rapport à une autre n, à condition qu'elle n'implique ni n elle-même, ni des quantités dépendantes de n. De cette façon, il est permis d'égaler à zéro les différentielles des quantités variables; par contre, ce qui revêt la forme d'un paradoxe, de considérer comme réelles les différentielles des quantités constantes à un certain égard*[7]. Dès lors, on peut dire que Pfaff fonde la constante comme fonction. Il n'y a paradoxe - ou simple jeu de mots - que pour ceux qui s'imaginent que certaines notions ont toujours été dans la pensée mathématicienne, position qu'adoptent quelquefois, et cette fois c'est un vrai paradoxe, des historiens des mathématiques. Euler, quelques années avant Pfaff, ne

---

7 *P.I.* N° II. *Universe in compluribus disquisitionibus analyticis haud inutile esse videtur, notionem Constantis eo extendere, ut quaevis quantitas m relata ad alteram n pro Constante habeatur, quodsi illa nec n ipsam, nec quantitates ab n pendentes involvat. Ita, quod paradoxi speciem mentitur, differentialia quantitatum variabilium nihilo aequare, contra quantitatum certo respectu constantium differentialia pro realibus accipere licet.*

consentait pas à attribuer le statut de fonction à une constante, au prétexte logiquement fondé qu'il retenait de la définition de f(x) comme fonction de la variable x la nécessaire variabilité de la valeur selon la variation de la variable[8].

A la multiplicité des variables posée par Pfaff comme un devoir à l'analyste, doit correspondre une règle de calcul par laquelle l'idée même d'indépendance est gérée. C'est une règle d'unicité portant sur la différentielle : l'écriture de l'action de la différentielle *d.* est unique lorsque les variables sont indépendantes. Ainsi, à trois variables indépendantes x, y et z, les égalités

$$d.\, f(x, y, z) = a(x, y, z)\, dx + b(x, y, z)\, dy + c(x, y, z)\, dz.$$
$$= a'(x, y, z)\, dx + b'(x, y, z)\, dy + c'(x, y, z)\, dz,$$

impliquent les trois identités

$$a(x, y, z) = a'(x, y, z),\ b(x, y, z) = b'(x, y, z) \text{ et } c(x, y, z) = c'(x, y, z).$$

Cette règle d'unicité constitue l'instrument majeur grâce auquel les calculs sont ordonnés et qui permet aux démonstrations d'aboutir: c'est elle qui fixe la stratégie. Pfaff éprouve d'autant plus le besoin de la justifier qu'il l'énonce sous forme d'un principe. Dont il propose deux démonstrations, qu'il faut peut-être mieux considérer comme des explications, des gloses.

Soient x et y, deux quantités qui n'ont aucun rapport entre elles en sorte que ce qui fait varier l'une soit sans effet sur l'autre ; soient, en outre, P et Q ; $\mathcal{P}$ et $\mathcal{Q}$ des fonctions quelconques de ces quantités. Je dis que, de l'équation différentielle

$$Pdx + Qdy = \mathcal{P}dx + \mathcal{Q}dy,$$

découlent les équations finies : $P = \mathcal{P}$ et $Q = \mathcal{Q}$.

Démonstration : puisqu'en effet x ne dépend pas de y, rien ne s'oppose à ce que l'une de ces quantités seulement soit considérée comme variable, l'autre restant constante. Posons donc dy = 0 : la première équation, qui n'est astreinte par aucune limitation, pourra aussi être étendue à ce cas particulier et se réduira à cette forme : $Pdx = \mathcal{P}dx$ ou $P = \mathcal{P}$. D'une manière semblable on obtient[9] : $Q= \mathcal{Q}$.

On aura remarqué qu'utilisant la nullité de la différentielle d'une fonction constante, cette explication de la règle ne fait pourtant que réduire le cas de deux variables

---

8 Voir J. DHOMBRES, *Un texte d'Euler sur les fonctions continues et discontinues, véritable programme de l'analyse au 18e siècle*, Cahiers du séminaire d'histoire des mathématiques, 1987, tome 7, pp. 35-115.

9 *Sint x et y binae quantitates inter se invicem haud connexae, ita ut quae unam afficiunt, altera haud patiatur: sint porro P, Q, P, Q quaelibet earundem functiones: dico, ex aequatione differentiali: Pdx + Qdy = Pdx + Qdy, consequi aequationes finitas P = P, Q = Q.*
Dem. : Cum enim x ab y haud pendeat, nihil obstat, quo minus earum quantitatum una tantum ceu variabilis spectetur, altera haud variata : ponatur igitur dy = 0, prior aequatio, nulla limitatione restricta, ad hunc quoque casum extendi poterit, redibitque ad formam hanc : Pdx = Pdx, vel P = P. Simili modo elicitur Q = Q .

indépendantes (ce pourrait être n variables) à celui d'une seule. Mais elle ne prouve pas ce cas, qui paraît donc devoir être posé comme un donné *a priori*. A partir notamment de l'identification de la dérivée φ'(x) d'une fonction φ(x) avec le cœfficient de dx dans l'expression de d. φ(x) :

$$d.\ \varphi(x) = \varphi'(x)\ dx.$$

Conscient d'un manque pour le cas d'une variable unique, Pfaff propose une autre démonstration : *La proposition évoquée en premier peut, de plus, être illustrée d'une autre manière: l'équation (P-𝒫) dx + (Q-𝒬) dy = 0, à moins qu'elle ne soit identique, représente une équation différentielle entre x et y, à laquelle il faut que réponde une équation finie. Par conséquent, y devient comme une fonction de x, ce qui contredit l'hypothèse. On en infère que cette équation est nécessairement identique, c'est-à-dire que*[10] *P = 𝒫 et Q = 𝒬.*

L'argument élégant fait fond sur l'indépendance. Il est d'autant plus intéressant qu'il contraint Pfaff à énoncer l'existence d'une solution pour une équation différentielle générale du premier ordre sous forme réduite. A vrai dire, au XVIIIè siècle, cette existence constatée sur des cas explicites n'était nullement prouvée; Cauchy est, en l'occurrence, le grand initiateur[11]. Pfaff n'invente donc pas une démonstration, mais il la rend nécessaire. Il la contraint dans la mesure où l'expression de sa démarche ne peut que favoriser le repérage des failles de la construction; le style choisi joue un rôle constructif, le repérage des failles étant rendu possible pour un lecteur à venir, un lecteur idéal peut-être et c'est là que se joue l'ouverture d'un tel texte sur l'avenir. En ce sens, cette démarche est critique, alors même qu'elle se veut constructive.

C'est précisément sur ce point mal compris d'une procédure critique, point paradoxal peut-être, que se joue l'interprétation classique des mathématiques du XVIIIè siècle, l'insuffisante description d'un allant d'investigation qui se moquerait de la rigueur logique et privilégierait l'écriture à son sens. L'écriture mathématique, celle de Pfaff, peut et veut donner à lire en tant que telles les éventuelles fautes de syntaxe; non seulement elle va vers la périphérie, pour reprendre la métaphore de Bourbaki, mais aussi bien elle remonte vers le centre. Les fondations ne sont nullement le point aveugle de cette mathématique; leur construction est l'enjeu, par renforcement si l'on veut, par coulées ici et là, mais toujours au cours d'un inventaire organisé du terrain déjà bâti. Seule la

---

10 *P.I.* N° II. *Propositio primum commemorata alia in super ratione illustrari potest: Aequatio (P-P) dx + (Q-Q) dy = 0, nisi identica sit, exhibet aequationem differentialem inter x et y, cui finita respondeat necesse est: unde prodit y tanquam functio ipsius x, quod est contra hypothesin. Hinc infertur, aequationem illam necessario esse identicam, vel P = P, Q =Q.*

11 On sait que c'est à Cauchy que l'on doit la première preuve convaincante d'un tel théorème d'existence (Voir A.-L. CAUCHY, *Equations différentielles ordinaires*, C. GILAIN (éd.), Etudes vivantes, Paris, 1981).

manière de parcourir cet inventaire est apte à révéler les absences de soutènement. C'est une mise en abîme.

La collation des principes: un bâti issu de la pratique mathématique

Choisissons d'illustrer par l'établissement de la loi de différentiation d'un produit de deux variables, celle même que Leibniz adoptait comme l'ingrédient majeur du nouveau calcul dans sa *Nova Methodus* [12] publiée en 1684:

$$d(xy) = x\,dy + y\,dx.$$

Il est en effet exemplaire de la démarche de Pfaff et fait comprendre tout autant le jeu de l'écriture et du sens.

Le point de départ est une forme différentielle qui est posée *a priori*,

(6) $$d(xy) = P(x,y)\,dx + Q(x,y)\,dy.$$

Les fonctions P et Q de deux variables sont d'emblée prises par Pfaff comme les inconnues du problème ; c'est une attitude analytique puisqu'il s'agit de trouver les équations qui doivent permettre de déterminer la forme précise de ces deux fonctions.

L'ingrédient ajouté - n'est-ce pas la marque du réel ? - est une propriété de symétrie du produit,

$$d(xy) = d(yx).$$

A partir de laquelle, si l'on échange les variables x et y et par une identification issue du résultat d'unicité, l'équation (6) fournit l'égalité fonctionnelle :

(7) $$Q(x,y) = P(y,x).$$

Celle-ci réduit le problème à la détermination d'une unique fonction inconnue, quoique dépendant encore de deux variables.

Pour parvenir à éliminer l'une des variables, Pfaff en fait d'abord intervenir une supplémentaire[13], z, afin de jouer sur une deuxième propriété du produit, la relation de distributivité,

---

12 *Nova methodus pro maximis et minimis, itemque tangentibus, quae nec fractas nec irrationales quantitates moratur et singulare pro illis calculi genus*, Acta Eruditorum, oct. 1684; *Leibnizens Mathematische Schriften*, GERHARDT (éd.), tome V, p. 220 et suivantes.

13 Il faut remarquer que toutes les équations fonctionnelles envisagées par Pfaff font intervenir deux variables indépendantes au moins. Ce n'est pas le fruit du hasard: tant par la méthode de résolution (différentiation et séparation des variables) que par leur origine, le professeur de Helmstedt privilégie les variables multiples parce qu'elles offrent une souplesse bien plus grande: *Iam introducta nova variabili y, ad x haud pendente, ad similitudinem eorum, quae supra tradita sunt...* (*P.I.*, N°XI (*Or, conformément à ce que nous avons fait pour ce que nous avons rapporté ci-dessus en introduisant une nouvelle variable y, indépendante de x...*).

(8) $$x(y+z) = xy + xz.$$

Pfaff a besoin de supposer l'additivité de la différentielle

(9) $$d(y + z) = dy + dz.$$

Appliquant la définition (6) à chaque membre de l'équation (9), il obtient la forme différentielle :

(10) $$P(x,y + z)dx + P(y + z, x)(dy + dz) = P(x,y)\,dx + P(y,x)dy + P(x,z)dx + P(z,x)dz.$$

Dont, par identification des trois coefficients différentiels devant dx, dy et dz dans les deux membres, il déduit les trois équations:

(11) $$P(x, y + z) = P(x, y) + P(x, z),$$

(12) $$P(y + z, x) = P(y, x),$$

(13) $$P(y + z, x) = P(z, x).$$

Les deux dernières équations (12) et (13) établissent que $P(\alpha,x)$ ne dépend pas de la première variable α, de sorte que l'on peut poser $P(\alpha, x) = \varphi(x)$. Le problème est donc réduit à une seule fonction inconnue dépendant d'une seule variable. Dès lors, la relation (11) fournit l'équation particulièrement simple:

(14) $$\varphi(y + z) = \varphi(y) + \varphi(z).$$

C'est l'équation fonctionnelle cruciale dont Pfaff étudie les solutions, et il s'estime en droit de conclure[14] en exhibant la forme même de la fonction φ:

(15) $$\varphi(x) = Cx,$$

où C désigne une constante. Pour la déterminer, il fait appel à l'homogénéité de degré 1 de la différentielle, c'est-à-dire à l'égalité pour toute constante λ:

(16) $$d(\lambda x) = \lambda\, dx.$$

En effet, puisque $d\lambda = 0$ pour toute valeur fixée de λ, lue avec l'interprétation de φ selon l'expression (1), la relation (11) fournit en tenant compte de (7) :

(17) $$C\lambda = \lambda.$$

Autrement dit, C = 1. Finalement a été obtenue la relation attendue pour la différentielle d'un produit:

(18) $$d(xy) = x\,dy + y\,dx.$$

Parce que le calcul est justifié, c'est un groupe de cinq règles qui se dégage de la conduite de cette démonstration relative à la différentielle du produit, et il n'est pas inutile d'en faire la liste. L'organisation même du texte de Pfaff nous y invite : c'est bien là son volet constructif, mais l'effort de récapitulation ou de repérage incombe au lecteur.

---

14 Il présuppose différentiable la solution.

1° La différentielle *d.* est un "opérateur" portant sur toute fonction à valeurs réelles[15], qu'elle soit à une ou à plusieurs variables.

2° Agissant sur une fonction de n variables (x, y, z,...), la différentielle *d.* est une combinaison linéaire des actions de *d.* sur chacune des fonctions identiques $x \to x$; $y \to y$; $z \to z$, etc, qui donnent dx, dy, dz, etc. Ainsi à trois variables,

$$d.\ f(x, y, z) = a(x, y, z)\ dx + b(x, y, z)\ dy + c(x, y, z)\ dz,$$

où les a, b et c sont trois fonctions des trois variables x, y et z.

3° L'écriture de la différentielle *d.* est unique lorsque les variables sont indépendantes.

4° La différentielle d est un opérateur linéaire, c'est-à-dire

$$d.\ (\lambda f + \mu g) = \lambda\ d.\ f + \mu d.\ g,$$

lorsque λ et μ sont des constantes, f et g étant des fonctions[16].

5° La différentielle d'une fonction constante est nulle.

Que ces cinq règles soient requises pour la différentiation d'un produit est facile à voir. Ainsi 4° a servi sous la forme (9) pour le passage de (8) à (10) et sous la forme (16) pour le passage de (15) à (17), où fut également employée 5°. La règle 2° est évidemment celle qui fournit le point de départ de la démonstration et permet de poser (6), tandis que la règle 3° intervient à trois reprises, d'abord pour l'obtention[17] de la relation (7) à partir de (6), ensuite pour l'établissement des relations (11), (12) et (13) à partir de l'égalité (10), et enfin pour la déduction finale de (16) à (17).

L'esprit de la démonstration de la formule donnant la différentielle d'un produit - démonstration par ailleurs élémentaire - est fortement leibnizien dans la mesure où la formule finale est acquise par le calcul seul, à partir de quelques règles formelles, et indépendamment de toute suggestion infinitésimale, de tout passage à la limite, et bien sûr de tout recours géométrique. C'est un exposé synthétique du théorème. Mais si des règles sont nettement repérables au long de la démarche suivie, c'est que tel est le principe - et l'avantage - analytique. L'écriture proposée incite à les répertorier pour les constituer en système, tout comme ne manquait pas de le faire le philosophe de Hanovre lorsqu'il s'en

15 Afin de suivre la façon de Pfaff lui-même qui, par exemple, écrit d. sin x, et malgré la lourdeur, on dénotera par d. f(x) l'action de l'opérateur *d.* sur la fonction f de la variable x. Par contre, comme Pfaff, on notera dx dans la suite et non d.x.

16 Nous n'avons pas cherché à rendre rigoureuse la formulation logique de la règle 4° puisqu'il n'y a pas un unique "espace" de départ, un espace privilégié de fonctions, mais bien une infinité d'espaces, au moins autant que l'on peut évoquer de variables indépendantes. Quitte à adjoindre des variables par rapport auxquelles une des fonctions soit constante, on peut supposer dans 4° que f et g agissent sur le même nombre de variables.

17 $P(x,y)\ dx + Q(x,y)\ dy = P(y,x)\ dy + Q(y,x)\ dx$ implique $P(x,y) = Q(y,x)$; $Q(x,y) = P(y,x)$.

donnait le temps. A l'exposé synthétique de propriétés correspond une recherche analytique des principes.

Compte tenu de la démarche démonstrative suivie par Pfaff, la relation (18) entre elle-aussi dans la liste des propriétés de l'opérateur différentiel d., et elle peut prendre rang comme règle que nous pouvons numéroter 6°. D'autres règles s'avèrent nécessaires, même si l'on s'en tient aux seuls besoins du texte. L'effet est cumulatif; les règles pratiquement inventoriées s'ajoutent à d'autres survenues au cours d'autres exemples traités. Il indique dès le début de son texte que si l'on ne connaît que *par morceaux*, du moins il faut aspirer à *de plus hauts principes* qui seuls permettent une vue panoramique. Voilà en d'autres termes, repris et tout autant tranché, le débat entre synthèse et analyse. Seule cette dernière permet la première, car chez Pfaff les principes ne sont pas *a priori*.

Si donc la lecture de Pfaff donne autant l'impression de parcours d'un paysage - une banlieue ? - c'est qu'elle se fait en compagnie d'un observateur averti, l'auteur qui prend des notes en vue du tracé de la carte. Ou plutôt qui trace au fur et à mesure la carte devant nos yeux tandis que nous avançons, ce qui peut paraître aussi paradoxal que de construire les fondations à partir d'un bâtiment déjà élevé. Autre exemple qui se profile - et il n'est pas question chez Pfaff de procéder autrement, voici la dérivation d'une fonction composée, ce que - rôle nécessaire du lecteur dans ce travail - nous pouvons noter comme une règle:

7° $$d.\ \varphi(\psi(x)) = \varphi'(\psi(x)).\ \psi'(x).\ dx.$$

Au regard de Pfaff une telle règle n'a pas lieu d'être démontrée, ou du moins elle entre naturellement dans la définition même de l'opérateur d., opérateur conçu comme agissant sur des fonctions dont la variable peut changer à volonté (règles 1° et 2°). Dès le début de son article, Pfaff a tenu à rappeler la flexibilité de la notion de fonction. Elle laisse indéterminée la variable, et ne spécifie même pas la possible dépendance entre les variables considérées: *Dans la théorie des courbes, les ordonnées et les abscisses, sans oublier les tangentes, les rayons osculateurs, les aires, les arcs, etc, jouent le rôle de fonctions les unes par rapport aux autres.*[18]. On voit effectivement appliquée la règle 7° à l'occasion du traitement de l'équation fonctionnelle suivante[19]:

(19) $$\varphi(yx) = \frac{\left(\varphi(x) + \sqrt{\varphi(x)^2 - 1}\,\right)^y + \left(\varphi(x) - \sqrt{\varphi(x)^2 - 1}\,\right)^y}{2}.$$

18 *P.I.* N° I. *In doctrina de curvis applicatae et abscissae, nec minus tangentes, radii osculi, areae, arcus, etc, mutuarum inter se functionem locum sustinent.*

19 *P.I.* N° VIII.

Pfaff différentie les deux membres de l'équation[20]. Au premier membre, selon la règle 7°, apparaît l'expression (xdy + ydx)φ'(xy). Conformément à la règle 3°, il faut identifier les coefficients correspondants de dx et de dy dans la différentielle totale du second membre, ce qui permet de se débarrasser de l'encombrante dérivée φ'(xy) puisque:

$$\varphi'(yx) = \frac{1}{2}\,\frac{\varphi'(x)}{\sqrt{\varphi(x)^2-1}}\left[\left(\varphi(x)+\sqrt{\varphi(x)^2-1}\right)^{y} - \left(\varphi(x)-\sqrt{\varphi(x)^2-1}\right)^{y}\right]$$

$$\varphi'(yx) = \frac{1}{2x}\,\frac{\varphi'(x)}{\sqrt{\varphi(x)^2-1}}\left[\left(\varphi(x)+\sqrt{\varphi(x)^2-1}\right)^{y}\,\mathrm{Log}\left(\varphi(x)+\sqrt{\varphi(x)^2-1}\right)\right.$$
$$\left. - \left(\varphi(x)-\sqrt{\varphi(x)^2-1}\right)^{y}\,\mathrm{Log}\left(\varphi(x)-\sqrt{\varphi(x)^2-1}\right)\right].$$

Il obtient finalement l'équation différentielle:

$$\frac{dx}{x} = \frac{d\varphi(x)}{\sqrt{\varphi(x)^2-1}\,\log[\varphi(x)+\sqrt{\varphi(x)^2-1}]}.$$

Par un changement de variable, autre application de la règle 7°, en posant

$$\varphi(x) + \sqrt{\varphi(x)^2-1} = u,$$

l'intégration en est facile puisque l'on a :

$$\frac{dx}{x} = \frac{du}{u\log u}.$$

La solution de l'équation fonctionnelle (19) est finalement cos Cx, où C est une constante. Derechef, Pfaff prend le soin de vérifier que toute fonction de ce type est bien solution de l'équation proposée (*uti aliunde constat*), de sorte que C est arbitraire.

La constitution cumulative d'un système de règles pose naturellement la question de son exhaustivité. Que Pfaff n'y réponde pas indique l'inachèvement du projet. Mais c'est un déficit d'analyse que ce manque signale, non un défaut intrinsèque de la méthode dont l'ambition même est bien de faire voir les vides[21]. De les faire voir à la postérité car le texte joue l'avenir.

Quelques lignes tirées de l'introduction sont tout à fait éclairantes en ce qu'elles ne prétendent pas qu'avec l'article une base rigoureuse ait été trouvée, et qu'il est nécessaire d'aller plus loin, de mieux construire: *Puisque la nature des fonctions se découvre surtout dans leurs variations, celles-ci exigent une étude singulière. Ainsi, les calculs différentiel et intégral ont pour objet les variations évanouissantes, ou, pour parler plus exactement,*

---

20 A chaque résolution d'une équation fonctionnelle par Pfaff nous ne répéterons pas qu'il présupppose différentiable la solution : fidèle à la règle 1°, il n'obtient donc que des solutions régulières.

21 Et le critique d'aujourd'hui peut d'autant mieux saisir le procédé de Pfaff - et celui de toute une époque - que l'auteur n'a pas pu compléter son système, et n'a pas réussi à fonder l'analyse. C'est un des effets positifs des échecs que la lisibilité du mouvement dont ils sont issus.

les limites vers lesquelles tendent les rapports géométriques des accroissements. Il semble, toutefois, que ne soit résolu de cette façon qu'un problème particulier tiré de la théorie des fonctions, problème très important et au plus haut degré mémorable, si l'on envisage ce qu'à partir de lui seul on peut réaliser de grand et retirer d'extrêmement utile. Mais, en vérité, il n'est pas douteux qu'il reste encore des recherches plus élevées et plus générales concernant la nature des fonctions[22]. Euler disait exactement la même chose dans un texte écrit plus de vingt ans plus tôt, le *De usu functionum discontinuarum in analysi* que l'on peut considérer comme un véritable programme de l'analyse à plusieurs dimensions[23].

La méthode fonctionnelle et son handicap

Qu'à partir de son algorithmique Pfaff soit à la recherche d'une systématique du Calcul - ce qu'on appelle aussi les fondements - n'apparaît qu'une fois la lecture terminée. Car, au total, s'y trouvent démontrés trois théorèmes considérés alors comme fondamentaux pour la pratique du Calcul : la détermination de la dérivée d'une fonction puissance quelconque d'une part, la formule du binôme de Newton pour un exposant quelconque d'autre part et enfin la formule de Taylor du développement en série entière d'une fonction[24]. C'était, avant 1800, faire un panorama complet. Ai-je besoin maintenant d'ajouter qu'il serait ridicule de vouloir trouver chez Pfaff l'architecture que fournira ultérieurement Cauchy, ou même les prémisses de celle-ci ?

Que cherchons-nous alors dans ce texte dépassé ? A manifester la nature de la voie critique adoptée pour caractériser une pratique de l'analyse. Et nous n'avons plus besoin maintenant de reprendre toutes les démonstrations[25]. Si aucune gêne ne paraît chez Pfaff

---

22 *P.I.* N° I. *Cum indoles functionum maxime in earundem variationibus cernatur: eae ipsae singularem investigationem postulant. Calculi quidem et differentialis et integralis agunt de variationibus evanescentibus, vel, ut strictius loquar, de limitibus, ad quos incrementorum rationes geometricae accedunt. Apparet tamen, solvi ita problema tantum particulare ex theoria functionum depromtum, gravissimum et maxime memorabile, si ea spectes, quae vel ex unico hoc problemate effici possunt magna ac ad summam utilitatem deduci. Verum enim vero haud dubium est, superesse adhuc disquisitiones altiores et generaliores circa indolem functionum.*

23 L. EULER, *De usu functionum discontinuarum in analysi*, Novi Comm. Acad. Sc. Petrop., 11, 1765, (1767), pp. 67-102. Une traduction française et un commentaire de ce texte sont parus dans J. DHOMBRES, *Un texte d'Euler sur les fonctions continues et discontinues*, op. cité à la note 10.

24 On retrouve ces trois résultats dans la plupart des traités mathématiques de l'époque, mais dans un ordre variable. Voir J. DHOMBRES, *La rigueur mathématique. Euler et le XVIIIè siècle*, Actes de l'Université d'été sur l'histoire des mathématiques, Inter-Irem, 1986, pp. 163-255. On les retrouve aussi dans le cours d'Analyse de Cauchy, mais suivant une toute autre ordonnance.

25 Sa démonstration de la formule de Taylor est particulièrement intéressante mais nous l'avons détaillée dans l'article déjà cité.

par rapport aux présentations adoptées par exemple chez Euler dans l'*Introductio in analysin infinitorum* de 1748 ou dans les *Institutiones Calculi differentialis* de 1755, présentations qu'il ne prend pas la peine de rappeler, une note faisant allusion à une critique parue en 1782 montre combien il connaît les objections contre les démonstrations de la dérivation d'une fonction puissance ou celles de la formule du binôme qui, sans pouvoir la justifier, donnent une trop grande extension analytique aux exposants. Il signale de même comme anecdotique une lignée de critiques que l'on peut qualifier de techniques en ce sens qu'elles ne s'attaquent pas à la raison d'être du calcul, mais bien plutôt à certaines de ses modalités algorithmiques[26]. La critique a changé. Au contraire des années 1730, et des difficultés sur la nature même des objets en jeu (dans la foulée de G. Berkeley qui interpelait: *De quels objets vous occupez-vous et les concevez-vous clairement?*[27]) la critique ne concerne plus guère le maniement des infiniment petits ; on a peu à peu abandonné leur justification en rigueur au profit d'un maniement algébrisé dont les passages à la limite rendent bien compte, et qu'un article célèbre de l'*Encyclopédie* a en quelque sorte accrédité[28]. Les objections traquent désormais la généralité des variables en jeu ; travaille-t-on de la même façon avec des fonctions portant sur des entiers, sur des rationnels, sur des réels, voire sur des imaginaires ? Autrement dit, Pfaff appartient à cette génération de mathématiciens qui ont assimilé le calcul tel que formalisé par Euler et auprès desquels, pour fondamental qu'il puisse sembler être en restant une question académique, l'infini n'est plus un problème d'actualité et encore moins un fondement ontologique. La seule question - encore "métaphysique" et en tout cas de fondement - est celle de l'extension des règles du Calcul: jusqu'où peut-on aller ? Notamment lorsqu'on passe à plusieurs variables. C'est aussi la question que pose Cauchy qui lui apporte les réponses que nous conservons encore.

Nous avons tenté de montrer qu'en accumulant les exemples Pfaff procède de façon expérimentale dans sa tentative de réponse. Mais il ne faudrait pas en induire qu'il marche à l'aveugle en testant au hasard; c'est bien une seule méthode qui est mise en œuvre, c'est en se basant sur la méthode fonctionnelle que Pfaff estime pouvoir assurer l'extension maximale pour le champ de la variable, le champ complexe. Qu'il n'aboutisse pas à une présentation axiomatique relève de plusieurs facteurs, le sentiment d'insatisfaction de l'auteur étant le principal - appelons cela aussi bien l'échec en un sens que nous avons clarifié -, la méfiance des systèmes en étant certainement un autre

---

26 Pfaff indique la critique de P. Ferroni (1744-1825), mathématicien de l'Université de Pise.

27 G. BERKELEY, *The Analyst, or, a discourse to an infidel mathematician*, original anglais de 1734 (Londres, J. Tonson), traduction française de M. BLAY, *L'analyste ou dissertation adressée à un mathématicien incrédule*, Epiméthée, PUF, 1987.

28 Article "limite" signé D'ALEMBERT dans l'*Encyclopédie*.

commun à bien des exposés de cette période, et le troisième provenant de manques précis quant aux objets de base du Calcul.

Ni théorisée, ni cachée par une présentation rhétorique, l'insatisfaction se perçoit très bien au travers de l'exemple que Pfaff choisit d'une équation fonctionnelle censée être vérifiée par la fonction cosinus[29]. Pour l'obtenir, il a dû partir de l'écriture eulérienne d'une exponentielle imaginaire dont on sait qu'en liant l'algèbre des imaginaires à la pratique des fonctions transcendantes, elle fut à l'origine d'un changement analytique notable:

$$\cos xy = \frac{e^{ixy} + e^{-ixy}}{2} .$$

Expression à laquelle il ajoute un passage à une puissance:

$$e^{ixy} = (e^{ix})^y = (\cos x + i \sin x)^y.$$

Mais il se débarrasse de l'imaginaire i en le remplaçant par $\sqrt{-1}$ de sorte que l'expression i sinx apparaît sous la forme $\sqrt{\cos^2 y - 1}$. Ainsi, pour rendre compte du cosinus, Pfaff peut poser l'équation:

$$\varphi(yx) = \frac{\left(\varphi(x) + \sqrt{\varphi(x)^2 - 1}\,\right)^y + \left(\varphi(x) - \sqrt{\varphi(x)^2 - 1}\,\right)^y}{2} ,$$

équation compliquée - c'est l'équation (19) - et elle n'a pas d'interprétation géométrique. C'est un fruit du seul calcul ! De telles manipulations - quasiment héroïques - ne portent guère à une clarification des principes et on mesure tout le chemin qu'il reste à parcourir à un Cauchy pour fonder l'analyse des fonctions d'une variable complexe et tenir sérieusement compte de la multivocité d'une racine par exemple. On perçoit que Pfaff n'est pas près d'abandonner la vitalité des formules analytiques pour instaurer une manipulation rigoureuse des quantités reliées: toute formule, pour lui, reste valide tant que les signes qui la composent font sens[30]. Mais au moins il dispose d'une formule analytique destinée à caractériser, c'est-à-dire construire, le cosinus et partant toute la trigonométrie.

Nous avons déjà donné sa méthode de résolution de l'équation (19) et effectivement sa solution comme fonction cosinus. A une constante près c'est l'indétermination de la constante qui s'avère une gêne considérable pour Pfaff, gêne qu'il n'avait pas encore rencontrée avec le logarithme, parce que la constante restait cachée dans la définition même de la fonction. Certes, avec la fonction cosinus, il pourrait fixer la constante C égale à 1 en imposant à φ une propriété telle que

---

29 *P.I.* N° VIII.

30 LAPLACE pense de la même façon. Voir ses cours à l'Ecole normale de l'an III, J. DHOMBRES (éd.), *Leçons de mathématiques*, Paris, 1992.

(20) $$\lim_{x \to 0} \frac{1-\varphi(x)}{x^2} = \frac{1}{2}.$$

Mais avec une telle limite surviendrait une hétérogénéité dommageable pour toute la démarche suivie. Jusqu'à présent, son article était libre de tout passage à la limite, reposant sur le formalisme propre de l'opérateur *d.* qu'il s'agissait d'enrichir, voire de fonder. Pfaff a pris conscience de cette difficulté de fond dont il a tenté de se débarrasser. Tout en restant dans le cadre même de la méthode. C'est-à-dire qu'il a multiplié les équations fonctionnelles permettant de caractériser les fonctions trigonométriques: à chaque fois, malgré sa virtuosité, demeurait une constante à fixer[31]. Il y avait donc bien limitation de la méthode. Ou plutôt, c'est par insuffisance de son analyse de la notion même de fonction que Pfaff a été piégé[32]. Cauchy caractérisa effectivement le cosinus !

A la racine de l'Analyse, Pfaff pose effectivement la fonction:*L'Analyse, entendue en un sens très large, est à fort juste titre appelée* théorie des fonctions [33]. Il n'en donne pas de définition et surtout ne conçoit pas qu'il y ait une classe privilégiée de fonctions sur laquelle pourrait opérer l'opérateur *d.*, qui apparaît d'emblée comme universel[34]. Certes, Euler dans sa préface à l'*Introductio* avançait déjà la prééminence du parti pris fonctionnel: *Je me suis surtout étendu dans le premier livre sur les fonctions de variables, parce qu'elles sont l'objet de l'Analyse infinitésimale*[35]. Mais on résume convenablement le travail du grand Bâlois en indiquant qu'il consista à réduire les fonctions à un comportement polynomial, quand bien même il fallait aller jusqu'au degré infini par le biais systématique d'un développement en série entière. Autrement dit, l'analyse infinitésimale se trouvait normée par l'algèbre des polynômes. Quarante années plus tard, Pfaff déplace la question fonctionnelle en évitant de la réduire ainsi et il précise l'angle d'attaque de l'analyse: *Elle consiste à résoudre un problème quasiment unique, mais vaste et universel, que l'on peut, semble-t-il, concevoir ainsi: déterminer les fonctions à partir*

---

31 Il travaille par exemple sur l'équation sin (x+ y) = sinx cosy + sin y cos x sous la forme de l'équation fonctionnelle (4), puis sur l'équation $j(x+y) = j(x)\sqrt{1-j(y)^2} + j(y)\sqrt{1-j(x)^2}$ qui tout comme (19), a l'avantage de ne pas être homogène par rapport à la fonction inconnue.

32 Pfaff ne pose pas le problème de l'indétermination - constante ou fonction arbitraire - qui appartient à la solution générale d'une équation fonctionnelle. Par une note au N°6, il indique néanmoins le jeu sur les constantes, et l'élimination de certaines par la considération de l'équation elle-même, sans recourir à des conditions aux limites qui l'embarrassent.

33 *P.I.* N° I. *Analysis, latissimo sensu accepta, haud incongrue appellatur* theoria functionum.

34 La logique serait sauve si la définition d'une fonction était celle de l'objet sur lequel agit l'opérateur différentiel. Mais Pfaff n'a pas l'intention d'entrer dans de tels arguments "métaphysiques" et de toute façon la logique ne construit pas seule la mathématique.

35 L. EULER, *Introduction à l'Analyse infinitésimale*, traduction de J.B. Labey, Paris, an IV, Barrois, préface, p. vj.

de leurs propriétés ou relations données[36]. Est tout à fait originale l'idée qu'existe une propriété caractéristique résumant la nature de la fonction (*quibus, istarum functionum indoles continetur*[37]) et cette idée est poussée assez loin par Pfaff, comme pour la tester jusqu'au bout. Car elle s'avère efficace. Du moins jusqu'à un certain point.

C'est que la caractéristique d'une fonction ne saurait être considérée comme le simple équivalent de son expression, cette dernière n'étant qu'une définition calculatoire à laquelle Euler avait d'abord donné un contenu analytique avant d'accepter une définition causale de dépendance d'une variable par rapport à une autre[38], définition cette fois riche mais qui ébranlait le calcul différentiel car le lieu d'action de *d.* devenait indécis. Pfaff montre ce que le premier exposé d'Euler comporte de restrictif: la définition de calcul n'est pas toujours accessible et ne saurait donc constituer la définition ontologique d'une fonction. Mais s'il parle d'une *nature des fonctions principalement cernée par leurs variations*, Pfaff n'adopte pas explicitement la définition causale d'une fonction parce qu'il veut coller au calcul différentiel dont le déroulement lui paraît lié aux séries infinies; le concept d'une relation caractéristique s'offre comme un biais - modeste - pour maintenir en analyse le rôle des formules, des expressions, de l'algèbre donc, au prix relativement minime à payer du passage de relations portant sur les variables à celles portant sur les fonctions. Par la considération d'une relation caractéristique, Pfaff libère la notion de fonction du poids polynomial dont l'avait chargée Euler en 1748 qui, au-delà de l'expression, réduisait toute fonction à un développement en série entière. Pfaff ne renie en rien un tel développement qui lui paraît fort naturellement attaché à toute fonction, mais il ne s'agit plus pour lui de la seule écriture capable d'uniformiser le concept de fonction; le remplacent dans ce rôle les équations fonctionnelles (*solutiones aequationum certae speciei, quas functionales appellare lubet*), lesquelles sont alors entendues au sens le plus large qui englobe bien sûr celui des équations différentielles ou des équations aux dérivées partielles. Ce sont elles qui caractérisent une fonction: *A côté des équations algébriques, on peut en concevoir une infinité d'un autre genre, équations implicites et comprenant des quantités transcendantes, des séries infinies, ou des fonctions dont la*

---

36 *P.I.* N° I. *versaturque in problemate, uno quasi, at magno et universali, enodando, quod quidem ita concipi potest: determinare functiones ex datis earundem affectionibus vel relationibus.*

37 *P.I.* N° .

38 Sur l'évolution du concept de fonction au XVIIIè siècle, voir A.P. YOUCHKHEVITCH, *The concept of function up to the middle of the 19th century*, Archive for Hist. of Exact Sciences, vol. 16, N°1, 1976/1977, pp. 37-85; J. DHOMBRES, *Quelques aspects de l'histoire des équations fonctionnelles liés à l'évolution du concept de fonction*, Archive for Hist. of Exact Sciences, vol. 36, N° 2, 1986, pp. 91-181; et pour le changement de point de vue d'Euler, J. DHOMBRES, *Un texte d'Euler sur les fonctions continues et discontinues, véritable programme de l'analyse au 18e siècle*, op. cité.

nature n'est pas encore définie, que l'on peut seulement tirer des conditions données que comportent en elles-mêmes les équations[39].

Ainsi, Pfaff ajoute à Euler tout en maintenant certaines des procédures de ce dernier qu'il ne critique pas. Et qu'il n'éprouve pas le besoin de critiquer puisque tout comme la sienne la démarche analytique d'Euler rend visibles les failles. Si Pfaff agit toujours de la même façon pour résoudre une équation fonctionnelle, par différentiation totale, utilisation de la symétrie, puis séparation des variables et intégration, et si à chaque fois Pfaff prend soin de vérifier que la solution générale obtenue par sa méthode est convenable, c'est-à-dire qu'il constate par le calcul que la constante introduite ne souffre pas d'une limitation particulière, il n'éprouve aucun besoin de manifester la convergence des séries qu'il manipule. Et ce n'est pas là qu'il faut attendre de lui du neuf. Pas plus qu'il ne saisit que le changement opéré sur la notion de fonction, le passage à la définition causale, pose de nouveaux problèmes que nous rangeons sous le nom de problèmes de régularité. Pfaff n'a pas le souci de d'Alembert qui, rencontrant quinze ans plus tôt à l'occasion de sa recherche d'une démonstration de la loi d'addition vectorielle de deux forces, l'équation fonctionnelle:

$$\frac{\varphi(x) + \varphi(y)}{1-\varphi(x)\varphi(y)} = \varphi\left(\frac{x+y}{1-xy}\right),$$

la résolvait d'abord à la manière de Pfaff, par différentiation et séparation des variables[40], puis vers 1780, ne se contentait plus de cette procédure car elle ne tenait pas compte d'éventuelles irrégularités de la fonction inconnue, par exemple des discontinuités de première espèce de φ ou de sa dérivée. 'Alembert examinait plus soigneusement les choses, malheureusement dans un mémoire du tome IX des *Opuscules mathématiques*, ouvrage qui ne fut pas publié[41]. De tels doutes, apparemment, n'effleuraient pas encore Pfaff, et c'est bien entendu ce manque auquel la postérité de son texte sera confrontée.

---

39 *P.I.* N° I. *Praeter algebraicas aequationes innumeras alius generis mente concipere licet, easque implicitas affectasque quantitatibus transcendentibus, seriebus infinitis, vel functionibus, quarum indoles nondum est definita, elicienda demum ex datis conditionibus, quas ipsae aequationes involvunt.*

40 J. D'ALEMBERT, *Nouvelle démonstration du parallélogramme des forces*, Mémoire 51, Opuscules mathématiques, tome VI, Paris, 1773, pp. 360-369; Addition au LIè Mémoire, §I, art. 16, p. 370, p. 438.

41 A partir d'un manuscrit de l'Institut de France, ce mémoire est retranscrit dans J. DHOMBRES, P. RADELET DE GRAVE, *Contingence et nécessité en mécanique: étude de deux textes inédits de Jean d'Alembert*, Physis, 28, 1991, Fasc. 1, pp. 35-114.

Le tableau fonctionnel

Court par nature puisqu'il s'agit d'une présentation générale, et paradoxalement foisonnant parce que la rhétorique est celle des exemples accumulés, l'article de Pfaff suit un programme précis dont l'articulation est en quatre temps, correspondant à quatre niveaux. Les deux premiers concernent l'idée de propriété caractéristique d'une fonction et ils sont tellement liés l'un à l'autre que le deuxième est appelé par Pfaff une *methodo inversa* du premier.

Au premier niveau, le plus simple, Pfaff inventorie une propriété connue, comme celle par exemple de la fonction logarithme relative au produit. Nous avons vu comment Pfaff peut en déduire la différentielle de la fonction en jeu, comme la primitive, c'est-à-dire la fonction logarithme elle-même. De sorte que l'on doit considérer que la relation $\log xy = \log x + \log y$ exprime la nature des logarithmes:*indoles logarithmorum hac aequatione fundamentali continetur* [42].

Il ne suffit pas à Pfaff de le dire, ni même de l'avoir déduit du calcul de la dérivée. Encore veut-il prouver directement cette caractérisation. C'est-à-dire qu'il lui faut établir que le logarithme - fonction toujours définie à une constante multiplicative près par liberté de la base - est la seule fonction φ (*quae conditio hac aequatione functionali continetur*[43]) qui satisfasse: $\varphi(xy) = \varphi(x) + \varphi(y)$, c'est-à-dire qui transforme un produit en une somme. Tel est l'objet de la *méthode inverse* et donc tel est l'objet de ce que nous appelons le second niveau. Les mots ne sont pas choisis au hasard, mais ils ont leur poids historique puisque Leibniz est responsable de l'expression[44]. Au tout début du Calcul, la méthode inverse désignait la détermination d'une courbe à partir des propriétés de ses tangentes, le calcul intégral donc qui comportait les équations différentielles dont la résolution formait le programme de la nouvelle analyse. L'ambition de Pfaff est plus formelle puisque tout recours géométrique a disparu (symptomatiquement il n'y a aucune figure, tout comme dans le texte fameux de Lagrange, *la Méchanique analitique* paru la même année), et moins programmatique puisque dans son article il ne sera pas question de maxima, de courbure, ni même d'application aux courbes. Le parallélisme de traitement des deux niveaux est frappant.

Cependant, le deuxième niveau n'est pas univoque et offre une certaine palette de choix: il n'existe pas une relation unique qui permette de caractériser une fonction

---

42 *P.I.* N° III.

43 *P.I.* N° IV.

44 Voir par exemple C.J. SCRIBA, *The inverse method of tangents: a dialogue between Leibniz and Newton (1675-1677)*, Arch. Hist. Ex. Sc., vol. 2, 1964, pp. 113-137.

donnée. Ainsi, on aurait pu tout aussi bien considérer la propriété logarithmique des puissances, à savoir la relation: $\log x^y = y \log x$. Par suite, on pouvait poser l'équation fonctionnelle: $\varphi(x^y) = y\ \varphi(x)$, équation dont Pfaff démontre effectivement qu'elle ne fournit en retour que le logarithme.

Au-delà même d'une propriété caractéristique des fonctions considérées qu'il poursuivra au long de son article, si Pfaff s'attache de la sorte à traiter quelques équations fonctionnelles, c'est qu'il veut faire prendre conscience du caractère général de la méthode de résolution directement liée à la dérivation. La démarche est éclatante avec la fonction x^m qu'il considère d'emblée comme étant de deux variables x et m et dont il s'agit d'abord de trouver la dérivée (comme fonction de x). Deux équations fonctionnelles interviennent, chaque variable étant fixée tour à tour:

$$x^m\ x^n = x^{m+n} \quad ; \quad \varphi(z)\ \varphi(t) = \varphi(z+t)$$

$$x^n\ y^n = (xy)^n \quad ; \quad \varphi(z)\ \varphi(t) = \varphi(zt).$$

Ainsi, Pfaff impose un tableau à deux colonnes; d'une part une entrée pour les propriétés des objets mathématiques, d'autre part leur transcription fonctionnelle: c'est un dictionnaire. Si le passage naturel est de la première colonne vers la seconde, la démonstration mathématique la plus intéressante va de la seconde à la première, et ne doutons pas que la considération de la deuxième colonne elle-même n'oblige à compléter la première. De sorte que, sans qu'une démonstration soit donnée, la distributivité du produit qui servit à Pfaff pour en calculer la dérivée apparaît par analogie comme étant caractéristique de la simple multiplication. C'est un tel procédé qui confère à la démarche de Pfaff son caractère d'investigation fondamentale du donné mathématique.

Un troisième niveau est abordé dans le texte de Pfaff lorsqu'il s'attaque à la démonstration de la formule du binôme de Newton. Troisième niveau en ce sens que s'il y est bien fait usage comme précédemment d'une propriété par ailleurs caractéristique de la fonction puissance,

$$(1+a)^x(1+a)^y = (1+a)^{x+y},$$

ce qu'il convient de démontrer, à savoir la série entière du binôme, ne se déduit cependant pas à première vue de cette seule lecture fonctionnelle. Il faut, comme Euler l'avait déjà indiqué, poser la série cherchée *a priori* et ensuite montrer qu'elle s'identifie bien à $(1+a)^x$. Il faut donc savoir à ce niveau ce que l'on veut démontrer pour que puisse être mise en place la méthode elle-même.

Un quatrième et dernier niveau est alors atteint avec la démonstration de la formule de Taylor *dont on connaît assez l'utilité remarquable dans le domaine de l'Analyse toute entière*. Cette fois, non seulement une relation est prouvée, mais elle est générale (pour toute fonction) et en outre elle est construite de toutes pièces sans qu'il soit besoin de savoir à l'avance ce que l'on veut prouver. Comme le voulait le problème posé - *si donc on pouvait trouver une équation s'appliquant d'une façon universelle à toutes les fonctions, il en résulterait une solution universelle du problème des différences*[45] - a été trouvée une *équation s'appliquant d'une façon universelle à toutes les fonctions*[46]. Cette formule majeure[47] engage toute la méthode fonctionnelle que développe Pfaff.

Le problème des différences concerne le changement que subit une fonction par addition de deux variables x et Δx. Qu'en est-il de la fonction $f(x+\Delta x)$? Astucieusement, et selon l'avantage du point de vue fonctionnel qui ne spécifie pas les variables, Pfaff conçoit de façon symétrique les rôles de la variable x et de l'incrément Δx, de sorte que le problème se réduise à l'étude d'une fonction de deux variables dépendant seulement de la somme de ces deux variables, c'est-à-dire $\varphi(x+y)$. Dans le cadre de la démarche pfaffienne, il faut discriminer cette situation particulière par une équation, une équation fonctionnelle caractéristique. C'est en effet une équation aux dérivées partielles du premier ordre qui aussitôt que requise est obtenue:

$$\frac{\partial \varphi}{\partial x}(x,y) = \frac{\partial \varphi}{\partial y}(x,y). \tag{21}$$

Donc cette équation, très facile à démontrer embrasse toutes les fonctions de la somme des deux quantités x et y[48].

Pour être efficace, c'est-à-dire pour apporter du nouveau, l'équation fonctionnelle (21) doit opérer sur une autre représentation de $\varphi(x+y)$, c'est-à-dire sur la première colonne du tableau. Or, du moins si l'on accepte le cadre de l'analyse algébrique qu'Euler avait fixé, il existe une représentation *a priori*. Il s'agit du développement en série entière de toute fonction ψ à l'origine ($\psi(y) = \sum_{n=0}^{\infty} \alpha_n y^n$ avec des coefficients α_n convenables), qui, au niveau où se place Pfaff est un principe, une règle au même titre que les règles 1° à 7°. Cette représentation est globale, formelle, et il ne faudrait pas chercher à lui attribuer une signification de convergence partout. Pour la fonction $\varphi(x+y)$ précédemment considérée, et envisagée maintenant comme fonction de la variable y, on dispose d'une expression équivalente qui doit figurer dans la première colonne du tableau fonctionnel

---

45 *P.I.* N° XIII. *Quodsi igitur exhiberi poset aequatio, ad omnes omnino functiones patens, universalis inde consequeretur problematis differentiarum solutio*

46 *... ad omnes omnino functionum species patente.*

47 L. Feigenbaum a donné une histoire de cette formule au début du XVIIIè siècle (voir L. FEIGENBAUM, *Brook Taylor and the method of increments*, Archive Hist. Exact Sc., XXXXIV, 1985, pp. 1-140. M. PANZA en a largement développé le traitement sur tout le siècle, *La forma della quantità*,... op. cité à la note 3.

48 *P.I.* N° XIII. *Haec igitur aequatio, facillima demonstratu, omnes functiones summae binarum quantitatum x et y complectitur*

(22) $$\varphi(x+y) = \sum_{n=0}^{\infty} \varphi_n(x).y^n,$$

où $\varphi_n(x)$ désigne un coefficient - une fonction - dépendant de la variable x (et indexé par la variable comptable n). L'enjeu de la formule de Taylor consiste à expliciter les fonctions $\varphi_n(x)$ à partir de la seule fonction φ, par ailleurs quelconque. Cette formule résulte alors de la lecture sur (22) de l'équation (21) qui figure dans la seconde colonne du tableau. En effet, le premier membre de (22) est symétrique pour les deux variables et l'autre non. Il suffit de différentier les deux membres de (22) successivement en x et en y et d'égaler[49].

(27) $$\sum_{n=0}^{\infty} \frac{d\varphi_n}{dx}(x).y^n = \sum_{n=1}^{\infty} n\varphi_n(x).y^{n-1}.$$

Pour aller plus loin, il faut encore adopter une règle, celle qui est connue pour les polynômes sous le nom de règle des coefficients indéterminés (dont Descartes avait indiqué toute la force) et que l'analyse algébrique prolonge jusqu'aux séries entières comme un outil efficace: il y a unicité du développement en série entière. Alors l'identification selon les puissances successives de y dans la formule (27) conduit à la relation valable pour tous les entiers $n \geq 0$:

$$\frac{d\varphi_n}{dx}(x) = (n+1)\varphi_{n+1}(x) .$$

Ce qui fournit, pour $n > 0$, la relation:

$$\varphi_n(x) = \frac{1}{n!}\frac{d^n\varphi_0}{dx^n}(x).$$

Mais, en faisant $y = 0$ dans la relation (26), on constate que $\varphi_0 = \varphi$. D'où, en posant $0! = 1$ et $\frac{d^0\varphi}{dx^0}(x) = \varphi(x)$, on obtient effectivement la formule de Taylor sous une forme ramassée. Selon le principe cumulatif adopté par Pfaff, cette formule devient aussitôt une

49 Opération qui, selon Pfaff, est équivalente à l'application de la règle 3°. Il estime donc que pour une fonction j(x+y) l'équation (5) n'est que la transcription fonctionnelle de la règle 3°, sa lecture sur la seconde colonne du tableau.

nouvelle règle du Calcul[50] et elle ne soulève aucun problème de convergence, ce qui d'ailleurs permet de commuter le signe de sommation et celui de dérivation sans aucun état d'âme particulier.

$$\text{Pour toute fonction } \varphi : \quad \varphi(x+y) = \sum_{n=0} \frac{1}{n!} \frac{d^n\varphi}{dx^n}(x)y^n.$$

Conclusion

En 1788, on pourrait dire que Pfaff se trouve à la croisée des chemins: d'une part il a compris le nécessaire développement autonome d'une théorie des fonctions; d'autre part il a saisi les avantages de démonstrations combinatoires basées sur le principe polynomial d'identification (méthode des coefficients indéterminés). La première piste pourrait être balisée par la théorie des limites, et une formalisation des différentielles, mais cette piste est indécise car il manque un traçage net; il n'existe pas de critère de cadrage, c'est-à-dire de règle permettant de restreindre la variété des fonctions qui surgissent lorsqu'on attaque analytiquement les problèmes, par exemple en introduisant les équations, différentielles ou fonctionnelles. Ce sont en tout cas ces équations qui organisent la recherche; elles rendent compte de la nature des fonctions en jeu; leur résolution fait intervenir des indéterminés (constantes ou autres fonctions) qui méritent une étude plus poussée. La deuxième piste, celle de l'école combinatoire allemande dirigée par Hindenburg, semble plus prometteuse, plus algébrique surtout, constituée à partir de règles portant sur les développements en séries dont la loi des coefficients fait apparaître la nature propre d'une fonction donnée.

De cette alternative, nous trouverons encore la trace en France chez Lacroix ou chez Arbogast avec son *Calcul des dérivations* de 1801. Symptomatiquement, Pfaff adopte les deux démarches dans son texte. Avec le développement du logarithme à partir de la méthode des différences il adopte la deuxième piste, tandis qu'avec son binôme de Newton il suit la première. Indéniablement, c'est celle-ci qui a sa préférence, mais il ne parvient pas à fonder le Calcul sur la seule méthode fonctionnelle car des constantes apparaissent dans la solution générale qui nécessitent un traitement autre.

---

50 Pfaff n'a pas l'ambition de trouver le reste de la formule de Taylor lorsqu'on s'arrête au n-ème terme. Lagrange devait en donner une formulation restée classique dans sa *Théorie des fonctions analytiques* publiée un peu plus de dix ans plus tard en 1797.

Tous les ingrédients sont déjà présents dans le texte de 1788 pour constituer la preuve que Cauchy donnera de la formule du binôme en 1821. En même temps, plus de trente ans plus tard, tout a été repensé, réorganisé dans une structure nouvelle qui s'est dégagée des règles automatiques, et donc non justifiées, de l'algèbre: convergence des séries entières, distinction des variables complexes et des variables réelles, obligation de préciser la détermination des fonctions multivoques, continuité des fonctions. Une nouvelle architecture est là. L'intérêt d'un texte comme celui de Pfaff est de permettre de mesurer toute la force qu'il fallut à des mathématiciens comme Cauchy et Bolzano pour fonder l'analyse, sans paraître bouger beaucoup de choses. Et de les inscrire tout de même dans une lignée, lignée d'une pensée architecturale que nous avons déterminée chez Pfaff. Peut-être vaudrait-il parler, paradoxalement, d'architecture critique.

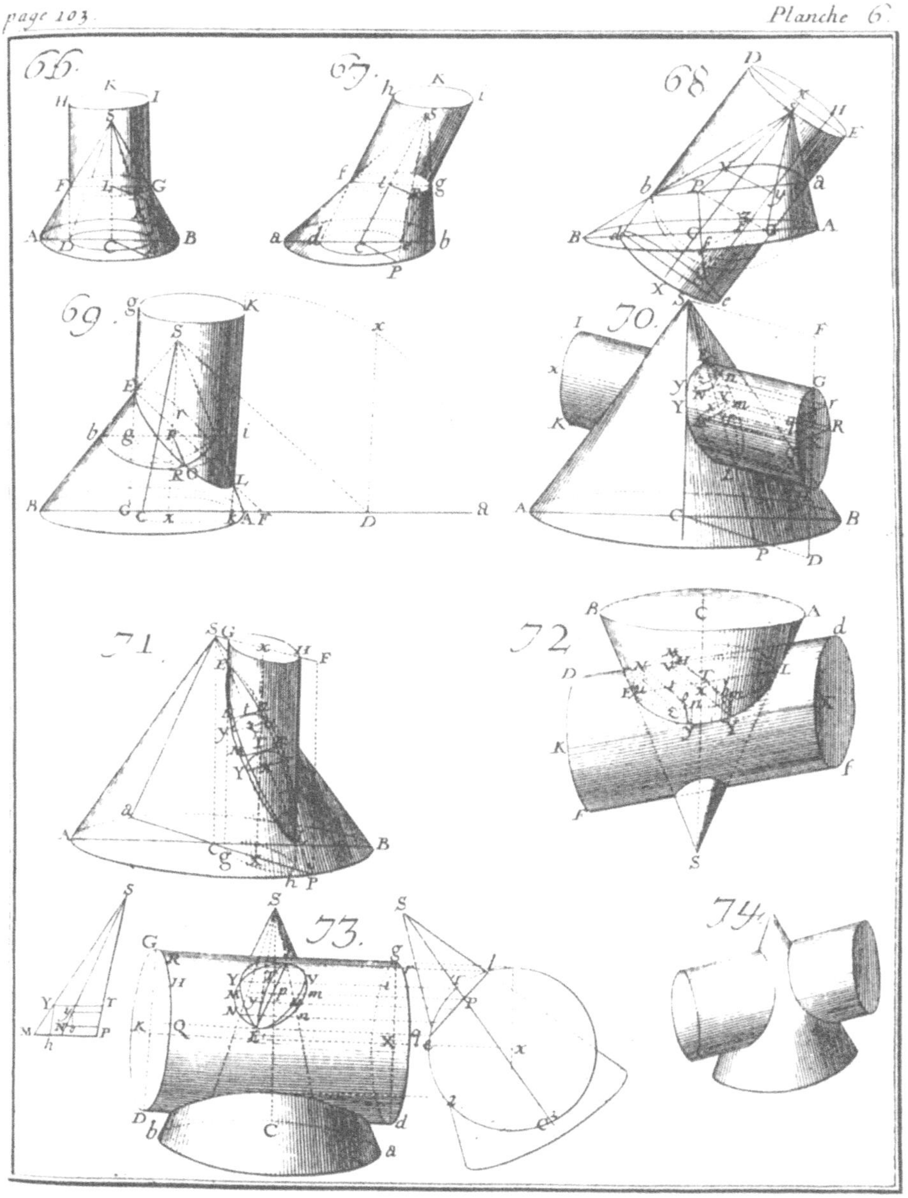

Frezier, Intersection of cones and cylinders in

La theorie et la pretique de la coupe des pierres et des bois pour la construction des voûtes ou Traité de Stéréométrie à l'usage de l'architecture

Strasbourg 1737

THE TEACHING OF STEREOTOMY IN ENGINEERING SCHOOLS IN FRANCE IN THE XVIIITH AND XIXTH CENTURIES: AN APPLICATION OF GEOMETRY, AN "APPLIED GEOMETRY", OR A CONSTRUCTION TECHNIQUE?

Joël Sakarovitch[1]

Summary : The teaching of stereotomy sends back to the problem of the visualisation in space or the trasmission of a tridimensional object by means of a bidimensional reproduction. The analysis of Monge's teaching reproposes the transition from the methods of stoneworkers to descriptive geometry. It parallely shows the limits of a strictly theoretical teaching in an engineering school such as the Ecole polytechnique.

Résumé : L'enseignement de la stéréotomie nous renvoie au problème de la vision dans l'espace ou de la transmission d'un donné tridimensionnel par une reproduction bidimensionnelle. L'analyse de l'enseignement de Monge fait ressortir le passage des méthodes des tailleurs de pierre à la géométrie descriptive. Il montre également les limites d'un einsegnement exclusivement théorique dans une école d'ingénieurs comme l'École polytecnique.

Stereotomy constituted the expert construction technique *par excellence*, from the Middle Ages until the XVIIIth century. It authorizes variety and complexity of the forms and technical audacities such as hollow-backed staircases or overhanging towers. While giving an appropriate form to each of the stones[2] which compose the vaults, the stoneworkers go on to construct domes, squinches, the undersides of staircases, or an infinite variety of intersecting barrel vaults. Situated at the crossroads between geometry and statics because of its constructive principle, stereotomy becomes, during the Renaissance, the place where the conflicts between architects and master masons are crystalized. *The anecdote according to which Philibert de l'Orme if separated from Jean Vaast, master-mason and stoneworker, would have had considerable trouble completing the stairway of the Tuileries, is certainly dubious; but it reveals*[3] the tensions, as much as the quarrel which one century later opposed the geometrician and architect, Girard

1 UFR DE MATHÉMATIQUE - UNIVERSITÉ RENÉ DESCARTES - ECOLE D'ARCHITECTURE PARIS-VILLEMIN, 11, Quai Malaquais - 75272 Paris Cedex 06 (France).

2 These cut stones in the shapes of corners are called "voussoirs".

3 J.-M. PÉROUSE DE MONTCLOS, *L'architecture à la française*, Paris, 1982, p. 92.

Desargues, against the stoneworker, Jacques Curabelle[4]. The architect, for the construction of buildings, and the engineer, for fortifications and bridges, are going to be confronted with a problem of the same nature: they cannot ignore stereotomy without becoming dependant on the stoneworkers whom they are supposedly directing. In order to exercise authority on the building site, as well as to be able to imagine projects both innovative and feasible, they must acquire a certain competence in the field of stone and wood cutting.

Thus the education of engineers is going to include an apprenticeship in stereotomy. The richness of this construction technique, the superposition of the problems of a geometric, statics, esthetic, and economic order all met during the voussoir construction, are even going to make, at the time that engineering schools were set up in France, in the second half of the XVIIIth century, one of the key disciplines in their curriculum. But depending on the objective of the training, the type of engineer desired, and the period, extremely dissimilar teachings were included under the same title. Following the evolution of this discipline in the two principal schools of engineering under the *Ancien Régime*, the Ecole des Ponts et Chaussées and the Ecole du Génie de Mézières, then the Ecole Polytechnique at the time of its creation under the French Revolution and a half century later, is one way of retracing the history of these schools as well as that of construction technique.

Stereotomy at the Ecole des Ponts et Chaussées

The instruction given in the first school of French engineers, transformed in 1747 from an administrative department of the Ponts et Chaussées called the "Office of Draughtmen", maintains, during the *Ancien Régime*, a sort of intermediary status between on-the-job training which prevailed before, and a scholastic training[5]. Functioning with little groups and founded on the principle of tutors, the Ecole des Ponts et Chaussées included no official professors and offered no lectures. The teaching of stereotomy will only slightly evolve during a half century. *The* épures *become more and more elaborate in the last years of the Ancien Régime. In 1759, the subjects treated by the*

4 On this subject see J-P. SAINT-AUBIN, *Les enjeux architecturaux de la didactique stéréotomique de Desargues*, in *Desargues en son temps*, J. Dhombres et J. Sakarovitch (éd)., Paris, 1994, pp. 363-370 et J. SAKAROVITCH, *Le fascicule de stéréotomie, entre savoir et métier, la fonction de l'architecte* in *Desargues en son temps*, J. Dhombres et J. Sakarovitch (éd.), Paris, 1994, pp. 347-362.

5 On the creation of the Ecole des Ponts et Chaussées, see A. PICON, *L'invention de l'ingénieur moderne*, Paris, 1992, or G. SERBOS, *L'école royale des Ponts et Chaussées*, in *Enseignement et diffusion des sciences en France au XVIIIe siècle*, R. Taton (éd.), 1986, pp. 345-363.

students are still relatively simple (...) a vis saint-gilles (a helicoidal barrel vault carrying a spiral staircase) with splayed circular opening, a sloping barrel vault, or oblique and sloping Saint-Antoine rear vault. The épure questions given at the competition of 1789 were considerably more complex (...) The students accumulated difficulties in order to demonstrate their virtuosity[6].

But despite this increasing degree of complexity in the subjects of the *épures*, the teaching of stereotomy remained very near the practice of construction technique. This proximity flows from the general conditions of teaching, but equally from the personality of Perronet, who "reigned" over the Ecole as well as over the corps of engineers. On the other hand as the first director, he was *more a man of the arts than a man of science, who allied theoretical prudence and technological curiosity*[7]. Let us add that Perronet, to whom we owe some of the most beautiful stone bridges built in France at that period (for example, the Pont de la Concorde and the Pont de Neuilly), is a delicate *connoisseur* of stereotomy. Used to directing these major constructions, Perronet always insisted on the control of the costs which he considered the responsibility of an engineer as much as the technical constraints. This imperative led him to adjust his requirements in the ways to cut stone as a function of the position of each of the faces of the voussoirs. *For large structures, Perronet wanted the stones cut without any paring along the whole length of the bed joints; but in general he didn't require as good an execution on the heading joints as on the two thirds of their length*[8]. Analogously, Perronet accorded more importance to the quality of the mortar used in arched structures. The function of mortar between the voussoirs is in fact double. It naturally increases the adherence between the stones, but it especially forms a sort of cushion which spreads the enormous pressures which are at stake and keeps the stones from leaning one on the other. Thus the general conditions of teaching in the Ecole des Ponts will have two consequences. The first is to conserve in the teaching of stereotomy a strong inter-penetration of the diverse geometric and practical dimensions, much more important than in the other engineering schools. On the other hand, the teaching of geometry was not the source of any innovation as it was in the case of the Ecole du Génie de Mézières.

---

6 A. PICON, *op. cit.*, p. 155-6.

7 *Ibid.* p. 34.

8 The bed joints are the faces of the voussoirs perpendicular to the pressures, while the heading joints are, on the contrary, parallel. For example in the case of a vertical wall constructed of cut stone, the bed joints are horizontal and the heading joints, vertical. These remarks of the director of the Ecole des Ponts appear explicitly in the estimates which he established (for example article 75 and 76 of the estimate of the Louis XVI bridge or article 51 of the Pont de Neuilly) or are reported by witnesses and in particular Prony.

Teaching in the Ecole du Génie de Mézières

At the Ecole du Génie de Mézières, teaching of stereotomy was not reduced to the strict utilitarian aspect of the construction technique. The essential objective of this course was the teaching of geometry and the visualization in space. The founders of the Ecole de Génie de Mézières explicitly formulated this idea. Article 9 of the regulations of 1754, probably written by Chastillon, founder of the School, make this point clear: *Independantly of the utility of the cutting of stone and wood presented by the different constructions of the King, these arts open such exact and precise knowledge on the drawing of the plans and profiles and on the manner of expressing the relief which must be represented, that one can consider them as Elements (of Euclide)*[9]. In the foreword of his *Treatise on Shadows in Geometric Drawings*, Chastillon repeats this idea: *We have found nothing more proper for them (the Engineers) than to procure that perfect knowledge of design through the study of stone and wood cutting. Independant of the advantages which result from this study, relative to constructions of which the officers of engineering have the direction, one conceives easily that when one knows how to develop all the faces and knows all the angles of any stone used in a vault, a squinch, etc. (...) or of a piece of timber used in the roof, a dome, a stairway, etc. (...) one has easily the facility to develop a bastion, a semi-circle, a cavalier entrenchment, a battery, etc. (...) that when one knows the representation of all these things in order to make them understood by others in the state of the representation as if they were already executed, and to combine the different structures in order to render them as perfect as they possibly can be*[10].

Here the founder of the Ecole du Génie de Mézières expresses perfectly the pedagogic role confered on stereotomy in this school, the apprenticeship of space that its teaching permits, that sort of intellectual gymnastics susceptible to permit future engineers to mentally represent objects -eventually complex from a geometric point of view- not yet created. This teaching will be, however, judged so fundamental that rather rapidly after the creation of the school, and in any case before the death of Chastillon in

---

9 CHASTILLON, *Projet de règlement sur l'ordre et la police de l'instruction que le Roy veut et ordonne être donné aux ingénieurs ordinaires admis, volontaires et vétérans dans l'Ecole du Génie établie à Mézières*, ms, 17 dec. 1754, archives of corps of Army Engineers, art. 18, sect. 1, §1, carton 1, pièce 9, quoted in B. BELHOSTE, *Du dessin d'ingénieur à la géométrie descriptive, l'enseignement de Chastillon à l'Ecole royal du génie de Mézières, In extenso*, n° 13, Paris, 1990, pp. 102-135; p. 111.

10 CHASTILLON, *Traité des ombres dans le dessin géométral*, 1764. This undated text was published in T. OLIVIER, *Applications de Géométrie descriptive aux ombres, à la perspective, à la gnomonique et aux engrenages*, Paris, 1847, p. 5-26. Olivier has estimated that the writing dated from 1775, but Belhoste was able to show that it couldn't be after 1764, that is to say, a year before the arrival of Monge at the Ecole du Génie de Mézières. See B. BELHOSTE, *op. cit.*

1765, it will be placed in first year, before the course of construction. Here we observe a first sliding in the function of the teaching of stereotomy in relationship to that given at the Ecole des Ponts et Chaussées. This sliding is easily explained by taking into account two factors. On the one hand, the Ecole du Génie de Mézières is much more structured, better organized than the Ecole des Ponts et Chaussées and a further reflection was led about the nature and the educational value of the teaching given. On the other hand, if one admits that an engineer must receive a certain education concerning the apprenticeship of "visualization in space" then the choice of stereotomy as a vector is certainly judicious, and the arguments advanced by Chastillon are quite pertinent. The ease with which the stoneworkers or the stone cutters are capable of conceiving and tracing the most complex voussoirs is the best proof.

In 1768, when Monge took charge of the teaching of stone and wood cutting, as well as that of geometry, perspective or the drawing of shadows, he only systematized a principle of teaching put in place by his predecessors. Pushing the logic instituted by the founders of the Ecole du Génie de Mézières to the limits, he looked to extract the geometric theory underlying stereotomy and introduce the rudiments of what he would call later descriptive geometry (12) but which he still called *the method of cutting stones.*

The first stage towards a conceptualization of the graphic techniques seems to be the use by Monge of the methods for cutting stone in other pratical or theoretical domains. The first example is given by the defilading problem where he substituted a geometric method for a method using calculation[11]. J. B. Meusnier, without doubt the most brillant of Monge's students at the Ecole de Mézières, wrote in 1777 a treatise on the subject, where he explained Monge's method. He wrote: *We have not dwelt upon the details of stereotomy, our readers versed in this part will easily compensate by recalling that they often use the same principles in several* épures *of stone cutting*[12]. Monge used explicitly a similar expression in his treatise *On Shadows* where he designated by the "rules of stereotomy" the usage of the double projection and of auxiliary plans. Tinseau, who was also one of Monge's students at Mézières from 1769 to 1771, presented to the Académie des Sciences shortly after he left school, a treatise which contains incidentally the determination of the perpendicular common to two straight lines and of their distance. He points out that he *is going to give the construction of the problem by the method used in the cutting of stone and which by its utility, would merit to be better known*[13]. And

---

11 See B. BELHOSTE, *Les problèmes de défilement*, annexe 16 in *L'Ecole normale de l'an III, Leçons de mathématiques, Laplace, Lagrange, Monge*, J. Dhombres éd., Paris, 1992, pp. 541-546.

12 J.-B. MEUSNIER, *Mémoire sur la détermination du plan de site*, ms archives' corps of Army Engineers, art. 18, sect. 3, carton 2, 1777.

Tinseau gives a true *épure* in descriptive geometry, the first which is known for the solution of a geometric problem in space.

Was it Monge who first had the idea of this "transfer of technology", or should one see in the *Treatise on Shadows* by Chastillon, which was written one year before the arrival of Monge, the first sign of the usage of the process of stone cutting in other technical domains? Certainly Chastillon didn't use as explicit an expression as did Meusnier and Tinseau. But he gives *the convenient and expeditious practices drawn from geometry* for drawing shadows and several times quotes as models the courses on stone and wood cutting. That Monge wasn't the only one, nor necessarily the first one to have the idea to use these processes on other practices, is quite probable. Moreover, Hachette, in the preface to his treatise of 1822, declared that *it is up to the masters, to the professors (of the Ecole de Mézières) to whom the honor truely belongs to have led the science of projections to the degree of perfection where it was in 1794*[14]. If he then underlines the specific role of Monge, he associates the genesis of descriptive geometry rather largely in the teachings of the Ecole de Mézières and explicitly mentions Chastillon. Be that as it may, the stereotomy courses at Mézières took on a new dimension by becoming the matrix of descriptive geometry.

The teachings of Monge at the Ecole Polytechnique

At the time of the creation of the Ecole Polytechnique, in 1794, Monge had succeeded to some degree in the evolution of a process begun at the Ecole du Génie de Mézières. Taking up again the idea according to which the training of engineers must include an apprenticeship in spatial representation of volumes, and surfaces, and their intersections, he confered this role, firstly to descriptive geometry and no longer uniquely to stereotomy. A scholastic discipline which was born in a school, by a school and for a school[15] (but maybe one should say "in the Ecole Polytechnique, by the Ecole Polytechnique, and for the Ecole Polytechnique"[16]), descriptive geometry allows the

13 M.-TH. DE TINSEAU, *Mémoire sur quelques propriétés des solides renfermés par de surfaces composées de lignes droites*, Mémoires présentés devant l'Académie royale des sciences par divers savants, vol. 9, Paris, 1780, pp. 625-642.

14 J.-N.-P. HACHETTE, *Traité de géométrie descriptive...*, Paris, 1822, p. VI.

15 For the notion of scholastic discipline see for example A. CHERVEL, *L'histoire des disciplines scolaires: réflexions sur un domaine de recherches*, Histoire de l'éducation, n°38, INRP, mai 1988, pp. 59-119.

16 Monge taught at the Ecole Normale from the year III and at the same time at the Ecole Polytechnique, but the sudden closure of the Ecole Normale, the impossibility to teach analytic geometry

passage from one process of training by apprenticeship in little groups which was characteristic of the schools of the *Ancien Régime*, to an education in amphitheaters, with lectures, and practical exercises, which are no longer addressed to 20 students, but to 400 students. Descriptive geometry also stems from the "revolutionary method". A means to teach space in an accelerated way in relation to the former way of teaching stereotomy, an abstract language, minimal, rapid in the order of stenography, descriptive geometry permits a response to the urgent situation as for the education of an élite, which was the case of France at the moment of the creation of the Ecole Polytechnique[17].

Thus descriptive geometry occupies at the Ecole Polytechnique, the same place at stereotomy at the Ecole du Génie de Mézières, and one can say at the same time that descriptive geometry is to the Ecole Polytechnique what stereotomy is to the Ecole du Génie de Mézières but also that the Ecole Polytechnique is to the Ecole du Génie de Mézières what descriptive geometry is to stereotomy. But Monge was not satisfied with extricating the essence of the stone workers' drawings. The geometric theory having been disengaged, he presented a theory of stone marking, announced as an example of application of the notion lines of curvature of a surface, where he showed that the method of stone marking of a vault is totally determined by the surface adopted for its intrados[18]. The voussoirs which constitute the vault must, according to him, satisfy four conditions:

1) The orthogonality of the joints of the voussoir with the surface of the vault. This condition is necessary for static reasons, if not, *the action that two consecutive voussoirs exert one on the other, an angle smaller than a right angle would be susceptible to splitting.*

2) The orthogonality of the joints of the same voussoir. This requirement responds to the same static problem as the preceding point but also presents an advantage of the esthetic order since thus *the lines which divide the vault into courses are perpendicular to those which divide the same courses into voussoirs.*

3) The surfaces of the joints of the voussoirs must be developable. *The joints also require the most exactitude because (...) it is necessary that the stones touch each other on the largest number of points possible in order that for each point of contact, the pressure is the least and that the approach for all is the most equal (...) it is necessary*

---

there, made the Ecole polytechnique where he was the master, the place where he fully expressed his conceptions concerning descriptive geometry.

17 On this subject see also N. et J. DHOMBRES, *Naissance d'un pouvoir: sciences et savants en France, 1793-1824*, Paris, 1989, pp. 417-421.

18 G. MONGE, *Géométrie descriptive*, first edition in *Les Séances des écoles normales recueillies par des sténographes et revues par des professeurs*, Paris, 1795. Republished by B. BELHOSTE, R. LAURENT, J. SAKAROVITCH and R. TATON, in *L'Ecole normale de l'an III, Leçons de mathématiques, Laplace, Lagrange, Monge*, J. Dhombres éd., Paris, 1992, pp. 267-459; see in particular pp. 418-420.

thus that the surface of the joints be of the simplest nature and the execution the most susceptable to precision. If for any of the reasons previously evoked, it is not possible that the joints be flat, *one must choose, among all the curved surfaces those which would, however, satisfy the other conditions, those which the generation is the simplest and whose execution is the most susceptible to exactitude. But of all the curved surfaces, those which are the easiest to execute are those which are engendered by the movement of a straight line, and above all the developable surfaces.*

4) The lines of division of the surface must also have the characteristic of the surface. This requirement, purely esthetic, seems to impose itself on the geometrician with as much force as the preceding ones. If the installation is left uncovered, the lines of the joint re-trace on the vault, the surface itself and propriety, to use the terminology of Monge, requires the perfect harmony between the design and the physical limit of the intrados.

But the only line which exists on the curved surface which can fulfill at the same time all these conditions, are the series of curvature lines, and they fulfill the requirements completely[19]. In order to solve the static, geometric, esthetic, and pratical problems which the stone marking of vaults poses, the only solution consists in the choice of joint lines, the lines of the curvature of the surface (fig. 1).

The points of view of Monge on the one hand and of Perronet or Prony on the other hand, are in many ways diametrically opposed. While the founder of the Ecole Polytechnique only looks for the geometric precision of the lines, the professors at the Ponts et Chaussées recommend examining the *particular cases where the economic reasons and the ease in the execution can constrain one to deviate a little from the rigorous methods*[20]. Where the latter recommend the use of mortar to avoid contact between stones, the former only reason using dry joint installations, a construction technique which had been abandoned long before. It is certain that Prony had wished that the course in stereotomy be abolished at the Ecole Polytechnique and used in the schools of application such as Ponts or the Ecole de Metz. The desire of the Ecole Polytechnique to conserve this instruction reveals the importance given to stereotomy and not only to descriptive geometry, in the general education of engineers. Instead of being able to bring about this change, at least Prony tried to limit the influence of Monge in this domain. When Eisenmann, who had taught stone cutting at the Ecole Polytechnique and published several articles on the subject in the *Journal de l'Ecole Polytechnique*, was appointed to

---

19 *Ibid.* , p. 419.

20 Prony, quoted in J. DE LA GOURNERIE, *Mémoire sur l'enseignement des arts graphiques*, Annales du Conservatoire des Arts et Métiers, t. X, Paris, 1873, pp. 260-303, in particular p. 263.

Ponts, he seemed designated to teach stereotomy. But Prony entrusted Eisenmann with the teaching of mechanics and gave stereotomy to Bruyere who *had only been slightly influenced by Monge*[21].

The teaching of Stereotomy at the Ecole Polytechnique, during the second half of the XIXth century

The limits of the theory of the stone marking of vaults according to the lines of curvature will appear clearly in the years 1820-1830 with the construction, in England first, then in the rest of Europe, of a network of railways and the construction of oblique bridges. Submitted to the problems of weight and of shaking produced by the passage of trains, these bridges, whose platforms were not perpendicular to that of the crossed way, posed some very delicate stone marking problems as the obliqueness increased[22].

In the article which marked the departure of the theoretical studies on the subject, Lefort quoted entirely the passage from Monge's lecture concerning stone marking of vaults to confirm that this well made analysis, rendered the mechanical element which dominates the question completely abstract. *It is necessary, in fact, (...) to direct the surfaces of the joints normally to the surface of maximum pressure*[23]. But this surface, for a vault whose extrados is parallel to its intrados is the normal surface of the line of the biggest contraction, a line which does not mix necessarily with the line of the smallest curve of the surface. The different solutions proposed, and in particular the helicoidal one adopted in England (fig. 2), determine *course and joint lines (which) differ notablely from the lines of curvature which the exclusive consideration of the geometric part of the question accepted by Monge. We shall notice, however, that the condition itself of having right angle joints in the vault is more geometric than mechanical, and the true definition of the joint surface would be the following: that surface must be such that the normal at a given point should be directed according to the resulting pressures on that*

---

21 *Ibid.*, p. 265.

22 The obliqueness is even bigger as the angle between the two tracks is small. As long as the angle is not inferior to about 65°, one can do the stone marking without major inconvenience, the bridge being a straight cylindrical vault: the big obliquity corresponds to the angles inferior to 40°. The first stone bridge including such an angle (39°) was built by Chapmann, for the Grand Canal of Ireland (near Nass) around 1787. The record seems still to be held by the bridge built in 1830 on the river Gaunless, for the Stockton-Darlington railway with an angle of 27°.

23 F. LEFORT, *Etudes sur la construction des ponts biais*, Annales des ponts et chaussées, 1839, pp. 281-315; in particular p. 290.

point[24]. Of course Monge could not have had in mind a problem which was posed, as we have already said, posterior to his course. Nevertheless, a restriction clearly appears here to a generalization of the solution proposed by Monge *which is only entirely satisfying when the surface of the vault is such that the line of the minimum curvature passing by each of the joints (can) be drawn completely on the intrados in the upper part of the abutments.*

Monge's theory gives a purely geometric solution to a problem which is also -maybe above all- static and economic. The practical result will be that the "optimal" solution to the problem posed will be found in England, a country where, it is true, the questions of oblique bridges was first posed. That England was ahead of France in the beginning of the XIXth century in the metallurgical industry is one thing. But that on the specific problem of stereotomy- a field in which France had benefited from a long tradition of corporations, of incomparable know-how over any other European country, with an advance of two centuries in relation to England as far as the edition of the first treatise[25], and where geometric theory was first found explicitly mentioned subjacent to the stoneworkers' drawings - that the solution was British, was felt as a failure among the corps of engineers. A strong resentment was expressed in numerous articles against Monge[26];

This example not only brings into question the theory of stone marking professed by Monge, but more generally, Monge's vision of stereotomy. Descriptive geometry theorizes stereotomy quite well, but in a double sense: it expresses the subjacent theory of the treatises and drawings of the stoneworkers, but it also makes stereotomy theoretical. It is no longer "practical" stereotomy which is taught at the Ecole Polytechnique during the first half of the XIXth century, but an intermediary discipline, disconnected from the real problems met in voussoir constructions and whose concrete character only appears in relation to descriptive geometry.

By presenting a problem from a purely geometric angle, whose complexity comes from the multiple fields of knowledge which interfere, the teaching of descriptive geometry will give engineers a false vision of the profound nature of the solutions to be used and a scorn of the knowledge and the drawings proposed previously by the stoneworkers. Far from enlarging the range of possible constructions in voussoir

---

24 M. GRAEFF, *Appareil et construction des ponts biais*, Paris, 1852, p. 12.

25 The first treatise on stone cutting was written by Philibert de l'Orme, edited in 1567; the first work in the English language on the this subject by General Vallencey, was only published in 1766.

26 The article by F. Lefort, (Lefort, 1839), is the first where a systematic criticism of the theory of stone marking using the lines of curvature appeared. The point of view of Lefort is taken up again by La Gournerie, and by Adhemar, Graeff, etc.

architecture by the renewal of the realizable surfaces, descriptive geometry will rather contribute to the decline of technique, and in other respects a loss in speed for multiple reasons. By placing stereotomy in the framework of construction courses, by speaking first of materials and the static problems, the English avoid putting stereotomy under the steam-roller of geometry. But after Monge's course, it is finally stereotomy without mortar, without cost, and even, in a certain sense, without pressure which is taught.

We must wait until the 1850's and the arrival at the Ecole Polytechnique of La Gournerie in the chair of descriptive geometry and its diverse applications including stereotomy, for this teaching to be profoundly modified. The principal adversaries to Monge's theory of stone marking came from the corps of the Ponts et Chaussées, of whom La Gournerie will be one of the most violent detractors. The first important modification, introduced by La Gournerie in 1852, consisted precisely in separating stereotomy from descriptive geometry and putting it in the second year program. The autonomy of teaching of stereotomy naturally permitted it to be attached equally well to the course on construction, and to evoke the practical problems of construction which had been totally thrown out.

La Gournerie also gave an important place in the stereotomy course to oblique vaults and killed two birds with one stone; first by demonstrating the dangers of Monge's "over-geometrization" of practical problems. It is naturally this point which could explain the importance given to the subject of oblique bridges at the Ecole Polytechnique, a subject which, we must recognize, should rather find its place in the school of application concerned. Second, he introduced in the stereotomy course the only problem which was really current, the subject of numerous articles, sometimes divergent, in France as well as abroad (essentially in England)[27]. If the engineers of the Ponts et Chaussées who studied the problem of oblique arches in the XIXth century agreed among themselves to condemn on this occasion, Monge's theory, they kept divergent opinions about the direction of the pressures in such an arch or about the fact of knowing if this direction was a function or not of the stone marking adopted. Moreover, during the Universal Exposition of 1878 in Paris, La Gournerie presented an ingenious experimental device capable of answering all these questions for which he was awarded a gold medal (fig. 3).

With La Gournerie, the teaching of stereotomy at the Ecole Polytechnique found a certain equilibrium. At the same time taking advantage of the descriptive geometry course from the purely geometric point of view, he also integrated the technical and practical constraints into a course of construction. But ironically, this equilibrium was attained at

27 In his *Dissertation on the stone marking of oblique arches*, published in 1870, La Gournerie made a synthesis, listing over 50 references on the subject.

the moment when the technique of construction became obsolete, with the appearance of concrete and the development of metal architecture.

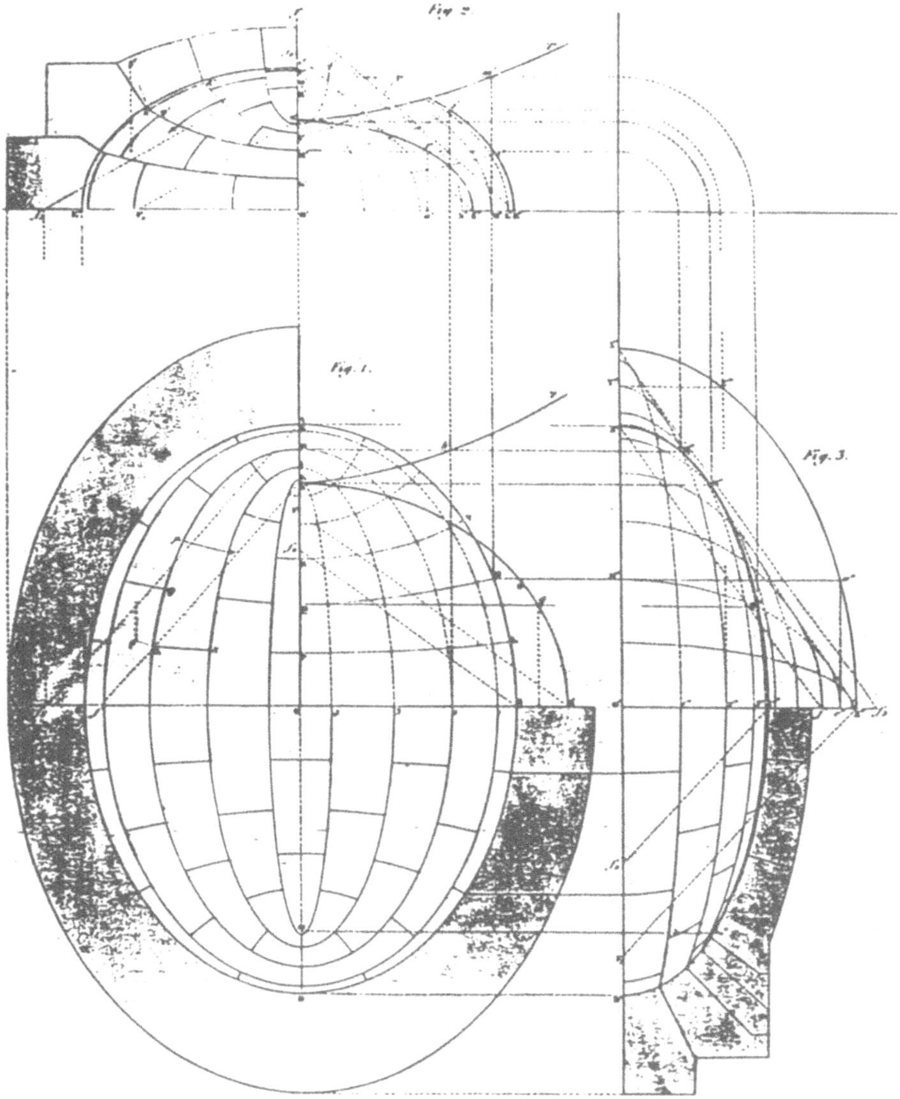

Fig. 1 - Ellipsoïdal vault using lines of curvature

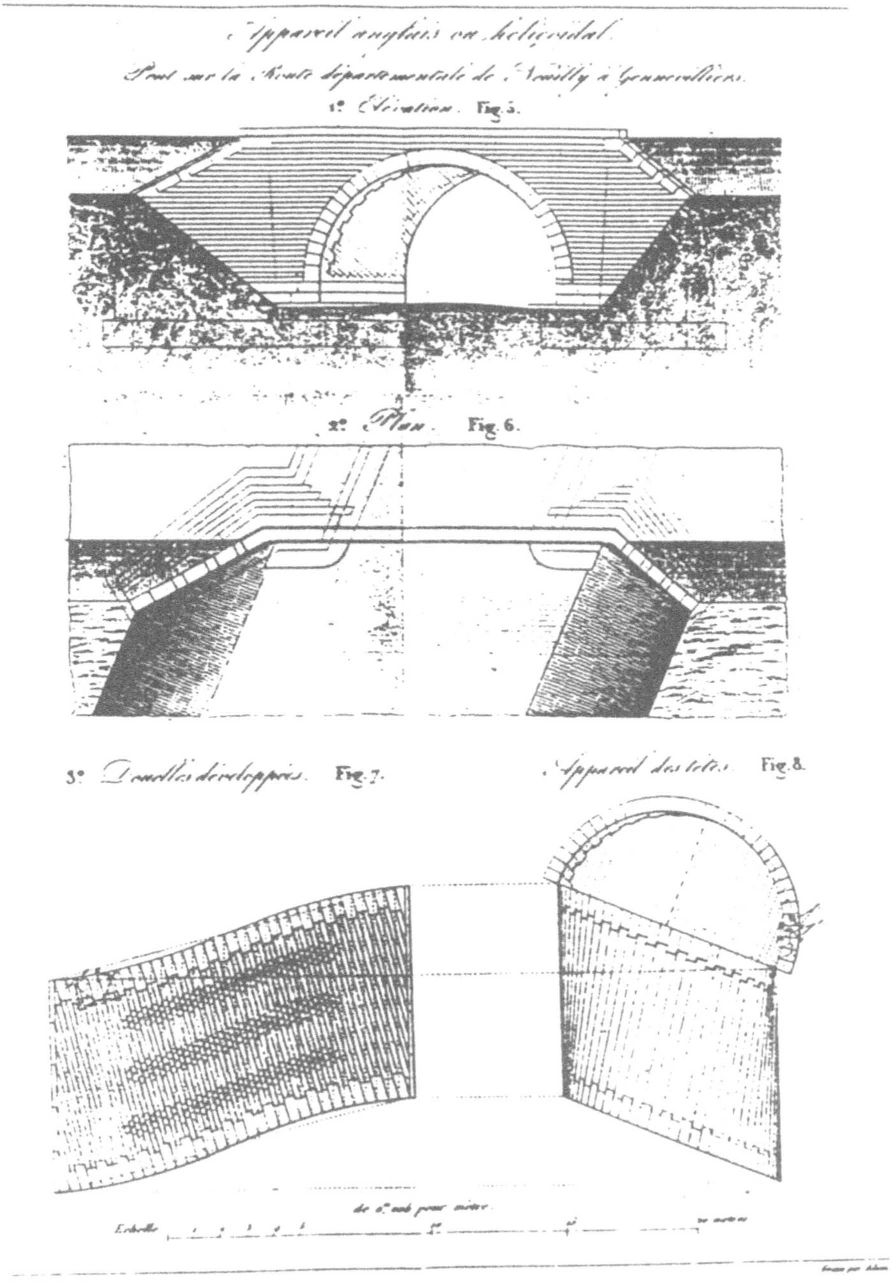

Fig. 2 - Oblique bridge
helicoïdal or "English" solution

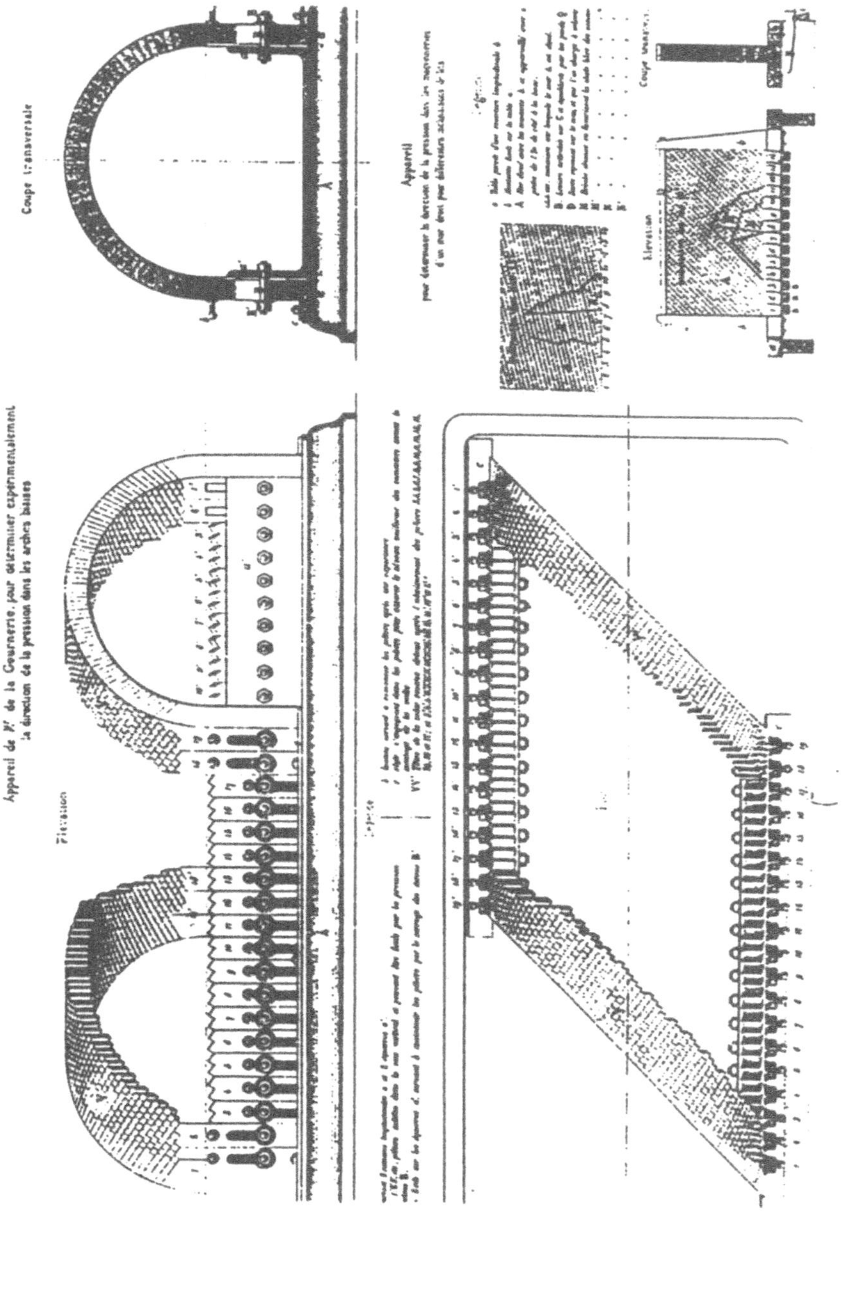

Fig. 3 - La Gournerie's experimental device

Sturm L.C., *Le veritable Vauban* (1710)

DE LA STATIQUE DES DEMI-FLUIDES À LA THÉORIE DE LA POUSSÉE DES TERRES

Massimo Corradi[1]

Summary : Steming from problems of fortificarebhan
tions, the study of the stability of slopes and of the thrust of grounds leads to models of grounds like that of the semi-fluides. Those study precise the notion of pressure that with those of shear and stress complete the fundamental notions of elasticity.

Résumé : Issue de problèmes posés par la construction des fortifications, l'étude de la stabilité des talus et de la poussée des terres débouche sur des modélisations du terrain telles que celle des demi-fluides. Ces études précisent la notion de pression qui avec celles déjà rencontrées de tension et de cisaillement complète l'ensemble des notions fondamentales de l'élasticité.

Introduction

Comme d'autres secteurs de la mécanique, la théorie de la poussée des terres et la statique des murs de soutènement se sont développées, à partir de la moitié du XVIIIe siècle, suite à des problèmes technique précis de construction, posés principalement par des ouvrages de défense et de fortification et des projets de ponts et de routes[2]. Les travaux relatifs à ces thèmes furent publié dans les *Mémoires* des Académies, ainsi que dans les Traités d'Architecture civile[3] et militaire[4]. Il n'y a pas lieu de s'étonner de

1 ISTITUTO DI COSTRUZIONI - UNIVERSITÀ DI GENOVA, Stradone di Sant'Agostino, 37 - 16123 Genova (Italia).

2 H. GAUTIER, *Traité des Ponts*, à Paris, chez Duchesne, 1755; É.-M. GAUTHEY, *Traité de la construction des ponts*, vol. 1-2, Paris 1809-13; vol. 3, Paris, 1816. Nouvelle édition annotée par L. Navier publiée dans *Oeuvres de M. Gauthey*, Leroux Frères, 2 vol., Libraires-Éditeur, Mons-Namur-Bruxelles-Liége, 1843.

3 G.B. BORRA, *Trattato della cognizione pratica delle resistenze geometricamente dimostrato*, Torino, 1748; P. BULLET, *Architecture Pratique*, p. 171 et suiv., Paris 1691; A.-J.-B. RONDELET, *Traité théorique et pratique de l'art de bâtir*, Paris, 1802-1817.

4 Les premières réflexions sur la théorie de la poussée des terres se trouvent dans les Traités d'Architecture militaire et d'Art des fortifications: cf. à ce propos B. FOREST (DE) BÉLIDOR, *La Science des ingénieurs dans la conduite des travaux de fortification et d'architecture civile ... par M. Belidor*, à Paris, 1729; M. COEHORN, *Nouvelle Fortification, tant pour un terrain bas et humide que sec et élévé, représenté en trois manières ...*, à La Haye, 1741 (Ie édit.: 1706); STAHLSWERD, *Föreläsniger uti reguliere fortification*, Stockholm, 1755 (trad. en allemand par P. PETERSEN, *Grundsätze zu Vorlesugen über reguläre Fortification*, Copenhagen & Gotha, 1788); A.V. D'ANTONJ PAPACINO, *Instituzioni*

découvrir que les premières réflexions sur la théorie de la poussée des terres dans les écrits des Ingénieurs de l'École d'Artillerie et du Génie, de l'École des Ponts et Chaussées, et de l'École Polytechnique. Réflexions qui ont le mérite d'avoir réussi à concilier, dans le cadre d'un même problème mécanique, la théorie et les questions techniques[5]. La nécessité de fixer des règles fiables pour le dimensionnement des murs de soutènement fut l'une des raisons qui poussèrent les savants à rechercher les conditions d'équilibre des terrains, ou des "masses pulvérulentes", comme ils étaient appelés au XVIIIe siècle.

L'établissement d'une "mécanique technique" de la poussée des terres, basée sur des principes logiques et mathématiquement rigoureux, sur des prémisses physiques indiscutables concernant la nature des terres, sur des hypothèses tendant à simplifier le problème mécanique sans en réduire l'importance, d'un côté, le développement de méthodes pratiques fondées sur l'utilisation de la géométrie - indispensables pour la solution des innombrables problèmes qui se présentaient dans la pratique des constructions du autre - voilà autant de thèmes autour desquels furent axées les études de ce secteur jusqu'à la moitié du XIXe siècle.

Plus haut, les exigences de la jeune théorie mathématique de l'élasticité obligèrent à poser le problème différemment, afin de pouvoir dépasser les limitations des solutions du XVIIIe, et d'expliquer plus clairement le comportement mécanique complexe des terres. Cette voie "nouvelle" a certes apporté des résultats d'une grande importance scientifique, mais il n'en reste pas moins qu'au départ elle ait dû être soumise à quelques hypothèses simplificatrices, peut-être plus significatives pour les théoriciens que pour les techniciens, sur la description du comportement mécanique des terrains. Dans le domaine de l'élasticité, une de ces hypothèses restreint l'analyse du problème à l'étude d'un cas bidimensionnel, partant de la supposition que le terrain se comporte d'un manière homogène en suivant une direction définie.

Ce n'est que vers la fin du XIXe siècle que les recherches de Boussinesq, fondées sur l'hypothèse que le terrain se comporte comme un continuum homogène et isotrope,

---

fisico-meccaniche per le Regie Scuole d'Artiglieria et Fortificazione, 2 vol., Torino, 1773-1774 et du même auteur *Dell'architettura militare per le Regie Scuole teoriche d'Artiglieria et Fortificazione*, Torino, 1778-1782; D.G. TRINCANO, *Elémens de fortification et de l'attaque et de la défense des places*, Ie Partie, p. 305 et suiv., Paris, 1786; VAUBAN (DE), SEBASTIEN LE PRESTRE, *De l'attaque et de la défense des places ... un traité Pratique des Mines, par le Meme ...*, 2me éd., chez Pierre de Hondt, à La Haye, 1742-43 (Ie édit.: 1737).

5 L'École Royale du Génie de Mézières (1748-1794) fondée en 1748, fut transférée en 1794 à Metz, devenant École du Génie (1794-1802), et en 1802 engloba l'École d'application de l'Artillerie de Châlons et se transforma définitivement en École d'application de l'Artillerie et du Génie de Metz (1802-1870). L'École Nationale des Ponts et Chaussées fut fondée en 1747, tandis que l'École Nationale Supérieure des Mines de Paris fut fondée en 1783, et l'École Polytechnique en 1794.

menèrent à la formulation générale des équations d'équilibre qui permettent de traiter d'une façon plus exhaustive l'état de pression dans le terrain, mettant en relation d'un côté la statique des terres et l'hydrostatique, et, de l'autre, la mécanique des terres et la théorie de l'équilibre des corps élastiques[6].

Toutefois, l'hypothèse d'un comportement élastique des sols demande une abstraction de la réalité qui doit être évaluée avec une grande prudence. Comme l'a fait observer Pozzati[7], l'histoire de la mécanique des sols est étroitement liée à celle de la théorie de la plasticité. En effet, l'hypothèse de Coulomb - selon laquelle la résistance limite peut être évaluée comme $\tau = c + \sigma \tan g \varphi$ (c représentant la résistance dérivant de la cohésion, φ l'angle de frottement sur le terrain et σ la pression normale) - devança de manière significative les critères de plasticité qui se développèrent très longtemps après[8].

Les précurseurs de la théorie de Coulomb

En 1757 Gautier, dans sa *Dissertation sur l'epaisseur des culées des ponts ...* propose aux *Sçavans* - parmi les cinq *Difficultez* de l'Architecture qui devaient être résolues avec un *peu de Physique, de raisonnement & d'experience ... [et] quelque chose de la Statique - le problème suivant: Quel doit être le Profil des murs de soutenement pour retenir les terres d'une terrasse, d'un rempart etc à quelque hauteur donnée que ce puisse être. Avis qu'on prétend être de feu M. le Maréchal de Vauban, donnée pour modele aux Ingenieurs qui ont servi de son temps et sous sa Direction*[9].

Le thème de la poussée des terres ne figurait pas parmi ceux que le mathématicien François Blondel avait cités avec emphase comme dignes d'attention, et pour la *Résolution* desquels, publiée dans les *Mémoires* de Paris de 1729, il avait élaboré des

6 Pour un autre approfondissement des thèmes qui seront traités dans cet article, voir G. CRUGNOLA, *Sulla spinta delle terre e delle masse liquide*, Augusto Federico Negro, Torino, 1880; F. KÖTTER, *Bericht über Die Entwickelung der Lehre vom Erddruck*, Jahresbericht der Deutschen Mathematiker-Vereinigung, Zweiter Band 1891-92, pp. 76-154, Berlin, 1893; G. TSCHEBOTARIOFF, *Final report. Large scale earth pressure tests with model flexible bulkheads*, Princeton University, New York, 1949; J. KÉRISEL, *Historique de la mécanique des sols en france jusqu'au 20e siècle*, Géotechnique, vol. 6, p. 151 et suiv., 1956; L. CAQUOT, J. KÉRISEL, *Traité de mécanique des sols*, 3e éd., Gauthiers-Villard, Paris, 1956; K. SZÉCHY, *Untersuchung und Festigkeitslehre des Baugrunders*, Springer, Wien, 1963.

7 P. POZZATI, *Teoria e tecnica delle strutture*, vol. 1, Torino, 1972, p. 136.

8 Cf. A. BECCHI, *I criteri di plasticità; cento anni di dibattito (1864-1964)*, Thèse de doctorat, Firenze, 1994.

9 H. GAUTIER, *Dissertation sur les culées, voussoirs, piles et poussées des ponts*, à Paris, chez André Cailleau, 1727, pp. 381-395, dans H. GAUTIER, *ouv. cit.*, pp. 335-416.

algorithmes mathématiques compliqués[10]. Pourtant, dès la fin du XVIIe siècle il avait fait l'objet d'une étude approfondie due à Bullet[11], que Mayniel a, par la suite, qualifié de premier chercheur à avoir établi une théorie de la poussée des terres basée sur les principes de la Mécanique. Et c'est justement avec une référence particulière à la théorie de Bullet, et aux systèmes de défense et de fortification proposés par Vauban[12], que Gautier invita les hommes de science à se mesurer à cet important secteur de l'Art de construire.

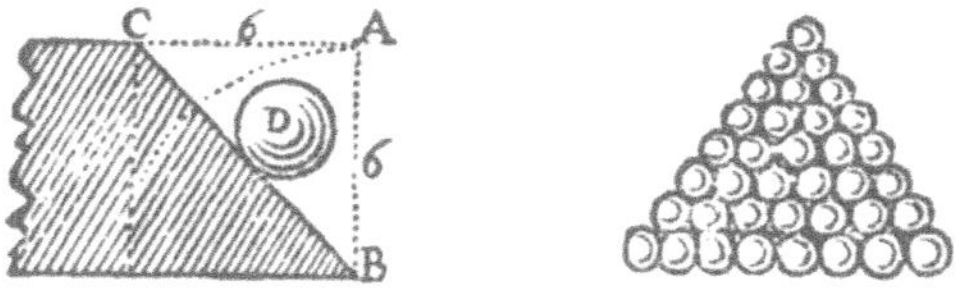

a b

Fig. 1 - P. BULLET, *Architecture Pratique*, pp. 255-256.

Constatant qu'aucune règle pratique de dimensionnement des murs de soutènement n'avait encore été fixée, Bullet énonça quelques principes généraux qui devaient prendre en considération la qualité des matériaux et leur modalités du emploi, la qualité du terrain et celle des fondations, l'épaisseur des murs et le talus des revêtements. Dans son essai Bullet établit les principes suivants: l'action de la force qui empêche la masse de terre de glisser le long du plan de glissement correspond aux \F(5;7) du poids du triangle de terre ABC (fig. 1a); l'angle formé par le parement vertical du mur avec le plan de pente naturelle est de 30°, toutefois l'expérience conseillent d'adopter un angle de 45°. Pour donner une sorte de "démonstration" à ses affirmations, avec une image persuasive qui sera utilisée également par Borra dans son traité de 1748, Bullet associa le comportement du sable, composé de particules sphériques, désunies entre elles, à celui d'un tas de boulets de canon (fig. 1b) *posés les uns sur les autres dans une disposition naturelle c'est à dire, que le milieu des boules d'un rang supérieur, soit toujours posé sur le milieu des deux boules du rang inférieur*[13].

10 Cf. E. BENVENUTO, *La scienza delle costruzioni e il suo sviluppo storico*, Sansoni, Firenze, 1981, p. 324.

11 P. BULLET, *ouv. cit.*: § *De la Construction des murs de Rempart & de Terrasse*, pp. 247-259.

12 Gautier cite les règles de Vauban pour déterminer le profil des revêtements de maçonnerie (H. GAUTIER, *ouv. cit.*, p. 346) et renvoie à la théorie de Bullet pour calculer l'épaisseur des murs de soutènement (H. GAUTIER, *ouv. cit.*: «Avis de Monsieur Bullet», p. 384 et suiv.).

13 P. BULLET, *ouv. cit.*, p. 255.

Force est malheureusement de constater que tant les conclusions de Bullet, que les argumentats de Borra, qui s'est certainement inspiré des idées du savant français, sont approximatives et captieuses.

Les problèmes affrontés par les savants du XVIIIe siècle étaient au nombre de deux: le premier consistait à déterminer l'angle du talus naturel; le second se proposait de définir l'action du terrain sur le mur de soutènement.

L'expérience courante montre qu'un amas de terre incohérent se dispose naturellement, par éboulements successifs, selon un «talus» déterminé. Pour empêcher que cela ne se produise, il est nécessaire de disposer, un mur qui - agissant d'une manière comparable à la force qui s'oppose au glissement d'un corps rigide sur un plan incliné - empêche le terrain de glisser sur le plan de glissement (ou de pente naturelle). Il s'agit alors d'évaluer la poussée du terrain sur la paroi qui le soutient.

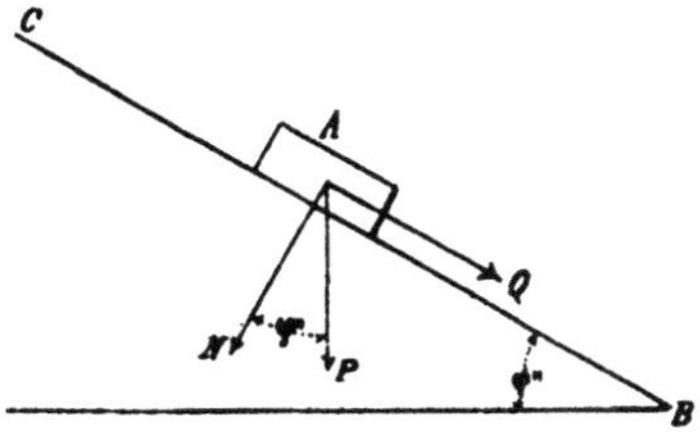

Fig. 2

La première solution envisagée fut de diviser le prisme de terre, limité par le côté interne du mur, le plan de glissement et la surface supérieure du terrain, en plusieurs portions, en découpant ce prisme selon des plans parallèles à la pente naturelle.

De cette façon, on peut décomposer le poids P (fig. 2) en deux composantes dont l'une est parallèle au plan de talus, et l'autre perpendiculaire à celui-ci[14]. La première composante fournit la valeur de la poussée de la terre contre le mur, définit la répartition des pressions sur le mur de soutènement, et permet de déterminer le point limite d'équilibre au renversement.

14 De Querlonde avait reconnu l'arbitraire de l'hypothèse de l'inclinaison de 45° du plan de glissement, et avait supposé (malheureusement de manière erronée) que la poussée devait être calculée en raison de la moitié du poids du terrain situé au-dessus du plan de glissement [1742].

Les études de Bullet[15] et de Rondelet[16] se placent dans le sillage de cette pensée, ainsi que les nombreux mémoires contenus dans les archives considérable du «dépôt des fortifications»[17].

En Allemagne aussi - de 1778 à 1804 - Ypey[18], Lorgna[19], von Clasen[20], Kästner[21], Graf von Kinsky[22], Vossmann[23], et encore en 1842 Maschek[24], avaient supposé qu'il était permis d'estimer que l'action produite par la terre était équivalente à celle d'un poids concentré au centre de gravité du prisme. La décomposition de cette force en deux composantes selon la perpendiculaire et la tangente au plan de glissement, permet d'évaluer l'importance des contraintes sur le mur de soutènement. Toutefois, sur la base de l'hypothèse erronée que la poussée agirait selon une direction parallèle au plan du talus, la détermination de cette valeur est totalement indépendante de la configuration de l'épaulement (fig. 3).

Une autre théorie envisagea la possibilité de considérer la masse de terre comme un unique corps sphérique, dont les parties sont attirées vers le centre de gravité par une force interne. Cette théorie permit de définir d'une autre façon l'action du poids sur le mur. Cette sphère idéale, par son poids, fait pression contre deux plans, le plan de glissement et le plan de retenue. Les deux forces perpendiculaires à ces deux plans déterminent l'action de la poussée d'une part, et la position de son point d'application d'autre part (fig. 4).

---

15 P. BULLET, *ouv.cit.*, p. 171 et suiv.

16 A.-J.-B. RONDELET, *ouv. cit.*, Paris, 1802.

17 Buchotte (1716), Blaveau e Sallonnyer (1767), Tersac de Montlong (1774).

18 N. YPEY, *Verhandeling over de Profilen der Mauern*, Verhandeling der Haarlemsche Maatshappy, 6 D, 2 St., pp. 516-542 [trad. en allemand dans Böhm's Mag. f. Ing. u. Artill., Tome IV, pp. 93-118, Giessen, 1778].

19 A.M. LORGNA, *Physisch-mathematischer Versuch über die nöthige Stärke der Bekleidungsmauern, um dem Druck der Erde zu widerstehen*, Böhm's Mag. f. Ing. u. Artill., Tome IV, pp. 119-162, Giessen, 1778. C'est la traduction du texte *Tentativo fisico-meccanico sulla resistenza de' muri contro la spinta de' terreni* publié dans les Atti dell'Accademia delle Scienze di Siena detta de' Fisiocratici, Tome II (1763), pp. 155-175.

20 CLASEN (VON), *Allgemeine Berechnung der Stärke der Futtermauern gegen den Druck der Erde*, Böhm's Mag. f. Ing. u. Artill., Tome V, pp. 135-200, Giessen, 1779; ID., *Beweis, dass der Druck der Erde gegen eine lothrecht stehende Flache Mauer gleich seye dem Drucke des Wassers gegen eben dieselbe Fläche*, Böhm's Mag. f. Ing. u. Artill., Tome VII, pp. 191-204, Giessen, 1781; ID., *Fortsetzung des Gedankens des Herrn Gerlach im Anhange der mechanischen Weisheit*, Böhm's Mag. f. Ing. u. Artill., Tome VII, pp. 205-227, Giessen, 1781.

21 Cf. WOLTMANN, *Beyträge zur hydraulischen Architektur und ueber den Seitendruck der Erde*, vol. 3, p. 164 et suiv., Göttingen, 1794: et aussi vol. 4, Göttingen, 1799.

22 F.J. VON KINSKY, *Abhandlung vom Druck der Erde auf Futtermauern.*, Neustadt, 1788, aussi dans Böhm's Mag. für Ing. u. Artill., Tome XII, p. 127 et suiv., Frankfurt und Leipzig, 1795.

23 J.H. VOSSMANN, *Handbuch für Ingenieurs und Baulente über die reine Theorie des Drucks der Erde bei allerlei Mauern an Festungswerken*, Weinbergen, Heerstrassen, Mannhein, 1804.

24 F.J. MASCHEK, *Theorie der menschlichen und thierischen Kräfte*, pp. 4-27, Prag, 1842.

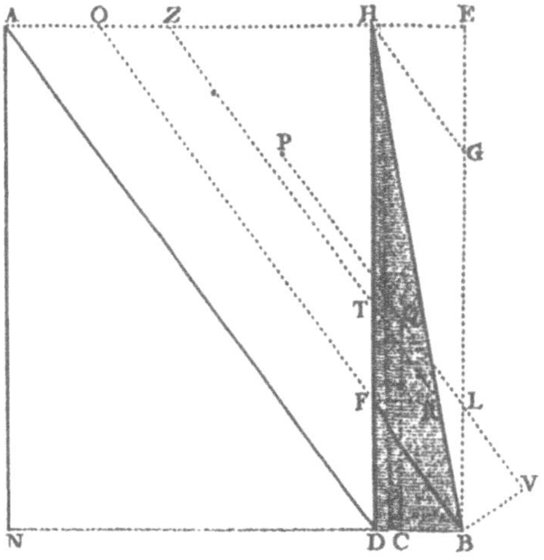

Fig. 3 - C.A. COUPLET, *Seconde partie... 1727*, [Pl. 6, Fig. 3].

En supposant que l'inclinaison de la poussée par rapport au parement interne du mur dépendant du frottement sur la surface de contact on pu simplifier eu, affirmant que, en l'absence de frottement terre-mur, cette poussée est perpendiculaire au parement interne du mur. De cette façon, on établit que la poussée est indépendante de l'angle de pente naturelle du terrain, et qu'elle devient égale à l'action qu'exercerait, dans les mêmes conditions, un liquide d'un poids spécifique égal. Il est évident, en outre, qu'on observera une différence substantielle dans l'évaluation du moment de renversement, si le prisme de terre a été subdivisé en portions parallèles selon des plans parallèles au plan de glissement, ou s'il a été considéré comme un poids unique concentré en son centre de gravité. Dans le second cas, la poussée agit à l'extrémité supérieure du tiers central, alors que dans le premier cas - qui correspond à une idée mieux en rapport avec le comportement effectif, et, par analogie, avec le comportement des liquides - la poussée se concentre dans l'extrémité inférieure du tiers central de la hauteur du mur.

Les études publiées par Couplet[25] dans l'*Histoire de l'Académie* des années 1726-28 se situent dans cette direction. Il suppose que le terrain est constitué de sphères d'égale

25 C.A. COUPLET, *De la poussée des terres contre leurs revestemens, et la force des revestemens qu'on leur doit opposer*, Histoire de l'Académie Royale des Sciences, Année 1726, pp. 106-164, Paris, 1728; ID., *Seconde partie*, Histoire de l'Académie Royale des Sciences, Année 1727, pp. 139-178, Paris, 1729; ID., *Troisieme Partie ou Suite des deux Mémoires sur la poussées des terres et la résistance des revestements*, Histoire de l'Académie Royale des Sciences, Année 1728, pp. 113-138, Paris, 1730.

grandeur, disposées selon un schéma déterminé, mais à notre avis arbitraire. Chaque grain en touche trois autres, formant ainsi un tétraèdre régulier. De cette façon, on peut calculer la pente naturelle, qui devrait - selon Couplet - former un angle d'environ 70° (valeur qui s'écarte sensiblement des valeurs expérimentales). Si on pose maintenant une surface lisse devant le front de terre, on constate que les grains en contact direct avec celle-ci sont soutenus différemment de ceux qui se trouvent à l'intérieur.

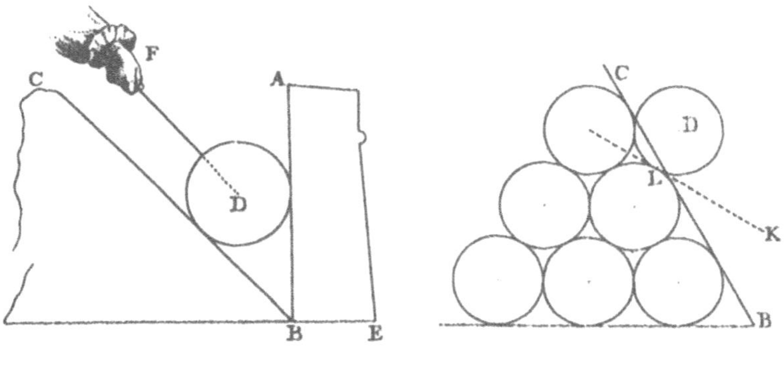

Fig. 4 - C.A. COUPLET, *De la poussée des terres ... 1726*, [Pl. 3, Fig. 3; Pl. 4, Fig. 7].

Couplet en déduit les directions des deux composantes du poids; une d'entre elles doit nécessairement être perpendiculaire au mur, et l'autre doit être dirigée selon la ligne de talus. La première composante représente la poussée du terrain, et elle agit aux deux tiers de la hauteur du mur.

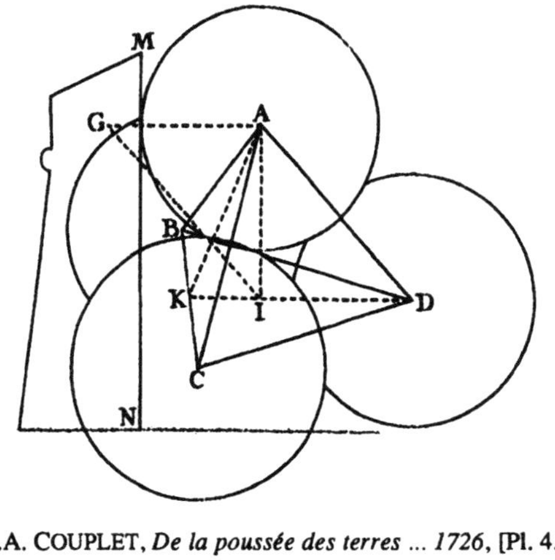

Fig. 5 - C.A. COUPLET, *De la poussée des terres ... 1726*, [Pl. 4, Fig. 10].

Pour intéressante qu'elle soit, la tentative de Couplet n'eut aucune suite, principalement parce que la description des paramètres qui caractérisent chacun des grains, comme par exemple la forme, la diversité des grandeurs et l'irrégularité de leur disposition, ne fournit pas une description mathématique exhaustive du problème. Il faut cependant reconnaître à Couplet le mérite d'avoir reconnu que la direction de la composante du poids du terrain par rapport à la surface de glissement n'agit pas selon une direction perpendiculaire, mais qu'elle est inclinée d'une certaine mesure qui dépend de l'action de "forces résistantes" agissant tangentiellement à elle.

Faisant appel à ces "forces résistantes", conséquence de la cohésion et du frottement, certains auteurs comme Bélidor[26], Trincano[27], Papacino D'Antonj[28], et d'autres encore tentèrent de définir la poussée comme une composante perpendiculaire au parement du mur, tout en attribuant une certaine part au frottement. Fuss[29] fut également de cet avis, et prit en considération l'action du frottement, tout en décomposant le poids du prisme dans ses deux composantes perpendiculaire et parallèle à la surface de glissement.

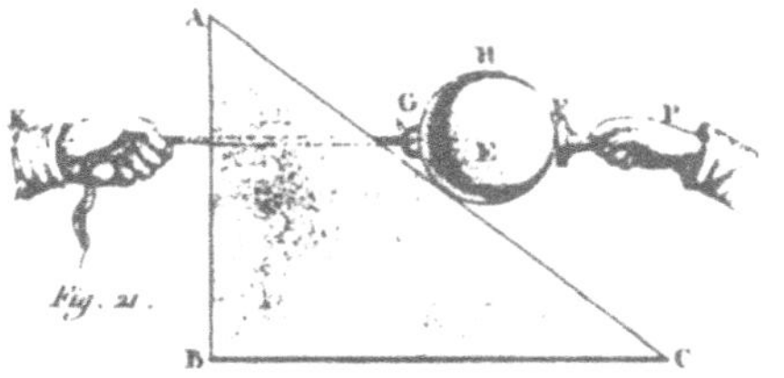

Fig. 6 - B. FOREST DE BÉLIDOR, *La science des ingénieurs* ..., 1729.

Un haut fait de ces recherches est la méthode de Bélidor, qui considera le prisme de terre comme un corps lourd glissant sur le plan incliné CA (fig. 6). Si l'on décompose l'action du poids suivant la règle du parallélogramme, on trouve que la poussée est égale

26 B. FOREST DE BÉLIDOR, *La science des ingénieurs dans la conduite des travaux de fortification et d'architecture civile*, Paris, 1729. Les résultats de Bélidor firent l'objet d'une critique féroce de la part de Navier, dans ses notes à l'édition du traité publiée au XIXe siècle.

27 D.G. TRINCANO, *ouv. cit.*, Ie Partie, pp. 305 et suiv.

28 A.V. D'ANTONJ PAPACINO, *Dell'architettura militare* ..., Torino, 1778-1782: libro quinto, ad uso degli Allievi della scuola di Artiglieria di Torino.

29 N. FUSS, *Examen théorétique des revêtements à dos incliné et des revêtements à assises inclinées, proposés par quelques auteurs de fortification*, Nova Acta Acad. Scient. Imp. Petropolitanae, Tome XIII (1795 et 1796), pp. 80-100, Petrop., 1827.

à: P=Qtangα. Le problème se borne donc à la recherche d'une valeur de l'angle $A\hat{C}B=\alpha$ qui confirme les résultats de l'expérience. Bélidor estima opportun de choisir $\alpha=45°$, comme l'avaient fait avant lui Bullet et Borra. De cette façon, P=Q, et si nous appelons γ le poids spécifique du terrain et AB la hauteur du mur, la poussée équivaut à $P=\frac{1}{2}\gamma AB^2$. L'idée de prendre en compte le frottement conduit Bélidor à réduire la valeur de la poussée de moitié, ainsi *tous les calculs que j'ai fait pour déterminer l'épaisseur des murs de soutènement correspondaient parfaitement aux résultats d'expérience*[30]. Reste le problème du dimensionnement du mur. Le critère le plus intuitif consiste à imposer que le moment produit par la poussée, évaluée par rapport au point D, soit inférieur au moment dû au poids du mur et calculé par rapport à ce même point (fig. 7).

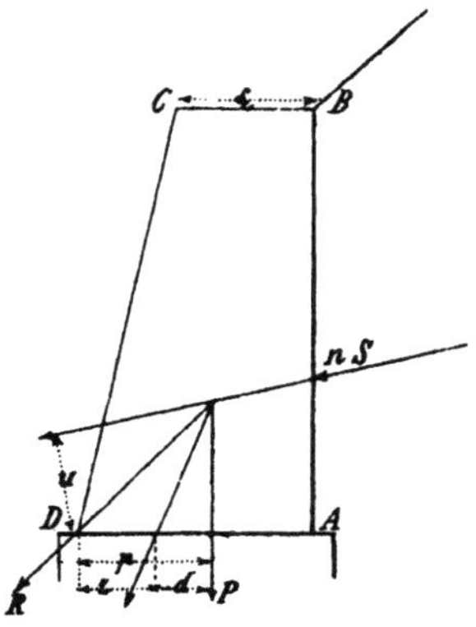

Fig. 7

La statique des demi-fluides

Parallèlement aux études sur le comportement statique et mécanique des terrains au XVIIIe siècle, des recherches furent menées sur l'équilibre des demi-fluides par Lambert en 1772 et Delanges en 1788[31] ou sur les solides imparfaits par Allent en 1815[32].

30 B. FOREST DE BÉLIDOR, *La scienza degli ingegneri nella direzione delle opere di fortificazione e d'architettura civile di Belidor con Note del Signor Navier*, traduction en italien de Luigi Masieri, 2me éd., Milano, 1840, p. 35.

31 J.H. LAMBERT, *Sur la fluidité du sable, de la terre et d'autres corps mous rélativement aux lois de l'Hydrodynamique*, Nouv. Mém. de l'Acad. de Berlin, Année 1772, pp. 33-64, Berlin, 1774; P.

Une mention spéciale doit être faite à Delanges pour son interprétation intéressante, et novatrice, du comportement mécanique de certains matériaux qu'il appelait justement demi-fluides.

J'entends ajouter au nombre des demi-fluides, le sable, l'arène, la limaille de plomb, le millet et d'autres matières semblables. De nos jours les physiciens utilisent indifféremment, en parlant d'eau ou de liqueurs, le terme de fluide et le terme de liquide; j'ai jugé, quant à moi, utile de donner aux matières indiquées ci-dessus, le nom de demi-fluide, non seulement parce qu'ils sont composés de parties élémentaires visiblement séparées et distinctes les unes des autres, mais parce qu'il existe des conditions que l'on ne peut certainement pas attribuer aux éléments des liquides et encore moins à ceux que l'on appelle fluides de manière appropriée, comme seraient l'air ou le feu[33].

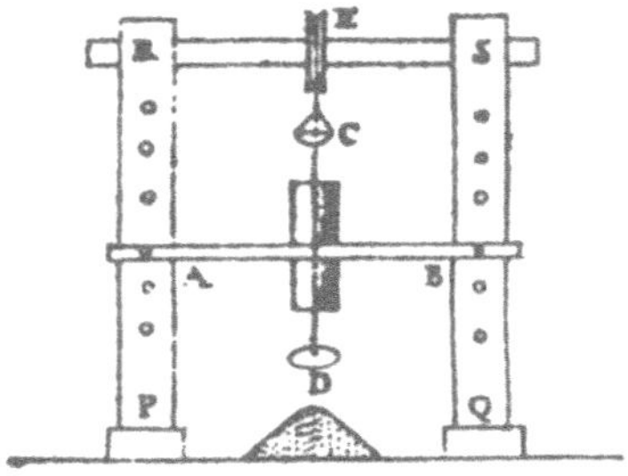

Fig. 8 - P. DELANGES, fig. II.

Le but de Delanges est de découvrir l'analogie existant entre les lois hydrostatiques et le comportement des demi-fluides et, pour ce faire, il se préoccupe de définir par le biais de simples recherches expérimentales effectuées avec des machines de son invention (fig. 8). l'angle de pente naturelle, la pression verticale et la pression horizontale de certains demi-fluides. Delanges arrive ainsi à montrer, en fonction de leur plus ou moins grande propension à se disposer selon un talus naturel déterminé, l'influence différente du frottement *il en résulte légitimement qu'au plus la ligne de niveau*

DELANGES, *Statica e meccanica de' semifluidi*, Memorie di matematica e fisica della Società italiana, Tome IV, 1788, pp. 329-368.

32 ALLENT, *Mémoire sur les surfaces d'équilibre des fluides imparfaits tels que les sables, les terres, ...*, Annales des Mines, Tome I (1816), pp. 267-300, à Paris, 1817.

33 *Tra semifluidi io intendo d'annoverare la sabbia, l'arena, le migliarole di piombo, il miglio o altre materie consimili. Sogliono al giorno d'oggi i Fisici usare indistintamente, parlando dell'acqua o liquori, tanto la voce di fluido che di liquido; io però ho creduto conveniente di apporre alle materie sopraindicate il nome di semifluido, per essere composte di parti elementari visibilmente separate e distinte fra sè non solo, ma eziando quante e divisibili, condizioni, che certo non possono assegnarsi agli elementi de' liquidi, e nemmeno a' propriamente detti fluidi, come sarebbe l'aria, il fuoco ecc.* P. DELANGES, *ouv. cit.*, p. 329.

du demi-fluide se rapprochera de l'horizontale, au plus les particules qui le compose tendront à être de forme parfaitement sphérique, lisse et très petite[34]. Et pour faire remarquer les différences substantielles avec les liquides, il ajoute: étant donné que les liquides ont la ligne de niveau horizontale, ils seront indivisibles et de figure parfaitement sphérique. Les résultats de Delanges se résument en 3 points: 1) la pression contre le fond est inférieure au poids total du demi-fluide; 2) cette pression est en raison directe de la racine carrée de la hauteur du récipient; 3) dans des récipients cylindriques différents mais de même hauteur, la pression contre le fond dépend du cube du diamètre du récipient dans le cas du sable, et du carré du diamètre pour le millet.

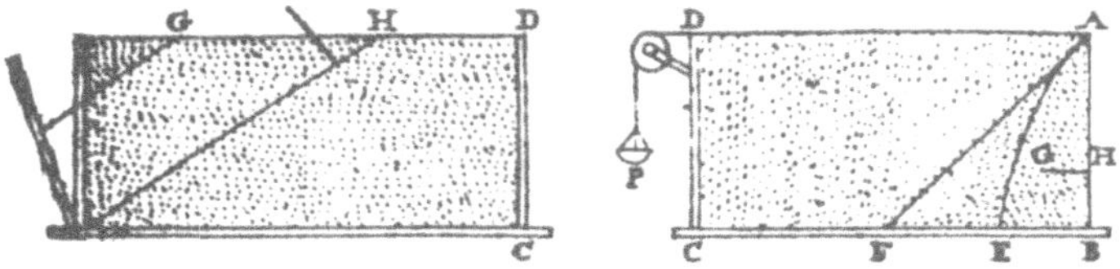

Fig. 9 - P. DELANGES, fig. V et VI.

Selon Delanges, les deux facteurs qui interviennent dans la détermination de la poussée latérale sont la hauteur et l'extension en profondeur du parallélépipède de demi-fluide ayant une largeur constante. En particulier, il affirme que dans un parallélépipède, la pression exercée par le demi-fluide sur la paroi mobile AB (fig. 9) est proportionnelle à la racine carrée de la hauteur du demi-fluide qui se trouve au-dessus de lui, et que la croissance des pressions est de type parabolique. De cette manière $S=\frac{2}{3}A\sqrt{A}$, où A=AB, la résultante des pressions et G le centre de gravité de la surface ABE, placé à une hauteur HB égale à $\frac{2}{3}$AB, on peut déterminer le moment induit par la pression latérale contre la paroi AB dans la formule $M = \frac{2}{3} \cdot \frac{2}{5} A^2 \sqrt{A}$; cet impact tendra à faire tourner la paroi AB autour du point B. Et il conclut: *la pression latérale des demi-fluides est un effet qui dérive du poids même de leurs parties, ils ont cette propriété supplémentaire que n'ont pas les solides parce que leurs particules sont libres et dissociées les unes des autres*[35].

Lambert également, au cours de ses études sur la stabilité des pilotis et sur la résistance des fondations, s'occupa de problèmes inhérents à la fluidité du sable, de la

34 *Ne consegue legittimamente, che tanto più la linea di livello di un semifluido s'accosterà ad essere orizzontale, quanto più le particelle che lo compongono tenderanno con perfezione ad essere di figura sferica, lisciate e minute.* P. DELANGES, *ouv. cit.*, p. 332.

35 *Il premere de' semifluidi lateralmente è un effetto derivante dalla stessa gravità delle particelle loro, e che hanno questa proprietà di più a differenza de' solidi per essere dette particelle l'una dall'altra slegate e libere.* P. DELANGES, *ouv. cit.*, p. 348.

terre et d'autres matériaux similaires, comprenant intuitivement qu'il fallait les regrouper dans une nouvelle "catégorie". De ses expériences, il avait tiré les conclusions suivantes: si nous appuyons des parallélépipèdes solides sur la surface du sable, ceux-ci s'enfoncent en raison inverse de la surface d'appui; le comportement du sable présente une étroite ressemblance avec celui des liquides[36].

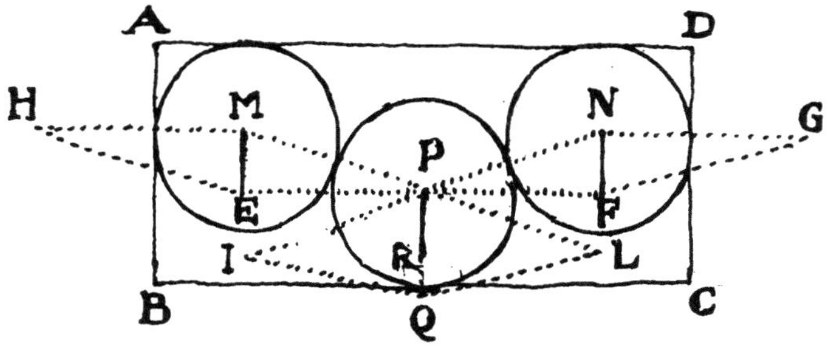

Fig. 10 - P. DELANGES, fig. VII.

Ces matériaux, composés de parties visiblement séparées et distinctes entre elles, et telles qu'elles ne puisse être assimilées aux liquides, ni même aux fluides[37], se prêtaient bien à représenter le comportement des terres. L'image du tas de boulets de canon de Borra, les sphères de Couplet, ou encore l'hypothèse de la sphère idéale de terre qui fait pression contre la paroi de soutènement et contre le plan de glissement, représentaient le comportement idéal d'un modèle à l'échelle macroscopique, tandis que les demi-fluides décrivaient aussi bien le comportement d'un modèle à l'échelle microscopique, anticipant dans ces termes les orientations de la macro-micro mécanique des matériaux qui a été développée ces dernières années par l'école française de Zaoui[38].

---

36 DE GARIDEL, *Essai sur l'equilibre des demi-fluides à frottement et application à la stabilité des revêtements militaires*, Paris, 1839.

37 Voir à ce propos la distinction que fait Galilée entre les corps divisibles et indivisibles. Galilée avait observé que, à la différence des liquides, ces matériaux *accumulati assieme si sostengono ammucchiati; e scavati sino a certo segno, resta la cavità, senza che le parti d'intorno scorrono a riempirla*. G. GALILEI, *Discorsi e Dimostrazioni matematiche intorno à due nuove scienze, Attenenti alla Meccanica & i Movimenti Locali*, Leida, Appresso gli Elzeviri, 1638. Publié dans *Le Opere di Galileo Galilei*, vol. 8, Firenze, G. Barbèra editore, 1933-XII, pp. 85-86.

38 Cf. A. ZAOUI, *Matériaux hétérogènes*, E.N.P.C., Paris, 1991.

Tentatives expérimentales pour déterminer les conditions d'équilibre des terres

Parallèlement au développement des premières théories de la poussée des terres, de nombreuses recherches expérimentales furent entreprises dans le but d'arriver à une meilleure compréhension du comportement mécanique des terrains et en particulier de leurs conditions d'équilibre. Les objectifs que se fixèrent les chercheurs qui se livrèrent à ces expérimentations furent d'une part de définir l'état de pression exercé par les terres contre le mur de soutènement, d'autre part d'apporter des explications sur le comportement mécanique dans son ensemble. Des deux objectifs, le premier eut certainement poids plus important au plan technique, et c'est pourquoi il n'y a rien d'étonnant à ce que la majeure partie des expériences se concentra sur la recherche d'une "mesure" des pressions.

Les expériences que Gadroy[39] effectua sur des terrains sablonneux durant la première moitié du XVIIIe siècle, fondées sur les prémisses de la théorie de Bélidor, les recherches expérimentales de Gauthey[40], de Papacino D'Antonj[41], de Rondelet[42] et encore celles effectuées à Alexandrie en 1805 et à Juliers dans les années 1806-07[43] par les Ingénieurs français du *Corp impérial du génie*, marquèrent le commencement des études dans ce secteur de la science de la construction. Parmi ces recherches, il faut surtout citer celles de Gauthey, visant à rechercher la "véritable" position de la résultante des pressions contre le mur de revêtement qui, comme on le sait, par analogie avec le comportement hydrostatique et en l'absence de surcharges, agit à un tiers de la hauteur du mur. Si les expériences de Gauthey avaient conduit à une vérité de fait et non de raison, elles auraient "démontré" un postulat fondamental de la théorie, mais elles auraient limité en même temps le comportement des terrains à un comportement de type hydrostatique (fig. 11).

---

39 Cf. K. MAYNIEL, *Traité expérimental, analytique et pratique de la poussée des terres et des murs de revêtement*, Paris, 1818.

40 É.-M. GAUTHEY, *Mémoire sur l'épaisseur que l'on doit donner aux murs de soutènement pour résister à la poussée des terres*, Nouv. Mém. de Dijon (1784), Tome II, pp. 28-66; et aussi Nouv. Mém. de Dijon (1785), Tome I, pp. 1-45.

41 Selon Mayniel fondées sur des hypothèses arbitraires.

42 A.-J.-B. RONDELET, *ouv. cit.*

43 K. MAYNIEL, *ouv. cit.*, p. 9 et suiv.

Les expériences de Woltmann[44] et d'Audé[45], qui arriva à mesurer le déplacement horizontal induit sur le mur de soutènement, permirent aux expérimentateurs d'affirmer qu'il était raisonnable de penser que la poussée s'exerce à un tiers de la hauteur du mur.

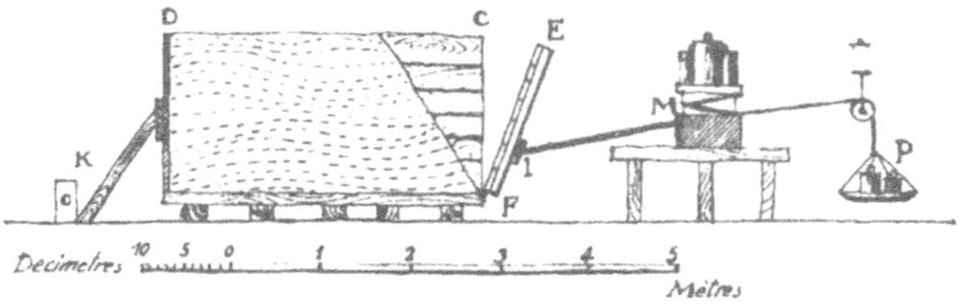

Fig. 11 - Machine de GAUTHEY.

Toutefois, vers la fin du XIXe siècle, Siégler[46] et l'année suivante Leygue[47] arrivèrent à des conclusions qui contredisaient en partie les observations de Gauthey. Leygue calcula même une "mesure" de la résistance que le mur oppose à l'action de la poussée, établissant en outre que la résultante des pressions agit entre les deux cinquièmes et la moitié de la hauteur du mur.

Du côté des études sur le comportement mécanique des terres on assista, toujours pendant ces années, à une grande floraison de recherches dont les résultats, qui n'étaient pas toujours homogènes entre eux, ne permirent pas de formuler une théorie unitaire, même si nombreuses furent les contributions expérimentales. Parmi ces études, rappelons celles de Forchheimer[48] et de Kurdjümoff[49] qui tentèrent de connaître la forme de la surface de glissement; leurs expériences montrèrent que, si la poussée est active, c'est-à-dire exercée par la terre contre le mur, la surface de glissement peut être considérée en bonne approximation comme plane, alors que si la poussée est passive, c'est-à-dire

44 WOLTMANN, *ouv. cit.*

45 AUDÉ, *Nouvelles expériences sur la poussée des terres*, Mémorial de l'Officier du génie, Tome XV, pp. 269-316, Paris, 1848 (*Mémoire révu par le général* Poncelet, *avec des additions par* Domergue, 1859).

46 SIÉGLER, *Expériences nouvelles sur la poussée des terres*, Association française poir l'avancement des sciences, Comptes Rendus de la 13a Session Blois 1884, vol. 2, p. 73, Paris, 1885.

47 L. LEYGUE, *Nouvelle recherche sur la poussée des terres et le profil de revêtement le plus économique*, Annales des Ponts et Chaussées, (6) Tome X, 1885, II sem., pp. 788-1003.

48 P. FORCHHEIMER, *Ueber Sanddruck und Bewegungs-erscheinungen im Inneren trockenen Sandes*, Tübinger Dissertation, pp. 18-53., Aachen, 1883.

49 V.J. KURDJÜMOFF, *Zur Frage des Widerstandes der Gründungen auf natürlichem Boden*, Civilingenieur, Tome XXXVIII, pp. 292-311, 1892.

exercée contre le terrain, la surface de glissement a une forme plus complexe[50]. Darwin[51] fit de nombreuses applications sur les différences de comportement entre terrains cohésifs et non cohésifs et démontra que la pression dépend essentiellement du degré de compacité du terrain, obtenant des résultats qui concordent avec ceux de Woltmann en 1794 et remettent en question la solution de Delanges.

Certains expérimentateurs, parmi lesquels pour être brefs on ne citera que Donath[52], estimèrent qu'il n'était pas nécessaire de procéder à la recherche d'une confirmation expérimentale de la position effective de la poussée du terrain; d'autres crurent trouver une confirmation suffisante de leurs hypothèses dans le fait que les forces d'impression par rapport au point de bascule sont proportionnels au cube de la hauteur du mur.

La théorie de Coulomb [1773]

L'idée, au fond rationnelle, que la poussée des terres n'ait pas la direction du plan de talus, mais une direction dépendant du frottement terre-mur conduisit Coulomb[53] à la solution du problème. La méthode de Coulomb consiste à déterminer entre tous les prismes aBC (fig. 12) qui s'obtiennent quand l'angle α varie, celui qui produit la plus forte poussée sur le mur ECDG, en tenant compte aussi bien du frottement sur le plan de glissement que du frottement terre-mur.

Si l'on suppose en effet un triangle-rectangle solide, dont un des côtés, soit vertical, & dont l'hypothénuse touche un plan incliné, sur lequel le triangle tend à glisser;

---

50 Sur la forme de la surface de glissement voir D.W. TAYLOR, *Fundamentals of soil mechanics*, New York, 1948. Le cas de surfaces de glissement circulaire a été abordé par W.F. CHEN, M.W. GIGER, H.Y. FANG, *On the limit analysis of stability of slopes*, Soils and Foundations, The Japanese Society of Soil Mechanics and Foundation Engineering, vol. 9 (1969), pp. 23-32. Odhe proposa, dans le cas de surface de glissement continue, une directrice à spirale logarithmique: cf. J. ODHE, *Zur Theorie des Erddruckes unter besonderer Berücksichtigung der Erddruck Verteilung*, Bautechnik, vol. 16, pp. 150-159, 1938. Sur ces thèmes voir également la théorie du *cercle de frottement de Krey* (1918) et les nombreuses applications au problème de la stabilité des pentes de la part de Belactski (1914), Gersevanov (1923), Puzyreski (1923) et Fellenius (1926). Pour un approfondi in ce sujet cf.: H. KREY, *Erddruck, Erdwiderstand und Tragfähigkeit des Baugrundes*, Berlin, 1936 (Ve éd.) et C. CESTELLI GUIDI, *Geotecnica e Tecnica delle fondazioni*, vol. 1, pp. 666-682, Milano, 1987 (VIII éd.).

51 DARWIN, *On thrust of a mass of sand*, Minutes of Proceedings of the institution of civil engineers, vol. 71, pp. 350-377, 1883.

52 A.D. DONATH, *Untersuchungen über den Erddruck auf Stützwände*, Zeitschrift für Bauwesen, vol. 41, pp. 491-518, 1891.

53 C.A. COULOMB, *Essai Sur une application des règles de Maximis & Minimis à quelques Problèmes de Statique, relatifs à l'Architecture*, Mémoires de mathématique et de physique Présentés à l'Académie Royale des Sciences par divers Savans, Année 1773, pp. 343-382, Paris, 1776.

si ce triangle, sollicité par sa pesanteur, est soutenu par une force horizontale, par sa cohésion, & par son frottement, qui agissent le long de cette hypothénuse, l'on déterminera facilement, dans le cas d'équilibre, cette force horizontale, par les principes de Statique. Si l'on remarque ensuite que les terres étant supposées homogènes, peuvent se séparer dans le cas de rupture, non-seulement suivant une ligne droite, mais suivant une ligne courbe quelconque; il s'ensuit que pour avoir la pression d'une surface de terre contre un plan vertical, il faut trouver parmi toutes les surfaces décrites dans un plan indéfini vertical, celle qui, sollicitée par sa pesanteur, & retenue par son frottement & sa cohésion, exigeroit, pour son équilibre, d'être soutenue par une force horizontale, qui fut un «maximum»; car, pour lors il est évident que toute autre figure demandant une moindre force horizontale, dans le cas d'équilibre, la masse adhérente ne pourroit se diviser. Comme l'expérience donne à peu-près une ligne droite pour la ligne de rupture des terres, lorsqu'elles ébranlent leurs revêtemens, il suffit, dans la pratique, de chercher dans une surface indéfinie, parmi tous les triangles qui pressent un plan vertical, celui qui demande, pour être soutenu, la plus grande force horizontale. Dès que cette force est déterminée l'on en déduit avec facilité les dimensions des revêtemens[54].

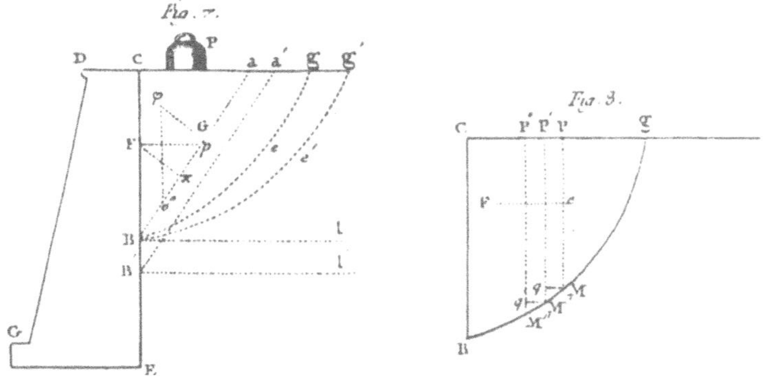

Fig. 12 - C.A. COULOMB, *Essai* ... , 1773.

Le prisme de terre est sollicité par deux forces: son propre poids et la réaction du mur (égale et opposée à la poussée de la terre); si l'on ne tient pas compte du frottement qui s'exerce entre le parement du mur et le terrain, cette réaction est dirigée horizontalement. Ces forces peuvent toutes deux se décomposer en une composante

54 C.A. COULOMB, *ibidem*, pp. 344-345.

perpendiculaire au plan du talus et une autre parallèle à celui-ci. L'équation qui permet de déterminer la valeur de la poussée est obtenue en utilisant un "critère de résistance": la somme des composantes des actions selon le plan de glissement, en tenant compte également des forces de frottement, doit être égale à la résistance limite du terrain à la rupture.

Coulomb définit deux valeurs limites entre lesquelles doit nécessairement varier l'importance de la poussée du terrain. Si la réaction opposée par le mur est moindre que la limite inférieure, alors dans un certain plan à l'intérieur du triangle CBa (fig. 12) l'action du terrain dépasse tant la force de frottement que la cohésion, la rupture a lieu, et le mur cède. Si au contraire cette réaction est supérieure à la résistance du terrain (limite supérieure), c'est le phénomène opposé qui se vérifie et le terrain reflue sous l'action du mur.

Dans le cas où c'est l'action du terrain qui prédomine, le plan du talus coïncide avec la surface de glissement, et il est légitime de supposer que ce plan passe par l'angle interne (E) du pied du mur. Il n'est, au contraire, pas possible de savoir avec exactitude ce qui se passe dans la situation opposée. C'est pour cette raison que Coulomb n'admet pas *a priori* la forme de la surface de glissement, et qu'il invite à rechercher la forme de cette surface en indiquant qu'il s'agit d'un des problèmes fondamentaux si l'on vent comprendre à fond le comportement mécanique complexe des terres. Toutefois, pour arriver simplement à des formules utiles au calcul des murs de soutènement, Coulomb considère que la surface de glissement est plane.

Si l'on suppose qu'un triangle CBa rectangle, solide et pesant, est soutenu sur la ligne Ba par une force A appliquée en F, perpendiculairement à la verticale CB; qu'en même-temps il est sollicité par sa pesanteur φ, & retenu sur la ligne Ba, par sa cohésion avec cette ligne, & par le frottement. Soit fait CB...a, Ca...x;; $\delta(aa+xx)^{\frac{1}{2}}$ exprimera l'adhérence de la ligne aB; φ, pesanteur du triangle CBa, égalera $\frac{gax}{2}$, où g exprime la densité du triangle.

Si l'on décompose la force A & la force φ suivant deux directions, l'une parallèle à la ligne Ba, l'autre qui lui soit perpendiculaire, les triangles φGδ.Fπp, qui expriment ces forces décomposées, seront semblables au triangle CaB; l'on aura donc pour ces forces les expressions suivantes,

$$A=[\varphi\,(a-\frac{x}{n})-\delta\,(aa+xx)]:(x+\frac{a}{n})$$

Mais si l'on suppose que la force appliquée en F, vienne à augmenter, au point qu'elle soit prête à mettre le même triangle en mouvement suivant la direction Ba; pour lors, en nommant A' cette force, l'on aura (...)

$$A' = [\varphi(a + \frac{x}{n}) + \delta(aa+xx)] : (x - \frac{a}{n})$$

quantité qui seroit infinie si x égaloit $\frac{a}{n}$[55].

Donc A et A' représentent les limites inférieure et supérieure de la poussée. On a évidemment équilibre si la valeur de la poussée est contenue à l'intérieur de l'intervalle (A;A') pour toute valeur de $x \in \Re$, car quel que soit le plan de glissement l'action ne dépasse pas la résistance due au frottement et à la cohésion. Mais s'il existe une valeur de x pour laquelle l'action n'est plus dans les limites imposées, alors l'équilibre n'est plus possible. On peut ainsi obtenir la valeur inférieure de la poussée en rendant A soit une maximum et la valeur supérieure si nous choisissons x tel que A' soit un minimum.

Pour la limite inférieure, la seule qui soit considérée par Coulomb, on a

$$x = -\frac{a}{n} + a\sqrt{1 + \frac{1}{nn}}$$

Avec cette expression, qui est indépendante de la tension tangentielle limite δ, Coulomb obtient la valeur correspondante de A:

$$A = ma^2 - \delta la$$

où m et l sont des coefficients constants dépendant de la quantité $\frac{1}{n}$ qui représente justement le coefficient de frottement statique. Cette force sera suffisante pour soutenir une masse indéfinie CBlg. Le moment généré par la poussée A vaut

$$M = \int_0^a (2ma-\delta l)(b-a)da = \frac{m\text{-}b^3}{3} - \frac{\delta lbb}{a}$$

et sera égale au moment stabilisant produit par le poids du mur. *Quant à la forme & aux dimensions des revêtements*, - conclut Coulomb - *l'on n'a rien de mieux à consulter dans ce genre que* les Recherches sur la figure des digues, *ouvrage que j'ai déjà cité*[56].

Coulomb a développé de nombreux cas particuliers: comme, le cas d'un poids concentré pesant sur le terrain - où l'hypothèse d'une surface de glissement plane nous paraît moins justifiée - ou encore dans l'éventualité d'une frottement sur la surface de contact entre la terre et le mur[57].

---

55 C.A. COULOMB, *ibidem*, pp. 357-358.

56 C.A. COULOMB, *ibidem*, p. 361. Coulomb se réfère au traité de C. BOSSUT, G. VIALLET, *Recherches sur la construction la plus avantageuse des digues*, Paris, 1764.

57 Pour une analyse plus approfondie de la théorie de Coulomb sur la poussée des terres, voir: J. HEYMAN, *Coulomb's memoir on statics*, Cambridge, 1972, pp. 124-161.

Objections injustifiées à la théorie de Coulomb

La théorie de Coulomb est couramment citée comme la théorie du prisme de poussée maximale. Cette définition fut critiquée - à la fin du XIXe siècle - par Rebhann[58] et par Winkler[59] qui mirent les spécialistes en garde quant'à la fiabilité réelle de certaines solutions auxquelles on pouvait arriver en utilisant cette théorie. Comme nous l'avons vu précédemment, parmi tous les prismes de terre qui exercent une poussée sur le mur de soutènement, il n'y en a qu'un, un seul, qui produise la poussée maximale. Rebhann et Winkler crurent raisonnable d'opposer l'objection suivante à ce principe: cette affirmation est mise en défaut lorsque, du fait du principe d'action et de réaction, la poussée est égale à la réaction du mur; or, cette dernière doit nécessairement être indépendante du choix du prisme de terre. On peut toutefois affirmer - ce qui confirme les observations de Coulomb - que la résistance offerte par le mur à l'action produite par le terrain se modifie en fonction de la capacité de glissement; la valeur maximum de cette résistance fournit donc la limite inférieure de la poussée.

Tant Rebhann que Winkler n'ont probablement pas ou directement connaissance du contenu du mémoire de Coulomb[60]. Cette hypothèse est confirmée par certains arguments exprimés par Rebhann dans son rapport, comme, par l'affirmation péremptoire de la "nouveauté" des résultats obtenus proférée par le scientifique allemand, reconnue également par Winkler, alors qu'en réalité ils concordent substantiellement avec ceux de Coulomb. La seule différence marquante consiste dans le fait que Winkler pose le coefficient de frottement égal à f (au lieu de $\frac{1}{n}$ chez Coulomb) et tire la valeur de la poussée de la formule

$$P = A\,h^2 - B\,ch$$

où pour la simplicité

$$A = \frac{1}{2}\gamma\left(-f + \sqrt{1 + f^2}\right)^2 \quad \text{et} \qquad B = 2\left(-f + \sqrt{1 + f^2}\right)$$

---

58 G. REBHANN, *Theorie des Erddrucks und der Futtermauern mit besonderer Rücksicht auf das Bauwesen*, C. Gerold's Sohn, Wien, 1871. Se rattachant aux contributions de Poncelet, Rebhann proposa une procédure simple pour déterminer la surface de décollement, valable même si la surface limite du terrain était courbe.

59 E. WINKLER, *Neuere Theorie des Erddrucks nebst einer Geschichte der Theorie des Erddrucks und der hierüber angestellten Versuche*, R. v. Waldheim, Wien, 1872. Il s'attacha particulièrement à l'étude de l'influence de la cohésion et mit en discussion, entre autres, la légitimité de l'emploi des critères de Rankine dans la conception des murs de soutènement.

60 Les argumentations de Coulomb citées par deux auteurs allemands font rérérence, en toute probabilité, à une communication de von Martony de Köszegh publiée sous le titre d'«abrégé» de la théorie de Coulomb: VON MARTONY DE KÖSZEGH, *Versuche ueber den Seintendruck der Erde ausgeführt auf höchsten Befehl ... verbunden mit den theoretischen Abhandlungen von* Coulomb *und* Français, Wien, 1828.

Notice sur les recherches de Woltmann, Hagen, Skibinski et Curie

Il fallut plus de vingt an avant que les idées de Coulomb ne soient accueillies avec l'attention qui leur était due par les milieux scientifiques de la "mécanique des sols". Fuss[61] par exemple, membre du jury d'un concours organisé par l'Académie de Saint-Pétersbourg sur le thème de la poussée des terres, ne mentionne pas le travail de Coulomb dans le rapport accompagnant au thème du concours.

Pourtant, quelques idées dans la lignée de celles de Coulomb semblent avoir été favorablement reçues en Allemagne à la fin du XVIIIe siècle. Le Capitaine von Zach, dans un *Appendice*[62] à la seconde édition du traité du Comte von Kinsky, expose une théorie très proche de celle de Coulomb. Il rapporte que von Kinsky était déjà parvenu, avant 1776, aux mêmes résultats que Coulomb, résultats que, toutefois, l'auteur avait préférés abandonner parce qu'ils n'étaient pas accompagnés d'une présentation mathématique assez élégante.

Le résultat obtenu par Woltmann[63] présente un plus grand intérêt. Il concorde, dans le cas particulier où la cohésion est nulle, avec celui de Coulomb, et il le surpasse même en élégance lorsqu'il introduit l'angle de frottement avec le terrain à la place du coefficient de frottement statique. Malheureusement le manque de clarté de son exposé amoindrit la valeur des rèsultats qu'il a obtenus, surtout si ces derniers sont confrontés à ceux du savant français.

La théorie de Woltmann fut à son tour reprise par Hagen[64], et puis par Skibinski[65] qui y ajoutèrent les considérations suivantes: si un mur doit empêcher le glissement du terrain, alors il doit, en tous cas, exercer une poussée horizontale indépendante de la forme de la surface de glissement. S'il n'est pas possible de définir cette surface, il suffit, d'envisager l'hypothèse la plus défavorable, autrement dit, choisir la surface de glissement de telle façon que la composante horizontale de la poussée soit maximale. Ou encore, afin d'empêcher la rotation du mur autour de l'angle externe de sa

---

61 N. FUSS, *ouv. cit.*

62 F.J. VON KINSKY, *Abhandlung vom Druck der Erde auf Futtermauern nebst einem Anhange vom Abrollen der Erde von v. Zach*, Wien, 1788.

63 WOLTMANN, *ouv. cit.*

64 HAGEN, *Untersuchung über den Druck und die Reibung des Sandes*, Annalen der Physik und Chemie von Poggendorff, vol. 28, pp. 17-48, pp. 297-323, 1833.

65 K. SKIBINSKI, *Theorie des Erddrucks auf Grund der neueren Versuche*, Zeitschrift des oesterreichischen Ing.- und Architekten- Vereins, vol. 37, pp. 65-76, 1885. Une note de réponse à l'écrit de Skibinski fut publiée par J. BRIK, *Zur Theorie des Erddruckes*, Wochenschrift des oesterr. Ing.- und Architekten-Vereins, vol. 11, pp. 107-108, 1886, et elle fut suivie d'une réplique de la part de Skibinski (idem, p. 108).

base d'appui, il suffira de choisir la surface de glissement de telle façon que le moment de la poussée autour de ce point soit maximale.

Dans le droit fil de cette pensée, on trouve les études menées par Curie[66] dans les années 1870-1873.

Développements ultérieurs de la théorie de Coulomb: Prony, Eytelwein, Mayniel, Français, Audoy et Navier

Comme ou pourait le prévoir, la théorie de Coulomb devint dominante lorsqu'elle devint universellement connue.

Au cours des vingt premières années du XIXe siècle se développèrent de nombreuses recherches sur le thème de la poussée des terres et de la statique des murs de soutènement. Prony[67], Eytelwein[68] et Mayniel[69] étendirent le problème à divers cas particuliers qui se distinguaient les uns des autres sur la base de la typologie du revêtement interne du mur. Leurs recherches, exprimées parfois sans une forme compliquée et non exempte d'erreurs, étaient fondées sur l'hypothèse que, en l'absence de frottement sur le plan de contact terre-mur, la poussée est horizontale et non perpendiculaire au revêtement interne du mur.

On doit, en outre, à Prony une intéressante élaboration, la forme utilisée aujourd'hui, de la formule de Coulomb. Partant de l'équation

$$x = a\left[-\frac{1}{n} + \sqrt{1 + \left(\frac{1}{n}\right)^2}\right]$$

au moyen de simples transformations trigonométriques sur la quantité $\frac{1}{n} = \text{tang}\varphi$, où φ exprime l'angle de frottement sur le terrain, il est arrivé à la relation bien connue qui détermine la poussée:

$$P = \frac{1}{2}\gamma h^2 \text{tang}^2\left(45° - \frac{\varphi}{2}\right)$$

où la quantité $\alpha = \left(45° - \frac{\varphi}{2}\right)$ identifie le "coin de poussée maximale" et h est la hauteur du mur. Le plan idéal qui produit la valeur maximale de la poussée partage l'angle α formé

66 J. CURIE, *Nouvelle théorie de la poussée des terres et de la stabilité des revêtements*, Gauthier-Villars, Paris, 1870; ID., *Sur la théorie de la poussée des terres*. Comptes Rendus, vol. 72, pp. 366-369, 1871; ID., *Sur la poussée des terres*, Comptes Rendus, vol. 77, pp. 778-781, 1873.

67 G. RICHE DE PRONY, *Recherches sur la poussée des terres, et sur la forme et les dimensions a donner aux murs de revêtement*, a Paris, de l'Imprimerie de la République, 1802.

68 J.-A. EYTELWEIN, *Praktische Anweisung zur Wasserbaukunst*, vol. 3, pp. 101-130, Berlin, 1805.

69 K. MAYNIEL, *ouv. cit.*, pp. 237-312.

par la paroi verticale et le plan de pente naturelle en deux parties égales. Ce résultat permit à Prony, ainsi qu'à nombre d'auteurs du XIXe, d'élaborer les équations complexes de Coulomb en un langage mathématique accessible aux techniciens. Non moins intéressante est sa "méthode graphique" pour dimensionner les murs de soutènement, qui utilise une tablette graphique (fig. 13) pour résoudre les innombrables cas particuliers propres à cette technique de construction[70].

Mayniel traita le cas où la surface interne du mur est inclinée et étendit la théorie de Coulomb à ce problème. Malheureusement, il ne tient pas compte du frottement terre-mur, et de l'hypothèse erronée d'une poussée horizontale, comme dans le cas de murs lisses verticaux. Ses formules, développées d'un manière superficielle et tortueuse, furent reprises par Français[71], qui conféra à la solution une forme plus raffinée. Comme l'avaient déjà fait avant lui Woltmann et Prony, il introduisit dans l'équation de la poussée, à la place du coefficient de frottement terre-terre, l'angle de frottement du terrain ou plutôt son complémentaire, et arrive aux mêmes résultats que Prony.

Si nous indiquons par φ l'angle de pente naturelle de la terre, γ son poids spécifique, ç la cohésion, ε l'angle que la paroi interne du mur forme avec le plan vertical; la poussée P contre la paroi du mur de hauteur h vaut

$$P = \frac{1}{2}\gamma h\,(h - h'')\left[\frac{\sin\frac{\varphi + \varepsilon}{2}}{\cos\varepsilon\,\cos\frac{\varphi - \varepsilon}{2}}\right]^2 \cos\varepsilon$$

avec

$$h'' = \frac{2c}{\gamma}\,\frac{\sin\varphi\,\cos\varepsilon}{\sin^2\left[\frac{\varphi + \varepsilon}{2}\right]}$$

Tant que h est plus petit que h'', γ restera négatif, c'est-à-dire que le mur ne devra pas opposer de réaction à la masse pour l'empêcher de glisser; on pourrait même exercer une certaine force de traction avant que le bloc ne se mette en mouvement. Par conséquent, la masse restera au repos même sans mur de soutènement.

Si le revêtement interne du mur est vertical, c'est-à-dire que ε=0, on obtient:

$$h'' = \frac{4c}{\gamma}\,\mathrm{tg}\left(\frac{\varphi}{2}\right)$$

70 G. RICHE DE PRONY, *Instruction-pratique sur une méthode pour déterminer les dimensions des murs de revêtement, en se servant de la formule graphique de R. Prony*, à Paris, chez Firmin Didot, 1809.

71 J.-F. FRANÇAIS, *Recherches sur la poussée des terres sur la forme et les dimensions des revêtements et sur le talus d'exavation*, Mémorial de l'Officier du Génie, Tome IV, pp. 157-206, Paris, 1820. Cf. aussi VON MARTONY DE KÖSZEGH, *ouv. cit.*, pp. 12-41.

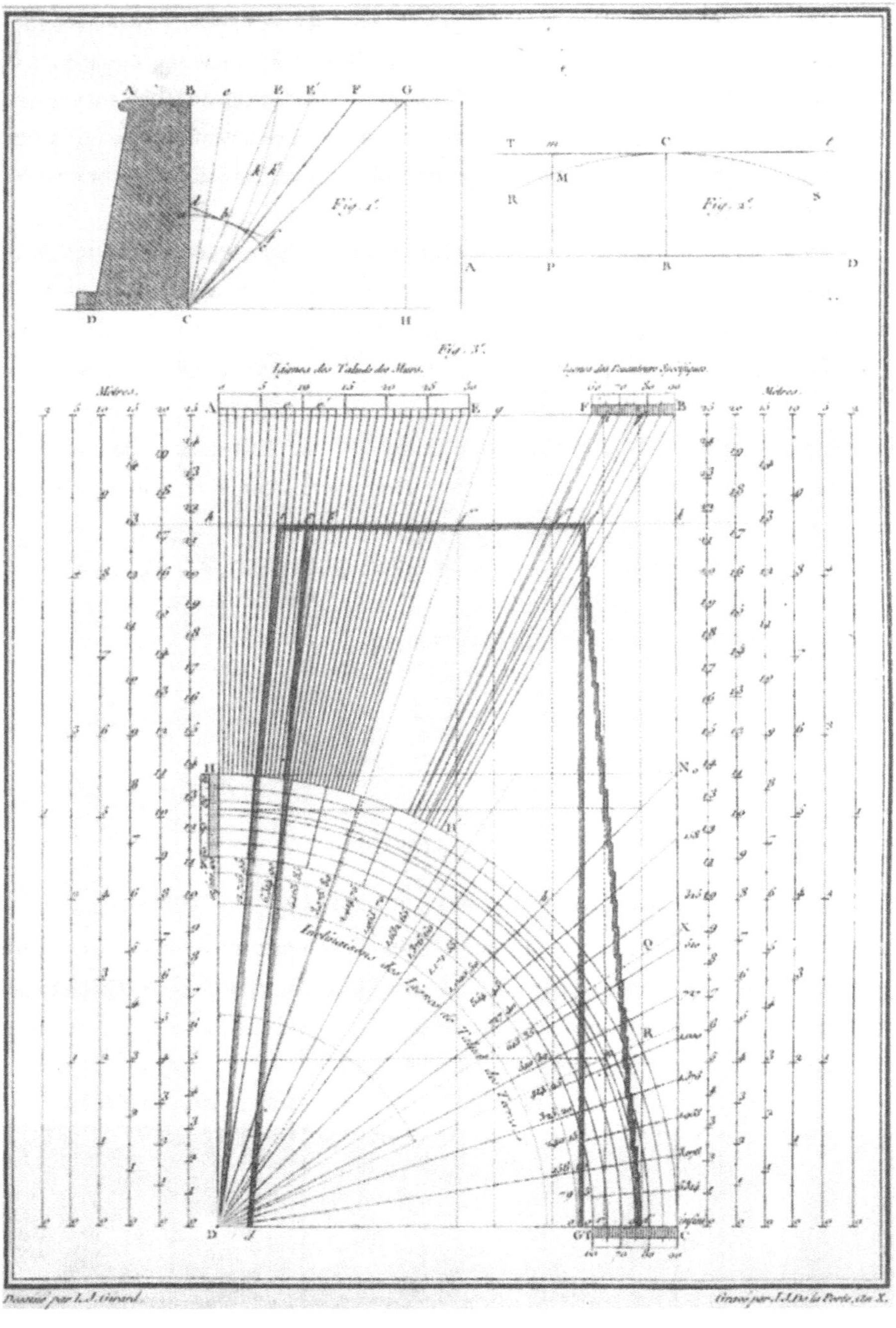

Fig. 13 - G. RICHE DE PRONY, *Instruction* ..., 1809.

Cette quantité permet de déterminer une valeur limite de la hauteur du mur pour lequel on a équilibre en vertu de la cohésion ou réciproquement de déterminer la valeur correspondante de la cohésion.

Navier[72] étendit la théorie de la poussée des terres en considérant une surcharge uniforme sur le terrain naturel qui délimite la partie supérieure et sans complication excessives au cas où ce terrain ne serait pas horizontal[73]. Il suffit toutefois de jeter un coup d'œil aux formules grâce auxquelles Audoy[74] avait résolu des problèmes analogues pour se rendre compte de ce que même dans les cas les plus complexes on pouvait obtenir des solutions utilisables pour la pratique des constructions, même si c'était au prix de grosses difficultés[75].

Les formules trouvées par Navier pour calculer l'épaisseur de la base a d'un mur d'une hauteur h et d'un poids spécifique π sont plus intéressantes du point de vue de l'application. La condition que le mur soit à même de contrecarrer l'action de bascule produite par la poussée du terrain impose que l'épaisseur du mur soit:

$$a = \pm \frac{1}{2}\left[h \tan \varepsilon - \frac{\pi}{\Pi} t^2 (h-h')\sin\varepsilon\cos\varepsilon\right] + \\ + \sqrt{\left\{ \frac{1}{4}\left[h\tan\varepsilon - \frac{\pi}{\Pi} t^2 (h-h')\sin\varepsilon\cos\varepsilon\right]^2 + \frac{\pi}{3\Pi} t^2 h \left(h - \frac{2}{3} h'\right) - \frac{1}{3}(\tan^2\varepsilon - m^2)\right\}}$$

Dans cette expression ε représente l'inclinaison du revêtement interne du mur par rapport à la verticale, $t=\frac{x}{h}$ où x est la base du "coin de poussée maximale", h' est la hauteur du côté de terre qui est équilibrée par la cohésion, m est la tangente de l'angle formé par le parement externe du mur et la direction verticale.

---

72 Voir les Notes de L. NAVIER, *Sur les conditions de l'équilibre d'une masse de terres coupée latéralement* (pp. 312-323) et *Sur la pression exercée par une masse de terres contre un revêtement* (pp. 315-323) au traité de É.-M. GAUTHEY. Cf. aussi L. NAVIER, *Leçons sur l'application de la mécanique à l'établissement des constructions et des machines*, Bruxelles, 1839 (2me éd.).

73 Sur la contribution de Navier voir aussi A. PICON, *L'invention de l'ingenieur moderne*, Presses de l'E.N.P.C., Paris, 1992, pp. 485-487 et note 34 p. 688. En ce qui concerne au contraire les intérêts de Navier pour la mécanique des terrains, qu'il considérait simplement comme une branche peu stimulante de la mécanique appliquée, voir A. GUILLERME, *La cervelle de la terre. La mécanique des sols et des fondations en France 1770-1840*, dact., rapport de recherche M.R.U., Paris, Laboratoire Théorie des mutations urbaines en pays développés, Université de Paris VIII, 1986, p. 52.

74 J.-V. AUDOY, *Note additionnel au mémoire de M. Michaux sur la construction des revêtements*, Mémorial de l'Officier du Génie, vol. 11, pp. 349-374, 1832.

75 Sur la forme de la surface libre de la terre, voir: ALLENT, *ouv. cit.*, p. 271 et suiv.; DE SAZILLY, *Observations sur les conditions d'équilibre des terres et sur les revêtements de talus*, Annales des Ponts et Chaussées, 1857, I sem., pp. 1-157; G.B. AIRY, *On the slope of cuttings*, Minutes of proceedings of the institution of civil engineers, vol. 55, pp. 241-251, 1879; K. VON OTT, *Vorträge ueber Baumechanik*, Tech. Blätter, Tome II (1870), pp. 123-134, 1872.

Supposant que la cohésion soit nulle et que le mur soit rectangulaire, on obtient[76]

$$a = h\,t\sqrt{\frac{\pi}{3\Pi}}$$

On trouve des formules analogues à celle-ci dans le traité d'É.-M. Gauthey[77].

L'introduction des méthodes graphiques pour la recherche de la poussée des terres: Poncelet et Culmann

C'est à l'intuition géométrique de Poncelet[78] que l'on doit la découverte d'une nouvelle voie qui a abouti, là où les méthodes de calcul utilisées jusqu'alors avaient échoué. Poncelet joint la géométrie a l'analyse mathématique, qui devient l'outil principal menant à la solution d'innombrables problèmes techniques.

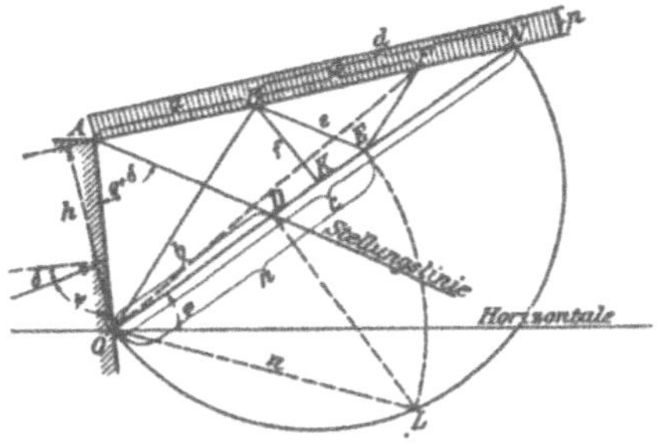

Fig. 14 - Méthode graphique de Poncelet.

Poncelet fournit une élégante construction graphique pour déterminer la valeur de la poussée du terrain. Elle peut être utilisée même si on tient compte du frottement entre le revêtement interne du mur (supposé incliné et non vertical) et le terrain, et lorsque ce dernier est délimité dans sa partie supérieure par une surface polygonale, en assumant que la surface de glissement soit plane et que l'influence de la cohésion soit négligeable. Cette

76 Cf. C.-L.-M.-H. NAVIER, *Résumé des leçons données à l'Ecole des Ponts et Chaussées ..., II section*, à Paris, chez F. Didot, 1826-1838; rééd. de la 1re partie par A. Barré de Saint-Venant, Dunod, Paris, 1864.

77 Cf. E. BENVENUTO, M. CORRADI, *Gauthey et le Traité de la construction des ponts dans le cadre de la culture scientifique de son temps*, pp. 149-173, dans *Un ingénieur des lumières. Émiland-Marie Gauthey* par A. Coste, A. Picon, F. Sidot, Presses de l'E.N.P.C., Paris, 1993. La partie relative aux murs de soutènement se trouve aux pp. 165-168.

78 J.-V. PONCELET, *Mémoire sur la stabilité des revêtements et de leurs fondations. Note additionnelle sur les relations analytiques qui lient entre elles la poussées et la butée de la terre*, Mémorial de l'Officier du Génie, Tome XIII, pp. 7-270, 1840. Cf. aussi VON LOHMEYER, *Ueber die Stabilität der Erdbekleidungen und deren Fundamente*, Braunschweig, 1844.

dernière hypothèse se justifie au plan pratique, parce qu'elle met de côté une force résistante, augmentant ainsi le degré de sécurité d'une construction. En outre, elle ne pose aucune limitation à l'inclinaison du revêtement interne du mur, à la tendance de la surface supérieure du terrain, et elle considère également l'effet du frottement sur la surface interne du mur. C'est pourquoi, dans la condition limite d'équilibre, l'inclinaison de la poussée par rapport à la perpendiculaire devient égale à l'angle de frottement terre-mur.

Et il parvient ainsi au résultat suivant:

$$P = \frac{1}{2} \gamma f e$$

où γ est le poids spécifique du terrain (fig. 14).

En termes analytiques, la solution de Poncelet peut être généralisée dans l'équation suivante:

$$S = \left[\frac{1}{2} \gamma h^2 + p\ h \frac{\sin\beta}{\sin(\alpha+\beta)} \right] \lambda$$

où

$$\lambda = \frac{\sin^2(\beta+\varphi)}{\sin^2\beta \sin(\beta-\delta) \left[1 + \sqrt{\frac{\sin(\varphi+\delta)\ \sin(\varphi-\alpha)}{\sin(\beta-\delta)\ \sin(\alpha+\beta)}} \right]^2}$$

et α est égal à l'inclinaison du terrain supérieur (plan de campagne); β est l'angle d'inclinaison du revêtement interne par rapport au plan horizontal, φ est l'angle de pente naturelle du terrain; δ est l'angle de frottement terre-mur; p est la valeur de la surcharge qui agit sur le plan de campagne supérieur; h est la hauteur du mur[79]. Cette relation fut aussi déterminée sous une forme semblable par Müller-Breslau en 1906[80].

Culmann[81] a amélioré et complété la solution de Poncelet en introduisant une surcharge uniforme du terrain. Afin d'opérer de la maniére la plus simple possible, mais cohérente avec les hypothèses avancées, Culmann considéra la surcharge comme un poids réparti sur la surface du terrain et produit par une charge ayant le même poids spécifique que la terre. On peut alors représenter la pression de la surcharge par un accroissement de la hauteur du terrain défini par une droite parallèle au plan de campagne. Culmann fit un autre pas en avant dans le développement graphique de la théorie de la poussée des terres, en prenant également la cohésion en ligne de compte.

---

79 H. KREY, *Erddruck, Erdwiderstand u. Tragfähigkeit des Baugrundes*, Ernst, Berlin, 1926 (3e éd.), a déterminé la valeur de λ dans de nombreux cas particuliers.

80 H. MÜLLER-BRESLAU, *Erddruck auf Stützmauern*, Kröner, Leipzig, 1906.

81 K. CULMANN, *Die graphische Statik*, p. 563 et suiv., Zürich, 1866.

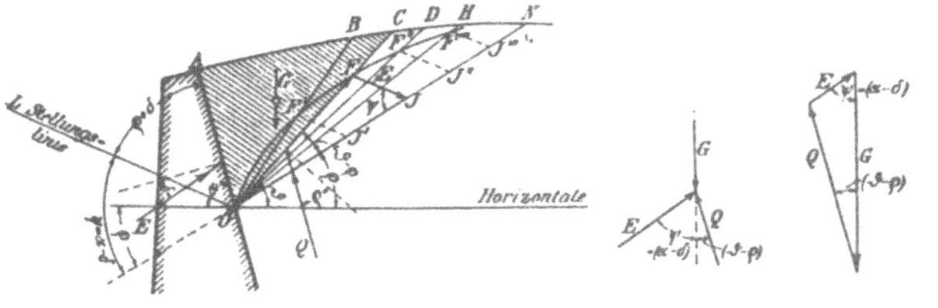

Fig. 15 - Méthode graphique de Culmann.

Saint-Guilhem[82] proposa un procédé singulier pour déterminer la poussée en présence d'une surcharge. À ce propos, a réexaminé le problème de la définition de la surface de glissement du terrain. Fondamentalement, son problème peut être ramené à la recherche de l'intersection de la surface de glissement avec le profil interne du mur, quand l'intersection de cette surface avec le plan de campagne supérieur du terrain est connue.

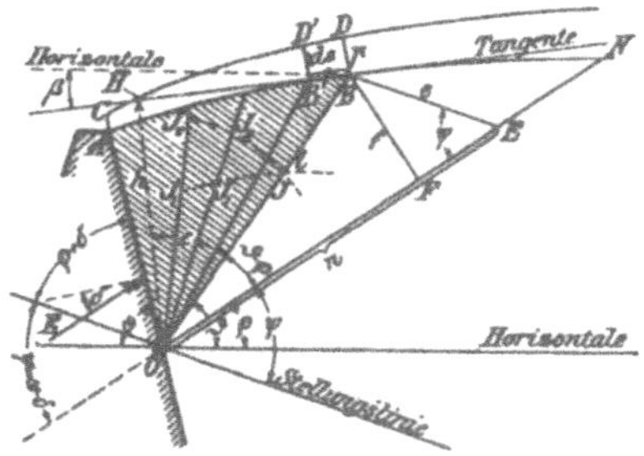

Fig. 16 - Méthode graphique de Rebhann.

La détermination de la surface de glissement fit l'objet de nombreuses recherches, qui permirent de définir quelques propriétés importantes. Il y eut, dans cette direction,

82 SAINT-GUILHEM (DE), *Mémoire sur la poussée des terres avec ou sans surcharge*, Annales des Ponts et Chaussées, I sem., pp. 319-350, 1858.

des contributions de Poncelet, Ardant[83], Wittmann[84], Goupil[85], Winkler[86] et d'autres, sur lesquels nous ne nous arrêterons pas ici.

Développements après 1850

Arrivés à ce point de notre compte-rendu, nous ne pouvons plus nous étendre sur les développements qui ont en lieu durant la deuxième moitié du XIXe siècle. on en donnera donc qu'un bref aperçu.

Les méthodes graphiques, qui après de la moitié du XIXe siècle eurent une grande diffusion dans la pratique de la construction, surtout à cause de leur facilité d'emploi, établirent aussi la frontière entre deux secteurs bien distincts de la recherche. D'un côté, ceux qui, plus proches de la technique des constructions, visaient à proposer des méthodes graphiques extrêmement générales susceptibles de décrire le maximum de cas particuliers de manière claire et exhaustive. De l'autre, les savants qui, plus enclins à étudier le volet théorique, se proposèrent de répondre aux questions laissées en suspens sur le comportement mécanique réel des terres. La recherche du point d'application et de la direction de la poussée fut encore l'objet d'études de Saint-Guilhem[87] et de Planat[88]. Le premier de ces deux problèmes, impliquant une définition plus ponctuelle de la pression sur l'épaulement et qui devrait aller au-delà de l'analogie avec le comportement hydrostatique, occupa sérieusement des scientifiques du calibre de Weingarten[89], Mohr[90], Weyrauch[91], Winkler[92], qui donnèrent des contributions intéressantes et importantes.

83 ARDANT, *Nouvelles recherches sur le profil de revêtement le plus économique*, Mémorial de l'Officier du Génie, Tome XV, pp. 213-268, Paris, 1848.

84 W. WITTMANN, *Beitrag zur Theorie des Erddrucks auf Stützmauern und Stabilitätsbestimmung derselben*, Zeitschr. des Bayerischen Architekten-und Ingenieurvereins, München, 1877.

85 A. GOUPIL, *Sur la détermination graphique de la poussée des terres*, Le génie civil, Tome XII, pp. 319-350, 1887-1888.

86 E. WINKLER, *Vorträge über die Theorie des Erddrucks gehalten an der K. technischen Hochschule zu Berlin*, Cours lithographié, 1880.

87 SAINT-GUILHEM (DE), *ouv. cit.*

88 P. PLANAT, *Expériences sur la poussée des terres et la résistance des murs de soutènement*, La semaine des constructeurs, Tome VIII, p. 169 et p. 182, 1883-4.

89 J. WEINGARTEN,*Vortrag über Erddruck gehalten am 20. Febr. 1869 im Architekenverein zu Berlin*, Zeitschrift f. Bauwesen, Tome XX, pp. 122-123, 1869.

90 O. MOHR, *Beiträge zur Theorie des Erddrucks*, Zeitschrift des Hannoverschen Architekten- und Ingenieurvereines, Tome XVII, p. 494, 1871. Il discuta la légitimité de l'emploi des critères de Rankine dans la conception des murs de soutènement.

91 J.J. WEYRAUCH, *Zur Theorie des Erddrucks*, Zeitschrift für Baukunde, p. 193, 1878.

92 E. WINKLER, *ouv. cit.*.

La recherche de la "vraie" forme de la surface de glissement eut également un rôle important. Scheffler[93] reprit les recherches de Coulomb et démontra que, dans le cas où la surface du plan de campagne supérieur du terrain est horizontale, et que le mur a le parement interne vertical, la surface de glissement est rectiligne. Hagen[94] aussi était parvenu à ce résultat, quelques années avant lui, en utilisant une construction géométrique particulière.

Les théories orientées vers la recherche de la surface de glissement se développèrent avec succès tant que les hypothèses trouvèrent une confirmation expérimentale. Toutefois, la mise en forme d'une théorie générale, ou même l'approfondissement des théories développées jusqu'à la moitié du XIXe siècle, exigèrent une "nouvelle" formulation du problème. Par exemple, l'étude des matériaux que nous avons évoqués sous le terme de demi-fluides exigea l'application de principes généraux propres à la mécanique des corps élastiques et fluides, et qui tenaient compte des caractéristiques physico-mécaniques du matériau. Cette étude permit de formuler des systèmes d'équations décrivant les relations entre l'état de contrainte et l'état de tension.

Si l'on admet les échecs de de Garidel et Ortmann[95], on doit certainement reconnaîtrée à Scheffler le mérite de s'être engagé le premier dans cette direction, et à Rankine[96] d'avoir développé, quelques années plus tard, une théorie plus générale. Cependant les belles recherches de l'auteur anglais restèrent inconnues, pendant plus d'une décennie, jusqu'à ce que les contributions de Lévy[97], Considère[98] et Winkler[99] attire l'attention de la communauté scientifique sur ce problème. Ceux ci apprirent en outre une réponse à des questions restées jusque là sans réponse, même s'ils se bornaient à un milieu continu élastique bidimensionnel.

---

93 H. SCHEFFLER, *Ueber den Druck im Innern einer Erdmasse*, Crelle's Journal der Baukunst, vol. 30, pp. 185-223, 1851. Il s'occupa de la répartition des tensions dans des matériaux incohérents retenus par des murs de soutènement. Cf. aussi H. SCHEFFLER, *Theorie der Gewölbe, Futtermauern und eisernen Brücken*, Braunschweig, 1857.

94 G. HAGEN, *Untersuchung über den Druck und die Reibung des Sandes*, Annalen der Physik und Chemie von Poggendorff, vol. 28, pp. 17-48 et pp. 297-323, 1833.

95 DE GARIDEL, *ouv. cit.*; cf. aussi ORTMANN, *Die Statik des Sandes mit Anwendungen auf die Baukunst*, Leipzig, 1847.

96 W.J.M. RANKINE, *On the stability of loose earth*, Phil. Transactions of the London Royal Soc., vol. 147, I Partie, pp. 9-27, 1856-57.

97 M. LÉVY, *Essai sur une théorie rationnelle de l'équilibre des terres fraîchement remuées et de ses applications au calcul de la stabilité des murs de soutènement*, Comptes Rendus, vol. 68, pp. 1456-1458, 1869; ID., Comptes Rendus, vol. 70, pp. 217-226, 1870.

98 A. CONSIDÈRE, *Note sur la poussée des terres*, Ann. des Ponts et Chaussées, vol. 19, 4ème serie, pp. 547-594, 1870. Il discuta la légitimité de l'emploi des critères de Rankine dans la conception des murs de soutènement.

99 E. WINKLER, *Neuere Theorie des Erddrucks nebst einer Geschichte der Theorie des Erddrucks und der hierüber angestellten Versuche*, R. v. Waldheim, Wien, 1872.

La détermination de la poussée d'une masse illimitée

La répartition des tensions dans un corps délimité par un plan incliné formant un angle α avec le plan horizontal mais qui, pour le reste, s'étend de façon illimitée dans l'espace cartésien, fit l'objet d'une recherche fouillée de la part de Rankine.

Une fois abandonnée l'hypothèse de surface de glissement plane, il a considéré la situation d'équilibre limite d'un élément infinitésimal, appartenant à une masse continue et incohérente de terre, limitée par un plan incliné, et soumise uniquement à l'action de son propre poids. L'analyse de l'état de tension de l'élément infinitésimal de terre lui permit de trouver que sur toute surface parallèle au plan de frontière, agissent seulement deux tensions verticales σ_{yy}, et sur les plans verticaux seulement des tensions σ_{xx} ayant une direction parallèle à la surface libre (les directions x,y sont conjuguées). La condition d'équilibre limite, en présence de frottement, permet de trouver la relation qui met en corrélation l'état de tension et la disposition locale de la surface de décollement. Quand la surface du plan de campagne est horizontale, la solution de Rankine coïncide avec celle de Coulomb. Rankine était donc parvenu à déterminer l'état de tension pour la masse de terre homogène, quoique sous des conditions particulières de contour, et sa théorie est appellée théorie de la "masse illimitée". Comme Pozzati l'a fait remarquer, il reste cependant l'ambiguïté de devoir admettre *que l'action mutuelle entre des éléments de terre est égale à celle qui a lieu entre le terrain et le mur de soutènement, dont la présence constitue un fait de discontinuité, en opposition à l'hypothèse de l'homogénéité; de plus, la configuration limite d'équilibre introduite en supposant la masse illimitée n'est pas tout à fait réaliste*[100].

Rankine définit en outre la valeur de la poussée du terrain contre une paroi de revêtement dans la formule

$$P = \frac{1}{2}\gamma h^2 k$$

où γ et h ont la signification que l'on sait, et k est un coefficient dépendant de l'angle de frottement sur le terrain.

Par la suite on tenta de représenter la distribution des tensions pour le cas limite d'équilibre, en utilisant les méthodes graphiques de Mohr[101] et de Weyrauch[102].

---

100 P. POZZATI, *ouv. cit.*, vol. 1, pag. 134.

101 O. MOHR, *Beiträge zur Theorie des Erddrucks*, Zeitschrift des Hannoverschen Architekten- und Ingenieurvereines, Tome XVII, pp. 344-494, 1871 et aussi Tome XVIII, pp. 67-245, 1872.

102 J.J. WEYRAUCH, *Theorie des Erddrucks auf Grund der neueren Anschauungen*, Allgemeine Bauzitung, Wien, 1881.

Mais c'est surtout grâce aux recherches de Winkler, Lévy, Saint-Venant et Boussinesq que ces études ont trouvé leur place dans le cadre de la théorie mathématique de l'élasticité.

L'hypothèse fondamentale à laquelle ils firent tous référence est la suivante: l'inclinaison de la direction des pressions par rapport à la normale à la paroi de soutènement est exactement égale à l'angle de frottement entre la terre et le mur, ou, pour une paroi suffisamment rugueuse, elle est égale à l'angle de pente naturelle du terrain, pour n'importe quelle inclinaison du plan de campagne et de la paroi interne du mur.

L'idée d'adopter les équations indéfinies d'équilibre de Cauchy, qui doivent être satisfaites en chacun des points de l'espace occupé par le terrain, et les équations d'équilibre local sur la surface limite, qui doivent être vérifiées en chaque point de la surface délimitant le terrain, permirent de décrire le problème sous une forme générale, même si la résolution de ces systèmes d'équations différentielles ne fut possible que dans certains cas particuliers. Dans ces sens Saint-Venant[103] et Boussinesq[104] améliorèrent et complétèrent la théorie de Rankine, au cours des années 1870-1884.

La possibilité d'interpréter le comportement du terrain "au repos" fut rendue possible après la solution du problème du demi-espace élastique soumis à l'action d'une charge concentrée, donnée par Boussinesq dans son travail *Applications des potentiels à*

---

103 SAINT-VENANT (BARRÉ DE), *Recherche d'une deuxième approximation dans le calcul rationnel de la poussée exercée contre un mur dont la face postérieure a une inclinaison quelconque par des terres non cohérentes dont la surface supérieure s'élève en un talus plan quelconque à partir du haut de cette face du mur*, Comptes Rendus, vol. 70, pp. 717-724, 1870; ID., *Sur une détermination rationnelle par approximation de la poussée des terres dépourvus de cohésion contre un mur de soutènement*, Comptes Rendus, vol. 70, pp. 228-235 et pp. 281-286, 1870; ID., *Examen d'un essai de théorie de la poussée des terres contre les murs destinés à ler soutenir*, Comptes Rendus, vol. 77, pp. 233-241, 1874.

104 J. BOUSSINESQ, *Intégration de l'équation differentielle qui peut donner une deuxième approximation dans le calcul rationnel de la poussée des terres*, Comptes Rendus, vol. 70, pp. 751-754, 1870; ID., *Sur les modes d'équilibre limite les plus simples que peut présenter un massiv sans cohésion fortement comprimé*, Comptes Rendus, vol. 80, pp. 546-549, 1875; ID., *Essai théorique sur l'équilibre des massifs pulvérulents comparé à celui des massifs solides et sur la poussée des terres sans cohésion*, Mém. couronn., vol. 40 (1876), n. 4, p. 12 et suiv., p. 112 et suiv., p. 150 et suiv., Bruxelles, 1876; ID., *Note on Mr G.H. Darwin's paper 'On the horizontal thrust of a mass of sand'*, Minutes of Proceedings Inst. Civ. Engr., vol. 72, p. 262 et suiv., 1882-3; ID., *Sur la détermination de l'épaisseur minimum que doit avoir un mur vertical, d'une hauteur et d'une densité données, pour contenir un massif terreux, sans cohésion, dont la surface supérieure est horizontale*, Annales des Ponts et Chaussées, I sem., vol. 3, pp. 625-643, 1882; ID., Annales des Ponts et Chaussées, 1883, II sem., pp. 494-524; ID., Min. of proc. of the inst. of civ. engineers, vol. 72, 1883, p. 262 et suiv.; ID., *Note sur la poussée horizontale d'une masse de sable à propos des expériences de M. Darwin; Addition relative aux expériences de M. Gobin*, Annales des Ponts et Chaussées, 6ème serie, vol. 6, p. 494 et suiv., p. 510 et suiv., 1883; *Calcul approché de la poussée et de la surface de rupture dans un terreplein horizontal homogène contenu par un mur vertical*, Comptes Rendus, vol. 98, pp. 790-793, 1884; ID., *Complément à des précédentes notes sur la poussée des terres*, Annales des Ponts et Chaussées, I sem., 6ème serie, pp. 443-489, 1884; ID., *Sur la poussée d'une masse de sable à surface supérieure horizontale contre un paroi vertical dans le voisinage de laquelle son angle de frottement est supposé croître légèrement d'apres une certaine loi*, Comptes Rendus, vol. 98, II sem., pp. 667-670 et pp. 720-723, 1884.

l'études de l'équilibre et du mouvement des solides élastiques de 1885[105]. Cette solution a ouvert la voie à l'examen de nombreux autres cas: la charge concentrée de glissement, la charge répartie sur une aire circulaire; le problème de l'empreinte circulaire laissée par un corps rigide, etc.

Pour donner une idée de l'amélioration offerte par la solution de Boussinesq de la théorie de Rankine pour le calcul de la poussée contre une paroi verticale, rappelons que selon Rankine, celle-ci vaut

$$P = \frac{1}{2}\gamma h^2 \operatorname{tg}^2\left(\frac{\pi}{4} - \frac{\varphi}{2}\right)$$

et elle est perpendiculaire au revêtement interne du mur, tandis que selon Boussinesq, une fois connu l'angle de frottement terre-mur (ψ), celle-ci vaut

$$P = \frac{1}{2}\gamma h^2 \operatorname{tg}^2\left(\frac{\pi}{4} - \frac{\varphi}{2}\right)\frac{\cos\left(\frac{\pi}{4} - \frac{\varphi}{2}\right)}{\cos\left(\psi + \frac{\varphi}{2} - \frac{\pi}{4}\right)}$$

La théorie de la poussée des terres et la théorie mathématique de l'élasticité selon Boussinesq

Pour remédier à l'indétermination du problème plan dans les tensions, Boussinesq a développé la théorie de la poussée des terres dans le cadre de la théorie mathématique de l'élasticité. Naturellement il s'agissait d'utiliser de façon adéquate les équations indéfinies d'équilibre de Cauchy et les équations aux limites

$$\sigma_{hk,h} + \rho g_k = 0 \qquad \text{et} \qquad \sigma_{hk}\, n_h = f_k$$

en tenant compte toutefois de la nature spéciale de la terre.

Boussinesq partit de l'idée de déterminer les relations tensions-déformations. On sait maintenant que toute déformation est caractérisée en chaque point du continu élastique par trois dilatations principales, qui se disposent selon trois directions déterminées, perpendiculaires entre elles. Si le milieu est isotrope, les directions des tensions principales coïncident avec celles des dilatations principales. la somme des tensions principales sera donc symétrique par rapport à celle des dilatations principales.

Si les cas limite sont caractérisés par les mêmes hypothèses que celles de Rankine, dans le cas général, les deux théories montrent une différence évidente, et la théorie de

105 J. BOUSSINESQ, *Applications des potentiels à l'étude de l'équilibre et du mouvement des solides élastiques*, Paris, 1885.

Boussinesq se révèle indiscutablement supérieure. Alors que les premières équations, de par leur nature elle-même, peuvent donner la distribution de la pression que dans les cas limite d'équilibre, et dans tous les autres cas le problème est indéterminé, la théorie de Boussinesq conduit à des équations qui s'avèrent indépendantes de l'état limite.

Par la suite, les études de Flamant[106], Schleicher[107], Mindlin[108], intégrèrent et complétèrent l'œuvre de Boussinesq; du côté de l'application au contraire, les études de Caquot[109] et de Sokolovski[110] méritent d'être mentionnées. Ce fut de toute façon le mémoire fondamental de Prandtl[111] qui marqua un net progrès dans les connaissances en développant la mécanique des terrains dans le domaine de la théorie de la plasticité.

Comme les théories mentionnées correspondent au comportement réel des terres, il n'a pas encore été possible de les évaluer de manière exhaustive. Toutefois, les formulations récentes dans le domaine de la théorie de la plasticité nous font espérer que la différence existant entre la théorie et l'expérience pourra être comblée.

---

106 A. FLAMANT, *Sur la répartition des pressions dans un solide rectangulaire chargé transversalement*, Comptes Rendus, vol. 114, pp. 1465-1468, 1892.

107 F. SCHLEICHER, *Der Spannungszustand an der Fließgreuze (plastizitätbedingung)*, Z. A. M. M., vol. 6, p. 199 et suiv., 1926.

108 R.D. MINDLIN, *Contributions au problème d'élasticité d'un solide indéfini limité par un plan*, Comptes Rendus, 1935.

109 A. CAQUOT, *Équilibre des massifs à frottement interne. Stabilité des terres pulvérulentes et cohérentes*, Paris, 1934.

110 V.V. SOKOLOVSKII, *Statics of soil media*, London, 1960.

111 L. PRANDTL, *Über die Eindringungsfestigkeit plastischer Baustoffe und die Festigkeit von Schneiden*, Zeitschrift für angew. Mathem. u. Mechanik, vol. 1, 1921, pp. 15-20.

Claude Louis Marie Henri Navier
(1785 - 1836)

ENTRE SCIENCE ET ART DE L'INGÉNIEUR. L'ENSEIGNEMENT DE NAVIER À L'ECOLE DES PONTS ET CHAUSSÉES

Antoine Picon[1]

Summary : The generalisation to two dimensions of the oscillation of the elastic rod tempted by Jacob II Bernoulli was pursued and generalised to the elastic body by Cauchy, Navier and Lamé who founded the mathematical theory of elasticity. The exceptional rise of the science of engineering at that period is indissociable from its teaching since the same men who developed the knowledge teached it at the "Ecole polytechnique" and at the "Ecole des Ponts et Chaussées".

Résumé : La généralisation à trois dimensions de l'étude de l'oscillation de la lame élastique entamée par Jacob II Bernoulli est poursuivie par Cauchy, Navier et Lamé qui fondent la théorie mathématique de l'élasticité. L'essor exceptionnel pris par la science des Ingénieurs à cette époque est indissociable de son enseignement puisque ce sont les mêmes hommes qui développent le savoir et l'enseignent à l'Ecole polytechnique et à l'Ecole des Ponts et Chaussées.

Introduction

Claude Navier (1780-1836) est bien connu des historiens des sciences pour sa contribution à la théorie mathématique de l'élasticité comme pour son apport en matière d'hydraulique[2]. Cependant, la valeur de son œuvre scientifique ne doit pas conduire à négliger ses préoccupations d'ingénieur. Tout au long de sa carrière, Navier s'est en effet réclamé à la fois de la science et de la pratique du projet. Il se situe ainsi clairement entre mécanique et architecture, ou plutôt entre mécanique et art de l'ingénieur, un art de

1 CENTRE D'ENSEIGNEMENT ET DE RECHERCHE TECHNIQUES ET SOCIÉTÉS - ÉCOLE NATIONALE DES PONTS ET CHAUSSÉES, Central 4, 1, Av. Montaigne - 93167 Noisy-Le-Grand Cedex (France).

2 Il n'existe malheureusement pas d'ouvrage scientifique récent consacré à la vie et à l'œuvre de Navier. Conservé sous la côte F^{14} 2289^{1} aux Archives nationales, son dossier administratif contient toutefois de nombreux renseignements sur sa carrière. On pourra également se reporter aux notices biographiques rédigées par Prony, Emmery et Girard qui figurent en tête de la réédition par Barré de Saint-Venant de la première partie de son *Résumé des leçons données à l'Ecole des Ponts et Chaussées sur l'application de la mécanique à l'établissement des constructions et des machines*, Paris, 1864, pp. xxxix-liv.

l'ingénieur encore très proche de l'architecture au cours de la première moitié du siècle dernier.

L'ambition qui l'anime d'occuper une position charnière entre théorie et pratique se reflète dans son enseignement de mécanique appliquée dispensé à l'Ecole des Ponts et Chaussées, ainsi que nous voudrions le montrer dans cet article. Nous nous appuierons pour cela sur l'édition de 1826 de son *Résumé des leçons données à l'Ecole des Ponts et Chaussées sur l'application de la mécanique à l'établissement des constructions et des machines* [3]. Au même titre que le cours de mécanique industrielle de Poncelet qui lui est contemporain, cet ouvrage marque une date dans l'histoire de la science de l'ingénieur et de son application. C'est aux résultats qu'il contient que pensera par exemple l'ingénieur américain Mahan lorsqu'il écrira au début de son *Elementary course of civil engineering* de 1837 que *le meilleur conseil que l'auteur puisse donner à un jeune ingénieur est de placer dans sa bibliothèque le moindre ouvrage scientifique auquel le nom de M. Navier est en quelque façon que ce soit attaché* [4]. Le *Résumé* sera republié par Barré de Saint-Venant en 1864, preuve de l'actualité qu'il possède encore à cette date[5].

La carrière d'un ingénieur-savant

Pupille d'Emiland-Marie Gauthey, l'un des ingénieurs des Ponts et Chaussées du XVIIIe siècle les plus réputés[6], Claude Navier se destine au même état que lui. Il entre pour cela en 1802 à l'Ecole polytechnique où il reçoit une excellente formation scientifique[7]. Il passe ensuite à l'Ecole des Ponts où les élèves sont censés appliquer au génie civil et à l'architecture le bagage théorique acquis à Polytechnique[8].

---

3 CL. NAVIER, *Résumé des leçons données à l'Ecole des Ponts et Chaussées sur l'application de la mécanique à l'établissement des constructions et des machines*, Paris, 1826. Il ne s'agit que de la première partie du cours de Navier consacrée aux problèmes de génie civil et d'architecture. Traitant de l'hydraulique et des machines, les seconde et troisième parties du cours ne seront publiées qu'en 1838 après avoir été lithographiées à plusieurs reprises à l'intention des élèves de l'Ecole des Ponts et Chaussées.

4 Cité par D.-A. GASPARINI, C. PROVOST, *Early nineteenth century developments in truss design in Britain, France and the United States*, Construction history, vol. 5, 1989, pp. 21-33, p. 30 plus particulièrement; c'est nous qui traduisons.

5 CL. NAVIER, *Résumé des leçons données à l'Ecole des Ponts et Chaussées sur l'application de la mécanique à l'établissement des constructions et des machines*, rééd. par A. BARRÉ DE SAINT-VENANT, Paris, 1864.

6 Sur Gauthey, on pourra consulter A. COSTE, A. PICON, F. SIDOT (dir.), *Un ingénieur des Lumières. Emiland-Marie Gauthey*, Paris, Presses de l'Ecole nationale des Ponts et Chaussées, 1993.

7 Cf. B. BELHOSTE, A. DAHAN-DALMÉDICO, A. PICON (dir.), *La formation polytechnicienne 1794-1994*, Paris, 1994.

8 Cf. A. PICON, *L'invention de l'ingénieur moderne. L'Ecole des Ponts et Chaussées 1747-1851*, Paris, Presses de l'Ecole nationale des Ponts et Chaussées, 1992.

Après un début de carrière tout à fait classique, en Côte d'Or puis à Paris, le jeune ingénieur des Ponts et Chaussées se fait connaître par la publication des mémoires laissés par Gauthey sur les ponts et les canaux, puis par des rééditions de *La science des ingénieurs* et du premier tome de l'*Architecture hydraulique* de Bélidor[9]. Le très grand intérêt des notes et additions qu'il rédige à ces différentes occasions sur les développements les plus récents de la mécanique et de l'hydraulique lui valent d'être nommé en 1819 professeur adjoint de mécanique appliquée à l'Ecole des Ponts et Chaussées. Quoique l'ingénieur Eisenmann, qui avait jusque là la charge du cours, reste professeur en titre jusqu'en 1830, Navier assure dès 1820 l'entière responsabilité de l'enseignement.

Parallèlement, il mène une activité scientifique des plus brillantes. En 1820 et 1821, son *Mémoire sur la flexion des plans élastiques* et son *Mémoire sur les lois de l'équilibre et du mouvement des corps solides élastiques* contribuent à fonder la théorie mathématique de l'élasticité. Cauchy s'en inspirera d'ailleurs au moment de donner ses célèbres *Recherches sur l'équilibre et le mouvement intérieur des corps solides ou fluides, élastiques ou non élastiques*[10]. Elu à l'Académie des Sciences en 1822, Navier ne néglige pas pour autant l'art de l'ingénieur. On lui doit différents projets d'ouvrages d'art et d'aménagements, ponts de Choisy, des Invalides et d'Asnières, projet de ligne de chemin de fer de Paris à Strasbourg. Des années 1820 à sa mort en 1836, il joue surtout un rôle d'expert pour l'administration des Ponts et Chaussées qui le consulte sur des sujets aussi divers que l'introduction des ponts suspendus en France où la refonte des tarifs routiers[11]. Dans son enseignement comme dans ce travail d'expert, Navier se montre constamment préoccupé par la constitution d'une science de l'ingénieur mathématisée située à mi-chemin de la science pure et des innombrables détails de la pratique.

---

9 E.-M. GAUTHEY, *Œuvres*, publ. par CL. NAVIER, Paris, 1809-1816; B. FOREST DE BÉLIDOR, *La science des ingénieurs*, rééd. par CL. NAVIER, Paris, 1813; B. FOREST DE BÉLIDOR, *Architecture hydraulique*, rééd. par CL. NAVIER, Paris, 1819.

10 Cf. B. BELHOSTE, *Cauchy 1789-1857. Un mathématicien légitimiste au XIXe siècle*, Paris, Belin, 1985 ; A. DAHAN-DALMÉDICO, *Aspects de la mathématisation au XIXème siècle. Entre physique mathématique du continu et mécanique moléculaire, la voie d'A.-L. Cauchy*, thèse de doctorat de l'Université de Nantes, 1990.

11 Ces différents aspects de sa carrière sont évoqués à plusieurs reprises dans A. PICON, *L'invention de l'ingénieur moderne*.

Science et art de l'ingénieur au début du siècle dernier

Un tel projet n'a rien d'évident dans les toutes premières décennies du XIXe siècle qui semblent plutôt placées sous l'égide d'un écart grandissant entre science et art de l'ingénieur. Cet écart correspond tout d'abord à la difficulté d'appliquer la mécanique rationnelle enseignée à l'Ecole polytechnique aux problèmes de dimensionnement rencontrés lors de l'établissement des constructions et des machines. Il tient également aux objectifs différents que s'assignent savants et ingénieurs. Les uns cherchent à exhiber et à mathématiser les lois de la nature, tandis que les autres désirent simplement disposer de règles et de formules commodes à utiliser. Semblable divergence d'intérêts explique que les ingénieurs des Ponts et Chaussées des années 1820-1830 emploient encore couramment les tables de dimensionnement des ouvrages d'art données au siècle précédent par le constructeur des ponts de Neuilly et de la Concorde, Jean-Rodolphe Perronet, alors même qu'elles sont basées sur des hypothèses de rupture des voûtes en maçonnerie que l'on sait être fausses[12]. Refusant ce genre de compromis entre l'erreur théorique et l'efficacité pratique, l'enseignement de Navier ne sera compris que très progressivement. Rompant avec le style de cours professé par son prédécesseur, il participe des recherches de toute une génération de jeunes ingénieurs de l'Etat, passés par l'Ecole polytechnique et ses établissements d'application, qui veulent replacer les formules et les tables utilisées par les praticiens dans un cadre scientifique rigoureux. A côté de Navier, Poncelet, Lamé, Clapeyron et Coriolis comptent parmi les figures de proue de cette génération qui va contribuer à l'émergence de nouveaux savoirs.

La théorie mathématique de l'élasticité et la résistance des matériaux figurent au premier rang de ces savoir[13]. En aval des mémoires lus à l'Académie des Sciences par Navier ou Cauchy, le ***Résumé des leçons données à l'Ecole des Ponts et Chaussées sur l'application de la mécanique*** de 1826 se propose d'en appliquer les principes à l'art des constructions. Prenant la suite d'un premier cours lithographié en 1819-1820[14], il présente une multitude de résultats nouveaux sans toutefois entrer dans des détails

---

12 A. -J. -C. BOURGUIGNON dit DULEAU, *Cours de constructions relatives à l'établissement et à l'entretien des communications par terre et par eau*, Paris, Ecole des Ponts et Chaussées, pp. 31-32 notamment.

13 Sur l'histoire de ces disciplines au XIXe siècle et sur la contribution apportée par les ingénieurs, on pourra consulter par exemple S. -P. TIMOSHENKO, *History of strength of materials*, New-York,1953, rééd. New-York, 1983 ; T. -M. CHARLTON, *A history of theory of structures in the nineteenth century*, Cambridge, 1982; E. BENVENUTO, *La scienza delle costruzioni e il suo sviluppo storico*, Florence, 1981. Voir également l'historique plus ancien placé par Barré de Saint-Venant en tête de sa réédition du Résumé de Navier, pp. xc-cccxj.

14 CL. NAVIER, *Leçons données en 1819-1820 à l'Ecole des Ponts et Chaussées sur l'application de la mécanique*, Paris, Ecole des Ponts et Chaussées, 1820.

inutiles aux praticiens sur la structure moléculaire de la matière. Dans le même esprit, le *Résumé* s'ordonne suivant les types d'ouvrages rencontrés, poutres, massifs de terre ou de sable, voûtes, assemblages en charpente, plutôt qu'en fonction de principes théoriques généraux. C'est cet ordre que nous allons suivre à présent en nous limitant aux rubriques les plus significatives, celles qui permettent de dégager toute la portée de la contribution de Navier à la science des constructions.

L'étude de la flexion et de la torsion des poutres

La résistance des poutres à la flexion constitue l'un des problèmes essentiels auxquels se trouve confronté un constructeur. Après avoir passé en revue toutes sortes d'expériences sur la résistance des matériaux de construction à l'écrasement et à l'extension, Navier aborde la résistance à la flexion sous un angle plus théorique. Il considère pour cela une poutre encastrée d'un côté et soumise à l'action d'un poids P à son autre extrémité. Dans le prolongement de ses recherches sur les corps solides élastiques, il définit le module d'élasticité du matériau dont cette poutre est constituée comme la mesure de la force nécessaire pour allonger un prisme de surface unité d'une quantité égale à sa longueur[15]. En notant E ce module, ρ le rayon de courbure de la poutre, il montre que le moment fléchissant M est égal à

$$\frac{EI}{\rho}$$

si I désigne le moment d'inertie de la section de la poutre par rapport à son axe neutre Navier suppose ce faisant que les sections de la poutre restent planes au cours de la déformation. En se limitant aux petites déformations, il retrouve l'expression du moment fléchissant dont s'était servi Euler pour étudier la flexion des tiges élastiques:

$$M = EI\frac{d^2y}{dx^2}$$

15 L'anglais Thomas Young avait déjà fait usage d'un module d'élasticité en 1807, mais il en avait donné une définition moins pratique que celle de Navier. Cf. S. -P. TIMOSHENKO, *op. cit.*, p. 92, ainsi que A. KAHLOW, *Thomas Young und die Herausbildung des Begriffs Elastizitätsmodul*, in NTM Schriftenreihe für Geschichte der Naturwissenschaften Technik und Medizin, 1990, n° 2, pp. 13-26.

Cette expression se trouve étendue à présent aux poutres, ce qui présente, on s'en doute, un grand intérêt pour les ingénieurs. En égalant le moment fléchissant au moment des forces extérieures appliquées, Navier obtient une équation différentielle en $\frac{d^2y}{dx^2}$ dont l'intégration lui permet de déterminer la valeur du déplacement vertical de l'extrémité libre de la poutre ainsi que la pente de la tangente à la courbe qu'elle forme en ce point. Pour une poutre de longueur l chargée d'un poids P, le déplacement de l'extrémité libre est égal à $\frac{Pl^3}{3EI}$, si l'on ne tient pas compte du poids propre de la poutre. La pente de la tangente a quant à elle pour valeur $\frac{Pl^3}{2EI}$. Le même type de calcul s'applique aux poutres reposant sur deux appuis au lieu d'être encastrées à un bout.

L'expérience seule permet de déterminer la valeur du module d'élasticité E. Revenant aux essais de résistance des matériaux de ses devanciers et de ses contemporains, l'auteur du *Résumé* en déduit les valeurs moyennes de E pour diverses essences de bois, pour le fer forgé, l'acier et la fonte. En demeurant à l'intérieur de la zone de comportement élastique des matériaux on est pratiquement certain de la stabilité des constructions, fait observer Navier chez qui l'investigation scientifique et technique débouche souvent sur des préoccupations normatives. Là encore, ces limites d'élasticité ne peuvent être établies qu'au moyen d'expériences répétées.

Après la résistance à la flexion, l'ingénieur étudie la résistance d'une poutre à la torsion. Il suppose toujours que les sections restent planes après déformation, ce qui n'est malheureusement vrai que pour les poutres de section circulaire. Barré de Saint-Venant rectifiera par la suite cette erreur dans un mémoire présenté en 1853 l'Académie des Sciences[16]. En admettant que les sections restent planes, le calcul se révèle assez simple. Si θ désigne l'angle dont les sections extrêmes d'une poutre de longueur unité ont tourné l'une par rapport à l'autre, une section située à la distance c de l'une des extrémités a tourné de $\theta \cdot c$ par rapport à elle. La résistance d'un élément de surface $\rho d\varphi d\rho$ de cette section est donnée par l'expression

$$t \cdot \theta \cdot c \cdot \rho^2 d\varphi d\rho$$

où t est une constante caractéristique de la résistance à la torsion du matériau considéré. Il ne reste plus alors qu'à intégrer pour obtenir le moment de torsion global.

Privilégiées dans la première section du *Résumé* de 1826, les poutres ne constituent pas, loin s'en faut, les seuls objets auxquels un constructeur se trouve

16 A. BARRÉ DE SAINT-VENANT, *op. cit.*, pp. clxxv-clxxxv.

confronté. Ce dernier doit aussi dimensionner des murs de soutènements en fonction des poussées qui s'exercent sur eux. Plus généralement, il lui faut connaître les principes de l'équilibre et de la résistance des massifs formés de matières adhérentes comme la terre ou le sable. La seconde section du *Résumé des leçons données à l'Ecole des Ponts et Chaussées* est consacrée à l'exposé de ces principes et aux expériences qui s'y rapportent.

La poussée des terres et le calcul des voûtes

Dans cette seconde section, Navier s'inspire assez largement de Coulomb et de la théorie qu'il avait donnée dans son *Essai sur une application des règles de maximis et minimis à quelques problèmes de statique relatifs à l'architecture* de 1773[17]. Prony en avait déjà fait connaître tout l'intérêt dans ses *Recherches sur la poussée des terres* de 1802[18]; l'auteur du *Résumé* lui emboîte le pas. Pour calculer l'équilibre d'un massif de terre ou de sable coupé latéralement, il introduit à l'instar de Coulomb et Prony un coefficient γ représentant la cohésion du matériau considéré, ainsi qu'un autre coefficient f qui mesure le rapport du frottement à la pression pour deux portions du massif glissant l'une sur l'autre. Comme Coulomb et Prony, il suppose en outre que la courbe de rupture est une ligne droite.

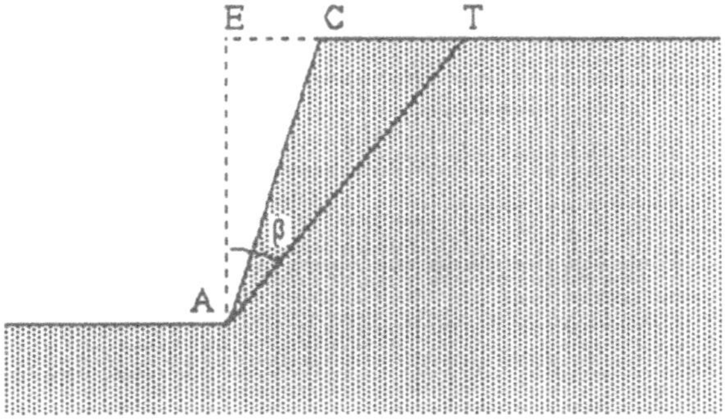

17 C. -A. COULOMB, *Essai sur une application des règles de maximis et minimis à quelques problèmes de statique, relatifs à l'architecture*, Mémoires de mathématiques et de physique, présentés à l'Académie Royale des Sciences, par divers savans, année 1773, Paris, impr. Royale, 1776, pp. 343-382.
18 G. RICHE DE PRONY, *Recherches sur la poussée des terres et sur la forme et les dimensions à donner aux murs de revêtement*, Paris, impr. de la République, an X.

Il considère ensuite un prisme *a priori* quelconque du massif, prisme noté CAT sur le schéma précédent. Ce prisme tend à glisser sous l'effet de son poids et il en est empêché par des forces de cohésion et de frottement. En appelant h la hauteur AE, m la tangente de l'angle EAC, β l'angle EAT et π le poids volumique du matériau, l'équilibre de ce prisme s'écrit

$$\frac{\pi h^2}{2}(\mathrm{tg}\beta - m)\cos\beta = \frac{f\pi h^2}{2}(\mathrm{tg}\beta - m)\sin\beta + \frac{\gamma h}{\cos\beta}$$

ce qui donne

$$m = \mathrm{tg}\beta - \frac{2\gamma}{\pi h} \cdot \frac{1 + \mathrm{tg}^2 b}{1 - f\mathrm{tg} b}$$

Il ne reste plus alors qu'à déterminer la valeur de β qui maximise l'expression précédente. Cette valeur donne à la fois la plus grande pente admissible du massif et la direction selon laquelle ce dernier se rompt si on tente de lui donner une pente légèrement supérieure.

Navier utilise ensuite le même type de méthode afin de déterminer la poussée des terres contre un mur de revêtement ainsi que les dimensions qu'il convient de lui donner. Dans le cas d'un mur de section trapézoïdale d'épaisseur à la base a, de hauteur h et de poids volumique Π, il obtient par exemple comme condition de résistance au renversement sur son arrête extérieure :

$$a = \pm \frac{1}{2}\left[h\mathrm{tg}\varepsilon - \frac{\pi}{\Pi} t^2 (h-h') \sin\varepsilon \cos\varepsilon\right] + \\ + \left\{\frac{1}{4}\left[h\mathrm{tg}\varepsilon - \frac{\pi}{\Pi} t^2 (h-h') \sin\varepsilon \cos\varepsilon\right]^2 + \frac{\pi}{3\Pi} t^2 h \left(h - \frac{3}{2} h'\right) - \frac{1}{3} h^2 \left(\mathrm{tg}^2\varepsilon - m^2\right)\right\}^{1/2}$$

Dans l'expression précédente ε désigne l'angle formé par la face intérieure du mur avec la verticale, t le rapport de la base du prisme de plus grande poussée à la hauteur h du mur, h' la hauteur sur laquelle le massif peut se soutenir de lui-même, m la tangente de l'angle formé par la face extérieure du mur avec la verticale. En supposant nulle la cohésion de la terre ou du sable, la formule se simplifie considérablement; elle est encore plus simple si le mur est en outre vertical. Elle s'écrit dans ce dernier cas

$$a = h\, t \sqrt{\frac{\pi}{3\Pi}}$$

A côté du renversement, Navier étudie la ruine d'un mur de soutènement par glissement. Il s'intéresse enfin aux fondations sur des terrains compressibles. L'étude théorique de la poussée des terres et des conditions de stabilité des murs qui les soutiennent est enfin complétée par l'exposé de quelques données expérimentales empruntées aux travaux de Mayniel, Rondelet et Barlow.

Ainsi que le fait remarquer André Guillerme, le comportement des sols n'intéresse que très superficiellement l'auteur du ***Résumé*** de 1826[19]. Les quelques essais qu'il rapporte à leur sujet contraste avec le nombre beaucoup plus élevé d'expériences concernant la résistance des solides à la tension et à la compression, à la flexion et à la torsion, qui figurent dans son ouvrage. Aux yeux de Navier, la mécanique des sols n'est qu'une branche intellectuellement peu stimulante de la mécanique appliquée. Cela ne l'empêche pas de défendre fermement la validité des formules qu'il donne lorsque celles-ci sont mises en cause par un jeune ingénieur chargé de la construction des murs de quai de l'arrière-port de Dieppe en 1831[20].

L'ingénieur se sent manifestement beaucoup plus concerné par la théorie des voûtes, bien qu'il s'inspire là encore de l'*Essai* de Coulomb. Considérant un assemblage de voussoirs appuyés en AB contre un plan fixe et maintenu à l'autre extrémité par une force de composantes P, Q, il écrit les conditions d'équilibre sur un joint mn quelconque, en introduisant comme précédemment un coefficient de cohésion, γ, et un coefficient de frottement noté f.

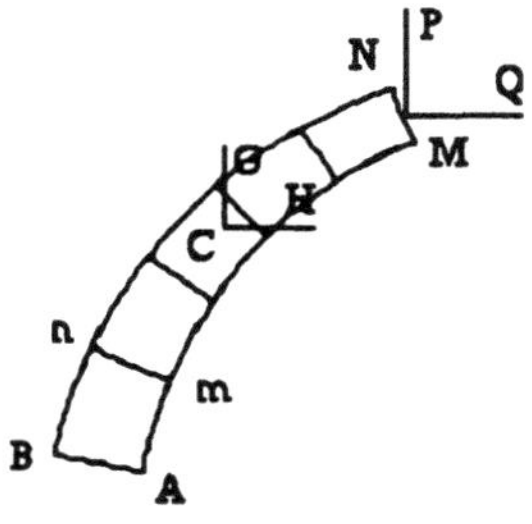

19 A. GUILLERME, *La cervelle de la terre. La mécanique des sols et des fondations en France 1770-1840*, dact., rapport de recherche, Paris, Laboratoire Théorie des Mutations Urbaines en Pays Développés, Université de Paris VIII, 1986, p. 52.

20 P. GAYANT, *Epaisseur des murs de revêtement Mur de l'arrière-port de Dieppe*, in Annales des Ponts et Chaussées, 1er semestre 1831, pp. 62-66 ; CL. NAVIER, *Note de M. Navier relative au projet du mur de revêtement de l'arrière-port de Dieppe*, in Annales des Ponts et Chaussées, 1er semestre 1831, pp. 349-351.

Si G et H représentent respectivement les composantes verticales et horizontales des forces qui s'exercent sur les voussoirs de la portion mnNM de la voûte, la condition de non-glissement dans la direction mn s'écrit tout d'abord:

$$(P + G) \cos\theta < (Q + H) \sin\theta + f\,(P + G) \sin\theta + f\,(Q + H) \cos\theta + \gamma z$$

en appelant θ l'angle que la direction du joint mn forme avec la verticale et z la longueur de ce joint.

Dans la direction nm, la condition d'équilibre prend la forme

$$(Q + H) \sin\theta < (P + G) \cos\theta + f\,(P + G) \sin\theta + f\,(Q + H) \cos\theta + \gamma \frac{z}{\cos\theta}$$

Si l'on exprime par (x, y) les coordonnées du point m, par (x', y') celles de n, par (a, b) et (a', b') celles des points M et N, par (α, β) enfin celles du point d'application C des forces G et H, les inégalités exprimant la non-rotation des parties ABnm et mnNM autour des arrêtes supérieures et inférieures du joint mn s'écrivent quant à elles :

$$P\,(a' - x) + G\,(\alpha - x) < Q\,(b' - y) + H\,(\beta - y) + \frac{1}{3} R\, z^2$$

$$Q\,(b - y') + H\,(\beta - y') < P\,(a - x') + G\,(\alpha - x') + \frac{1}{3} R\, z^2$$

Dans les deux équations précédentes, R désigne la valeur de la force de cohésion par unité de surface qui est vaincue lorsque deux voussoirs se séparent en s'écartant perpendiculairement au plan de joint.

Renouant avec l'analyse du comportement des voûtes en maçonnerie de Coulomb, Navier fait observer que la rupture des voûtes à lieu le plus souvent par ouverture des joints aux naissances, vers le milieu des arcs et à la clef, puis par rotation des blocs ainsi formés les uns par rapport aux autres. Comme son oncle adoptif Gauthey dans son *Traité des ponts*, comme ses contemporains Audoy, Lamé et Clapeyron, il abandonne ainsi la “théorie du coin” de La Hire qui avait régné pendant plus d'un siècle. Pourtant, des expériences menées par Danisy en 1732 conduisaient déjà à prendre ses distances à l'égard d'une théorie reposant sur l'hypothèse d'une rupture en trois parties des voûtes en maçonnerie, la partie centrale s'enfonçant comme un coin de manière à provoquer le renversement des deux autres. Confirmé par les expériences effectuées par Boistard en 1800 et publiées par Lesage dans son *Recueil de divers mémoires extraits de la bibliothèque de l'Ecole impériale des Ponts et Chaussées* le principe d'une rupture en quatre parties s'impose progressivement au cours de la première moitié du XIXe siècle[21].

Etant donné un mécanisme de rupture par rotation de quatre blocs les uns par rapport aux autres, les conditions d'équilibre d'une voûte en berceau composée de deux parties égales séparées par un joint vertical s'écrivent assez simplement. En considérant le joint vertical et un joint mn quelconque et en appelant cette fois G le poids de la voûte par unité de longueur, il vient

$$\text{(B)} \qquad Q > \frac{G(\alpha - x) - \frac{1}{3}Rz^2}{(b' - y)})$$

$$\text{(B}_1\text{)} \qquad Q < \frac{G(\alpha - x') + \frac{1}{3}Rz^2}{(b - y')})$$

Pour être assuré de l'équilibre de la voûte, il faut que la poussée Q soit supérieure au maximum de (B) lorsque l'on fait varier mn et qu'elle soit inférieure au minimum de (B_1). Elle doit être par conséquent comprise entre deux valeurs extrêmes, ainsi que Coulomb l'avait déjà montré.

Dans son *Examen critique et historique des principales théories ou solutions concernant l'équilibre des voûtes* publié en 1852, Poncelet soulignera que l'auteur du *Résumé* ne fait que systématiser les acquis de ses devanciers en écrivant les conditions générales des voûtes et en traitant de cas particuliers comme les plates-bandes ou les voûtes en berceau[22]. Sur le fond, son apport théorique demeure assez modeste, moins significatif en tout cas que les travaux contemporains des Audoy, Lamé et Clapeyron. Vers la fin de son étude des voûtes, Navier innove tout de même en tenant compte de l'élasticité des voussoirs pour corriger les formules générales obtenues en suivant Coulomb. Une telle approche conduit à la règle du tiers central qui veut que la résultante des pressions normales au plan d'un joint se trouve située à une distance de l'intrados de la voûte inférieure ou égale au tiers de l'épaisseur du joint considéré. D'application facile, cette règle sera par la suite systématiquement employée par les constructeurs. Elle

---

21 L.-C. BOISTARD, *Expériences sur la stabilité des voûtes*, in P.-C. LESAGE, *Recueil de divers mémoires extraits de la bibliothèque impériale des Ponts et Chaussées, à l'usage de MM. les ingénieurs*, éd. par P.-C. Lesage, Paris, Bernard, d'Hacquart, F. Didot, 1806-1810, t. 4, pp. 171-217. Sur l'évolution de la théorie des voûtes au cours de la première moitié du XIXe siècle, lire J.-V. PONCELET, *Examen critique et historique des principales théories ou solutions concernant l'équilibre des voûtes*, in Comptes-rendus hebdomadaires des séances de l'Académie des Sciences, t. 35, Paris, 1852, pp. 494-587 ; J.-M. DELBECQ, *Analyse de la stabilité des voûtes en maçonnerie de Charles Augustin Coulomb à nos jours*, in Annales des Ponts et Chaussées, n° spécial 150e anniversaire, n° 19, 1981, pp. 36-43.

22 J.-V. PONCELET, *op. cit.*, pp. 531-534 en particulier.

constitue notamment le principe de base du tracé l'épure de Méry ou courbe des pressions[23].

Les assemblages de charpente et la résolution des problèmes hyperstatiques

Après le comportement des sols et la théorie des voûtes, Navier se penche sur la construction en charpente. C'est sous cette rubrique que figurent certaines de ses avancées conceptuelles les plus remarquables. Il généralise tout d'abord les principes du calcul des poutres exposées au début de son ***Résumé*** en traitant par exemple de l'équilibre d'une pièce de charpente posée sur deux appuis et chargée de manière dissymétrique. Considérant les deux parties de la pièce définies par le point d'application B de la charge, il remarque qu'elles sont fléchies de la même manière que si, étant encastrées en B, elles se trouvaient soumises à leur autre extrémité à une force ayant la même valeur que la réaction d'appui. Connaissant l'équation d'une poutre encastrée à l'une de ses extrémités, il ne lui reste plus qu'à écrire la condition de raccordement en B.

Le cas d'une pièce de charpente reposant sur trois appuis s'avère plus difficile à traiter. Les équations générales de la mécanique ne permettent pas en effet de déterminer directement les réactions des appuis. Un tel système est qualifié d'"hyperstatique" et son étude passe nécessairement par la prise en compte des déformations subies par le matériau.

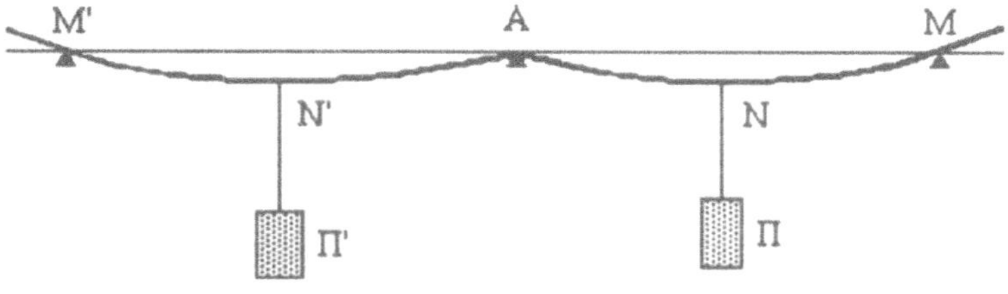

Pour résoudre ce problème, Navier considère une pièce MM' de longueur 2c chargée en N et N' avec les poids Π et Π', conformément au schéma ci-dessus. En appelant p, q, q' les réactions en A, M et M', il écrit tout d'abord que la résultante des

23 E. MÉRY, ***Mémoire sur l'équilibre des voûtes en berceau***, in Annales des Ponts et Chaussées, 2e semestre 1840, pp. 50-70.

forces extérieures appliquées à la pièce et que le moment de ces forces en A sont nuls, ce qui lui donne:

(1) $$\Pi + \Pi' = p + q + q'$$

et

(2) $$\Pi - \Pi' = 2(q - q')$$

En regardant ensuite la pièce comme encastrée en A, en appelant ω l'angle que la tangente à la courbe du solide forme en A avec l'horizontale et en comptant les abscisses à partir de ce même point, on a pour la portion AN:

$$\varepsilon \frac{d^2y}{dx^2} = \Pi \left(\frac{c}{2} - x\right) - q(c - x)$$

soit après intégration

$$\varepsilon\, y = \Pi \left(\frac{cx^2}{4} - \frac{x^3}{6}\right) - q \left(\frac{cx^2}{2} - \frac{x^3}{6}\right) + \varepsilon \operatorname{tg}\omega\, x$$

De même pour NM:

$$\varepsilon\, y = - q \left(\frac{cx^2}{2} - \frac{x^3}{6}\right) + \left(\Pi \frac{c^2}{8} + \varepsilon \operatorname{tg}\omega\right) x - P \frac{c^3}{48}$$

Les équations des parties AN' et N'M' se déduisent des précédentes en remplaçant Π par Π' et q par q'. Pour x = c, y doit être nul, ce qui fournit deux nouvelles équations qui s'ajoutant à (1) et (2) permettent de déterminer les valeurs de p, q, q' et ω et de résoudre par conséquent complètement le problème posé.

Le *Résumé* aborde d'autres problèmes hyperstatiques comme celui qui consiste à déterminer les compressions que subissent les barres CA, CA' et CA" de l'assemblage plan représenté précédemment. La présence du troisième appui rend là encore impossible le calcul direct des compressions supportées par les barres. Afin de les déterminer dans l'hypothèse d'un comportement élastique du matériau, il faut introduire les coordonnées horizontales et verticales du déplacement du point C.

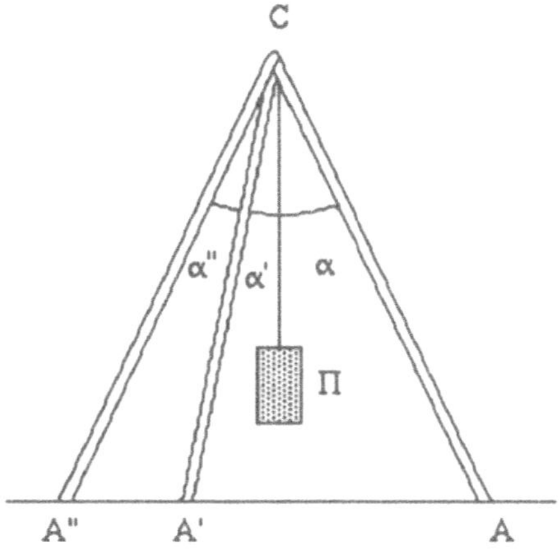

Bien que Navier traite surtout des pièces et des assemblages en charpente, son cours sera d'une grande utilité pour les ingénieurs qui vont s'occuper de constructions métalliques à partir des années 1830-1840. Comme les assemblages en charpente, la plupart de ces constructions seront hyperstatiques et les méthodes du *Résumé* leur seront applicables. Des progrès importants seront réalisés par la suite dans l'étude du comportement des structures hyperstatiques, progrès dus notamment aux anglais Maxwell, Jenkins et Cotteril, au français Lévy et à l'allemand Mohr[24]. Cela n'empêchera pas le cours de Navier de conserver très longtemps tout son prestige auprès des ingénieurs.

Un apport décisif dans l'histoire des relations entre mécanique, génie civil et construction

Ce prestige s'explique par le caractère décisif de la contribution de Navier à la science de l'ingénieur, par-delà le détail des résultats auquel il aboutit. Son cours de mécanique appliqué témoigne tout d'abord de l'introduction systématique de l'analyse mathématique moderne, fondée sur l'usage du calcul infinitésimal, dans le vaste domaine de la construction et du génie civil. Certes, les premier lecteurs de Navier seront parfois déconcertés par le caractère parfois abstrait de son enseignement par rapport à celui de ses

24 Cf. T.-M. CHARLTON, *Maxwell, Jenkins and Cotterill and the theory of statically-inderterminate structures*, in Notes and records of the Royal Society of London, vol. 26, 1971, pp. 233-246; T.-M. CHARLTON, *A history of theory of structures in the nineteenth century*, Cambridge, 1982, pp. 73-105.

prédécesseurs. Celui-ci n'en constitue pas moins un tournant dans l'histoire de la mathématisation des savoirs de l'ingénieur.

Ce tournant correspond aussi à une redéfinition radicale des rapports entre théorie et pratique dans le champ des techniques. Traditionnellement, dans le cadre d'un art de l'ingénieur proche encore de l'architecture, la théorie fournissait des valeurs moyennes, des proportions indicatives qu'il convenait d'adapter à chaque situation particulière. *En un mot, on ne peut pas assurer qu'en tous les arts, la simple connaissance des préceptes suffise à leur perfection*, écrivait un François Blondel dans ce contexte, avant d'ajouter : *Il faut les savoir appliquer au sujet, et c'est dans cette application que l'on trouve toujours la résistance et l'opiniâtreté de la matière, qui fait naître mille obstacles et mille empêchements que l'on ne connaît et que l'on n'apprend à vaincre que par la pratique et l'expérience*[25]. La résistance et l'opiniâtreté de la matière rendaient ainsi nécessaires des compromis que n'enseignait nullement la théorie. Comparable à l'architecte chevronné capable de s'écarter en bien des occasions des proportions canoniques données par les traités, le bon ingénieur se reconnaissait à sa capacité de négociation entre les préceptes et le terrain.

Aux yeux de Navier, il n'est plus question de négocier l'application de la théorie selon des modalités échappant à toute formalisation. La science de l'ingénieur telle qu'il la conçoit procède par identification préalable des intervalles de validité des phénomènes étudiés, limite d'élasticité d'un matériau par exemple. A l'intérieur de chacun de ces intervalles, une loi de comportement assigne des valeurs précises à ce qui faisait autrefois l'objet de compromis entre théorie et pratique. Dans un rapport sur les ponts suspendus de 1823, Navier écrivait déjà que *les résultats des solutions répondent ordinairement à des limites que les effets naturels ne peuvent dépasser*, et que *la connaissance des ces limites suffit presque toujours au constructeur*[26]. Le *Résumé des leçons sur l'application de la mécanique* de 1826 porte l'empreinte du même genre de conviction. Qu'il s'agisse d'étudier la flexion de poutres simples ou le comportement des assemblages de charpente, son auteur cherche constamment à mettre en évidence *des limites que l'on ne pourrait dépasser sans exposer l'ouvrage à manquer de solidité*[27]. Du même coup, rien n'est plus étranger à la démarche de Navier que le calcul à la rupture. Même s'il reprend les hypothèses de Coulomb sur le comportement des voûtes, l'utilisation qu'il en fait n'a par exemple plus rien à voir avec l'esprit dans lequel son illustre devancier abordait la

---

25 F. BLONDEL, *L'art de jetter les bombes*, Paris, l'auteur et N. Langlois, 1683.
26 CL. NAVIER, *Rapport à Monsieur Becquey, conseiller d'Etat, directeur général des Ponts et Chaussées et des Mines; et mémoire sur les ponts suspendus*, Paris, impr. Royale, 1823, p. xvj.
27 CL. NAVIER, *Résumé*, p. xj.

question[28]. L'accent mis la définition d'intervalles de validité conduit en réalité à l'établissement de normes permettant de rester en-deçà des valeurs limites des lois de comportement mises en évidence par la théorie. Cette dimension normative participe des objectifs que s'assigne vers la même époque l'administration des Ponts et Chaussées. Jusque dans son travail de théoricien, Navier reflète les préoccupations du corps auquel il appartient.

L'indifférence du *Résumé* à l'égard de l'étude fine des mécanismes de rupture constitue à coup sûr une faiblesse au regard de l'évolution ultérieure de la science de l'ingénieur. Une autre faiblesse de Navier provient de sa confiance parfois excessive dans les vertus du formalisme mathématique, confiance que lui reproche par exemple un Vicat qui se plaît à souligner quant à lui la complexité d'une réalité rebelle aux simplifications de la théorie. *Dans l'état actuel de nos connaissances, nous sommes dans l'impossibilité de calculer la résistance d'une maçonnerie par celle de ses éléments; il ne nous est même pas donné de déterminer le diamètre d'un tourillon par le poids d'une roue, d'un goujon sollicité perpendiculairement à sa longueur par les chaînes d'un pont suspendu*, fait observer ce dernier dans sa *Description du pont suspendu construit sur la Dordogne, à Argentat. Dans cet état d'ignorance*, poursuit-il, *notre unique ressource est de consulter l'expérience, et de chercher dans l'histoire des constructions les exemples qui ont le plus de rapport aux cas particuliers où nous nous trouvons placés. Aussi est-ce un devoir pour tout ingénieur qui a dirigé des travaux de quelque importance, de tenir note des résultats qui peuvent aider aux progrès de l'art*[29].

Ennemi personnel de Navier, Vicat pousse sans doute son argumentation un peu loin. Il n'est est pas moins vrai qu'une science de l'ingénieur telle que l'expose le *Résumé* de 1826 ne peut reposer que sur des expériences faites en grand nombre, ne fût-ce même que pour déterminer les intervalles de validité des différentes lois de comportement de la matière. Ces intervalles dépendent à la fois du type de phénomène modélisé et de la nature du matériau étudié. Les plus grandes précautions seraient nécessaires dans leur établissement, compte-tenu de la diversité des cas de figure envisageables. Conscient du problème, Navier réclame à plusieurs reprises la création d'un laboratoire d'essais à l'Ecole des Ponts et Chaussées[30]. Mais sans doute n'y met-il pas assez de conviction. Force est de constater en tout cas son échec sur ce point. En l'absence de laboratoire permettant de disposer de données incontestables, le *Résumé* se contente de reprendre les résultats accumulés par ses prédécesseurs sans toujours les

---

28 Cf. J.-M. DELBECQ, *op. cit.*

29 L.-J. VICAT, *Description du pont suspendu construit sur la Dordogne, à Argentat, département de la Corrèze, aux frais de M. le comte Alexis de Noailles*, Paris, 1830, pp. 2-3.

30 Cf. A. PICON, *L'invention de l'ingénieur moderne*, Paris, 1992.

critiquer. S'il représente un tournant décisif dans l'histoire des relations entre mécanique, génie civil et construction, par la rigueur de son formalisme mathématique comme par le souci d'exclure l'à-peu-près des relations entre théorie et pratique, l'enseignement de Navier révèle également un manque : celui du laboratoire sans lequel l'articulation entre ces deux registres ne saurait être complète. Un tel manque est révélateur de l'une des faiblesses majeures des ingénieurs français du siècle dernier: pionniers de la mathématisation des savoirs techniques, ces derniers sous-estiment généralement l'importance de l'expérimentation.

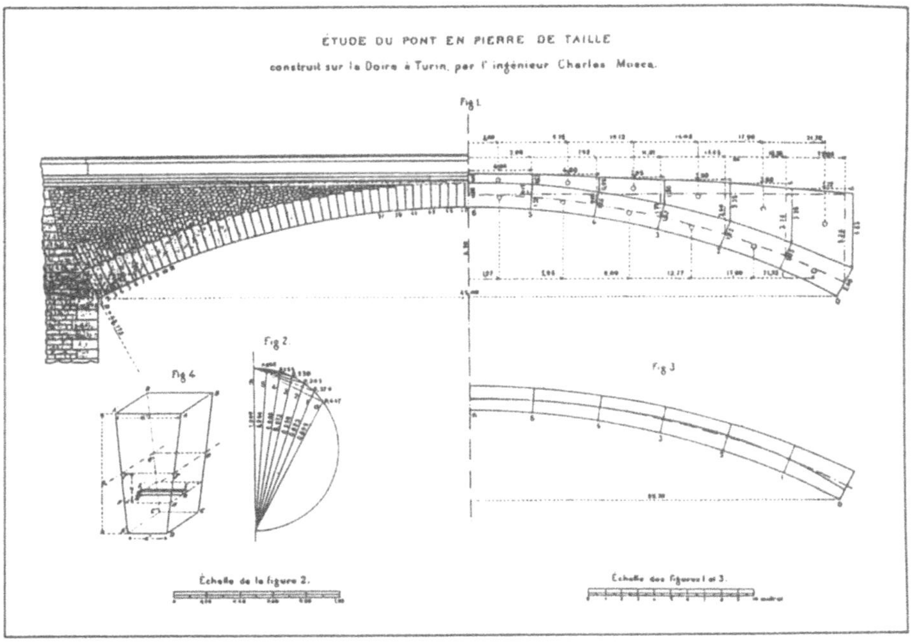

Etude du pont construit par Mosca sur la Doire (1828 - 1830)

UN MONUMENT DU XIX SIÈCLE À TURIN: LE PONT MOSCA SUR LA DOIRE

Angiola Maria Sassi Perino[1]

Summary : The Ponte Mosca, built just before the introduction of reinforced concrete is in some respect a climax of the study of the vault stable under its own weight. It is also the fruit of the parisian teaching that was just evocated. The complete story of his building starting with the practical problem: to construct a skewed bridge, until its realisation shows us an other aspect of building science, the technics of fitting.

Resumé : Le ponte Mosca construit peu avant l'introduction du béton armé est en quelque sorte le point d'orgue de l'étude de la voûte stable sous son propre poids. Il est également le fruit de l'enseignement parisien qui vient d'être évoqué. Le récit très complet de sa construction depuis l'évaluation du problème pratique : construction d'un pont en biais, jusqu'à sa réalisation, nous montre un autre aspect de la Science des constructions, les techniques de mise en place.

Le Pont Mosca sur la Doire près de Turin est aujourd'hui quelque peu méconnu par le grand public, mais à l'époque de sa construction il provoqua un grand étonnement de par son audace; son auteur dut lutter contre les doutes, la méfiance, la mesquinerie de nombreux "experts" et l'opposition de l'Administration Municipale face à un projet considéré pour le moins téméraire. Successivement, une fois l'œuvre achevée, la Municipalité – satisfaite et fière du succès remporté – rendit justice au mérite de l'architecte, en donnant son nom au pont et même à la rue qui le reliait avec le centre ville.

Construit entre 1828 et 1830, ce pont peut être défini l'épigone de la "méthode Perronet"; en concevant et surtout en réalisant cette œuvre, l'auteur – Carlo Bernardo Mosca – developpa et perfectionna des concepts qui avaient été à peine esquissés ailleurs.

Vers la fin du dix-huitième siècle, l'art de la construction des ponts avait subi un véritable renouveau grâce à Jean-Rodolphe Perronet et à l'Ecole des Ponts et Chaussées de Paris. Coulomb venait d'approfondir les études – déjà affrontées au début du siècle par Philippe La Hire – pour évaluer la poussée de l'arc sur les culées, et à la même époque Gauthey et Rondelet menaient les premières expériences sur la résistance des

1 MUSEO DELLE ATTREZZATURE PER LA DIDATTICA E LA RICERCA - POLITECNICO DI TORINO, Cso. Duca degli Abruzzi, 24 - 10129 Torino (Italia).

pierres à la compression. Grâce à ces nouveaux outils théoriques – et aussi à une nouvelle prise de conscience – furent réactualisés les critères qui avaient inspiré les concepteurs des ponts florentins du quatorzième siècle. On en revint aux voûtes aménagées au-dessus du niveau des crues et l'on abandonna complètement les piles culées. Les arcs – toujours surbaissés – dans certains cas sont des arcs de cercle, mais, le plus souvent, ce sont des arcs polycentres atteignant des portées considérables. Un grand soin était en outre apporté à l'exécution, à la préparation des cintres et, surtout, au décintrage.

La nouvelle approche – introduite par Perronet – s'imposa définitivement à l'échelon européen, au cours de la période napoléonienne et pendant la Restauration. Il est donc tout à fait naturel que Carlo Bernardo Mosca – qui avait fait ses études à Paris et connaissait donc bien la théorie et les réalisations pratiques des grands maîtres français – ait employé la méthode Perronet pour réaliser son chef-d'œuvre.

La nécessité de construire sur la Doire un pont monumental était liée au plan d'agrandissement de Turin vers le nord; ce projet prévoyait l'ouverture d'une nouvelle rue destinée à prolonger la Via Milano actuelle jusqu'à et outre la Doire; le plan détermina donc la direction de l'axe du nouveau pont, qui résultait oblique par rapport au cours du fleuve. Le problème, déjà affronté par les ingénieurs français pendant le gouvernement napoléonien sur la base de propositions diverses, fut définitivement réglé par Mosca d'une manière très originale.

Après avoir analysé les difficultés entraînées par l'ampleur du lit du fleuve, par son obliquité par rapport à l'axe de la rue et surtout par le régime torrentiel pendant les crues, il mit au point quatre projets différents, dont deux à trois travées. Finalement, pour éviter la formation de tourbillons dangereux aux pieds des piles lors des crues, il choisit un arc unique de grande portée et droit (cette dernière condition exigeait naturellement la déviation d'un tronçon du cours du fleuve).

Le projet, intitulé "Pont à un seul arc sur la Doire Ripaire à Turin", avec le "Récapitulatif général des frais", fut signé par Mosca le 10 janvier 1823 et il est conservé à l'Académie des Sciences de Turin. Dans son "Préambule", l'on peut lire: *L'art ne nous fournit pas encore de moyens sûrs pour construire un pont oblique avec plusieurs arcs, d'une portée assez grande, et d'ailleurs ce type ne se prêterait pas favorablement à l'effet décoratif que l'on veut obtenir [...]. Dans la situation actuelle, l'on à donc estimé que la solution la plus appropriée était de construire un pont droit avec un seul arc, afin d'éviter, d'une part, les difficultés toujours présentes, entraînées par les arc obliques consécutifs et les arcs isolés de portée extraordinaire et d'autre part, le grave obstacle des piles, au milieu d'un lit oblique par rapport à la direction de la rue qui passe à travers le pont Ces considérations nous ont amenés à proposer la construction d'un arc de 45,00 mètres de portée et 5,50 mètres de montée, qui est sans précédent, mais dont la réussite est certaine, grâce aux enseignements de constructeurs émérites et à l'excellente qualité des matériaux sélectionnés.*

Nous ne cachons pas le fait que la réalisation de cette œuvre exige un maximum d'exactitude et de précision, aussi bien dans l'appareillage des pierres que dans les plus petits détails de construction. Mais on est en mesure de tout prévoir et d'assurer la pleine réussite du projet, à travers une vigilance et une attention ininterrompues au cours des travaux[2].

En effet la vigilance et l'attention nécessaires pour la réussite du projet ne firent jamais défaut, comme cela est témoigné par une étude présentée en 1873 par Carlo Mosca, neveu de Carlo Bernardo[3].

Dans la partie théorique de son exposé, le jeune Mosca decrit la "Théorie generale des arcs surbaissés", utilisée par l'auteur du pont, en l'appliquant au calcul des dimensions des culées et des sollicitations dans l'arc. Ensuite, grâce à la méthode – à ce moment là récente – de la statique graphique, il calcule la poussée horizontale et il trace la courbe des pressions, en découvrant non seulement que dans chaque claveau elle tombe à l'intérieur du tiers moyen de la section, mais – ce qui est étonnant – qu'elle coïncide presque avec l'axe barycentrique. Il procède ensuite à la vérification à l'effort tranchant, qui confirme ultérieurement la stabilité de l'arc. Mais la partie la plus précieuse du document est représentée par les informations détaillées concernant les opérations d'exécution et de décintrage du pont.

La construction de l'œuvre était particulièrement délicate et difficile, de par la hardiesse de sa structure – un arc de grande portée, très surbaissé – et le choix de la maçonnerie entièrement en voussoirs. Les études menées sur les ponts français les plus célèbres, et surtout l'expérience personnelle récemment acquise lors de la construction d'un autre pont (Pont sur le Tesso à Lanzo) procurèrent a Mosca – qui venait de franchir le cap de la trentaine – l'assurance nécessaire pour affronter une entreprise si difficile.

Les travaux ne purent démarrer qu'à la fin de 1823, car l'approbation du projet rencontra de nombreux obstacles; de nouvelles difficultés surgirent peu après: en effet, pendant les opérations initiales, le sol s'avéra plus mouvant que prévu. Le projet des fondations, des culées et des murs de soutènement fut donc modifié, en créant une double – voire triple – rangée de poteaux. Cette décision fut à l'origine de débats et de

---

2 *Archivio Mosca*, Politecnico di Torino, Dipartimento dei Sistemi Edilizi e Territoriali.

3 C. MOSCA, *Il Ponte Mosca sulla Dora Riparia presso Torino*, Dissertation présentée au Jury d'examen pour le diplôme d'Ingénieur Civil, Torino 1873.

controverses avec la société de construction, à tel point que les travaux furent suspendus pendant plus de trois ans.

En 1828, la construction des fondation fut reprise. Ces dernières étaient constituées de poteaux en bois de chêne, mesurant 9 a 12 mètres de long et d'un diamètre de 30 centimètres. Munis d'une lardoire en fer, ils étaient disposés par rangées ayant un entraxe d'un mètre et plantés à l'aide de béliers sur une esplanade creusée a 2,30 mètres au-dessous du niveau d'étiage. Les têtes des poteaux étaient reliées par des longrines longitudinale et transversales, de façon à constituer une charpente dont les interstices étaient remplis de mortier et de poudre tamisée de tuiles bien cuites. Au dessus de cette dalle on posa une première assise de blocs mesurant 50 centimètres de haut, en y superposant trois autres assises avec deux retraites, suivies de cinq assises de blocs mesurant 60 centimètres de haut et constituant la partie latérale des culées, alors que la partie supérieure constituait le plan d'assise de l'arc. Après la mise en place de sept assises supplémentaires, superposées aux culées et aux murs de prolongement, les travaux furent suspendus durant une saison, afin d'assurer la consolidation nécessaire pour supporter la poussée de l'arc.

Après avoir achevé la construction des culées, la plus grande difficulté résidait dans la réalisation d'une voûte parfaitement fidèle au projet. Pour atteindre ce résultat, Mosca se servit des informations fournies par Perronet et Boistard à propos du comportement des arcs surbaissés (tirées des observations sur les ponts de Neuilly, Nantes, Nemours et autres). Les expériences de ces auteurs avaient montré (en précédant le développement rationnel de la théorie) qu'au moment du décintrage, les voûtes subissent un affaissement, durant lequel les interstices entre les claveaux à proximité de l'imposte s'ouvrent vers l'extrados. Au fur et à mesure que l'on procède vers la clé, le phénomène devient moins évident, s'annule, change de signe et finalement les jonctions s'ouvrent vers l'intrados. Pour obtenir dans la position finale une épaisseur constante des interstices, il faut avoir recours à un artifice et construire un cintre avec une montée dépassant celle du projet d'une ampleur équivalante à l'abaissement prévu, et d'établir les positions relatives des claveaux de façon qu'ils se disposent, par effet de la rotation due à l'affaissement, avec leur faces contigües parallèles entre elles.

Dans le pont de Nemours – plus surbaissé que le pont Mosca, mais d'une portée bien inférieure, puisqu'il présente une montée de 1,10 mètres et une corde de 16,23 mètres – on obtint une déformation considérable, à tel point qu'au moment du décintrage le premier claveau à côté de l'imposte se détacha complètement du coussinet, jusqu'à reposer uniquement sur une partie du plan d'imposte. L'on dut donc remplir le creux ainsi formés avec du ciment. L'auteur – Boistard – avait fait couper les voussoirs à des dimensions inférieures à celles correspondant au quotient du développement de l'arc divisé par le nombre de claveaux, en prévoyant un interstice de mortier entre deux claveaux.

Mosca estima que l'affaissement excessif de l'arc qui s'était produit dans le pont de Nemours était dû à la déformation du mortier. Pour le pont sur la Doire, il décida alors d'éliminer complètement les interstices et de faire coïncider parfaitement les claveaux. Il fit tailler les voussoirs selon la forme du vrai arc; le ciment liquide coulé pendant la mise en place n'aurait dû servir qu'à remplir les petits vides entre le faces (non polies) des claveaux adjacents.

Pour la réalisation de cette opération, la connaissance de la stéréométrie était indispensable et aussi précieuse que la connaissance de la méthode de calcul; de plus, la qualité des matériaux devait être irréprochable. Ce n'est pas un hasard que Mosca choisit la *Pietra del Malanaggio*, un orthogneiss ayant des caractéristiques mécaniques très proches de celles des diorites: charge de rupture par compression de 1200 a 1600 kg/cm^2 et module élastique autour de 500.000 kg/cm^2 [4]. Ce matériau provenait de la carrière – aujourd'hui fermée – de Malanaggio près de Pignerol, qui assurait un produit uniforme, avec une faible tendance au clivage et permettant ainsi d'extraire des blocs de grandes dimensions.

Si après le décintrage, l'arc avais pris – comme cela fut le cas – la forme qui correspondait au projet, la sollicitation aurait été celle prévue par les calculs, c'est-à-dire une compression uniforme ne dépassant jamais 45 kg/cm^2. Même en sous-estimant les capacités de résistance du matériau – tirées des essais menés à l'époque[5] – et en respectant prudemment les critères de sécurité préconisés par Rondelet, Navier et Poncelet – selon lesquels la charge autorisée devait être équivalente a 1/10 de celle de rupture – la stabilité de l'arc aurait été assurée.

---

4 Les données remontent à 1938, losque la carrière du Malanaggio, déjà fermée, avait été temporairement rouverte. Les essais menés à l'époque de la construction du pont sur la Doire avaient permis de constater des valeurs nettement inférieures, comme il résulte de la dissertation du jeune Carlo Mosca: *D'après les expériences approfondies effectuées par l'auteur du projet dans l'arsenal de Turin, en soumettant des parallelépipèdes de gneiss du Malanaggio à des pressions progressives exercées par des presses hydrauliques, nous pouvons supposer que la pierre constituant l'arc en question ne peut résister à la pression exercée par un poids de plus de 600 kg/cmq*. Les diverses modalités d'essai – forme des échantillons et moyens utilisés pour l'application de la charge – sont des justifications acceptables de la différence entre les résultats obtenus en 1823 ou en 1938.

5 Cfr. note precedent.

Fig. 1 - Le ponte Mosca sur la Doire à Turin.

Mais l'absence d'inquiétude du point de vue théorique s'accompagnait de graves soucis en matière de réalisation pratique, dont la précision – indispensable pour la réussite de l'oeuvre – fut atteinte grâce aux très astucieux moyens adoptés.

Afin de déterminer avec un maximum de précision la coupe des claveaux et la disposition des bois constituant la charpente de la voûte, l'on réalisa une platée de 45mètres carrés, parfaitement plane et horizontale, sur laquelle fut dessiné d'après nature l'arc exhaussé, pour déterminer la série des épaisseurs attribuées aux connexions. Sur la même surface, l'on dessina également la charpente et l'on coupa tous les bois. L'esplanade avait été réalisée à l'aide de ciment de chaux, sable et gravier étalé sur un lit de cailloux, très soigneusement aplanie et recouverte d'un toit de paille [...] Tous les claveaux furent taillés d'après les modèles en bois préparés avec un maximum d'exactitude[6].

D'où la description suggestive d'un "pré-chantier" dans lequel les hommes, tels des lilliputiens, dessinaient l'arc, disposaient les modèles en bois des 93 claveaux simulant le front du pont futur, construisaient ou positionnaient pièce par pièce tous les éléments des 10 chevalets constituant le cintre. D'après les exemples de Perronet et de Boistard, Mosca avait établi pour le cintre une augmentation de 25 cm de montée par rapport à celle de la voûte du pont. Par conséquent, la différence entre le développement de l'arc exhaussé (46,934 m) et celui de l'arc véritable (46,772 m) était de 16,2 centimètres. Puisque une différence si limitée ne permettait pas d'établir une progression décroissante en termes matériellement appréciables, l'on pensa de diviser chaque demi-arc en trois parties: les claveaux ne furent disposés avec les faces divergentes orientées vers l'intrados que dans la zone proche de l'imposte (constituée par les dix premiers claveaux). La différence de développement de chaque demi-arc fut donc répartie sur onze jonctions dont l'ouverture diminuait progressivement de 9 mm à l'imposte jusqu'à 2 mm à la jonction entre le dixième et le onzième claveau. Dans la partie située à proximité de la clé (formée par 8 claveaux), les claveaux furent disposés avec des divergences vers l'extrados qui variaient, à partir de la clé, de 5 a 1 millimètre. Dans la partie médiane, constituée de 18 claveaux, ceux-ci furent disposés avec leur faces adjacentes parallèles. La charpente – constituée de dix chevalets du type Perronet – était "fixée" à l'aide d'un appui intermédiaire formé par trois rangées de poteaux, reliées entre elles par des poutres horizontales ou diagonales.

---

6 A. CASTIGLIANO, *Applicazioni pratiche della teoria sui sistemi elastici*, Strade Ferrate dell'Alta Italia, Servizio della Manutenzione e dei Lavori, Studi dell'Ufficio d'Arte, Milano 1878.

L'organisation du chantier fut elle aussi exceptionnelle et innovatrice. Mosca mit au point un système de ponts de service qui traversaient la charpente dans toutes les directions, mais qui étaient complètement indépendants de celle-ci, de façon à éviter de la déformer ou de la déplacer pendant les opérations de mise en place. Un premier pont, situé à la hauteur de l'imposte de l'arc, servit de base pour le positionnement du cintre, alors que deux ponts latéraux – parallèles aux deux fronts et inclinés vers les culées – étaient reliés par deux autres ponts transversaux qui surplombaient la charpente et qui lui étaient tangents. Ces derniers ponts étaient déplacés au fur et à mesure que la construction de l'arc procédait.

L'on ne fit appel à aucun mécanisme spécial ou compliqué, mais uniquement à des treuils, des mouflages, des vérins, des cordes et des coins. Par ces moyens, à la fois simples et peu coûteux, deux poseurs, avec quelques ouvriers sur la charpente et d'autres manoeuvrant les treuils, étaient en mesure de positionner chaque jour environ 9 claveaux pesant en moyenne cinq tonnes chacun. De cette manière, les 651 claveaux constituant l'arc – soit un poids total d'environ 3 250 tonnes – furent mis en place au cours de 75 journées utiles de travail. Sans oublier que près d'un tiers du nombre total des claveaux pesait plus de 8 tonnes et que ceux situés à proximité de l'imposte pesaient entre 15 et 18 tonnes. A noter encore que ces blocs énormes furent positionnés sans aucun accident et sans aucune détérioration de la pierre[7].

Afin de reproduire exactement la disposition des claveaux établie lors de l'essai sur la plate-forme, pendant la construction de l'arc on interposa entre les faces des claveaux des lames de plomb, de dimensions et de forme correspondant aux interstices calculés.

Comme toute l'opération était extrêmement délicate, pour tracer l'arc exhaussé, l'on avait préalablement calculé les coordonnées. Au fur et à mesure que l'on procédait à la mise en place des assises des claveaux – en commençant symétriquement à partir des deux culées et en chargeant en même temps la charpente à hauteur de l'échafaud de clé – les coordonnées étaient vérifiées. Les abscisses étaient calculées à l'aide d'un fil à plomb sur une poutre horizontale fixée au pont de service – donc indépendante de la charpente – alors que les ordonnées, vérifiées à l'aide d'un niveau, étaient lues sur quatre tiges verticales situées aux coins de la voûte. Après la pose de la troisième assise, l'on découvrit que dans le demi-arc de gauche l'ordonnée était plus basse de 5 cm, et de 1 cm dans celui de droite. L'on procéda donc au renforcement du système, en y ajoutant un appui par chaque côté et en augmentant la charge de clé. Grâce à ces solutions, l'on obtint

---

7 A. CASTIGLIANO, *op. cit.*

le positionnement parfait de l'arc sur le cintre. L'ensemble du travail avait demandé exactement sept mois, du 8 avril 1828 – le jour du démarrage de la préparation de la platée pour le traçage de l'arc – au 8 novembre de la même année, lorsque l'on ferma la voûte. Trois mois suffirent pour la construction de l'arche, commencée le 13 août par la pose du premier claveau en amont vers la rive droite.

Une dernière et importante opération restait à accomplir: le décintrage, soigneusement préparé. Après avoir fixé les différents repères, sur chaque front de l'arche fut dessinée une polygonale de cinq côtés, symétrique par rapport à la clé, afin de pouvoir relever tout mouvement des claveaux. En outre, pour éviter l'ébrèchement des arêtes des claveaux pendant l'affaissement, on racla le mortier coulé dans chaque jonction, pour une profondeur de 3 cm, aussi bien à l'intrados qu'à l'extrados. Après avoir desserré tous les boulons à vis de la charpente, afin de libérer la rotation relative des tiges, les opérations de décintrage commencèrent vingt jours après la fermeture de l'arc. *Sous les coups des masses, les 240 coins qui soutenaient les chevalets commencèrent à glisser uniformément et imperceptiblement, de manière presque simultanée par effet du poids de l'arc et de la charpente. Ce mouvement s'arrêta et reprit à plusieurs reprises, jusqu'à ce que l'on constata que l'affaissement de l'arc avait atteint son point final*[8].

Les repères permirent de mesurer l'affaissement et de constater que à la clé l'abaissement ne fut que de 12,5 cm et que de la clé à l'imposte, la déformation s'était produite de manière très régulière. Les interstices entre les claveaux s'étaient progressivement fermés, jusqu'à atteindre le contact et le parallélisme prévus.

Avant de procéder à la construction des autres parties du pont – tympans, corniches, parapets, trottoir et pavé – l'on chargea l'arche d'une masse de cailloux de 1 834 m^3, dont le poids était supérieur à la somme des charges permanentes et accidentelles prévues. Après quatre mois, les cailloux furent enlevés dans la zone située à la proximité des impostes, afin de tester l'arc dans la condition la plus sévère. A la fin de ces opérations, l'on mesura un affaissement ultérieur de 6,5 centimètres à la clé. L'arc réel – compte tenu des 25 centimètres de surhaussement de la courbe de pose – s'avéra donc légèrement moins surbaissé par rapport à l'arc du projet (rapport montée/portée de 0,1235 au lieu de 0,1219). Le contact entre les claveaux était pratiquement parfait, un détail auquel Mosca attribuait une valeur esthétique non négligeable, même s'il l'avait projeté par des raisons d'ordre essentiellement statique.

Un deuxième élément fut introduit par Mosca – à la fois architecte et ingénieur – dans le but d'obtenir des effets pratiques aussi bien qu'esthétiques. Afin d'assurer au

---

8 A. CASTIGLIANO, *op. cit.*

pont un aspect plus élancé et pour protéger la voûte contre l'intensité du courant pendant les crues, Mosca eut recours aux ébrasements. Ce détail architectonique – fréquent dans les ponts de l'époque – peut produire l'effet souhaité exclusivement si ses proportions sont à la fois harmonieuses et correctes du point de vue hydraulique. Ces caractéristiques sont respectées dans le pont sur la Doire, où les ébrasements, en "corne de vache", donnent la sensation d'un arc plus surbaissé et plus mince que l'arc véritable, tout en orientant le débit des eaux à tel point, qu'à l'heure actuelle – cent quatre-vingts ans après la construction – on ne constate aucune détérioration de la pierre au niveau des crues. Ces ébrasements sont des surfaces rayées, dont la directrice frontale est un arc circulaire – tangent à l'intrados à la hauteur de la clé – surbaissé de 1/12. L'autre directrice pour chaque demi-arc est la courbe elliptique déterminée par l'intersection de l'intrados avec un plan vertical passant par la clé de l'arc frontal et tournée vers l'intérieur du pont de 5 degrés par rapport au plan frontal.

Le résultat final est un pont à la fois monumental et sobre. Les embouchures sont grandioses, mais aucune décoration ou statue ne détourne le regard de l'arche audacieuse. Seule la corniche rectiligne qui marque extérieurement le niveau du trottoir est ornée de modillons très simples. Sur la corniche repose le parapet, parfaitement lisse, qui se termine par une pierre de couronnement convexe dans sa partie supérieure. A l'instar de l'arche, tous les éléments du pont son en *Pietra del Malanaggio*. L'exclusion d'autres matériaux – qui auraient pu produire des contrastes chromatiques – ainsi que l'absence d'éléments décoratifs, témoignent de l'intention de mettre en valeur au maximum la pureté et l'élégance naturelle de la structure. Le rendement esthétique de cette œuvre est donc exclusivement confié à son exécution irréprochable et à la qualité de la pierre, caractérisée par une précieuse nuance gris-verte.

Tout en reconnaissant l'influence indiscutable exercée par les modèles français, le Pont sur la Doire ne pourra jamais être défini la "copie" d'autres ponts célèbres. La maîtrise de la théorie acquise grâce à l'étude des maîtres – Perronet, Gauthey, Boistard – permit à Mosca de projeter un arc surbaissé d'une portée supérieure à celle des constructions précédentes, et dont la stabilité fut par la suite vérifiée par de nombreux experts, à l'aide de nouveaux moyens de recherche. Mais ce fut surtout l'analyse minutieuse et intelligente du comportement des arcs en maçonnerie menée pendant la construction des ponts européens les plus célèbres, qui permit à Mosca d'entreprendre une oeuvre *encore sans précédent*[9] et de la réaliser de manière extrêmement fidèle au projet. À ce propos, il y a lieu de mentionner l'avis de Paul Séjourné, qui considérait le

9 *Archivio Mosca*, Politecnico di Torino, Dipartimento dei Sistemi Edilizi e Territoriali.

pont Mosca[10] comme une imitation banale des fameux projets de Perronet pour les deux ponts jumeaux à construire sur la Seine, à Melun: *C'est bien le même pont,* écrit il. Il est indéniable que Mosca s'est inspiré de la solution exceptionnelle conçue pour ces deux ponts, qui – comme le même Perronet affirme dans ses "Discours préliminaires" de la description du projet – *pourront aussi un jour, par leur hardiesse et leur solidité, servir de modèle aux architectes des autres nations*[11]. L'on peut même supposer que, pour montrer la faisabilité de son propre projet l'ingénieur turinois ait utilisé les mêmes arguments que Perronet. Il faut toutefois rappeler que, contrairement au pont sur la Doire de Turin, les ponts sur la Seine ne furent jamais réalisés; ce qui rend pour le moins discutable le concept de "copie".

Le Pont Mosca, célèbre par sa hardiesse, fut l'objet de plusieurs vérifications *a posteriori*, dont celle effectuée par Alberto Castigliano est la plus accréditée; Castigliano applique dans deux cas sa propre théorie à l'arc du pont Mosca: premier cas, en adoptant les solutions (ou dispositions) conçues par Mosca pour la pose des claveaux; second cas, en supposant que les claveaux aient été posés sans exhausser le cintre. Au terme de son travail, Castigliano observe: *En comparant les résultats obtenus, il apparaît clairement à quel point ces dispositions se sont avérées utiles pour la stabilité du pont, puisqu'elles ont réduit à quarante et un kilo par centimètre carré la pression maximale, qui aurait autrement atteint soixante et un kilo par centimètre carré.*

Avant l'introduction du béton armé, le Pont Mosca fut une des structures les plus étudiées et exploitées à des fins didactiques. Et cela naturellement surtout à Turin, où Giovanni Curioni – de 1866 à 1887 professeur de *Scienza delle Costruzioni* à l'Ecole d'Application pour les Ingénieurs – avait enrichi sa collection de maquettes didactiques de deux exemplaires du pont.

Au cours des dernières cinquante années, le Pont Mosca, figurant dans les traités des ponts comme exemple d'une typologie non plus actuelle, mais toujours digne d'être mentionnée – a cessé d'être considéré comme un monument par les turinois. Les nouvelles générations ignorent même son existence et le traversent en voiture avec indifférence. A l'heure actuelle, la Doire coule à l'intérieur de la ville et les nombreux ponts qui la traversent son camouflés par le réseau orthogonal des rues. Seuls les habitants du quartier connaissent les rives gazonnées de ce fleuve et s'aperçoivent, peut-être, de la présence des ponts.

---

10 P. SÉJOURNÉ, *Grandes voûtes*, Bourges, 1913.

11 L. PERETTI, *Rocce del Piemonte usate come pietre da taglio e da decorazione*, in "Marmi, Pietre, Graniti", Carrara 1938, anno XVI, fasc. 2.

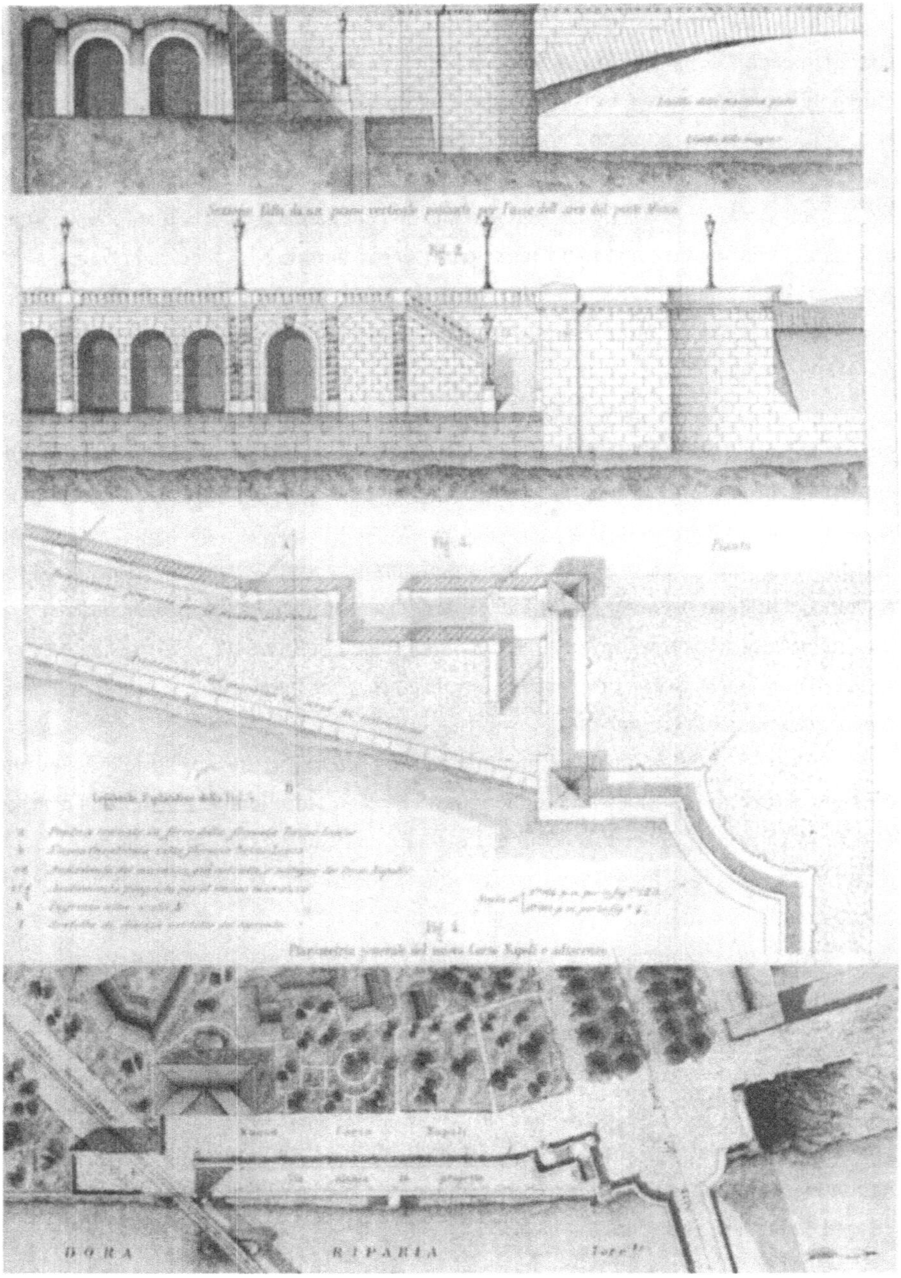

Fig. 2 - Projet de transformation du pont tirée de *L'ingneneria civile e les arti industriali*, Torino 1880

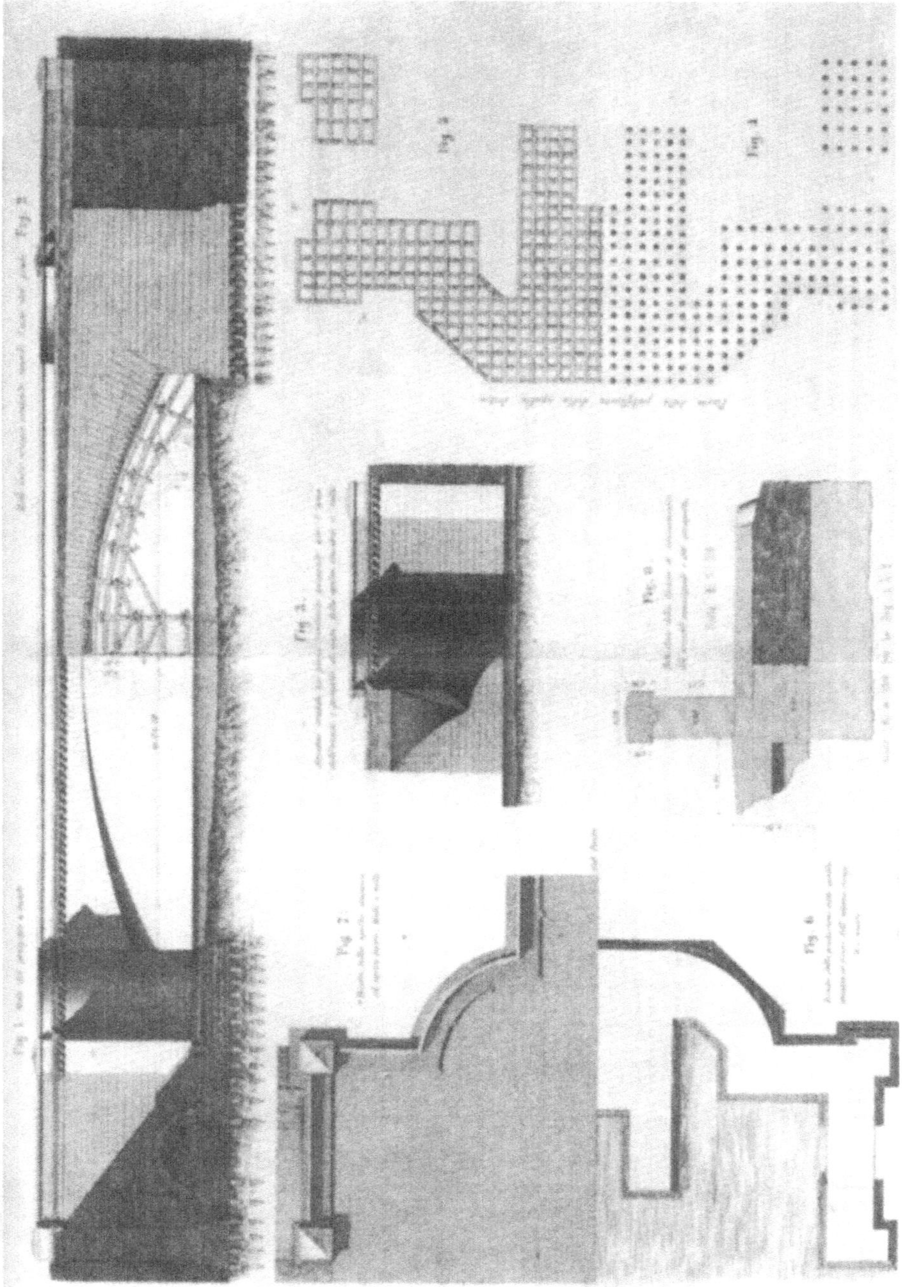

Fig. 3 - Plan du pont tiré de *L'ingneneria civile e les arti industriali*, Torino 1880

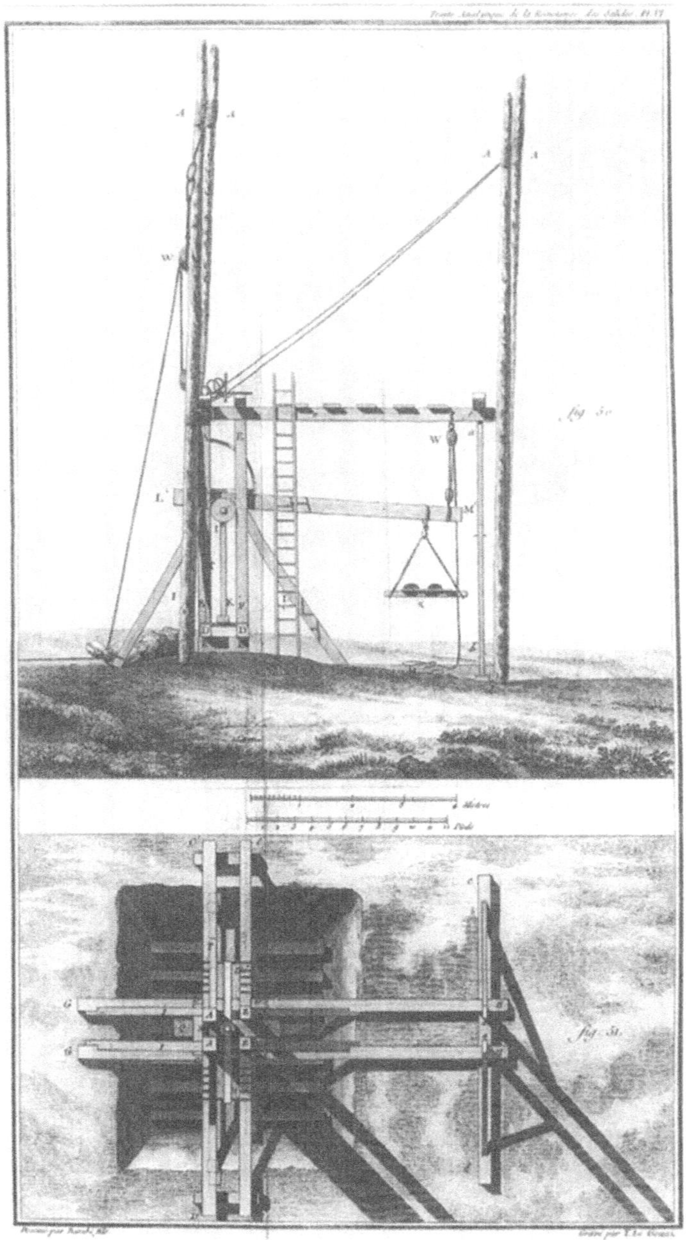

Girard P.S., *Traité analytique de la résistance des solides et des solides d'égales résistance* (1798)

LES CONDITIONS DE RÉSISTANCE DES MATÉRIAUX ENTRE *RESISTENTIA SOLIDORUM* ET *HYDRO-STÉRÉODYNAMIQUE*

Antonio Becchi[1]

Summary : Elasticity is not the ultimate theory of Engineering. Stokes and Maxwell establissed a continuous link between the "perfect solidity" and "perfect fluidity" passing by viscous fluids. The understanding of the relation between elasticity and fluidodynamics represented a crucial development in the evolution of continuum mechanics

Résumé : L'élasticité n'est pas la théorie ultime de l'Art de l'Ingénieur. Stokes et Maxwell établissent un lien continu de la "solidité parfaite" à "la fluidité parfaite" qui passe par les fluides visqueux. La compréhension de la relation entre élasticité et la dynamique des fluides a constitué un développement crucial de l'évolution de la mécanique des continus.

Introduction

Dans la *Sectio I* de la *Principiorum primorum cognitionis metaphysicae nova delucidatio*, Kant présente un bref récit attribué à Esope: un paysan à l'article de la mort révèle à ses fils qu'il a enfoui son patrimoine dans la vigne appartenant à la famille. Ses fils, pensant à un riche magot, creusent la terre avec acharnement sans toutefois découvrir le moindre trésor; en revanche, la terre de la vigne, bien défrichée à la suite de leurs efforts frénétiques, les récompense sous forme de récoltes abondantes.

Cette parabole illustrée par Kant nous donne une image suggestive de ce qui s'est passé avec la *Nouvelle Science* esquissée dans le testament de Galilée. Les questions qui animèrent les deux premières Journées des *Discorsi e dimostrazioni matematiche...*[2], relatives à la résistance ultime des matériaux, sont restées sans solution jusqu'à nos jours et les innombrables théories formulées au cours de la recherche, en premier lieu la théorie

1 ISTITUTO DI COSTRUZIONI - UNIVERSITÀ DI GENOVA, Stradone di Sant'Agostino, 37 - 16123 Genova (Italia).

2 G. GALILEI, *Discorsi e dimostrazioni matematiche intorno a due nuove scienze*, Leiden, 1638.

de l'élasticité, ont partiellement éludé les instances originales. Le modelage mathématique indispensable qui a permit le passage délicat de l'expérience à l'*expérience sensée* a souvent dissimulé le rôle régulateur des "imperfections de la matière" et la connaissance *intensive* qui, selon Galilée, rapproche la connaissance humaine de la perfection divine, n'a pas su se concilier avec la connaissance *extensive*, pour parvenir à combler le décalage entre la réalité et son intérpretation.

Il s'agit dès lors d'évaluer si l'on a réellement labouré avec la même vigueur dans toutes les directions, de savoir si certaines zones du champ n'ont pas été oubliées et méritent de faire à nouveau l'objet de soins.

Pour chercher à expliquer les raisons de cette impasse, nous prendrons pour référence la théorie de la plasticité, l'un des secteurs de la mécanique des milieux continus qui affronte le problème de la résistance limite. Elle engendre certaines *apories* évidentes de la *resistentia solidorum*, responsables, selon Truesdell[3], de la vaine tentative d'enchaîner les contenus des traités sur la plasticité aux principes généraux de la mécanique des matériaux.

L'écoulement des corps solides

L'origine de cette théorie remonte, c'est notoire, aux études réalisées par Henri Tresca sur le comportement des matériaux soumis au poinçonnage ou, en général, à de fortes pressions[4]. L'analyse des essais de laboratoire permet d'établir une analogie entre la matière plastique et les fluides visqueux et de contrôler l'égalité entre le coefficient de fluidité et la résistance au cisaillement. Le terme clé des nombreux mémoires publiés par Tresca est "écoulement", "écoulement des corps solides", expression qui stigmatise efficacement le thème des nouvelles recherches (Fig. 1). La contribution fondamentale de Saint-Venant permet, en outre, de définir la condition de résistance et de déduire les équations de mouvement de l'écoulement plastique.

---

3 C. TRUESDELL, *Second-order effects in the mechanics of materials*, Proc. Symp. "Second-order effects in elasticity, plasticity and fluid dynamics", Haifa 1962, pp. 1-47. Cf. p. 9: "Apart from some limit theorems of hypo-elasticity, I know of no successful attempt to connect the contents of treatises on plasticity, with the general principles of the mechanics of materials. It is difficult to state clearly why it is that plasticity and the rest of mechanics have gone separate ways, but it is a fact that they have (...)."

4 H. TRESCA, *Mémoire sur l'écoulement des corps solides soumis à de fortes pressions*, Comptes Rendus, vol. 59, 1864, pp. 754-758; ID., *Mémoire sur l'écoulement des corps solides*, Mém. prés. par div. Savants, vol. 18, 1868, pp.733-799; ID., *Mémoire sur le poinçonnage et la théorie mécanique de la déformation des métaux*, Comptes Rendus, vol. 68, 1869, pp. 1197-1201.

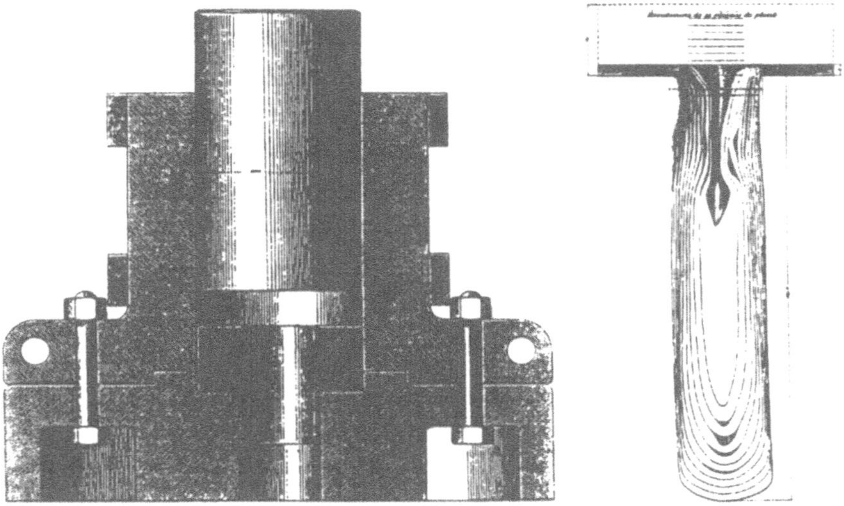

Fig. 1 - Appareil employé pour la compression du plomb et exemple d'écoulement.

Si les résultats atteints paraissent à première vue surprenants, ils ne réussissent pas à expliquer la grande complexité des phénomènes examinés. L'affirmation de Tresca, disant que l'écoulement se produit sans passage d'état - expression malheureuse que Bouasse critiqua avec véhémence[5] - est un symptôme du malaise qui accompagne les efforts prodigués pour interpréter les nouveaux résultats expérimentaux. La preuve nous en est donnée par les difficultés taxinomiques liées à la publication des premiers exposés dans les *Comptes Rendus*: les mémoires forment tout d'abord un recueil qui prends le

5 Cf. H. BOUASSE, *Théorie de l'élasticité. Résistance des matériaux*, Paris, 1920, p. 450: "Cette proposition: l'état solide est un prolongement de l'état liquide, n'a d'autre intérêt que de satisfaire les ignorants. Il est sûr qu'il n'existe pas de définition de l'état solide, pas davantage de l'état liquide: est-ce une raison pour les confondre? est-ce surtout une raison pour ne pas distinguer entre les états solides et pour ne pas chercher, non certes une définition globale de l'état solide qui ne saurait manquer d'être absurde ou inutile, mais une série de définitions s'appliquant à chacun des états distingués? (...). Au reste, l'erreur de Tresca apparaît aux premières lignes de son premier mémoire: «[Ce] mémoire ...a pour objet de montrer que les corps solides peuvent, sans changer d'état, s'écouler à la manière des liquides, lorsqu'on exerce à leur surface des pressions suffisammment grandes.» C'est moi qui souligne: toute la question est dans ces quatre mots qui constituent une erreur aussi évidente que fondamentale." Cf. aussi M. BRILLOUIN, *Théorie de la plasticité et de la fragilité des solides isotropes*, Annales Phys., vol. 13, 1920, pp.217-235; ID., *La théorie de Tresca-Saint-Venant*, Annales Phys., vol. 14, 1920, pp.75-112; ID., *Essai théorique sur la plasticité des solides*, Annales Phys., vol. 3, 1925, pp.129-144. Pour comprendre l'importance des intuitions de Tresca, cf. la conclusion de l'essai de M. REINER, *Rheology* (Handbuch der Physik, vol. VI, 1958), en particulier p.542: "As an envoi to this chapter we may mention that while solid and liquid are important technological distinctions, they have no place in rheology. While the term «rheology» brings to the mind Heraclitos' *panta rei* we may with as much justification say that «everything is solid». The criterion for the distinction between solid and liquid is not qualitative but quantitative."

titre de "mécanique appliquée", devient "hydrostéréodynamique" - terme forgé pour l'occasion par Saint-Venant qui la considère comme une *hydrodynamique d'une nouvelle espèce* - et ensuite corrigé en "plastico-dynamique". Au-delà de la limite élastique, il semblerait qu'il existe un champ de recherche aux frontières incertaines, au sein duquel la *resistentia solidorum* livre passage à la dynamique des fluides.

Ce n'est cependant pas dans les études de Tresca que naissent les liens entre ces deux domaines de recherche - Hydrostatique/Hydrodynamique et résistance des matériaux - mais ils suivent, comme en contrepoint, du développement de la théorie de l'élasticité; il serait même plus exact de dire qu'il le précède, comme l'a démontré Salvatore Di Pasquale dans ses essais importants consacrés aux rapports entre la mécanique des maçonneries et la statique des demi-fluides pendant la 2ème moitié du XVIIIe siècle[6].

Nous n'avons pas l'intention de reprendre l'analogie bien connue, adoptée pour la visualiser les champs de tension dans un solide soumis à torsion et décrite, entre autres, par Greenhill, W.Thomson & Tait et Boussinesq[7]. Le lien que nous souhaitons souligner est plus profond et essentiel. Il s'agit de repérer dans la mécanique des fluides le *cliché* qui a contribué à faire prendre forme à la mécanique des milieux continus déformables et de signaler à quel point les recherches effectuées au moyen des anciens instruments d'interprétation ont été en mesure d'ouvrir une nouvelle voie de recherche.

Malheureusement, le grand succès remporté par la *History* de Todhunter et Pearson[8], qui situe les racines de la théorie élastique - à la suite d'ailleurs de l'*Abrégé historique* de Saint-Venant[9] - dans les recherches sur le comportement des barres élastiques et sur la résistance des matériaux, a empêché une estimation pondérée d'un tel lien, ainsi qu'une écoute attentive des échos relatifs aux différentes interprétations.

---

6 S. DI PASQUALE, *Questioni concernenti la meccanica delle murature. Storia e prospettive*, in *Architettura e terremoti. Il caso di Parma*, Bologna, 1986, pp. 50-83. En particulier p. 56: "Non è un caso, continuo a credere, che la sola scienza completamente definita sullo scorcio del Settecento fosse quella dei fluidi, materiali labili per eccellenza, modellati come insieme di sferette - che poi diventeranno molecole - lisce, prive di attrito - fluidi perfetti - e naturalmente incapaci di reagire a trazione: appunto come il primo modello delle murature e, cosa del tutto prevedibile, del terreno." Cf. aussi S. DI PASQUALE, *New Trends in the Analysis of Masonry Structures*, Meccanica, vol. 27, 1993, pp.173-184.

7 Cf., par exemple, J. BOUSSINESQ, *Étude nouvelle sur l'équilibre et le mouvement des corps solides élastiques...*, Journ. de Math., II ser., vol. 16, 1871, pp.125-274.

8 I. TODHUNTER et K. PEARSON, *A History of the Theory of Elasticity and of the Strength of Materials*, vol. 1, 1886; vol. 2, 1893, Cambridge.

9 La position dont part la *History* a sûrement été influencée par l'exemple de l'*Abrégé historique* de Saint-Venant qui attribue une grande importance aux autres filons de recherche et, en particulier, à la mécanique moléculaire (cf. L.NAVIER, *Résumé des Leçons données à l'Ecole des Ponts et Chaussées sur l'application de la Mécanique à l'établissement des constructions et des machines, avec des Notes et des Appendices par M.Barré de Saint-Venant*, Paris, 1864). Le premier volume de l'ouvrage de Todhunter et Pearson est consacré à l'auteur français.

Franz Neumann qui, à l'occasion des *Vorlesungen* de Könisberg[10], avait réévalué l'importance des études de Fresnel sur la double réfraction ne fut pas écouté. Et même l'objection présentée dans le *Bulletin des sciences mathématiques*[11] - où la partialité de la reconstruction proposée par ces deux Auteurs était soulignée et où les études hydrostatiques et hydrodynamiques étaient considérées comme une branche négligée de la théorie élastique - fut critiquée dans un premier temps, puis oubliée.

Pour confirmer l'objection, rappelons le concept de tension selon Cauchy, illustré dans ses *Recherches* fondamentales présentées à l'Académie le 30 septembre 1822, et issue de la notion de pression dans un fluide et, par conséquent, comme l'a démontré Truesdell, due aux recherches hydrostatiques d'Euler[12]. Il serait également intéressant

---

10 F. NEUMANN, *Vorlesungen über die Theorie der Elasticität der festen Körper und des Lichtäthers*, Leipzig, 1885, Introduction, p. 1: "Die Theorie der Elasticität gehört zu den neuesten Zweigen der mathematischen Physik; ihre Anfänge reichen nur bis in die zwanziger Jahre unseres Jahrhunderts zurück. Wenn auch schon von den Bernoulli und von Euler einzelne Aufgaben aus der Lehre von der Elasticität mathematisch behandelt worden sind, so wurde eine allgemeine Theorie (...) doch erst veranlasst durch Fresnel's neue Theorie des Lichtes.(...). Er fand in der That, dass in den hydrodynamischen Gleichungen nur solche inneren Kräfte enthalten sind, welche aus einer Verdünnung oder Verdichtung des Mediums entstehen und welche wiederum eine Aenderung der Dichtigkeit hervorbringen. Er stellte sich daher die Frage, ob es in einem elastischen Medium keine anderen Kräfte gebe, ob in einem solchen System, wie es die Theilchen eines elastischen Körpers bilden, nicht auch Kräfte entstehen können aus einer Verschiebung der Theilchen, durch welche die Dichtigkeit nicht geändert wird. Wie jetzt die Sachen liegen, ist es leicht, den Standpunkt, auf den Fresnel sich stellte, klar zu machen." Dans le second volume de la *History* (vol. II/2, pp.4-5) Pearson conteste cette interprétation: "This account of the origin of the theory of elasticity, attributing it to the inhability of the hydrodynamical equations to offer any explanation of the phenomena of light, has been accepted by several writers (see the review of our first volume in the Bulletin des Sciences mathématiques, vol.12, p. 38, 1888), but it must be distinctly borne in mind that the first propounder of the theory was Navier, an elastician of the old, or Bernoulli-Eulerian school, who both in theory and practice had frequently dealt with elastic stresses by the old methods, and whose memoir of 1827 was preceded not by optical investigations but by researches on the elasticity of rods and plates." On retrouve une démarche analogue dans la *Historical introduction* de A.E.H. LOVE à son *A Treatise on the mathematical theory of elasticity* (1927⁴) et dans la *History of the strength of materials* (New York, 1953) de S. TIMOSHENKO.

11 Critique anonyme (G. Darboux?) du vol. I de la *History* de Todhunter et Pearson dans *Bulletin des Sciences Math.*, vol. 12, 1888, pp.38-40, en particulier p. 38: "J'avais d'abord l'intention de joindre à ce compte rendu quelques considérations sur les débuts de la théorie de l'élasticité, et la periode de formation qui correspond aux premiers Chapitres du Livre de Todhunter, dus principalement à M.Pearson; mais je n'ai pas tardé à me convaincre que, forcé de se limiter, M. Pearson a dû laisser systématiquement dans l'ombre tout un côté de cette histoire. C'est aux problèmes de résistance des matériaux, à la théorie de la courbe élastique qu'il s'attache exclusivement, bien que l'équilibre et les vibrations des cordes appartiennent autant à la théorie de l'Élasticité qu'à la Mécanique rationelle. Ce n'est pas seulement de ces problèmes particuliers qu'est sortie la théorie générale de l'Élasticité, c'est, pour une part au moins égale, de l'Hydrostatique et de l'Hydrodynamique. Les progrès de ces Sciences sont intimement liés; les mêmes géomètres y contribuent, et un demi-siècle à peine sépare la constitution d'une théorie générale de l'Élasticité de l'établissement par Euler, puis par Lagrange, des équations différentielles du mouvement d'un fluide continu. Sur ce côté de la question tout était à lire à nouveau, M.Pearson n'en ayant rien dit; et quant au reste la différence n'était pas grande."

12 C. TRUESDELL, *The Rational Mechanics of Flexible or Elastic Bodies (1638-1788)*, in *L.Eulerii Opera Omnia*, (2), vol. 11/2, Zürich, 1960.

d'expliquer le long silence[13] de 1823 à 1827, rompu par les *Exercices de Mathématiques*[14]où Cauchy adjoint le modèle continu au modèle moléculaire, pour finalement devenir partisan de ce dernier[15]. Il est, de toute manière, incontestable qu'en 1822, le modèle des masses continues était considéré comme démodé par rapport à celui qui découle de la *Theoria Philosophiae Naturalis* de Boscovich[16], et qu'alors on ne comprenait pas complètement les possibilités interprétatives offertes par les études hydrostatiques pour l'idée d'un milieu continu homogène et déformable.

Ces possibilités furent développées quelques années plus tard dans le cadre de la *doctrine de la continuité*, que Saint-Venant[17] reprocha à l'école anglaise et notamment à Stokes, qui fait dériver les équations d'équilibre pour le corps élastique des équations de mouvement des fluides visqueux. Selon Stokes, il n'existe aucune ligne de démarcation entre le solide et le fluide et la distinction entre ces deux états est due au rapport entre les forces de cohésion et de gravité, rapport qui, pour une même matière, change à la variation de l'intensité de la gravité et, par conséquent, du site considéré. Les concepts limite de *rigidité* et *fluidité parfaite* permettent de définir les échelons intermédiaires qui distinguent, par exemple, les corps élastiques, et cette double nature justifie l'adoption de deux constantes élastiques pour les corps isotropes.

Sur la voie tracée par Stokes, Haughton déduit un potentiel en termes moléculaires, que l'on peut interpréter comme la somme de deux composantes, l'une solide et l'autre fluide[18]. C'est à leur pensée que s'uniront d'autres chercheurs, parmi

---

13 Cf. B. BELHOST, *A.-L. Cauchy. A Biography*, New York, 1991, p.92 (aussi ID., *Cauchy, un mathématicien légitimiste*, Paris, 1985).

14 A.-L. Cauchy, *Exercices de Mathématiques*, Paris, en particulier les Tome II, 1827; Tome III, 1828; Tome IV, 1829.

15 Cf. A. DAHAN DALMEDICO, *Mathématisation. A.-L. Cauchy et l'École française*, Paris, 1992 et F. FOCE, *La teoria molecolare dell'elasticità dalla fondazione ottocentesca ai nuovi sviluppi del XX secolo*, Thèse de Doctorat, Florence, 1993.

16 R.G. BOSCOVICH, *Theoria Philosophiae Naturalis redacta ad unicam legem virium in natura existentium*, Viennae, 1758. Cf. A. BECCHI, *Radici storiche della teoria molecolare del'elasticità, con particolare riguardo alla* Theoria Philosophiae Naturalis *di R.G.Boscovich*, Thèse, Gênes 1988.

17 Dans l'Appendice V à la troisième édition du *Résumé des Leçons* de Navier (Paris, 1864), publiée simultanément au premier mémoire de Tresca sur le thème de la plasticité, après avoir rappelé l'important essai de Stokes "On the theories of internal friction of fluids in motion and the equilibrium and motion of elastic solids" (1845) et celui de J.C.Maxwell "On the equilibrium of elastic bodies" (1850), Saint-Venant présente une sévère analyse critique contre le tentative continue de deux auteurs de soutenir la bi-constance de l'isotropie élastique avec des arguments tirés de l'analogie entre les solides plastiques et les fluides visqueux. Selon Stokes, en effet, il n'existe "aucune ligne de démarcation entre les solides plastiques et les liquides visqueux" car la distinction entre ces deux types de corps doit être attribuée au rapport entre les forces de gravité et les forces de cohésion. "M. Stokes - ajoute Saint-Venant - pousse cette doctrine de la continuité jusqu'à effacer (break down) la distinction entre les liquides et les gaz, en se fondant sur quelques faits de changement d'état en vase clos" .

18 Haughton décrit le potentiel suivant déduit d'un modèle moléculaire:

lesquels nous pouvons citer Jellett et Rankine[19], représentants d'une tradition anglaise qui devance les ferments théoriques et expérimentaux liés aux recherches hydro-stéréodynamiques.

La condition de résistance proposée à cette époque par Maxwell, apparemment dépourvue de références historiographiques, doit être interpréter dans ce contexte. En pleine syntonie avec les argumentations de Stokes, le chercheur Ecossais distingue l'*élasticité cubique* de l'*élasticité de forme* et sur la base de ces considérations, le 18 décembre 1856, dans une lettre à Thomson, il formule le premier critère de plasticité[20]. La possibilité d'attribuer la déformation plastique aux tensions tangentielles maximales dérive de l'observation du passage de la phase élastique à la phase plastique, qui est marqué par la variation de forme liée à la résistance au cisaillement. La limite élastique correspond donc à l'obtention d'une valeur ultime du travail de *distorsion*.

Dans ce cas également, Maxwell nous fournit la preuve d'une capacité de synthèse absolument formidable. A la suite de ses observations fulgurantes communiquées à Thomson, il ne reviendra plus sur la question et son critère, relégué dans une correspondance privée, sera redécouvert à la fin des années trente[21] et associé au nom de von Mises, qui arrive à la même conclusion en 1913.

Le bagage hérité de l'école anglaise est recueilli en France par Marcel Brillouin[22] qui soumet un projet de théorie de la déformation plastique, fondée sur le concept de la

---

$V = \int_0^{\infty}\int_0^{\pi}\int_0^{2\pi}(F_o\, r' + F_1\, r'^2)\, r^2 \operatorname{sen} a\, dr\, dF$, où r' indique la variation de la distance entre deux molécules et F_o, F_1 deux fonctions caractéristiques, respectivement des fluides et des solides. On obtient alors $V=V_1(F_1)$ pour les corps solides; $V=V_o(F_o)$ pour les fluides parfaits et $V=V_o+V_1$ pour les fluides visqueux. Cf. S. HAUGHTON, *On the laws of equilibrium and motion of solid and fluid bodies*, Trans. Roy. Irish Acad., vol. 21, 1849, pp.151-198; en particulier p. 153.

19 J.H. JELLETT, *On the equilibrium and motion of an elastic solid*, Trans. Roy. Irish Acad., vol. 22, 1850, pp.179-217; W.J.M. RANKINE, *Laws of the elasticity of solid bodies*, The Cambridge and Dublin Math. Journ, vol. 6, 1851, pp. 47-80 et pp.178-181.

20 Cf. *Letter to William Thomson, 18 December 1856*, dans le volume P.M. HARMAN (éd.), *The Scientific Letters and Papers of J.C.Maxwell*, vol.1, Cambridge, 1990, p. 491: "Condition of not yielding: $\alpha^2 + \beta^2 + \gamma^2 - \beta\gamma - \gamma\alpha - \alpha\beta < R^2$ (α, β, γ: principal strains at any point; R^2: resilience of rigidity)."

21 Cf. J. LARMOR (éd.), *Origins of Clerk Maxwell's Electric Ideas*, Cambridge, 1937, pp. 32-33; toutefois, encore en 1952 C.TRUESDELL (*The mechanical foundations*..., loc. cit., p. 208) attribue cette condition à Huber, et avoue ne même pas avoir pu consulter le mémoire de ce dernier. Ce n'est que l'année suivante, dans les *Corrections and additions to «The mechanical foundations of elasticity and fluid dynamics»* (Jour. Rat. Mech. Anal., vol. 2, 1953, pp. 593-616), qu'il précise (p.602): "It was proposed in the same form and in the same connection by Maxwell in his letter of 18 dec. 1856 to Lord Kelvin". Cette même année, l'attribution sera confirmée par S. TIMOSHENKO dans la *History of strength of materials* (loc. cit., p. 369). En ce qui concerne R. VON MISES cf. l'article, *Mechanik der festen Körper im plastisch-deformablen Zustand*, Nachrichten k. Gesellschaft Wiss. Göttingen, 1913, pp.582-592.

22 M. BRILLOUIN, *Principes généraux d'une théorie élastique de la plasticité et de la fragilité des corps solides*, Ann. École Norm. Sup., vol. 7, 1890, pp.345-360. Dans ce mémoire est présentée une première tentative de ramener l'étude de la condition limite de déformation plastique à un problème d'indétermination de l'état de déformation par rapport à un système donnée de "forces élastiques".

stabilité et que l'on peut rattacher aux études de Maxwell, alors qu'en Allemagne, Woldemar Voigt[23] prend part au débat en décrivant *Körper von unvollkommener Festheit*, voie intermédiaire entre les corps *vollkommen elastisch-flüssig* et ceux *vollkommen elastisch-festen*, en parallèle avec la *doctrine de la continuité*. Un cas anormal est par contre représenté par la théorie élaborée en Pologne par Huber[24], totalement dépourvue de références explicites à la littérature anglaise et longtemps demeurée inconnue. Huber choisit une forme particulière, proposée par Helmholtz dans sa *Dynamique*[25], de la fonction qui représente l'effet de la déformation, et assujettit la résistance limite à la variation de forme, généralement indépendante de la déformation volumique.

Les études qui ont suivi et qui sont, par ailleurs, généralement considérées comme fondamentales, s'écartent de ces idées initiales et imposent le caractère aprioriste, critiqué par Truesdell, du critère de déformation plastique. C'est la période marquée par les mémoires publiés dans les *Nachrichten von der Gesellschaft der Wissenschaften zu Göttingen* et dans les premiers numéros de la *Zeitschrift für angewandte Mathematik und Mechanik*. Haar et Karman, Schleicher, Hencky, et tant d'autres[26], fournissent des instruments analytiques raffinés à la théorie de la plasticité, mais la question de fond, avec toutes les certitudes ambiguës qu'elle comporte, reste marginale lors de cette réflexion. On assiste à l'abandon progressif de l'effort qui consiste à décrire le comportement du matériau comme une fonctionnelle unique, comprenant les phases élastique et plastique.

---

23 W. VOIGT, *Über das numerische Verhältnis der beiden Elasticitätsconstanten isotroper Medien nach der molecularen Theorie*, Annalen der Physik, IV Folge, vol. 4, 1901, pp. 187-196.

24 M.T. HUBER, *Le travail spécifique de déformation comme mesure de la sollicitation du matériau*, (texte en polonais),Czasopisme Techniczne (Périodique technique), Lwow, 1904; aussi PISMA, vol.II, Varsovie 1956, pp.3-20. Une formulation analogue sera présentée par Girtler quelques années plus tard; cf. GIRTLER, *Über das Potential der Spannungskräfte in elastischen Körpern als Maß der Bruchgefahr*, Sitzungsberichte der Wiener Akad., vol. 116, IIa, 1907, pp.509-555.

25 H. VON HELMHOLTZ, *Dynamik continuirlich verbreiteter Massen*, Leipzig, 1902.

26 Cf., p.e.: A. HAAR, T. VON KARMAN, *Zur Theorie der Spannungszustände in plastischen und sandartigen Medien*, Nachrichten k. Gesellschaft Wiss. Göttingen, 1909, pp.204-218; L. PRANDTL, *Über die Härte plastischer Körper*, Nachrichten k. Gesellschaft Wiss. Göttingen, 1920, pp.74-85; K. VON SANDEN, *Die Energiegrenze der Elastizität nach Huber und Haigh im Vergleich zu den älteren Dehnungs- und Schubspannungstheorien*, Werft und Reederei, vol. 2, Heft 8, 1921, pp.217-218; H. HENCKY, *Zur Theorie plastischer Deformationen und der hierdurch im Material hervorgerufenen Nachspannungen*, Zeitschrift für angewandte Mathematik und Mechanik, vol. 3, 1923, pp.323-334; W. LODE, *Versuche über den Einfluss der mittleren Hauptspannung auf die Fliessgrenze*, Zeitschrift für angewandte Mathematik und Mechanik, vol. 5, 1925, pp.147-149; A. NADAI, *Neue Beiträge zum ebenen Problem der Plastizität*, Zeitschrift für angewandte Mathematik und Mechanik, vol. 5, 1925, pp. 141-142; F. SCHLEICHER, *Der Spannungszustand an der Fliessgrenze (Plastizitätsbedingung)*, Zeitschrift für angewandte Mathematik und Mechanik, vol. 6, 1926, pp.199-216.

Vers une nouvelle théorie de la plasticité

L'école anglaise nous propose une formulation qui ne sera élaborée que par Prager en 1938, toujours dans le contexte des déformations infinitésimales. Au *Cinquième Congrès de Mécanique Appliquée*, Prager[27] présente une étude qui souligne le caractère de continuité de la transition de l'état élastique à l'état plastique et, trois ans plus tard, il revient sur la question dans la *Revue de la Faculté Scientifique d'Istanbul* avec une *Nouvelle Théorie de la plasticité*, suivie par un article très bref mais significatif, consacré à l'analogie entre les équations fondamentales de l'hydrodynamique et de la statique des corps élastiques.

Mais c'est avant tout à Truesdell que revient le mérite d'avoir établi une nouvelle équation constitutive, relative aux matériaux appelés hypo-élastiques, qui décrive de façon continue la phase élasto-plastique.

L'intérêt témoigné pour ce thème par un chercheur de cette envergure démontre que les temps étaient mûrs. Le numéro du *Journal of rational mechanics and analysis* (1955), qui relate la première monographie sur l'hypoélasticité[28], contient également la thèse de doctorat de Noll, présentée par Truesdell en sa qualité de "tutor", intitulée *Sur la continuité de l'état solide et fluide*. Dans une note, l'auteur précise que l'idée selon laquelle les solides et les fluides ne sont que les cas limites d'un type de matière plus général, qu'il appelle "hygrosteric"[29], nous reconduit à la *Théorie dynamique des gaz* (1867) de Maxwell. En réalité, comme nous venons de le voir, les références historiographiques sont beaucoup plus nombreuses et importantes.

Avec les études de Truesdell et de Noll la reprise des problèmes non résolus de la théorie de la plasticité se superpose aux exigences d'une nouvelle mécanique des milieux continus, visant à assumer l'aspect rigoureusement axiomatique. C'est en effet justement

---

27 W. PRAGER, *On isotropic materials with continuous transition from elastic to plastic state*, Proc. V Int. Congr. Appl. Mech., 1938, pp.234-237; aussi ID., *A new mathematical theory of plasticity*, Revue de la Faculté des sciences de l'Université d'Istanbul, série A, vol.5, 1941, pp.215-226; ID., *Fundamental theorems of a new mathematical theory of plasticity*, Duke Math. Jour., vol. 9, 1942, pp.228-233. Les travaux de Prager sont précédés d'essais analogues de Fromm sur les lois qui régissent le comportement plastico-visqueux des isotropes continus. Cf. H. FROMM, *Stoffgesetze des isotropen Kontinuums, insbesondere bei zäh-plastischem Verhalten*, Ingenieur-Archiv, vol. 4, 1933, pp.432-466; ID., *Zur Theorie der zäh-plastischen Stoffe*, Zeitschrift für angewandte Mathematik und Mechanik, vol.13, 1933, pp.427-430; ID., *Stoffgesetze des zäh-plastischen, isotropen Kontinuums*, Proc. IV Int. Congr. Appl. Mech., 1934, pp.182-184.

28 C. TRUESDELL, *Hypoelasticity*, Jour. Rat. Mech. Anal., vol. 4, 1955, pp.83-133.

29 W. NOLL, *On the continuity of the solid and fluid states*, Jour. Rat. Mech. Anal., vol.1, 1955, pp.3-81; en particulier p. 26: "The idea that solid and fluids are only limit cases of a general type of material is due to Maxwell"; le choix du terme hygrosteric est expliqué dans la note: "From ὑγρός, «fluid», and στερεός, «solid»".

au nom de l'axiomatisation que Truesdell attaque les conditions de déformation plastique proposées jusqu'alors, convaincu que la définition de la limite élastique doit être le fruit d'un théorème, théorème qui ne peut pas manquer de reconsidérer le rapport entre la phase solide et la phase fluide, dans l'esprit des recherches considérées précédemment.

Toutefois, quelque chose a changé: le bond dans l'universel oblige à remplacer les référents traditionnels. On fait correspondre aux corps une relation constitutive, *Doppelgänger* docile d'une réalité insaisissable, et la nouvelle mécanique des matériaux se rattache explicitement au programme exposé par Hilbert dans ses célèbres *Mathematische Probleme*[30].

Pourtant il n'est pas possible de partager le cri hilbertien: "*Kein ignorabimus!*"[31]. Nous en avons la démonstration dans la diatribe animée qui oppose Truesdell à Drucker au sujet du problème de la limite élastique, où nous retrouvons fréquemment l'ancienne distinction entre les instances théoriques et les raisons de l'expérience[32]. Une critique approfondie permettrait d'expliquer ce que masque ce débat, tout en le révélant: le hiatus infranchissable qui sépare la vérité de raison de la vérité de fait, le principe de contradiction du principe de raison suffisante, ou encore, pour utiliser un terme scolastique, le *de dicto* du *de re*. C'est la difficulté à conjuguer l'opacité des données expérimentales avec la transparence du concept, en d'autres mots, à ne considérer le *Doppelgänger* du matériau que comme sa représentation; si la structure analytique destinée à soutenir la mécanique des matériaux est ce qu'elle représente et représente ce qu'elle est, nous courons le risque de tomber dans le piège d'une vide tautologie[33].

Ce sont des problèmes leibniziens et il est possible que Leibniz même ait encore son mot à dire à ce propos. Selon Kant, dans le récit que nous citions au début, le philosophe de Leipzig s'identifie avec le personnage du père et le trésor caché est une métaphore de son *ars combinatoria*. Faible indice pour affronter une recherche inachevée, tout en sachant que seulement une *principiorum primorum nova delucidatio* peut aider à défricher les questions scellées dans le testament galiléen.

---

30 D. HILBERT, *Mathematische Probleme*, Archiv der Mathematik und Physik, III Ser., vol.1, 1901, pp.44-63; pp.213-237.

31 D. HILBERT, *loc. cit.*, p.52.

32 Cf., par exemple, D.C. DRUCKER, *Survey on second-order plasticity*, Proc. Symp. "Second-order effects in elasticity, plasticity and fluid dynamics", Haifa, 1962, pp.416-423; ID., *On the role of experiment in the development of theory*, Proc. IV U.S. Nat. Congr. Appl. Mech., vol. 1, 1962, pp.15-33; C. TRUESDELL, *Second-order effects...*, loc. cit.

33 Sur ces thèmes cf. A. BECCHI, M. CORRADI, *Theoretische Ansprüche und Empirie in der Entwicklung der Plastizitätstheorie*, "Jahrestagung der Gesellschaft für Wissenschafts- und Technikforschung am Wissenschaftszentrum Berlin für Sozialforschung", Berlin, December 2-4, 1993; aussi A. BECCHI, *I criteri di plasticità: cento anni di dibattito (1864-1964)*, Thèse de Doctorat, Florence 1994.

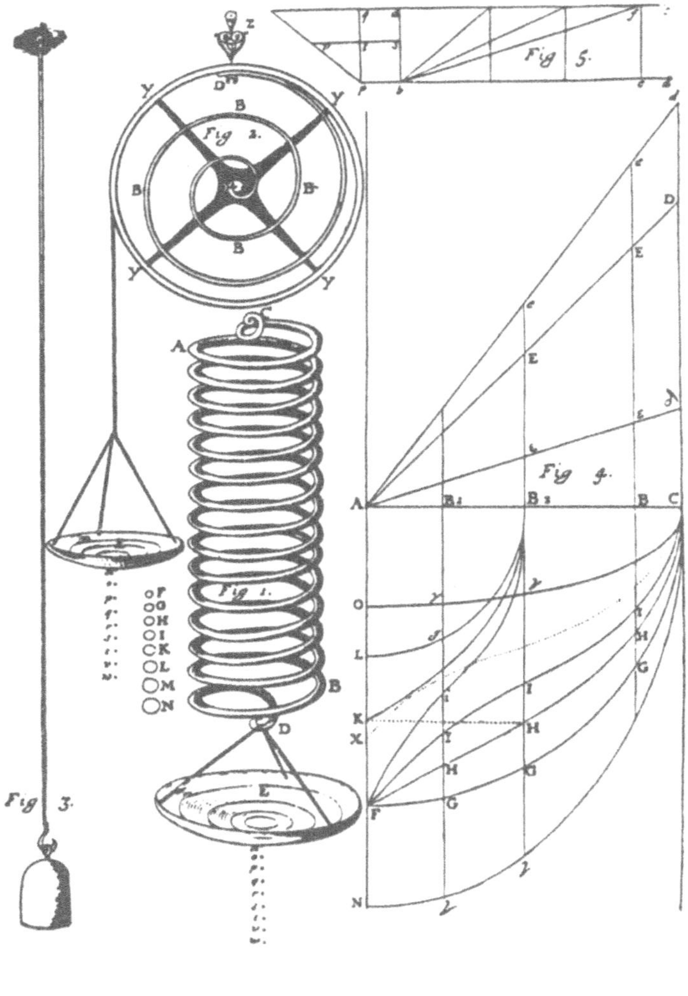

Hooke R., *A description of helioscopes, and some other instruments* (1675)

THE THEORY OF ELASTICITY BETWEEN MOLECULAR AND CONTINUUM APPROACH IN THE XIX CENTURY

Federico Foce[1]

Summary: The incompatibility between the theory of elasticity based on the continuum hypothesis and the results obtained from the atomistic hypothesis has interested many historians. Isn't it another expression of the opposition between the adherents to the idea of force assumed as a primitive element of mechanics and those who, like d'Alembert, Carnot and later Saint-Venant, considered it as a derived quantity definable in strictly kinematical terms? Once more the problem seems to lie in the comprehension of the notion of stress according to the two alternative methodological approaches.

Résumé : L'incompatibilité entre la théorie de l'élasticité basée sur l'hypothèse continuiste et les résultats obtenus dans l'hypothèse atomiste a arrêté de nombreux historiens. Ne serait-elle pas une autre expression de l'opposition entre les adeptes de la force (ou de la tension) considérée comme grandeur fondamentale et ceux qui comme d'Alembert et Carnot, ne veulent voir que l'aspect cinématique de celle-ci, que le mouvement que la force produit? Une fois de plus, l'enjeu semble se situer au niveau de la compréhension de la notion de tension en suivant l'une ou l'autre approche méthodologique.

Introduction

If it is a primary need of the historian to weave the narration with a measured gap from his own material of reflection, then there is no doubt that the celebrated *History of the theory of elasticity* by Todhunter and Pearson[2] constitutes a fundamentally defective text, a great fresco prematurely conceived "in corso d'opera". From Galilei to Lord Kelvin the progresses registred by the *Strength of materials* have certainly been extraordinary, however that history stops too soon to be able to extract from it the

1 ISTITUTO DI COSTRUZIONI - UNIVERSITÀ DI GENOVA, Stradone di Sant'Agostino, 37 - 16123 Genova (Italia).

2 I. TODHUNTER, K. PEARSON, *A History of the Theory of Elasticity and of the Strength of Materials from Galilei to the present time*, vol. 1, Cambridge, 1886; vol. 2, Cambridge, 1893.

certainty of a finally acquired goal. In reality, the three ponderous volumes usually indicate as the most complete and informed work on the evolution of pre twentieth-century mechanics of solids, are lacking a real and proper epilogue. On second thoughts, this could not be otherwise if one considers that, in spite of a nowadays consolidated historiographical view, at the end of the XIX century the theory of elasticity still awaited a definite word capable of removing, once and for all, the doubts that had troubled its developments between molecular and continuum formulation.

Paris 1823: the contradictory beginning on the *Bulletin de la Société philomatique*

From this point of view, the volume of the *Bulletin de la Société Philomatique de Paris* of the year 1823 represents a singular event in our history, one of those events which would be spontaneous to be assumed as *a quo* term in the explicit definition of the features proper to one or the other formulation of the elasticity of solid bodies. That volume contains in fact the fundamental results obtained by Navier[3] and Cauchy[4] starting from the opposite models of the *assemblage de molécules* and of the *masse continue*.

But it would be difficult to maintain such a thesis. Even if the *Mémoire* by Navier and the *Recherches* by Cauchy undoubtedly represent methodological paradigms perfectly responding to the two alternative conceptions of the material universe, the analysis of the texts and history itself show how much there was still to clarify after that memorable date[5].

It is known that, according to the continuum theory of Cauchy[6], the stress-strain equations $\sigma_{ij} = c_{ijpq}\, \varepsilon_{pq}$ contain 36 different elastic constants c_{ijpq} (with i, j, p, q = 1, 2, 3)

---

3 L. NAVIER, *Sur les lois de l'équilibre et du mouvement des corps solides élastiques*, Bulletin des sciences par la Société Philomatique de Paris, 1823, pp. 177-181; abstract of the memoir presented to the Académie des Sciences on May 14, 1821 and published with the title *Mémoire sur les lois de l'équilibre et du mouvement des corps solides élastiques*, Mémoires de l'Institut National, vol. 7, 1827, pp.375-393.

4 A. CAUCHY, *Recherches sur l'équilibre et le mouvement intérieur des corps solides ou fluides, élastiques ou non élastiques*, Bulletin des sciences par la Société Philomatique de Paris, 1823, pp. 9-13, presented to the Académie Royale des Sciences on Septembre 30, 1822.

5 Regarding this theme see F. FOCE, *La teoria molecolare dell'elasticità dalla fondazione ottocentesca ai nuovi sviluppi del XX secolo*, Doctoral thesis, Florence, 1993.

6 The content of the *Recherches* is made explicit by A. CAUCHY in the memoirs *De la pression ou tension dans un corps solid*, Exercices de Mathématiques, vol. 2, 1827, pp. 42-56; *Sur la condensation et la dilatation des corps solides*, idem, pp. 60-69; *Sur les relations qui existent, dans l'état d'équilibre d'un corps solide ou fluide, entre les pressions ou tensions et les forces accélératrices*, idem, pp. 108-111. In the memoir *Sur les équations qui expriment les conditions d'équilibre ou les lois du mouvement intérieur d'un corps solide, élastique, ou non élastiques*, idem, vol. 3, 1828, pp. 160-187, A. CAUCHY

for the general case of the aelotropic bodies, and two constants, k and K, for the isotropic bodies. On the contrary, the molecular formulation, supported by Poisson in the context of his *Mécanique physique*[7] and parallelly developed by Cauchy himself when he substituted his continuum theory in the late twenties[8], leads to equations containing 15 elastic constants for the aelotropic bodies and only one constant k for the isotropic ones; in this case, in fact, the elastic coefficients satisfy the equalities $c_{ijpq} = c_{ipjq}$, that is $k = K$ for isotropy, which have entered into modern literature with the justified title "Cauchy relations"[9].

It is really singular that these conflicting results were at first hidden by Cauchy's own attempt to compare the two versions of isotropic elasticity[10]. It seemed perhaps spontaneous to think that, by interpreting correctly the formulae of both theories, identical

---

introduces for the first time the stress-strain relations for isotropic bodies; he initially writes (p. 171) the uni-constant formulae

$$\sigma_{11} = k\,\varepsilon_{11} \qquad \sigma_{23} = k\,\varepsilon_{23}\,,$$

that he soon abandons (p. 177) in favour of the bi-constant ones

$$\sigma_{11} = k\,\varepsilon_{11} + K(\varepsilon_{11} + \varepsilon_{22} + \varepsilon_{33}) \qquad \sigma_{23} = k\,\varepsilon_{23}$$

to which he then refers for his continuum theory. Finally, in the memoir *Sur l'équilibre et le mouvement intérieur des corps considérés comme des masses continues*, idem, vol. 4, 1829, pp. 293-319, Cauchy furnishes the stress-strain equations in terms of 36 different elastic constants for the general case of aelotropic bodies.

7 S. D. POISSON, *Mémoire sur l'équilibre et le mouvement des corps élastiques*, Mémoires de l'Académie Royale de Sciences de l'Institut, vol. 8, 1829, pp. 353-570; *Mémoire sur les équations générales de l'équilibre et du mouvement des corps solides élastiques et des fluides*, Journal de l'École polytechnique, vol. 13, Cahier 20, 1831, pp. 1-174. Regarding the position supported by Poisson in favour to Laplacian physics see the essay by D.H. ARNOLD, *The Mécanique Physique of Simeon Denis Poisson: the evolution and isolation in France of his approach to physical theory (1800-1840)*, Archive for history of exact sciences, vol. 28, 1983; vol. 29, 1984.

8 A. CAUCHY, *Sur l'équilibre et le mouvement d'un système de points matériels sollicités par des forces d'attraction ou de répulsion mutuelle*, Exercices de Mathématiques, vol. 3, 1828, pp. 188-212; *De la pression ou tension dans un système de points matériels*, idem, pp. 213-236; *Sur les équations differéntielles d'équilibre ou de mouvements pour un système de points matériels sollicités par des forces d'attraction ou de répulsion mutuelle*, idem, vol. 4, 1829, pp. 129-139. Regarding Cauchy's position towards molecular mechanics see the recent essays by B. BELHOSTE, *Augustin-Louis Cauchy. A Biography*, New York, 1991, p. 106 and by A. DAHAN DALMEDICO, *Mathématisations. Augustin-Louis Cauchy et l'École Française*, Paris, 1992, in particular, Chapter XI.

9 On the problem of the "Cauchy relations" and their modern interpretation see E. BENVENUTO, F. FOCE, *Alle origini della micro-meccanica dei materiali. Cenni storici sul problema delle "relazioni di Cauchy"*, Atti Convegno AIMETA "Meccanica dei materiali e delle strutture" (Amalfi, June 3-5 1991), Napoli, 1992, pp. 7-13; E. BENVENUTO, M. CORRADI, F. FOCE, *Considerazioni critiche sulle cosiddette "relazioni di Cauchy"*, Atti XI Congresso AIMETA (Trento, Sept. 28-Oct. 2, 1992), Trento, 1992, pp. 79-84.

10 The motivation of this forced comparison is treaceable in the formal analogy between the equations of the continuum theory, containing two distinct elastic constants k and K and written considering the natural state of the body (see the memoir *Sur les équations qui expriment les conditions d'équilibre ou les lois du mouvement intérieur d'un corps solide, élastique ou non élastique*, cit., in particular, p. 177) and the equations of the molecular theory containing a single elastic constant, to which a second constant is added representing the eventual stress that is present when the initial state of the body is not the natural one (see the memoir *Sur l'équilibre et le mouvement d'un système de points matériels sollicités par des forces d'attraction ou de répulsion mutuelle*, Ibidem, in particular p. 205).

results could be obtained even moving from the two different methodological approaches. Incontestable evidence of this initial misunderstanding is treaceble, for instance, in the erroneous conclusions drawn by Wertheim[11] in the attempt to interpret his important experimental results in the light of a new uni-constant version for isotropy. Not even the clarifying intervention of Clausius[12] on the real meaning of the double series of formulae given by Cauchy could avoid Lamé[13] declaring himself in favour of the bi-constant theory without rejecting the original molecular model.

Green's "new method" and the English approach to elasticity

In his modern rewriting of the *continuum mechanics* Truesdell distinguishes two possible methods of understanding the concept of springiness: the first one, attributed to Cauchy, defines a perfectly elastic body as one in which *the stress is a function of the strain*; the second one, attributed to Green, defines a perfectly elastic body as one in which *the internal energy (or a related quantity) is a function of the strain*[14]. Although any reference whatsoever to atomic approach is purposely extraneous to the interests of the American scholar[15], this distinction may be perfectly transferred to the original formulation of elasticity in molecular terms: and more than that, it would perhaps be correct to sustain, at least from a historical point of view, that this is better applied with respect to such a formulation.

---

11 G. WERTHEIM, *Mémoire sur l'équilibre des corps solides homogènes*, Annales de Chimie et de Physique, III sér., vol. 23, 1848, pp. 52-95.

12 R. CLAUSIUS, *Ueber die Veränderungen, welche in den bisher gebräulichen Formeln für das Gleichgewicht und die Bewegung elasticher fester Körper durch neuere Beobachtungen nothwendig geworden sind*, Annalen der Physik und Chemie, vol. 76, 1849, pp. 46-67.

13 After the initial adhesion to the molecular formulation in the *Mémoire sur l'équilibre intérieur des corps solides homogènes* (Mém. préséntes par divers savans, vol. 4, 1833, pp. 465-562) written in collaboration with Clapeyron, the famous *Leçons sur la théorie mathématique de l'élasticité des corps solides* (Paris, 1852) constitute a first and still uncertain change in direction with respect to Lamé's first line of research. His acceptance of the bi-constant formulae, justified on the basis of the experimental results by Wertheim, contradicts the constant reference to the molecular model.

14 C. TRUESDELL, *Continuum Mechanics I. The Mechanical Foundations of Elasticity and Fluid Dynamics*, The international science review series, 8, New York-London-Paris, 1966, p. 52.

15 Truesdell's line of thought is clearly expressed in *Appendix 1* of the *Mechanical Foundations*: *I hope that what little I can present (...) will encourage the reader to question the all too common assumption that because physical matter is composed of molecules, a theory based on the crudest and most unrealistic molecular hypothesis is automatically preferable to any continuum theory. Indeed, I contend that gross phenomena are most naturally, accurately, and elegantly represented by gross hypotheses alone* (p. 189).

In effect, when Green[16] laid the foundations of the theory of elasticity in the name of the *grand principle*, as Thomson and Tait[17] later called the principle of conservation of energy, the starting point was constituted by the criticisms to the *rather restrictive supposition* on the basis of which Cauchy had admitted the action between two molecules directed along their joining line and depending exclusively on their mutual distance. Therefore, not the *tout court* refusal of the molecular model in favour of the continuum hypothesis but, more simply, a "suspension of judgement" on the modality of action between the last elements of matter.

This attitude is not new in the development of scientific thought: it surprisingly reflects the epistemological position assumed almost one century before by Jacopo Riccati[18] against the alternative systems of Cartesio, Newton and Leibniz. Instead of attributing the statute of *nozioni di cose* to the "subtle matter" of the first, to the "attractions and repulsions at a distance" of the second, to the "monads" of the latter, thus giving these a real physical consinstency, the Italian scientist was inclined for inscribing them amid those *nozioni di metodo* useful in accounting for the "external properties" of matter, in other words, to describe material behaviour from a phenomenological point of view. Therefore it is not surprising that, in search of an universal mathematical law independent of any mental representation whatsoever of the constitution of matter, Riccati reconducted the "elastic virtue" of bodies to the perpetual and uninterrupted passage of living forces in dead forces and vice versa, that is to say, to the unquestionable principle of conservation of energy used as a reference with the same intention by Green.

The axiom assumed by the English author *as the basis of the reasoning* states that *in whatever way the elements of any material system may act upon each other, if all the internal forces exerted be multiplied by the elements of their respective directions, the total sum for any assigned portion of the mass will always be the exact differential of some function*[19]. The consequences deduced on this basis are well known: having admitted this certain function expressing the internal work of deformation and depending on the six components of strain ε_{ij}, that is $\Phi = F(\varepsilon_{ij})$; supposed these latter infinitesimal

---

16 G. GREEN, *On the Laws of Reflection and Refraction of Light at the common Surface of Two Non-crystallized Media*, Transactions of the Cambridge Philosophical Society, vol. 7, (1838-1842), 1839, pp. 1-24. Also in G.Green, *Mathematical and Physical Papers of the late George Green*, London, 1871, pp. 243-269; pp. 281-290.

17 W. THOMSON, P. G. TAIT, *Treatise on Natural Philosophy*, I, Oxford, 1867, p. vi.

18 J. RICCATI, *Saggio intorno il Sistema dell'Universo*, *Opere*, Lucca, 1761. Regarding the thought of Riccati see E. BENVENUTO, M. CORRADI, G.PIGAFETTA, *Contributi italiani alla scienza delle costruzioni*, in *La cultura filosofica e scientifica, II: La storia delle scienze*, 1989, pp. 875-938.

19 G. GREEN, op. cit., p. 245.

of first order; developed the function Φ in a series $\Phi = \Phi_0 + \Phi_1 + \Phi_2 + \Phi_3 + \ldots$ in the integer powers of the components ε_{ij}; assumed the initial state as the state of equilibrium, resulting in $\Phi_1 = 0$; and overlooked the terms of the series higher than the second one, the internal work is reduced, except the constant term Φ_0, to a quadratic function Φ_2 in the strain components and, as such, containing 21 distinct coefficients in the general case of aelotropy, which are reduced to 2 for isotropic bodies.

These conclusions, which are perfectly compatible with Cauchy's continuum theory, were accepted without reserve by the whole Anglo-saxon school, even though with distinct premises. Stokes[20] and Maxwell[21], for example, derived the origin of bi-constancy from the conviction that the material behaviour would be characterised by the contemporaneous presence of *elasticity of volume* and *elasticity of shape* in a variable ratio according to the different substances.

Rankine[22] interpreted this idea from an atomistic point of view by admitting that the *hypothesis of Boscovich*, that is the old molecular model, would account for the behaviour of the "perfect solids"; on the contrary, the "imperfect solids" would be connoted by an increase J in the *elasticity of volume* responsible for the failure of the Cauchy relation $k = K$. That's not all. Following the same line of thought, Jellett[23] suggested a complex classification of material behaviour based on two different hypotheses of molecular interaction: the former, called *hypothesis of independent action*, would be valid for those bodies *whose particles exert upon each other a force which is* independent *of the surrounding particles*, as implied in the treatments of French molecularists: in this case the potential function takes the particular form

$$\Phi = F_1(r_1) + F_2(r_2) + F_3(r_3) + \ldots$$

where r_1, r_2, r_3 etc. are the distances between the particles; the latter, defined as the *hypothesis of modified action*, would be pertinent to those bodies for which *the mutual action of two particles is supposed to be affected by that of the surrounding particles*: in this case the potential assumes the general expression

---

20 G. G. STOKES, *On the theories of internal friction of fluids in motion, and of the equilibrium and motion of elastic solids*, Trans. of the Cambridge Philosophical Society, vol. 8, 1847, pp. 287-319.

21 J. C. MAXWELL, *On the Equilibrium of Elastic Solids*, Trans. of the Royal Society of Edinburgh, vol. 20, 1853, pp. 87-120.

22 W. J. M. RANKINE, *Laws of Elasticity of Solid Bodies*, Cambridge and Dublin Mathematical Journal, vol. 6, 1851, pp. 47-80; pp. 178-181; pp. 185-186.

23 J. H. JELLETT, *On the Equilibrium and Motion of an Elastic Solid*, Trans. of the Royal Society Academy, vol. 22, III, 1852, pp. 179-217.

$$\Phi = F(r_1, r_2, r_3, \ldots),$$

which is implicit in Green's methodological approach and in the rigorous thermodynamical foundation of elastic phenomena given by Thomson[24].

The controversy on the elastic constants regarding Saint-Venant's work

The defective character that we have recognized in Todhunter and Pearson's *History* is due to the persisting controversy that, on the wave of the diverging conclusions seen before and without resolutive experimental results, should have opposed, till the close of the XIX century, the supporters of the *multi-constant* theory against those of the *rari-constant* theory.

Amongst these latter, a role of absolute importance has to be ascribed to the *Ingénieur des ponts et chaussées* A.J.C. Barré de Saint-Venant. From the *Leçons de mécanique* [25] held at the École during the years 1837-'38, where the molecular definition of stress first given by Cauchy and Poisson is rigorously presented, to the *Mémoire sur la question de savoir s'il existe des masses continues (...)*[26], in which the profession of faith to the *système de Boscovich* becomes explicit; from the famous "technical" memoirs on the torsion and flexion of prisms[27], where the need emerges to inscribe the application problems within the general molecular formulation, to the *Appendices* added to the third edition of the *Résumé des Leçons*[28] by Navier, representing an acquired synthesis

---

24 W. THOMSON, *On the thermo-elastic and thermo-magnetic properties of matter*, Quarterly Journal of pure and applied mathematics, vol. 1, 1857, pp. 57-77.

25 A. J. C. BARRÉ DE SAINT-VENANT, *Leçons de mécanique faites par intérim par M. de Saint-Venant, Ingénieur des ponts et chaussées, 1837 à 1838*, Paris.

26 A. J. C. BARRÉ DE SAINT-VENANT, *Mémoire sur la question de savoir s'il existe des masses continues, et sur la nature probable des dernières particules des corps*, Société Philomatique de Paris, 1844, pp. 3-15; see also the memoir *De la constitution des atomes*, Annales de la Société scientifique de Bruxelles, vol. 2, 1877-'78, pp. 417-456, *Complement*, pp. 1-39).

27 A.J.C.BARRÉ DE SAINT-VENANT, *Mémoire sur la torsion des prismes, avec des considérations sur leur flexion ainsi que sur l'équilibre intérieur des solides élastiques en général, et des formules pratiques pour le calcul de leur résistance a divers efforts s'exerçant simultanément*, Mémoires présentés par divers savants à l'Académie des Sciences de l'Institut Impérial de France, vol. 14, 1855, pp. 233-560; *Mémoire sur la flexion des prismes, sur les glissement transversaux et longitudinaux qui l'accompagnent lorqu'elle ne s'opèrs pas uniformément ou en arc de cercle, et sur la forme courbe affectée alors par leurs sections transversales primitivement planes*, Journal de mathématiques pures et appliquées, II sér., vol. 1, 1856, pp. 89-189.

28 *Résumé des Leçons données à l'École des Ponts et Chaussées sur l'application de la Mécanique à l'établissement des constructions et des machines, par Navier, avec des Notes et des Appendices par M. Barré de Saint-Venant*, Paris, 1864[III].

between the practical requirements of the *Résistance des Matériaux* and the theoretical instances of the *mécanique moléculaire*: the entire scientific curriculum of the French scholar is marked by a constant reference to the atomistic hypothesis.

The reason for this obstinate position has a very important epistemological significance. There are grounds to believe that the main theoretical point of the dispute between molecular and continuum formulation resides in the concept itself of force or stress, that is to say, in the alternative between two positions of thought. The one which has become an integral part of the modern *continuum mechanics* and its mathematical axiomatisation, according to which - by quoting Truesdell - *forces and torques, like bodies, motions, and masses, are primitive elements of mechanics*[29], and the one deriving from the old program conceived by D'Alembert and Carnot in order to found mechanics on a strictly kinematical base, according to which the title "primitive element" of mechanics only concerns the concepts of body and motion, whilst force, and also stress, must be considered as derived quantities.

Following this second line of thought, since 1845 Saint-Venant[30] had re-interpreted in geometrical terms the law of dynamics of the material point

$$\frac{dv}{dt} = F_1 + F_2 + F_3 + \ldots, \tag{1}$$

with the explicit aim to avoid any reference to the obscure idea of force like the efficient cause of motion; he saw as the first member a geometrical differential coefficient, *le* flux géométrique *de la vitesse v*, and as the second member the sum of the partial fluxes of velocity, each one representing the effective flux that the material point would take if each *circonstance de position* in which it finds itself with rispect to the surrounding points took place alone, without the other ones.

This epistemological perspective, made explicit in a didactic text on the *Principes de mécanique fondés sur la cinématique* (1851) whose role is directly connected to the debate on the principles of mechanics developed towards the end of the XIX century[31], was destined to re-emerge with all its consequences in the *Notes* to the French translation

---

29 C. TRUESDELL, *A First Course in Rational Continuum Mechanics*, New York-San Francisco-London, 1977, p. 119.

30 A. J. C. BARRÉ DE SAINT-VENANT, *Mémoire sur les sommes et les différences géométriques, et sur leur usage pour simplifier la Mécanique*, Comptes rendus, vol. 21, II sem., 1845, pp. 620-625, in particular pp. 624-625.

31 H. PADÉ, *Barré de Saint-Venant et les principes de la Mécanique*, Revue générale des sciences pures et appliquées, vol. 15, 1904, pp. 761-767.

of the *Theorie der Elasticität* by Clebsch[32]: in this circumstance Saint-Venant positively rejected the *plus générale parce que moins détérminée* hypothesis of molecular action implicit in Green's theory, since it would deny the geometrical clearness reflected in the law (1) of the kinematical composition of motions, imposing an ontological dimension to the concept of force in virtue of a purely mathematical principle. From this point of view, his conclusion could hardly be different: *j'affirme hardiment, et tout le monde ... pensera comme moi*, concluded the old scientist, *qu'il faudra absolument adopter la forme* [33]

$$\Phi = F_1(r_1) + F_2(r_2) + F_3(r_3) + \dots \quad .$$

As known, history proved that Saint-Venant was wrong: not only has the sistematic choice of principles of mathematical nature permitted major progresses in present rational mechanics, but the achievements of modern solid state physics have shown[34] that the material behaviour can be formally interpreted only by admitting that cohesive forces originate from many-body potentials, exactly as intended by Jellett with his second hypothesis.

Even if Saint-Venant's theoretical work is highly compromised by the atomistic prejudice[35], it must be remembered, however, that, in front of the untiring denial of the multi-constant formulae, he did not confine himself to a barren opposition of the rari-constant ones. Behind the rejection of the laboratory results contrasting with the original molecular theory, one discloses an unremitting effort in the research of plausible physical reasons to the experimental failure of the uni-coefficient relations. We want to refer here to a conspicuous number of studies[36] that the French scientist developed with the aim to

---

32 A. CLEBSCH, *Théorie de l'élasticité des corps solides, traduite par MM. Barré de Saint-Venant et Flamant, avec des Notes étendues de M. de Saint-Venant*, Paris, 1883.

33 *Ibidem*, p. 72.

34 P. O. LÖWDIN, *A theoretical investigation into some properties of ionic crystals. A quantum mechanical treatment of the cohesive energy, the interionic distance, the elastic constants, and the compression at high pressures with numerical applications to some alkali halides*, Uppsala, 1948; *A quantum mechanical calculation of the cohesive energy, the interionic distance, and the elastic constants of some ionic crystals*, Arkiv för Matematik, Astronomi och Fysik, vol. 35 A, 9, 1948, pp. 1-10; II, *The elastic constants* c_{12} *and* c_{44}, Idem, 30, pp. 1-18.

35 E. BENVENUTO, A. BECCHI, *Sui principi di filosofia naturale che orientarono la ricerca di Saint-Venant*, in *Omaggio a Giulio Ceradini*, Roma, 1988, pp. 125-133.

36 A. J. C. BARRÉ DE SAINT-VENANT, *Mémoire sur la distribution des élasticités autour de chaque point d'un solide ou d'un milieu de contexture quelconque, particulièrement lorsqu'il est amorphe sans être isotrope*, Journal de mathématiques pures et appliquées, II sér., vol. 8, 1863, pp. 257-295; pp. 353-430; *Mémoire sur les divers genres d'homogénéité des corps solides, et principalement sur l'homogénéité semi-polaire ou cylindrique, et sur les homogénéités polaires ou sphériconique et spherique*, Journal de mathématiques pures et appliquées, II sér., vol. 10, 1865, pp. 297-350; *Formules de l'élasticité des corps amorphes que des compressions permanentes et inégales ont rendus hétérotropes*, Journal de

re-interpret the tests by Wertheim and Kirchhoff[37] using the new idea of "amorphous body", introduced for the first time in 1863 in order to describe the mechanical properties acquired by initially isotropic solids after processing or geological formation. For these bodies, including metallic and stone materials, Saint-Venant suggested the adoption of equations with three distinct coefficients, definitely rejecting the *formules fautives d'isotropie à deux paramètres* since they had no physical reference to the *grand loi* of molecular action.

The last developments of the XIX century debate

This coherent line of research should not have found direct heirs. In the dismissal *Notice* to the deceased master, Boussinesq humbly took his distance from it observing that *il faudrait supposer .... que notre faculté de représentation du monde extérieure s'accorde assez bien avec la realité physique pour que sa compétence doive être admise sans restriction, jusque dans l'étude des derniers détails des objets*[38]. With this the ex-disciple reaffirmed the position already assumed in his *Recherches ... sur la constitution moléculaire des corps*[39], where he had implicitly agreed with the Anglo-saxon school of thought by admitting that the action between two material points may be affected by the presence of others.

Even still before Boussinesq, another blow to the molecular tradition was given by Lamé himself. Following a line of thought rather like the one that had brought Franz Neumann[40] to revise his initial adhesion to the rari-constant theory, the eminent French scientist had formulated his *Leçons sur les coordonnées curvilignes* (1859) on the definite rejection of the *ancien principe* of the molecular theory, thus explicitly inauguring that "mathematical" approach to elasticity anticipated in his *Leçons* of 1852 and then followed

mathématiques pures et appliquées, II sér., vol. 13, 1868, pp. 242-254; *Des paramètres d'élasticité des solides, et de leur determination expérimentale*, Comptes rendus, vol. 86, I sem., 1878, pp. 781-785.

37 G. KIRCHHOFF, *Ueber das Verhältniß der Quercontraction zur Längendilatation bei Stäben von federhartem Stahl*, Annalen der Physik und Chemie, vol. 108, 1859, pp. 369-392.

38 J. BOUSSINESQ, A. A. FLAMANT, *Notice sur la vie et les travaux de Barré de Saint-Venant*, Paris, 1886, p. 21.

39 J. BOUSSINESQ, *Recherches sur les principes de la Mécanique, sur la constitution moléculaire des corps et sur une nouvelle théorie des gas parfaits*, Journal de mathématiques pures et appliquées, vol.18, 1873, pp. 305-360.

40 Regarding the evolution of Neumann's ideas see the *Vorlesungen über die Theorie der Elasticität der festen Körper und des Lichtäthers* (Leipzig, 1885) collected by O. E. Meyer and the *Gesammelte Werke* (in particular vol. II, 1906) edited by the son Carl.

in nowadays classical texts, from Clebsch's *Theorie* to Kirchhoff's *Vorlesungen* up to Love's *Treatise*.

Nevertheless, even thirty years after the net taking of stand by Lamé, the price of his abstract formulation should have appeared too high for those who did not want to renounce a physical foundation of the phenomenological datum. It was actually Pearson who took up position against his approach to elasticity, denouncing it as *an apparent miracle (...) springing created from the brain of a mathematician without any appeal to experience*[41]. It is known, on the other hand, the substantial disagreement of the Anglo-saxon scholar towards the thesis of the multi-constant compatriots, so that Green's method should only be *a chain of arbitrary assumptions* if deprived of the physical reference to molecular actions, whilst the suggestive idea by Stokes and Maxwell could only be conceivable in a non linear theory; and, if Jellett's hypothesis of interaction *of a polar character* cannot be rejected *a priori*, it would be difficult to accept it for isotropic bodies for which, on the other hand, it may not be said that the experiments *have absolutely settled the controversy in favour of multi-constancy*.

It would be so far too easy to liquidate these criticisms by reducing them to a mere debt of recognition towards the figure of Saint-Venant. The unconditioned appreciation of the *great French elastician* expressed by Pearson right from the dedication in the first volume of the *History* reflects in reality a conviction still diffused at the end of the XIX century, resulting from the persistent reference to the first molecular model. The image on which Bravais[42] had formed his studies on the *systèmes formés par des points distribués régulièrement* translated in an eloquent manner the more general idea of crystalline solid. The simple addition of elastic rods to connect those points allowed Kirsch[43] to obtain a brilliant deduction of the equations of elasticity in accordance with the rari-constant theory. Not only. This same model had been used few years earlier by Menabrea[44] to lay the foundations of the general methods of structural mechanics; not because the concept of energy of deformation placed as the basis of his "principle of elasticity" required a foundation in terms of molecular work, but because the reduction of the "elastic system" to an assembly of hinges connected by deformable rods was able to offer the universal image of the solid body as the object of study of the general theory of elasticity, so as to

41 I. TODHUNTER, K. PEARSON, op. cit., I, p. 625.

42 A. BRAVAIS, *Mémoire sur les systèmes formés par des points distribués régulièrement sur un plan ou dans l'éspace*, Journal de l'École polytechnique, vol. 19, Cahier 33, 1850, pp. 1-128.

43 G. E. KIRSCH, *Fundamentalgleichungen der Theorie der Elasticität fester Körper, hergeleitet aus der Betrachtung eines Systems von Punkten, welche durch elastische Streben verbunden sind*, Zeitschrift des Vereines deutscher Ingenieure, vol. 12, 1868, pp. 481-481; pp. 553-570; pp. 631-638.

44 L.F.MENABREA, *Nouveau principe sur la distribution destensions dans les systèmes élastiques*, Comptes rendus, vol. 46, 1858, pp. 1056-1060.

motivate the doubts brought about by Cerruti[45] concerning the possibility of extending that principle from the case of a discrete number of point connected by elastic wires to the case of a continuum body.

Therefore it is not surprising that the binomial *Elastizität und Festigkeit*, intended to signify the close relationship between the theoretical premises of mechanics of solids and the applications of mechanics of structures during the second half of the XIX century, often hides a more or less explicit adhesion to the rari-constant theory[46]. This is so in the treatises by Beer[47] and Grashof[48], loyally submitted to the original French formulation, and in Weyrauch's text[49], although the treatment in molecular terms ambiguously cohabits with the continuum one; this is also the case in Castigliano's *Théorie*[50] or in the later *Lezioni sulla Scienza delle costruzioni* by Guidi[51].

Paris 1900: towards the epilogue of the *History*

With this last quotation we have arrived at the end of our narration, having completely crossed the chronological threshold of the *History* by Todhunter and Pearson. The unchanged draft of the chapter on the "General theory of elasticity" by which the *Lezioni* were reissued several times during the first decades of the XX century makes Guidi's text hopelessly obsolete, especially when compared with the almost contemporary work by Marcolongo[52], which is perfectly up-to-date with the last achievements of the theoretical-experimental research. After decades of contradictory investigations, made vain by the persistent uncertainty of the real isotropy of the tested

45 V. CERRUTI, *Sopra un teorema del Sig. Menabrea*, Atti della Regia Accademia dei Lincei, vol.2, ser. II, 1875, pp. 570-581.

46 Regarding this point we refer to F. FOCE, *Die Auswirkungen des Streits zwischen Molekular- und Kontinuumshypothese in der Elastizitätstheorie auf die Entwicklung der Strukturmechanik*, Report held at the "Jahrestagung der Gesellschaft für Wissenschafts- und Technikforschung am Wissenschaftszentrum Berlin für Sozialforschung", Berlin, December 2-4, 1993.

47 A. BEER, *Einleitung in die mathematische Theorie der Elasticität und Capillarität*, Leipzig, 1869.

48 F. GRASHOF, *Theorie der Elasticität und Festigkeit mit Bezug auf ihre Anwendungen in der Technik*, Berlin, 1878.

49 J.J. WEYRAUCH, *Theorie elastischer Körper. Eine Einleitung zur mathematischen Physik und technischen Mechanik*, Leipzig, 1884.

50 A. CASTIGLIANO, *Théorie de l'équilibre des systèmes élastiques et ses applications*, Turin, 1879.

51 C. GUIDI, *Lezioni sulla Scienza delle costruzioni, II. Teoria dell'elasticità e resistenza dei materiali*, Torino, 1909[V].

52 R. MARCOLONGO, *Teoria matematica dell'equilibrio dei corpi elastici*, Milano, 1904.

materials[53], the fundamental studies led by Voigt[54] on the elasticity of aelotropic bodies had unquestionable shown the experimental failure of the Cauchy relations, pointing out the need to re-formulate the old molecular theory within the framework of a renewed theory of action at a distance[55]. Interpreting the modern methodological approach assumed by Poincaré[56] in front of the two "indifferent" hypotheses[57] on the constitution of matter, the famous crystallographer from Göttingen had finally to overcome the dispute between molecular and continuum formulation, recognizing in their mere "formal" agreement the only necessary requisite for results coming from opposite representations of the material universe.

From this point of view, the year 1900 signs the end of the debate started 67 years before on the *Bulletin de la Société philomatique*. The two International Congresses of Mathematics and Physics which took place in Paris at that date certify the start of a new era, connoted by the definite attribution of competence between mathematicians and phycisists that has characterized the development of science during the present century. The VIth of the *Mathematische Probleme* proposed by Hilbert[58] to the future generations was destined to be solved with the axiomatic approach of the present *continuum*

---

53 After an initial confirmation of the uni-constant formulae through the experiments by C.CAGNIARD DE LA TOUR (*Note sur l'élasticité des cordes métalliques*, La Globe, vol. 6, n° 19, 1828, pp. 107-108) and their first confutation due to the mentioned tests by Wertheim and Kirchhoff, new reassurances of the result of the molecular theory were obtained with the optical measurements led by A. CORNU on beams of glass (*Méthode optique pour l'étude de la déformation de la surface extérieure des solides élastiques*, Comptes rendus, vol. 69, II sem., 1869, pp. 333-337), in their turn disproved by W.VOIGT's tests on the same material (*Ueber das Verhältnis der Quercontraction zur Längendilatation bei Stäben von isotropem Glas*, Annalen der Physik und Chemie, vol. 15, 1882, pp. 497-513). Further results in favour of the uni-constant formulae were obtained through the piezometer experiments by M. CANTONE (*Nuovo metodo per la determinazione delle due costanti di elasticità*, Rendiconti della Reale Accademia dei Lincei, IV ser., vol. 4, 1888, pp. 220-227; pp. 292-297) and by É.H.AMAGAT (*Sur la vérification expérimentale des formules de Lamé et la valeur de coefficient de Poisson*, Comptes rendus, vol. 106, 1888, pp. 479-482; *Recherches sur l'élasticité des solides*, Comptes rendus, vol. 108, 1889, pp. 1199-1202). For more detailes on the experimental research see J.F. BELL, *The experimental foundations of solid mechanics*, Handbuch der Physik, 6 a/I, *Festkörpermechanik I*, Berlin-Heidelberg-New York, 1973.

54 W. VOIGT, *Bestimmung der Elasticitätsconstanten von Beryll und Bergkrystall*, Annalen der Physik und Chemie, vol. 31, 1887, pp. 474-501; pp. 701-724; *Bestimmung der Elasicitätsconstanten von Topas und Baryt*, idem, vol. 34, 1888, pp. 981-1028; *Bestimmung der Elasicitätsconstanten von Flussspath, Pyrit, Steinsalz, Sylvin*, Idem, vol. 35, 1888, pp. 642-661.

55 W. VOIGT, *Theoretische Studien über die Elasticitätsverhältnisse der Krystalle*, Abhandlungen der königlichen Gesellschaft der Wissenschaften zu Göttingen, vol. 34, 1887, pp. 3-100; in particular, part I, *Ableitung der Grundgleichungen aus der Annahme mit Polarität begabter Moleküle*. See also *Lehrbuch der Kristallphysik*, Leipzig, 1928[II], pp. 596-616.

56 H. POINCARÉ, *Leçons sur la théorie mathématique de la lumière*, Paris, 1889; *Leçons sur la théorie de l'élasticité, redigées par MM. Emil Borel et Jules Drach*, Paris, 1892.

57 H. POINCARÉ, *Science and hypothesis*, New York, 1952.

58 D. HILBERT, *Mathematische Probleme*, Archiv der Mathematik und Physik, 1, III Folge., 1901, pp. 44-63; pp. 213-237; also in French with the title *Sur les problèmes futurs des mathématiques*, Compte rendu du deuxième Congrès International des Mathématiciens, Paris, 1902, pp. 59-114.

mechanics pursued by Truesdell's school in line with the first Cauchy[59], whilst the new theory of action at a distance (*Fernwirkungstheorie*) by Voigt[60] should have updated the instances of the old *mécanique moléculaire* in the framework of the modern *Theory of crystal lattices* systematized shortly afterwards by Born[61], thus conserving the ambition to ensure a "per causas" foundation of the elasticity of solids in the same way in which the alternative theory of contact action (*Nahwirkungstheorie*) was able to offer a "mathematical representation" of it.

---

59 C. TRUESDELL, *Cauchy and the modern mechanics of continua*, Revue d'histoire des sciences, vol. 45, 1992, pp. 5-24.

60 W. VOIGT, *Die gegenwärtige Stand unserer Kenntnisse der Krystallelasticität, Referat für den internationalen physikalischen Congreß in Paris vom 6. bis 12. August 1900*, Nachrichten von der königlichen Gesellschaft der Wissenschaften zu Göttingen, 1900, pp. 117-176; also in French with the title *L'état actuel de nos connaissances sur l'élasticité des cristaux*, Rapport présenté au Congrès international de Physique reuni à Paris en 1900, Paris, 1900, pp. 1-71.

61 M. BORN, *Dynamik der Kristallgitter*, Leipzig und Berlin, 1915. *Atomtheorie des festen Zustandes*, Encyclopädie der mathematischen Wissenschaften, vol. 5, III, 1909-1926, pp. 527-781.

Gabriel Lamé (1795-1870)

CONSTRUCTION ENGINEERING AND NATURAL PHILOSOPHY: THE WORK BY GABRIEL LAMÉ

Rossana Tazzioli[1]

Summary : We find Lamé again, an other pupill of the "Ecole polytechnique" who considers again the analogy between the catenary and the thin vault stable under its own weight. He improve the famous work of Coulomb who applies the theory of maximis and minimis to Architecture. Le scientific biography that follows shows a scientist who has been interrested in cristallography, elastic mediums, optics and heat, electricity and was convinced of the existence of a unitary theory in which an elastic ether would play a central role.

Résumé : Retrouvons Lamé, autre élève de l'Ecole Polytechnique qui reprend l'analogie de la chaînette et de la voûte mince stable sous son propre poids et améliore le fameux travail de Coulomb qui applique la théorie des Maximis et Minimis à l'Architecture. La biographie scientifique qui suit rend compte de l'œuvre d'un savant qui s'est intéressé à la cristallographie, aux milieux élastiques, à l'optique à la chaleur, à l'électricité et qui était convaincu de l'existence d'une théorie unitaire où un éther élastique jouerait le rôle central.

Introduction

Gabriel Lamé (1795-1870) had a long and adventurous life in science and politics which was closely linked with that of Benoît-Pierre-Emile Clapeyron (1799-1864). They both studied at the *Ecole polytechnique* in Paris in a time when students were demonstrating against the authorities. In 1816, during the celebration of Lamé's graduation a student riot broke out and as a consequence, an "Ordonnance du Roi licenciant les élèves de l'Ecole"[2] was stated. Eventhough the *Ecole polytechnique* was

---

1 DIPARTIMENTO DI MATEMATICA ED APPLICAZIONI - UNIVERSITÀ DI PALERMO, Via Archirafi, 34 - 90123 Palermo (Italia).

2 I quote portions of the royal decree dated April 13th, 1816: *Nous avons reconnu l'utilité de l'Ecole Polytechnique pour le progrès des Sciences et des arts et pour l'amélioration des services publics. [...]Mais la désobeissance récente et générale des élèves de Cette Ecole aux ordres de leur Chef en même temps qu'elle nécessite une prompte répression et un Exemple pour l'avenir. [...]. A ces causes, et sur la proposition de nos Ministre Secrétair d'Etat aux Département de l'Interieur e de la Guerre. Nous avons ordonné et ordonnons le qui suit. Art. 1 Les élèves de l'Ecole Polytechnique sont licenciés. [...]. Art. 2 Il nous sera rendu compte de la conduite du petit nombre des élèves qui n'ont pris part aux dernier acte d'insubordination [...]. Art. 3 Les officiers de l'état major et tous les employés militaires cesseront leur*

reopened some months after Lamé and Clapeyron, who had been two of the demonstrators, decided to study at the *Ecole des Mines*. Their lives completely changed course when the Russian government established the *Insitute of Ways of Communication* in St. Petersburg and asked the professors of the *Ecole polytechnique* for two young military engineers able to help in the organisation of the new Institute. Lamé and Clapeyron were proposed and both accepted without hesitation.

During their period together in Russia, they not only taught at the new engineering *Institute of Ways of Communication*, but they were also involved in some of the most important engineering feats including St. Isaac's Cathedral in St. Petersburg, the suspension bridge on Neva River, Schlusselbourg's dams and Alexander's column. In addition to engineering, their experiences in Russia inspired both Lamé and Clapeyron to study the theory of elasticity and the stability of arches.

Ever since they were students, Lamé and Clapeyron had been interested in politics, and particularly in the liberal theories of Saint-Simon[3], and their acquaintances with Russian people consolidated their political ideas. In reaction to the 1830 civil war in France, the Russian government fought even more strongly against revolutionary ideas. As a result, Lamé and Clapeyron's predicament rapidly deteriorated[4] and, after just one year since the French Revolution broke out, they decided to leave Russia and return home to France. As soon as he reached France, in 1831, Lamé became professor of Physics at the *Ecole polytechnique*. He took part in planning the construction of the first two railways about Paris, the Paris-Saint-Germain and the Paris-Versailles (rive droite), but also became more interested in the theoretical aspects of physics and in pure mathematics than in construction engineering.

In his long career, Lamé wrote many books and articles concerning geometry, construction engineering, heat theory, theory of elasticity and calculus of probability. The aim of the paper is to show the connections and relationships between these works and to highlight some reasons which motivated him to become involved in different theories.

---

fonctions à l'école après le licenciement [...]. Art. 6 Une commission composée de cinq membres sera nommée immédiatement par nos Ministre d'Etat de l'Interieur et de la Guerre, pour préparer une nouvelle organisation de l'Ecole. In fact in September 4th, 1816 a new royal decree was stated, "Ordonnance du Roi portant Réorganisation de l'Ecole polytechnique", which posed the school under the protection of the duke of Angoulême. Both the royal documents are contained in the Archives de l'Ecole polytechnique.

3 Notices about Saint-Simon's doctrine can be found in J. WALCH, *Michel Chevalier économiste saint-simonien 1806-1879*, Paris, 1975.

4 Historical notices about the careers of Lamé and Clapeyron in Russia are in M. BRADLEY, *Franco-Russian engineering links: the careers of Lamé and Clapeyron, 1820-1830*, Annals of science, vol. 38, 1981, pp. 291-312 and in I. GOUZÉVITCH, D. GOUZÉVITCH, *Les contacts franco-russes dans le monde de l'enseignement supérieur technique et de l'art de l'ingénieur*, Cahier du Monde russe et soviétique, vol. 34 (3), 1993, pp. 345-368.

Geometrical methods in construction engineering

Lamé and Clapeyron helped in planning the reconstruction of Saint Isaac's Cathedral in St. Petersburg by examining the problem of stability of cylindrical vaults (1823). In that period, the accepted ideas on the stability of arches were those which Charles Coulomb (1736-1806) had presented in 1773 to the Academy of Sciences (1776). In a vault having an interior curve *AB* and an exterior curve *ab* and joints *Mm* normal to the elements of *AB*, Coulomb determined the limits of horizontal force *P*, supporting the vault, assuming that the vault is subjected to the action of its own weight and is held by the friction and cohesion of its joints (fig. 1). He considered four limit points, that is the fractures 1 and 2, due to shearing stress, and the other ones (fractures 3 and 4) caused by bending stress. In order to find the location of the cross section of each of the fractures, he calculated some limit values for force *P* and could solve the initial problem by a trial-and-error method.

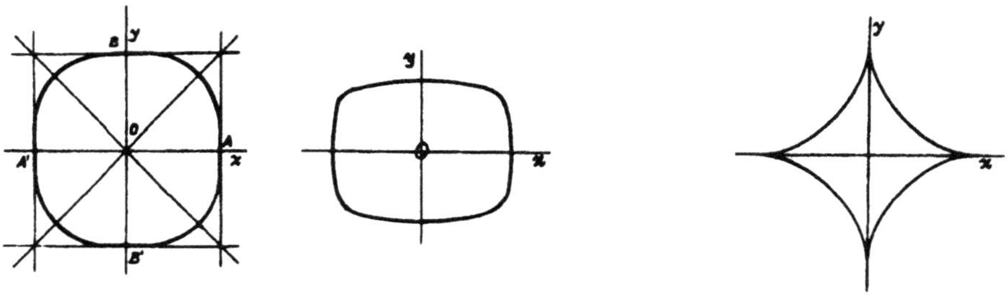

Fig. 1

Lamé and Clapeyron gave some interesting extensions to this theory. They showed that the calculation of the location of the required cross section could be simplified if, instead of radial cross sections, vertical ones were considered. From these assumptions, they proved that the fracture cross section was found when the tangent to the intrados in *M* passes through the intersection point of the forces *Q* (representing the weight of the vault) and *P* (fig. 2).

In his *Examen critique et historique* on the stability of vaults, Poncelet[5] describes Lamé and Clapeyron's contribution to this theory: *MM. Lamé et Clapeyron adoptant*

5 J.-V. PONCELET, *Examen critique et historique des principales théories ou solutions concernant l'équilibre des voûtes*, Comptes Rendus hebdomadaires des séances de l'Académie des Sciences, vol. 35, 1852, pp. 531-540; in particular pp. 500-501.

exclusivement l'hypothèse de la rupture par rotation des voûtes cylindriques, sous la forme de quatre leviers articulés aux deux bouts et sans glissement; considérant, en outre, la stabilité d'une telle voûte ou d'une portion de voûte quelconque, comme mesurée par l'excès dont la valeur reste ici arbitraire, ils sont conduits, pour la détermination des joints de rupture ou de maximum de poussée, à des résultats analogues à ceux qui avaient déjà été obtenus par M. Audoy, d'après la théorie de Coulomb; mais ils y ont joint diverses remarques ou applications qui donnent à leurs recherches un caractère particulier d'originalité.

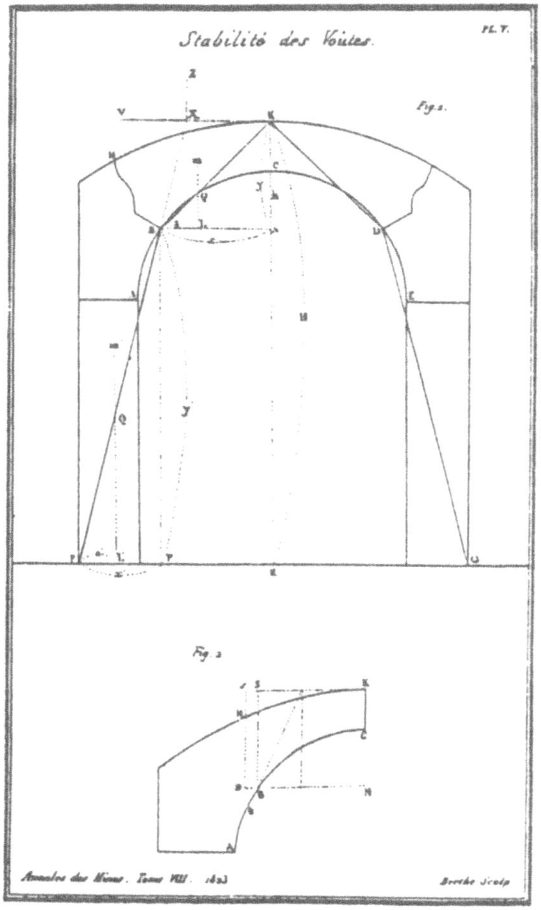

Fig. 2

The initial problem can be solved with a very simple graphic method described in fig. 2. Also plans of suspension bridges could be simplified by developing a geometrical approach. In 1825, Lamé and Clapeyron addressed a letter to Baillet, the inspector at the *Corps royal des mines*, where they analysed the plan of the suspension bridge over Neva River. As usual in that period, they considered geometrical methods such as the funicular polygon, in order to calculate the stress of the chain and to find the cheapest and safest figure of the bridge[6]. They described *une méthode facile pour construire le polygone formé par les chaines d'un pont suspendu, en supposant que les côtés de ce polygone dussent tous avoir la même projection horizontale, et que les forces appliquées à ses sommets fussent toutes égales et parallèles*[7].

In some papers published on the *Journal des voies de communication*[8] Lamé and Clapeyron tried to abolish these hypotheses by facing the problem in a more general manner. They considered a great number of funicular polygons and presented different solutions to many practical questions.

Aspects of the art of war were always at the forefront of the minds of the lieutenant colonels Lamé and Clapeyron and were often examined from a geometrical point of view. For instance, they applied the theory of minimum distance to military preparations: *La recherche de positions, qui doivent occuper les centres d'approvisionnement et les quartiers généraux des armées, rentre dans la théorie des moindres distances. Lorsqu'un pays est défendu par une armée distribuée dans différentes places ou postes fortifiés, il est important, pour l'économie et la rapidité des transports et des opérations, que les magasins généraux, les hopitaux militaires, l'état major et les administrations, soient placés dans un lieu tel que les distances qui le séparent des postes occupés, respectivement multipliées par des coefficiens proportionnels aux nombre d'hommes qui les défendent, donnent la plus petite somme possible*[9].

---

6 G. LAMÉ, *Sur les ponts de chaînes (de Russie) et sur les résistances des fers employés dans leur construction*, Annales des mines, vol. 10, 1825, pp. 311-330; ID., *Description d'un pont sospendu de 1022 pieds d'ouverture, projeté par M. Bazaine, ingénieur au Corps royal des ponts et chaussées de France, général-major du génie au service de Russie, et par MM. Lamé et Clapeyron, ingénieurs au Corps royal des mines, majors du génie au service de Russie*, Annales des mines, vol. 11, 1825, pp. 265-278.

7 G. LAMÉ, B. P. E. CLAPEYRON, *Mémoire sur la construction des polygones funiculaires*, Journal des voies de communication, vol. 6, 1826, pp. 35-47, in particular p. 36.

8 G. LAMÉ, B. P. E. CLAPEYRON, *Sur les polygones funiculaires (seconde partie)*, Journal des voies de communication, vol. 7, 1827, pp. 43-55; ID., *Mémoire sur l'application de la statique à la solution des problèmes relatifs à la théorie des moindres distances*, Journal des voies de communication, vol. 10, 1827, pp. 26-49.

9 G. LAMÉ, B. P. E. CLAPEYRON, *Mémoire sur l'application de la statique à la solution des problèmes relatifs à la théorie des moindres distances*, Journal des voies de communication, vol. 10, 1827, p. 40.

Geometrical procedures had also been used by Lamé in previous research on mathematical physics published in 1819. He calculated angles in crystals and solved a mineralogical problem by deducing the direction and inclination of a mineral stratus by means of three drill holes. The solution to this problem depended on the following geometrical construction: *Determiner l'angle avec l'horizon d'un plan dont on connait trois points*, which led Lamé to introduce a particular class of curves and surfaces:

(1) $$\frac{x^\alpha}{a^\alpha}+\frac{y^\alpha}{b^\alpha}=1 \qquad \frac{x^\alpha}{a^\alpha}+\frac{y^\alpha}{b^\alpha}+\frac{z^\alpha}{c^\alpha}=1 \qquad \alpha \text{ is a real number.}$$

They are commonly known as Lamé's curves and Lamé's surfaces respectively and their properties of symmetry were very useful for Lamé's research on crystals. There are many different kinds of Lamé's curves[10], which are classified with respect to the number α. Some examples are described in fig. 3:

α index, h, k natural numbers

(a) $\alpha = 2h/(2k+1) > 1$ $\alpha = 2h/(2k+1) < 1$

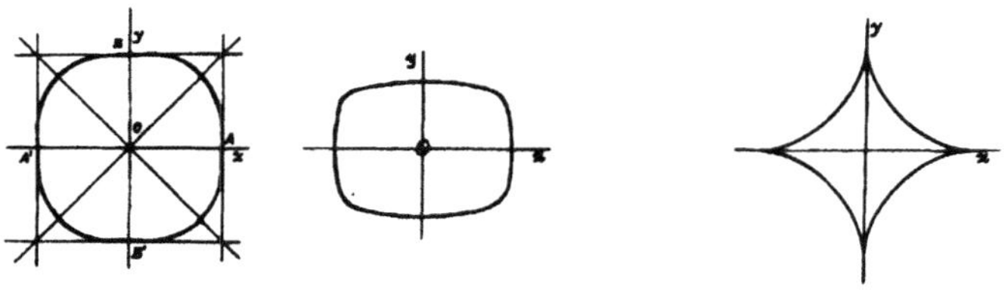

In all these cases, the curve has four symmetry axes.

(b) $\alpha = (2h+1)/2k > 1$ $\alpha = (2h+1)/2k < 1$

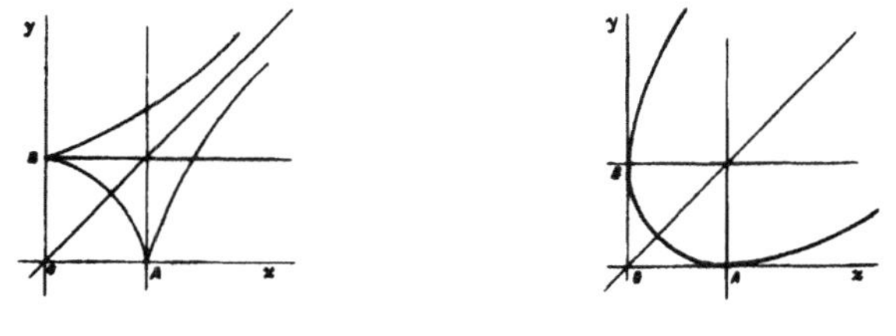

10 Lamé's curves are expounded in detail in G. LORIA, *Curve piane speciali algebriche e trascendenti*, vol. I, Milano, 1930.

(c) $\alpha = (2h+1)/(2k+1) > 1$ $\alpha = (2h+1)/(2k+1) < 1$

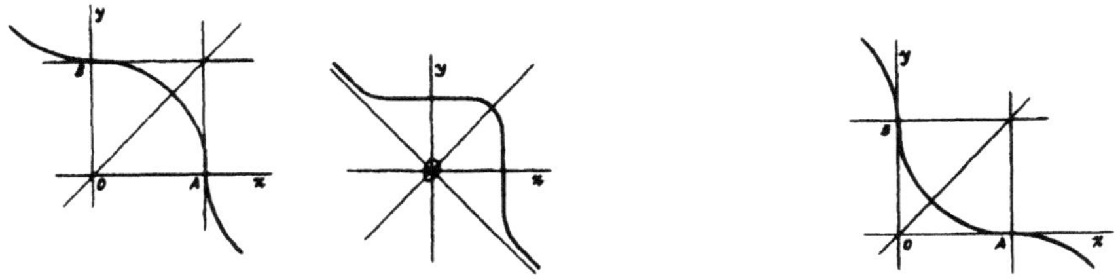

(d) $\alpha = -(2h+1)/2k$ $\alpha = -(2h+1)/(2k+1)$

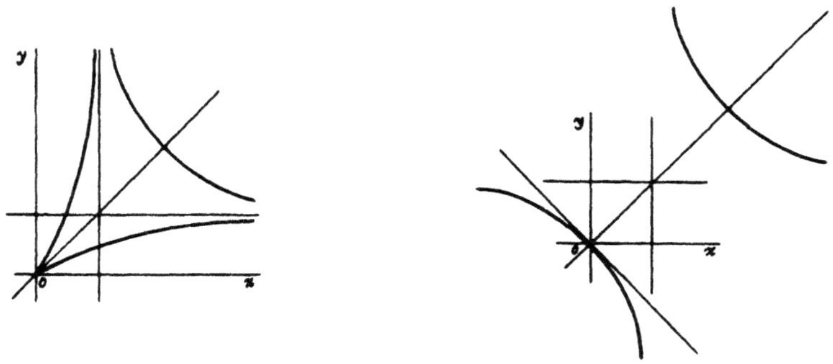

Fig. 3

It is most probable that by trying to solve the equation (1), Lamé also ended up studying the so-called Fermat's last theorem:

$$x^p + y^p = a^p \tag{2}$$

where x, y, a and p are integer numbers.

In 1840 he proved that it was impossible to solve (2) in integers if $p = 7$ (except for the trivial cases: $z = y$, $x = 0$; $z = x$, $y = 0$). Another important result in the number theory was obtained by Lamé in a paper[11] where he presented the complete solution, *in complex numbers*, of (2).

11 G. LAMÉ, *Mémoire sur la résolution, en nombres complexes, de l'équation* $A^n + B^n + C^n = 0$, Journal de mathématiques pures et appliquées, vol. 12, 1847, pp. 172-184.

Theory of elasticity and curvilinear coordinates

In 1830, the French civil war caused the Russian authorities to rise up against the liberal political ideas professed by Lamé, Clapeyron and their Saint-Simonian friends[12]. While Clapeyron was exiled to Witegra for a few months, Lamé remained indecisive about his future, as expressed in a letter to his father: *Reviendrai-je à Paris grossir la foule de solliciteurs et risquer la fortune ou la misère? Il me semble difficile de me prononcer entre deux écueils également dangereux. Si je quitte la Russie, je perds tout espérance de pension pour l'avenir, et le sort de ma famille devient incertain et même effrayant. Si je reste, adieu la France, adieu la vie intellectuelle*[13].

However, in 1831, Lamé decided to leave Russia and in the same year he became professor of Physics at the *Ecole polytechnique*. His approach to research consisted mainly in applying advanced geometry to the theory of elasticity, the heat theory and to problems in pure mathematics. As previously illustrated, graphic methods and geometrical concepts had also been the fundamental theoretical instruments for his "Russian works" - which he had written alone or with his contempory Clapeyron - even though they were at a more elementary standard.

In France Lamé began new studies and also continued the research which he had commenced with Clapeyron in Russia, in particular the theory of elasticity and the employment of curvilinear coordinates in mathematical physics. During their period in Russia, Lamé and Clapeyron presented their fundamental memoir in the mathematical theory of elasticity *Sur l'équilibre intérieur des corps solides homogènes* (1833) to the French Academy of Science. As Lamé observed, problems linked to construction engineering led him and Clapeyron to study the mathematical theory of elasticity: *Constamment préoccupés par l'idée d'aider au perfectionnement de la science de l'ingénieur, nous avons été conduits, M. Clapeyron et moi, à étudier l'équilibre intérieur des corps solides élastiques. Nous pensons encore que cette question, malheureusement fort difficile, et encore plus avancée, est la plus importante que les ingénieurs qui s'occupent de sciences théoriques puissent se proposer. Nos premiers travaux sur ce sujet nous conduisirent aux équations de l'équilibre d'élasticité dans un milieu solide et*

---

12 Lamé and Clapeyron are undoubtedly recognised like Saint-Simonian in S. CHARLETY, *Histoire du Saint-Simonisme*, Paris, 1831 and in M. WALLON, *Les Saint-Simoniens et les chemins de fer*, Paris, 1908.

13 J. BERTRAND, *Eloge de Gabriel Lamé*, Paris, 1878, p. 11.

homogène, aux lois régissent les pressions et les tractions autour de chaque point intérieur, et à l'intégration des équations primitives dans quelques cas simples[14].

In this memoir they showed that the equations of elastic equilibrium obtained by using the concept of stress (introduced by Cauchy) were the same equations deduced by Navier's notion of molecular forces. In addition, by means of the theory of quadric surfaces, they defined the "Lamé stress ellipsoid" giving the intensity of the stress in any direction round a point. In particular, if X_x, Y_y, Z_z are the principal stresses, the equation of the ellipsoid is:

$$x^2/X_x^2 + y^2/Y_y^2 + z^2/Z_z^2 = 1. \tag{3}$$

C'est-à-dire - wrote Lamé in the fifth lecture of his *Leçons sur la théorie mathématique de l'élasticité* - *que le lieu géometrique des extremités des lignes qui représentent, en grandeur et en direction, les forces élastiques s'exerçant sur tous les élements-plans, menés par un même point du milieu, est un ellipsoïde*[15].

From his studies on the theory of elasticity, Lamé considered three orthogonal families of surfaces. In fact, at every point of a solid body in equilibrium it is always possible to find three orthogonal plane-elements, to which the elastic forces are normal. The totality of plane-elements of the body then leads to three families of orthogonal surfaces and their intersection constituted a system of three curvilinear orthogonal coordinates.

A system of curvilinear coordinates had already been considered by Lamé in a memoir presented to the Academy of Sciences in 1829, where he faces, in particular, the problem of heat propagation in triangular prisms but also in polyedrons. As Lamé himself described in the following, this research is both relevant to construction engineering and also to physics: *Dans toutes ces applications de l'analyse physico-mathématique, les corps de forme polyedrique se présenteront à chaque pas; soit quand on se proposera d'évaluer exactement les efforts supportés et les résistances offertes par les différentes parties d'une construction, soit quand on arrachera à l'analyse le secret de la double réfraction et de la polarisation, ou qu'on se proposera d'étudier les circonstances qui président à la formation des cristaux*[16].

---

14 G. LAMÉ, *Analyse des travaux de M. Lamé, par lui même*, Paris, 1843, p. 14.

15 G. LAMÉ, *Leçons sur la théorie mathématique de l'élasticité des corps solides*, Paris, 1852, p.56.

16 G. LAMÉ, *Mémoire sur la propagation de la chaleur dans les polyèdres, et principalement dans le prisme triangulaire régulier*, Journal de l'Ecole Royale Polytechnique, vol. 14, 1833, pp. 194-251, in particular p.195.

Lamé presented various cases where he applied his theory of curvilinear coordinates: by considering a system of polar coordinates, he solved an important problem (1854), refered to as "Lamé's problem", which investigates the equilibrium of a spherical elastic envelope or shell subjected to a given distribution of load on the bounding spherical surface. Before contemplating this idea in general, he had attempted to consider "Lamé's problem" in relation to the specific cases of the geographical evolution of mountains and, above all, of the origin of the earth[17].

In a similar manner, when the equilibrium of temperature within a cylindrical body was examined, it became apparent that cylindrical coordinates could also be employed to this system[18]. The differential equations of the equilibrium could be simply integrated in these coordinates.

Another interesting application of the theory of curvilinear coordinates led Lamé to consider a new fundamental class of differential equations and functions. In order to establish the laws of the stationary heat in a solid, homogeneous body, with an ellipsoidal boundary, Lamé[19] examined the Laplace equation expressed in ellipsoidal coordinates. He, not only, found the differential formula (Lamé's equation) which described the considered phenomenon, but also deduced various solutions of this equation, known as "Lamé's functions". These functions fulfill the same role for the ellipsoïd as the spherical functions fulfilled for the sphere. Further investigations of this theory were conducted by Joseph Liouville (1809-1882) and Heinrich Eduard Heine (1821-1881).

Lamé adopted formalism and applied results obtained from the theory of elasticity and the heat theory to study light propagation. The theory of partial differential equations could also be employed in the analysis of Fresnel's theory. In 1821 Fresnel's experiment seemed to suggest the unequivocal existence of a medium, the ether, which filled space and was able to propagate physical actions, in particular light and electromagnetic forces. Lamé considered the ether like an elastic, isotropic and homogeneous medium, whose deformations could be studied by means of the mathematical theory of elasticity. In a long memoir, divided into five parts, he[20] established the laws of equilibrium for the ethereal

---

17 G. LAMÉ, *Leçons sur la théorie mathématique de l'élasticité des corps solides* , Paris, 1852, pp. 218-222.

18 G. LAMÉ, *Note sur l'équilibre des températures dans les corps solides de forme cylindrique*, Journal de mathématiques pures et appliquées, vol. 1, 1836, pp. 77-87.

19 G. LAMÉ, *Mémoire sur l'équilibre des températures dans un ellipsoïde à trois axes inégaux*, Journal de mathématiques pures et appliquées, vol. 4, 1839, pp. 126-183; ID., *Second mémoire sur l'équilibre des températures dans les corps solides homogènes de forme ellipsoïdale, concernant particulièrement les ellipsoïdes de révolution*, Journal de mathématiques pures et appliquées, vol. 4, 1839, pp. 351-385.

20 G. LAMÉ, *Mémoire sur les lois de l'équilibre du fluide éthéré*, Journal de l'Ecole Royale Polytechnique, vol. 14, 1834, pp. 191-288.

fluid and devoted many pages to the analysis of light propagation. As Todhunter and Pearson[21] wrote in their history of the theory of elasticity, *this is one of the numerous attempts to bring the phenomena of light under the dominion of the theory of elasticity, and may deserve attention in a history of Physical Optics.*

In order to deduce the equations of the elastic equilibrium for ether, Lamé introduced two differential invariant expressions. These quantities, which he called the first and the second differential parameter of a function F, are the following:

(4)
$$\Delta_1 F = \sqrt{\left(\frac{\partial F}{\partial x_1}\right)^2 + \left(\frac{\partial F}{\partial x_2}\right)^2 + \left(\frac{\partial F}{\partial x_3}\right)^2}$$

(5)
$$\Delta_2 F = \frac{\partial^2 F}{\partial x_1{}^2} + \frac{\partial^2 F}{\partial x_2{}^2} + \frac{\partial^2 F}{\partial x_3{}^2}$$

where x_1, x_2, x_3 are Cartesian orthogonal coordinates. He then expressed equations (4), (5) in curvilinear coordinates and stressed the important role of these quantities in mathematical physics. Lamé[22] observed that *la dilatation dans un corps solide en équilibre d'élasticité, la température dans le même corps en équilibre de chaleur, et le potentiel de l'attraction des spheroïdes, sont des fonctions dont le paramètre différentiel du second ordre est nul.* Indeed, (2.3) equated to zero coincides with Laplace equation. The first differential parameter was relevant in physics too: *Si ce paramètre n'existe pas essentiellement, comme celui du second ordre, dans les équations de la physique mathématique, néanmoins son rôle naturel est tout aussi important* [23]. The intensity of force F due to the potential P was described by the first differential parameter of P.

By means of the theory of differential parameters Lamé established the equations of equilibrium expressed in curvilinear orthogonal coordinates. Eugenio Beltrami (1835-1900) used the first and the second differential parameter, generalized to a Riemannian manifold, as basic instruments for formulating potential theory and the theory of elasticity in curved spaces. This research is fundamental in the development of the invariant theory and leads to the birth of tensor analysis.

---

21 I. TODHUNTER, K. PEARSON, *A history of the theory of elasticity and of the strength materials from Galilei to the present time*, vol. I, Cambridge, 1886, p. 558.

22 G. LAMÉ, *Leçons sur la théorie mathématique de l'élasticité des corps solides*, Paris, 1852, p.69.

23 G. LAMÉ, *Leçons sur les coordonnées curvilignes et leurs diverses applications*, Paris, 1859, p.28.

Le veritable roi de la nature physique

In his works devoted to pure mathematical problems, mathematical physics and construction engineering Lamé uses very similar methods and procedures. The theory of curvilinear coordinates is often applied in order to solve a differential equation describing a particular phenomenon, like the equilibrium of elasticity, temperature or heat. The number theory, as Lamé[24] points out, can be employed for examining elastic vibrations and, on the other hand, geometrical methods contribute to the study of mechanical and analytical theories. As Bertrand[25] observed: *Aux yeux de Lamé, la science était une, et les rapprochements, même dans les seules formules, entre des théories encore distinctes étaient l'indice certain d'une doctrine plus générale qui doit un jour les embrasser toutes. La distinction entre les mathématiques pures et les mathématiques appliquées était, à ses yeux, dangereuse et fausse.*

According to Lamé, just one universal principle is at the basis of the physical world and *savants* investigate nature by adopting the following methodological scheme: after observing a group of phenomena that possess similar properties, they postulate a law which describes the behaviour of that particular class of forces. Each phenomenon belongs to one class with one principle in common and the result is a collection of these principles from which a single, unique law can be determined: The Universal Principle. This law undoubtedly depends on the existence of ethereal medium which is *le véritable* roi *de la nature physique*, as Lamé said in his *Discours préliminaire*[26] to a course of rational mathematical physics. He never questioned the existence of the ether; on the contrary, he wrote[27] that after Fresnel's theory, the works by Hamilton and the mathematical research by Cauchy, Mac-Cullagh, Neumann *il n'est plus possible de mettre en doute l'existence de l'éther.*

In his *Cours de Physique* (1836-1837) Lamé tried to formulate a theory that unified electricity, heat and light by considering ether which propagated these forces with longitudinal or transversal vibrations. In two other papers[28] dealing with questions in natural philosophy he assumed that ether was also able to produce chemical reactions.

24 G. LAMÉ, *Cours de physique mathématique rationelle. Discours préliminaire*, Paris, 1861, p.23.

25 J. BERTRAND, *Eloge de Gabriel Lamé*, Paris, 1878, p. 19.

26 G. LAMÉ, *Cours de physique mathématique rationelle. Discours préliminaire*, Paris, 1861.

27 G. LAMÉ, *Mémoire sur le principe général de la Physique*, Comptes Rendus hebdomadaires des séances de l'Académie des Sciences, vol. 14, 1842, pp. 35-37, in particular p. 35.

28 G. LAMÉ, *Mémoire sur les lois de l'équilibre de l'éther dans les corps diaphanes*, Annales de chimie et de physique, vol. 55, 1833, pp. 322-335; *Mémoire sur les vibrations lumineuses des milieux diaphanes*, Annales de chimie et de physique, vol. 57, 1834, pp. 211-219.

Since ether was an elastic fluid, its strains and stresses followed the ordinary laws of the theory of elasticity. Lamé presented two or three different hypotheses on the nature of light and heat but, after a brief and superficial discussion, he concluded that *explications beaucoup plus complètes* could be shown by supposing the existence of ether. In his litographed course of physics[29], he wrote: *Il est impossible (...) de ne pas adopter l'hypothèse des ondulations comme la cause immédiate des phénomènes lumineux. On est ainsi forcé d'admettre l'existence d'un fluide universellement répandu, dans le vide pondérable, comme dans les milieux diaphanes. Ce fluide, auquel on donne le nom d'Ether, servant à propager les ondes lumineuses, est donc l'agent ou la cause primitive de la lumière. S'il résultait des faits qui viennent d'être cités, que l'Ether dut être aussi regardé comme la cause première des phénomènes calorifiques, il faudrait admettre que la chaleur rayonnante est due à des ondulations de l'éther, qui se distinguent des ondes lumineuses par quelque propriété particulière.*

Therefore the theory of elasticity is the essential instrument by which Lamé explained how forces moved from one point in space to another. As illustrated in §2, in his research on elasticity he was initially motivated by construction engineering, in particular by the properties of elastic and homogeneous bodies. This interest in the resistance of materials is made most evident when in 1825 Lamé constructed an apparatus to test the mechanical properties of Russian iron, which consisted of a hydraulic ram for producing the load and for absorbing the strain[30].

In conclusion, the most prominent trends in Lamé's work seem to be:

1) Lamé's contributions to the theory of elasticity are inspired both by his analysis of the structure of materials and also by attempting to give an explanation of the universe in mechanical terms, based on the existence of an elastic ether which propagates physical phenomena in space.

2) Throughout Lamé's career it is apparent that geometrical concepts underlie the greater part of his writings and link his most prominent publications on elasticity, heat theory, pure mathematics and construction engineering[31].

---

29 The litographed Lamé's *Cours de Physique* is in Archives de l'Ecole polytechnique. I quote from the second volume of the course which is dated 1833-34.

30 G. LAMÉ, *Sur les ponts de chaînes (de Russie) et sur les résistances des fers employés dans leur construction*, Annales des mines, vol. 10, 1825, pp. 311-330; ID., *Résultat d'expériences faites sur les fils de fer de Russie, d'après l'ordre de Son Altesse Royale, Monsigneur le duc de Wurtemberg*, Journal des voies de communication, vol. 12, 1828, pp. 53-60.

31 I would like to thank Irina and Dimitri Gouzévitch for their stimulating contribution on political and scientific activities of Lamé and Clapeyron in Russia and Gail Barnett for checking my English.

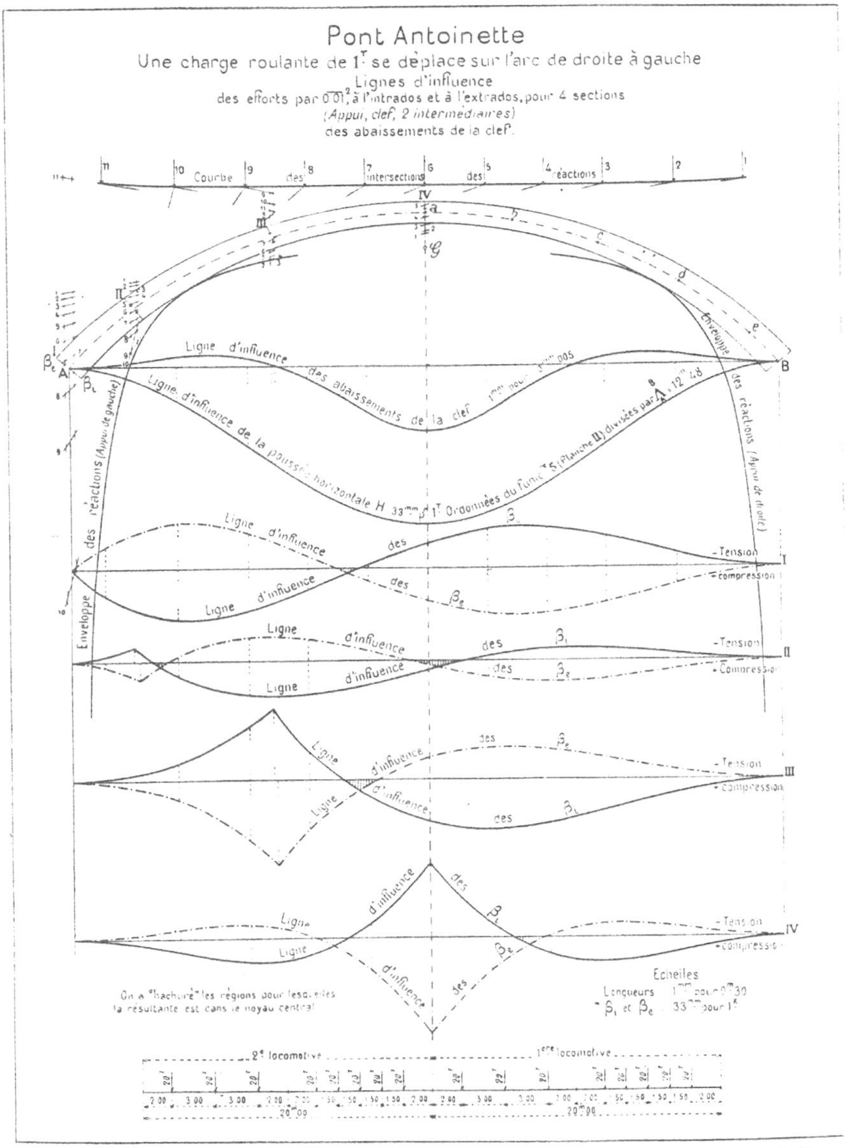

Le pont Antoinette

COMMENT LA THÉORIE DE L'ÉLASTICITÉ S'EST IMPOSÉE À L'ANALYSE DE LA STRUCTURE PORTANTE DES VOÛTES DANS LES PAYS GERMANOPHONES DE 1860 A 1900

Karl-Eugen Kurrer[1]

Summary : Parallel to the idealization of the thin vault that find its realisation in the arch of stone compound of perfectly rigid voussoirs, the eleastic arc, steming from the minds of Jacob Bernoulli and Euler, works its way, after Navier into realisations that bow with elegance, constructed with of steal and reinforced concrete. The present article shows us this introduction in the german regions.

Résumé : Faisant pendant à l'idéalisation de la voûte mince stable sous son propre poids qui trouve sa réalisation technique dans l'arc en pierre composé de voussoirs parfaitement rigides, l'arc élastique, issu des travaux de Jacob Bernoulli et d'Euler, s'introduit progressivement après Navier dans des réalisations qui se courbent avec élégance grâce à l'utilisation du fer et du béton armé. L'article relate cette implantation complexe dans les pays germanophones.

L'arc et la voûte: remarques sur l'évolution terminologique et sémantique

Les termes "voûte" et "arc" ont pu être utilisés comme synonymes, non seulement dans le langage courant, mais aussi dans le langage technique des spécialistes des bâtiments et travaux publics. Si l'on s'en tient à la définition du dictionnaire encyclopédique allemand de Meyer, l'arc est *dans le bâtiment et en architecture, une structure portante cintrée franchissant une ouverture*[2]. Le même dictionnaire encyclopédique définit la voûte, en allemand "Gewölbe", comme *un ouvrage de section cintrée constitué de pierres ou de briques cunéiformes (les claveaux), aujourd'hui de béton ou béton armé (voûte en coque) (...)* [3].

En conséquence, un ouvrage de franchissement en béton armé dont l'axe est cintré peut être considéré comme un "arc" en termes de structure, comme peut l'être, en termes

---

1 TELEFUNKEN SENDERTECHNIK GMBH, DÉPARTEMENT TFS/E5, Sickingenstrasse 20-28 - D-10553 Berlin (Deutschland) République fédérale d'Allemagne. L'auteur remercie Mme Isabelle Herold-Vieuxblé (Dipl.-Geol.) pour la traduction française de son article.

2 *Meyers Enzyklopädisches Lexikon*, Tome IV, 9ème édition revue et corrigée. Bibliographisches Institut, Mannheim 1972, p. 427.

3 *Meyers Enzyklopädisches Lexikon*, Tome X, 9ème édition revue et corrigée. Bibliographisches Institut, Mannheim 1974, p. 312.

d'architecture, un pont de pierres voûté, bien que leur comportement mécanique, sous contrainte, soit foncièrement différent. Le substantif allemand "Bogen", soit "arc" en français, en moyen allemand "boge", en haut allemand "bogo", en néerlandais "boog", en anglais "bow", appartient à la même famille que le verbe allemand "biegen" et signifie selon le dictionnaire des frères Grimm "courbure, cintre"[4]. Il s'ensuit qu'un arc en termes de structure est un système portant, cintré et simplement concave où la transmission des charges est assurée par l'intermédiaire de matériaux résistants en flexion comme le bois, l'acier et le béton armé. L'arc portant "travaille" par flexion en variant sa courbure. Le verbe allemand "biegen" (en français "courber") détermine donc le substantif "Bogen" (en français "arc") non seulement sur le plan étymologique mais aussi parce qu'il caractérise très clairement l'arc en tant que structure de transmission des charges.

Par contre, on ne peut parler de voûte que lorsque la fonction porteuse nécessaire à assurer le franchissement d'un espace est réalisée exclusivement par des matériaux résistants à la compression et dont la résistance à la traction peut être négligeable. La confusion entre les termes "arc" et "voûte" en allemand est le fruit d'une métamorphose à la fois historique et logique de la voûte vers l'arc élastique au XIXe siècle.

Le dualisme de la théorie de l'arc et de la théorie de la voûte (1826-1860)

C'est avec Claude Louis Marie Henri Navier (1785-1836) que commence à s'imposer le paradigme de la théorie linéaire de l'élasticité dans la résistance des matériaux; il allait jouer un rôle dominant auprès des ingénieurs des bâtiments et travaux publics et des mécaniciens pendant plus de 150 ans et constituer, avec l'essai de traction et de compression sur les matériaux, le fondement du calcul classique de la résistance. Dans sa théorie des voûtes, Navier suit la théorie des arêtes de Charles Augustin Coulomb (1736-1806) il y ajoute les charges horizontales et suppose une distribution triangulaire de la contrainte normale dans les joints de voûte étudiés. La contribution la plus importante de Navier à la théorie des voûtes est l'introduction de l'équation des contraintes. Il développe indépendamment de cela la théorie de l'arc dans son chapitre relatif à la théorie des constructions en fer et en bois. La figure 1 montre l'arc étudié par Navier avec l'aide de la symétrie; il est à deux articulations, une fois statiquement indéterminé, son axe est parabolique et la charge unique s'applique en son centre. Navier indique, là aussi, le calcul des contraintes.

---

4 J. GRIMM, W. GRIMM, *Deutsches Wörterbuch*, vol. 2, Leipzig 1860, p. 91.

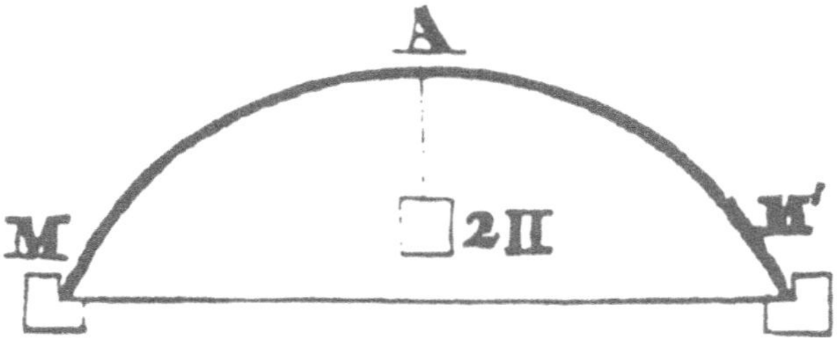

Fig. 1 - Arc parabolique à deux articulations sur des coulées inamovibles [Navier, trad. allemande 1878].

Bien que Navier ait introduit le calcul des contraintes à la fois dans la théorie des voûtes et dans celle des arcs, il semble qu'il n'ait pas eu l'idée de considérer la voûte comme un arc élastique. Il était impossible à l'époque de déterminer indirectement le module d'élasticité des ouvrages en bois et en fer par comparaison des flexions mesurées avec les données de la flexion obtenues par l'équation différentielle linéaire en raison des faits suivants:

- Le comportement à l'utilisation de la déformation sous contrainte des matériaux employés pour les voûtes n'a fait l'objet d'études expérimentales que pendant le dernier tiers du XIXe siècle avec Claus Köpcke (1831-1911), Johann Bauschinger (1834-1893) etc.;
- Les appareils de mesure utilisés à l'époque n'étaient pas capables de quantifier les faibles compressions qui apparaissaient à l'utilisation;
- Les mesures des déformations sur des ouvrages voûtés, généralement surdimensionnés, n'avaient aucune valeur significative car les effets de l'affaissement de la voûte, la tenue des cotes etc. étaient du même ordre que les déformations à l'utilisation.

La diffusion des théories de Navier fut donc la même pour l'arc et pour la voûte. Les expériences de P. Ardant sur des arcs portants en bois[5] ainsi que la monographie de Jacques-Antoine-Charles Bresse[6] (1822-1883) sur la théorie de l'arc élastique le

5 P. ARDANT, *Theoretische und auf Erfahrung gegründete Studien über Errichtung der Zimmerungen von grosser Spannung*, trad. du fr. in Zeitschrift für Praktische Baukunst, 1847, pp. 59-112; pp. 145-210.

6 J.A.C. BRESSE, *Recherches analytiques sur la flexion et la résistance des pièces courbées*, Paris, 1854.

prouvent. Ce n'est qu'avec Saavedra[7], en 1860, que l'idée de Jean Victor Poncelet[8] (1788-1867) d'appliquer la théorie de l'élasticité aux voûtes fut reconnue (Figure 2); il ne fut cependant pas suivi dans sa conception pratique des ouvrages en voûte.

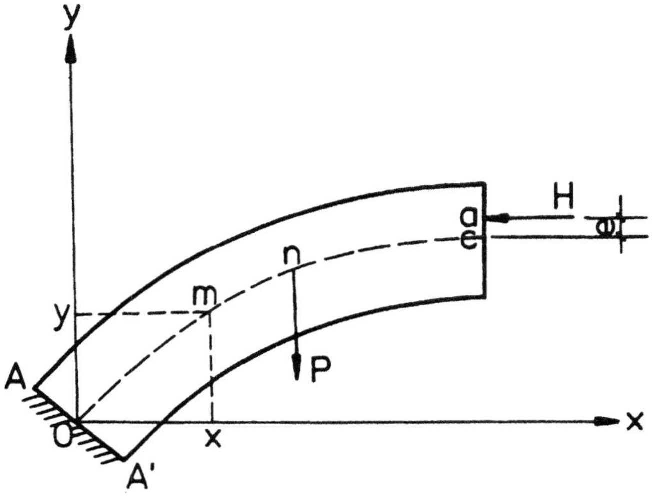

Fig. 2 - A propos de l'application de la théorie de l'arc élastique à la voûte selon Saavedra

La technicisation de la théorie de l'arc élastique et son application à l'analyse des calculs pour la construction des ouvrages de fer en arc (1860-1870)

C'est avec les débuts de la construction des ponts en arc en fer dans l'Allemagne des années 60 que la théorie de l'arc élastique a commencé à s'imposer grâce aux bureaux d'études qui l'utilisaient pour calculer les structures portantes. Ainsi, Hermann Sternberg a assis son projet de pont de chemin de fer sur le Rhin de la ligne Coblence-Lahnstein (Figure 3), terminé en 1864, sur des éléments de cette théorie. Pour la première fois, on voit avec le pont de Coblence des membrures de cintrage concentrique en arc de treillis et ses appuis sont articulés sur les culées - en termes statiques, il s'agit donc d'une structure à deux articulations. Mais il ne devint pas seulement l'ouvrage de référence de tous les

---

7 SAAVEDRA, *Gleichgewicht der Gewölbe*, Zeitschrift des Architektur- und Ingenieurvereins Hannover, vol. 6, 1860, pp. 459-461.

8 J.V. PONCELET, *Examen critique et historique des principales théories ou solutions concernant l'équilibre des voûtes*, Comptes Rendus, vol. 35, 1852, pp. 494-502, pp. 532-540, pp. 577-587.

ponts en arc en fer forgé qui enjambèrent le Rhin les années suivantes: il fut aussi à la source de toutes les discussions sur l'application de la théorie de l'arc élastique aux ouvrages d'art.

C'est à partir de sa critique de la méthode de Sternberg pour définir la position déterminante de la surcharge dans l'évaluation des forces des membrures de l'arc qu'Emil Winkler (1835-1888) a développé le concept de la ligne d'influence pour l'arc à trois articulations, à deux articulations et pour l'arc sans articulation. La figure 4 montre son analyse semi-graphique de 1868 de l'arc plein-cintre trois fois statiquement indéterminé. La théorie de l'arc portant continuait donc ainsi d'évoluer, mais Winkler laissait encore sans réponse la question de savoir si elle était applicable aux voûtes ou non.

Dès 1867, Wilhelm Fränkel (1841-1895) publia son analyse de l'arc élastique à deux articulations[9]. Contrairement à Winkler, Fränkel s'appuie directement sur la théorie de l'arc de Navier. Celui-ci avait en effet indiqué dès 1826 la ligne d'influence de la poussée horizontale H de l'arc à deux articulations pour une charge mobile verticale P. Fränkel s'appuie directement sur cette formule de la ligne d'influence en déterminant à partir de la force verticale V, qui peut être calculée, l'angle d'inclinaison α de la force résultante dans la culée, et en prolongeant jusqu'à l'intersection avec la charge mobile P. La courbe ainsi obtenue est la ligne d'influence de la force résultante dans la culée telle qu'elle a été indiquée par Winkler dans son ouvrage *Elasticität und Festigkeit*[10].

En 1869, Fränkel appliqua l'analogie de Mohr au traitement graphique de l'arc à deux articulations et sans articulation[11]. Otto Mohr (1835-1918) confronta cette contribution avec la sienne propre car Fränkel, parti d'hypothèses erronées, avait obtenu des résultats inutilisables[12]. Mohr a d'abord une appréciation positive de l'arc à trois articulations en raison du fait que les variations de température ne provoquent pas de contraintes supplémentaires, mais il prévoit des difficultés de construction pour la clé de l'arc; il critique par contre l'arc en fer sans articulation. Mohr, qui a considérablement fait progresser la théorisation dans les disciplines mécaniques du bâtiment pendant le dernier tiers du siècle précédent, considérait l'arc à trois articulations, fêté triomphalement à l'Exposition Universelle de 1889 à Paris, comme impraticable; mais il pensait aussi qu'il y avait une contradiction insurmontable entre l'arc en fer sans articulation et son modèle statique.

---

9 W. FRÄNKEL, *Berechnung eiserner Bogenbrücken*, Zivilingenieur, 1867, pp. 57-67.

10 E. WINKLER, *Die Lehre von der Elasticität und Festigkeit*, Prague 1867.

11 W. FRÄNKEL, *Zur Theorie der elastischen Bogenträger*, Zeitschrift des Architektur- und Ingenieurvereins Hannover, 1869, pp. 115-131.

12 O. MOHR, *Beitrag zur Theorie der elastischen Bogenträger*, Zeitschrift des Architektur- und Ingenieurvereins Hannover, 1870, pp. 389-404.

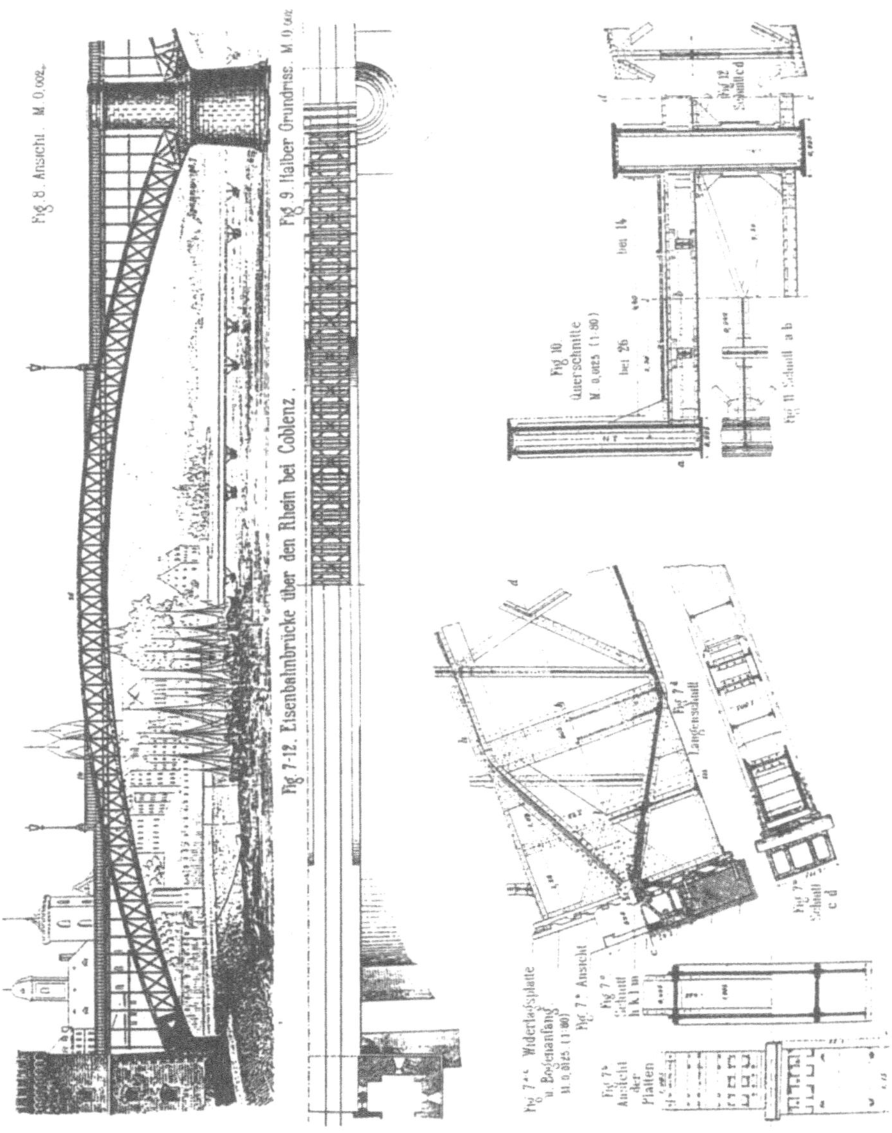

Fig. 3 - La pont du chemin de fer sur le Rhine de la ligne Coblence-Lahnstein, construit à Coblence en 1862-1864: 3 ouvertures, portée L = 98,1 m., hauteur de pile f = 8,9 m. [Schäffer et Sonne, 1888]

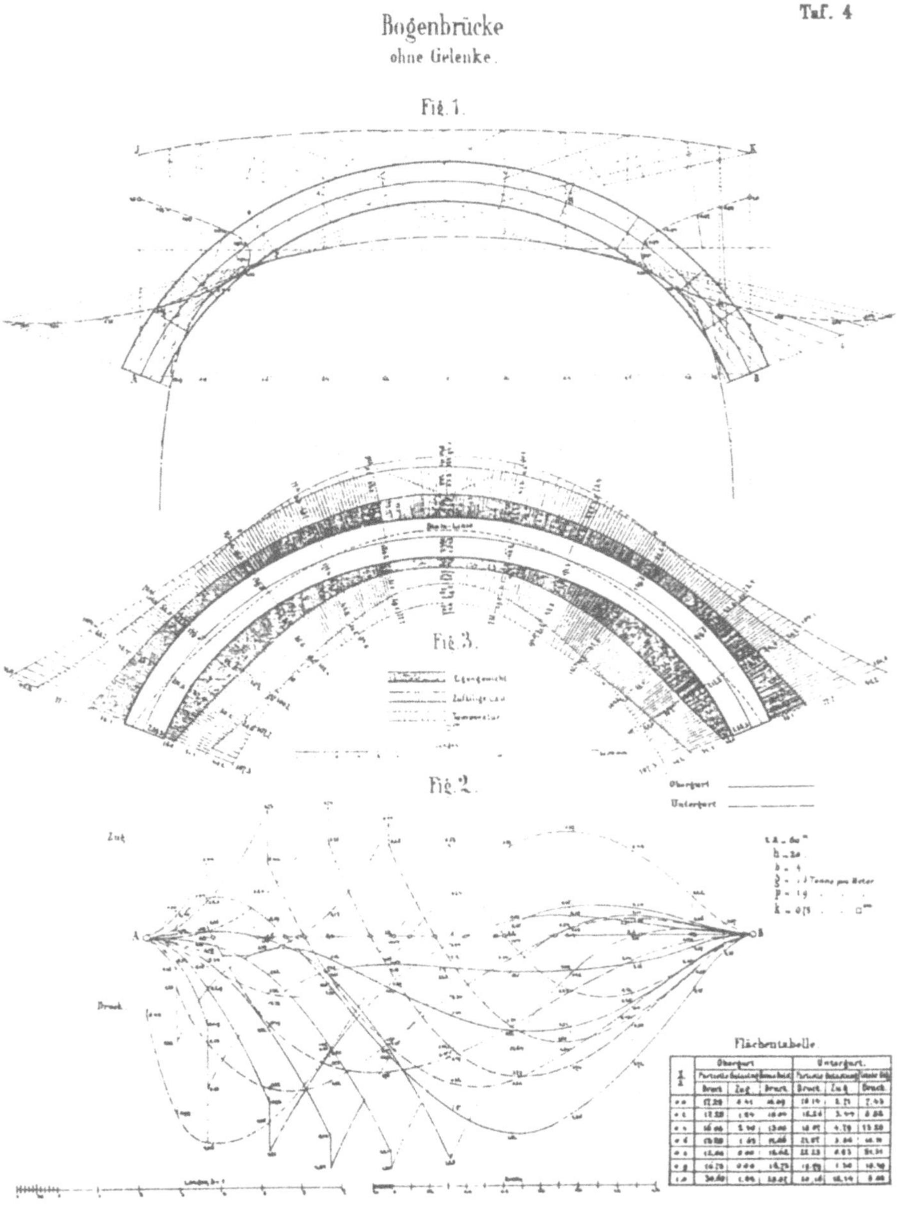

Fig. 4 - Analyse semi-graphique de l'arc trois fois statiquement indéterminé selon Winkler [1868]

La théorie de l'arc évolua ainsi jusque vers la fin des années 70, se concentrant surtout sur l'analyse des structures portantes d'ouvrages en arc en fer, non pas pour l'arc sans articulation, mais bien pour l'arc à deux articulations puisque l'exécution de la compression au moyen d'une fixation de la construction métallique dans les fondations ne devait être réalisable qu'à l'apparition des techniques de béton et de béton armé, quelque 15 années plus tard. En négligeant ainsi l'arc sans articulation dans les constructions en fer, les ingénieurs des structures qui travaillaient dans ce secteur techniquement avancé des bâtiments et travaux publics refoulaient la question de l'application à la voûte de la théorie de l'arc élastique.

La question délicate qui se posait dans les années 70 et 80 du XIXe siècle à propos de la théorie de la voûte était la suivante: est-il possible de modéliser la voûte à partir de l'arc élastique ?

En 1868, Johann Wilhelm Schwedler (1823-1894) a publié un concept du dimensionnement fondé sur la théorie de la flexion des poutres pour la voûte en tonnelle comprimée entre des profilés[13]. Ces voûtes en tonnelle étaient, jusqu'à l'arrivée de la dalle armée, le système de construction de planchers le plus courant pour les charges mobiles élevées. Schwedler divise la demi-charge mobile latérale q en une part symétrique $q/2$ et une part antisymétrique $q/2$ (Figure 5). Le produit de la charge Z_0 et du rayon de courbure r est la poussée horizontale inconnue H sous une charge symétrique $q/2$ alors que, pour le second terme, le moment d'encastrement de la poutre doublement encastrée est divisé par le moment résistant:

$$\sigma_{réel} = \frac{Z_0\, r}{c} + \frac{\frac{ql^2}{64}}{\frac{c^2}{6}} \leq \sigma_{admis}$$

Les ingénieurs des structures qui concevaient les ouvrages auront certainement souvent dimensionné la voûte en tonnelle d'après ce modèle, fondé partiellement sur la théorie de l'élasticité - en effet, Schwedler était devenu en 1868 Conseiller Rapporteur au Ministère prussien du Commerce, de l'Industrie et des Travaux publics et cette haute fonction administrative lui a permis d'exercer une influence considérable et unique sur les

13 J.W. SCHWEDLER, *Die Stabilität des tonnenförmigen Kappengewölbes*, Deutsche Bauzeitung, 1868, pp. 153-155.

techniques et structures employées dans le secteur des travaux publics pendant les deux décennies suivantes.

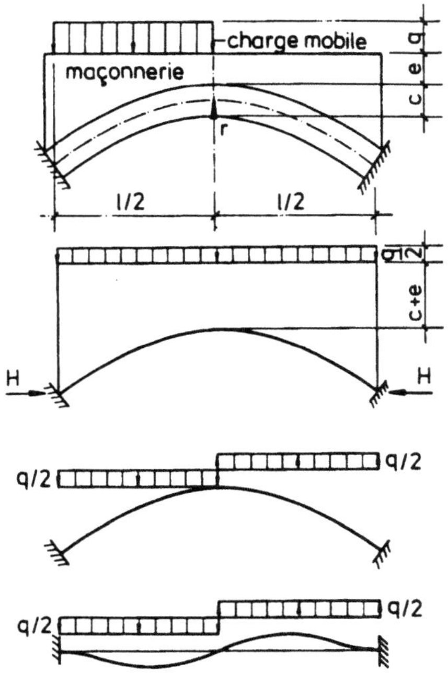

Fig. 5 - Analyse structurale de la voûte en tonnelle selon Schwedler

En Autriche, c'était Friedrich Steiner (1849-1901) - assistant de Emil Winkler à la chaire de construction des chemins de fer et des ponts de l'Ecole Supérieure Technique de Vienne - qui retravaillait les cours de *Winkler* sur la théorie des ponts en arc; il les publia en 1874 dans la revue *Allgemeine Bauzeitung*[14]. Contrairement aux contributions de Fränkel et de Mohr sur la théorie de l'arc élastique, Steiner applique la théorie de l'arc élastique développée par Winkler à l'analyse de la structure portante des voûtes. Pourtant, la modélisation de la voûte en arc élastique n'a été problématisée ni chez Winkler ni chez Steiner: sans confirmation expérimentale, on suppose tacitement une loi élastique linéaire pour les matériaux des voûtes ainsi qu'un comportement linéaire du système. Ils donnent en effet tous les deux une valeur de 1.300.000 N/cm² pour le module d'élasticité de la "pierre", une valeur que Winkler qualifie de *valeur moyenne très grossière*[15]. Les mesures entreprises depuis 1874 sur les résistances à la compression, à la flexion, à la

14 F. STEINER, *Über Theorie der Bogenbrücken*, Allgemeine Bauzeitung, 1874, pp. 21-29; pp. 33-40; pp. 49-53.

15 E. WINKLER, *Die Lehre von der Elasticität und Festigkeit*, Prague 1867, p. 98.

poussée et à la traction ainsi que le module d'élasticité des pierres ont confirmé les dispersions importantes qu'avait supposé Winkler. Ce résultat a mis, pendant de nombreuses années, un frein au développement de la théorie de l'arc élastique comme moyen d'analyse des structures en voûte.

C'est avec la découverte par Bauschinger de la non linéarité des courbes contrainte-déformation relatives aux matériaux utilisés couramment dans la construction des voûtes et, également, grâce aux mesures de déformation de Köpcke sur des voûtes en place, que la glace s'est enfin rompue à l'avantage d'une théorie des voûtes reposant sur la théorie de l'élasticité. L'analyse des structures portantes de l'arc en fer forgé et de l'arc en bois d'une part, et de la voûte, d'autre part, a pu alors avoir lieu au niveau plus abstrait du système statique. Ce processus d'abstraction se retrouve également en termes linguistiques, par un décalage sémantique des vocables "voûte" et "arc" à l'avantage de ce dernier. En 1866, Karl Culmann (1821-1881), dans la première édition de son ouvrage *Graphische Statik* , distinguait encore la structure portante en voûte ou en arc; il écrivait: *Entre la voûte et la chaîne il y a l'arc*[16]. Neuf ans plus tard au contraire, il marginalisait dans sa deuxième édition le terme "voûte" par rapport au terme "arc".

C'est avec encore davantage de rigueur que Johann Jakob Weyrauch (1845-1917) systématisait la structure portante en la concevant comme un ensemble statique dans son ouvrage publié en 1879 *Theorie der elastischen Bogenträger*[17] (en français *Théorie des arcs élastiques*), où il écrivait: *On appelle* arc élastique *un corps dont l'axe de gravité est simplement cintré et qui est soumis dans le plan de cet axe de l'arc à des forces verticales, à des* charges[18]. En termes de théorie historique, la publication de Weyrauch agissait dans deux directions. D'une part, en théorisant l'analyse de l'arc sur la base de la théorie de l'élasticité, il a fait le premier pas sur la voie d'un développement relativement autonome de la théorie de l'arc élastique; et, d'autre part, en se détournant radicalement de l'analyse des structures portantes de la voûte et de l'arc, il a fait prendre conscience aux ingénieurs de terrain qu'il devenait nécessaire de mener un débat critique sur les hypothèses initiales des modèles de structures en voûte. Lheure des travaux historiques et critiques de Winkler sur la structure des voûtes avait sonné.

---

16 K. CULMANN, *Die graphische Statik*, Zurich, 1866, p. 437.
17 J.J. WEYRAUCH, *Theorie der elastischen Bogenträger*, Munich, 1879.
18 J.J. WEYRAUCH, *op. cit.*, p. 1.

Changement de paradigme dans la théorie de la voûte: comment Emil Winkler a contribué à faire accepter la théorie de l'élasticité dans l'analyse des structures en voûte

Winkler a publié dans les pages de la *Deutsche Bauzeitung* le discours qu'il avait tenu les 17 mars 1879 et 12 janvier 1880 à l'Association des Architectes à Berlin sous le titre *Lage der Stützlinie im Gewölbe*[19] (en français *Position de l'axe des centres de poussée*).

Il explique en introduction, en trois étapes, l'objet d'une théorie de la voûte scientifiquement et techniquement fondée: dans une première étape, Winkler définit l'axe des centres de poussée comme le lieu géométrique des points de rencontre des résultantes avec les joints de la voûte - il la distingue du polygone inverse ou de la chaîne. La différenciation des termes, non entreprise dans de nombreuses théories sur les voûtes, est obsolète dans le cas particulier, fréquent dans la pratique de l'ingénieur des travaux publics, de la voûte surbaissée où les charges et les joints sont verticaux. Winkler assoit son analyse de la critique historique de la voûte sur ce cas particulier. Sa deuxième étape consiste à dire clairement qu'au coeur de l'objet de la théorie des voûtes se trouve la détermination de la position de l'axe des centres de poussée - et non pas de sa forme. En effet, alors que la forme de l'axe des centres de poussée s'obtiendrait du simple fait des conditions nécessaires à l'équilibre du système, sa position ne serait déterminée qu'en adoptant des hypothèses mécaniques et mathématiques supplémentaires. Etant donné que c'est la qualité de ces hypothèses qui, dans la pratique de l'ingénieur, est déterminante pour l'utilité d'une théorie des voûtes, elles constituent un instrument logique pour l'appréciation critique des théories des voûtes historiques. Dans sa troisième étape, Winkler enfin délimite "l'état normal" de la voûte par rapport à son état perturbé. Une voûte se trouverait à l'état normal lorsque, *juste avant d'enlever l'échafaudage, les joints ne sont pas encore soumis aux contraintes, qu'ils sont parfaitement fermés et que les culées sont absolument immobiles*[20]. Selon Winkler, l'état normal est parasité par l'effet de cintre, le mouvement des culées, la consistance du mortier etc.

---

19 E. WINKLER, *Lage der Stützlinie im Gewölbe*, Deutsche Bauzeitung, 1879, pp. 117-119; pp. 127-130; 1880, pp. 58-60.

20 E. WINKLER, *op. cit.*, p. 118.

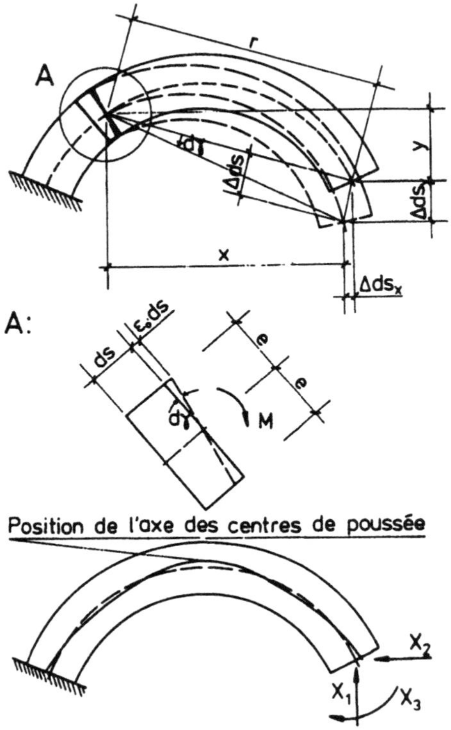

Fig. 6 - Analyse structurale de la voûte par la théorie de l'arc élastique selon Winkler

Après avoir défini aussi l'objet d'une théorie des voûtes scientifiquement et techniquement fondée, Winkler se tourne vers l'analyse structurelle des voûtes dans leur état normal. Comme Poncelet en 1852[21], il classe et évalue sa valeur épistémologique, scientifique et technique, ainsi que sa valeur pratique pour les théories des voûtes dans une analyse brillante de la théorie historique; il distingue 5 classes:

- La théorie des cales d'après Philippe de La Hire (1640-1718) en 1695,
- La théorie de la chaîne dont Robert Hooke (1635-1703) avait formulé le fondement en 1676 sous forme d'anagramme et qui se répandit petit à petit dans la littérature technique allemande du XIXe siècle à partir du fameux Manuel de Mécanique de Franz Joseph von Gerstner (1756-1832),
- La théorie des arêtes élaborée par Coulomb,

21 J.-V. Poncelet, *Examen critique et historique des principales théories ou solutions concernant l'équilibre des voûtes*, Comptes Rendus, vol. 35, 1852, pp. 494-502; pp. 532-540; pp. 577-587, voir p. 587.

La théorie de l'élasticité appliquée aux voûtes et
Les théories des voûtes qui reposent sur des hypothèses faisant intervenir une distribution de la contrainte dans les joints.

Après avoir démontré avec succès sa théorie de l'arc élastique en analysant des arcs en bois et des arcs en fer, Winkler l'adapte à l'analyse des voûtes. La figure 6 montre le modèle de voûte pour lequel Winkler fait dériver les trois conditions d'élasticité à partir desquelles la position de l'axe des centres de poussée peut être déterminée dans une voûte trois fois statiquement indéterminée. Il formule une règle qui porte son nom et qui est un équivalent des trois conditions de la théorie de l'élasticité; cette règle dit que *pour une épaisseur constante, l'axe des centres de poussée le plus juste est celui pour lequel la somme des carrés des distances à la médiane est minimale*[22]. Plus tard, la règle de Winkler devait apparaître comme un cas particulier du principe de Luigi Federico Menabrea (1809-1896) valable pour les systèmes élastiques. Bien que Winkler ne pensât pas encore, lorsqu'il formula son théorème, à la signification qu'il aurait dans l'étude des structures, il conclut ses recherches sur l'axe des centres de poussée réel d'une voûte en utilisant la théorie de l'élasticité. Il élimina ainsi de sa règle les modèles structuraux qui étaient à l'origine de la théorie de la chaîne et de celle de l'arête.

Comment la théorie de la voûte fut intégrée à la théorie classique des structures

Le discours révolutionnaire de Winkler inspira à August Föppl (1853-1924) en 1881[23] et à Heinrich Müller-Breslau (1851-1925) en 1883[24] leurs travaux sur la théorie de l'élasticité des voûtes; ces travaux ont fait définitivement avancer l'intégration de l'étude structurelle des voûtes à l'analyse classique des structures, en plein essor pendant ces années 80. Pourtant, les critiques ne se turent pas plus à l'égard de la théorie de l'élasticité des voûtes qu'à l'égard de son intégration progressive à la théorie générale des structures portantes planes, en poutre, en train de se constituer - comme une sorte d'analogie, pour les sciences appliquées, de ce qu'avait été l'hégémonie des constructions en fer. L'ingénieur des chemins de fer bavarois Heinrich Haase était d'avis en 1882 que *la tentative d'application récente de la théorie des arcs élastiques aux voûtes massives (...)*

---

22 E. WINKLER, *op. cit.*, p. 128.
23 A. FÖPPL, *Theorie der Gewölbe*, Leipzig, 1881.
24 H. MÜLLER-BRESLAU, *Elastizitätstheorie der Tonnengewölbe*, Zeitschrift für Bauwesen, vol. 33, 1883, pp. 35-52; pp. 211-228.

peut être considérée comme une tentative manquée (...) à compenser les lacunes trop évidentes des théories actuelles (puisqu'elle) ne (sert) qu'à rendre la théorie des voûtes plus lourde, plus trouble et encore plus indigeste dans la pratique qu'elle ne l'était déjà[25]. En opposition à Winkler, Haase plaide pour *qu'une théorie des constructions de pierre puisse s'appliquer intégralement aux constructions en fer (...) après quelques adaptations*[26]. *Haase* a effectivement réalisé cette curieuse inversion en modifiant la théorie des voûtes de Gotthilf Heinrich Ludwig Hagen[27] (1797-1884) et en recalculant ainsi le pont sur le Douro, près de Porto, un pont à treillis en arc d'une longueur de 160 m. Son espérance de rencontrer chez les ingénieurs des structures une reconnaissance pour les *résultats importants d'études longues et très poussées*[28] fut déçue: toutes les pages qu'il rédigea pour la revue professionnelle viennoise *Allgemeine Bauzeitung* ne lui valurent aucune attention.

Les nouveaux calculs concernant le pont du Douro, effectués d'après la théorie modifiée du treillis en arc de Winkler, a constitué un exemple très apprécié dans les monographies sur la mécanique statique classique des bâtiments et travaux publics - comme on le voit dans l'ouvrage publié par Weyrauch en 1897 sous le titre *Die elastischen Bogenträger. Ihre Theorie und Berechnung entsprechend den Bedürfnissen der Praxis mit Berücksichigung von Gewölben und Bogenfachwerken*[29] (en français: *Les arcs élastiques. Leur théorie et leur calcul pour les besoins de la pratique, avec une considération plus particulière des voûtes et arcs en treillis).*

On cite aussi dans ce livre les essais du Comité des voûtes de l'Association autrichienne des ingénieurs et architectes au début des années 90. Le Comité des voûtes effectuait d'importantes mesures des déformations sur des voûtes en pierres brutes de carrières, en briques, en béton banché et en béton armé et il observa que les déformations de l'axe de gravité de toutes les structures portantes expérimentales sous conditions réelles augmentaient à peu de choses près proportionnellement à la charge. La figure 7 montre deux structures portantes expérimentales d'une longueur de 23 m en béton et béton armé[30]. Elles ont été étudiées par ce Comité à Purkersdorf, près de Vienne. Le rapport des charges de rupture de la voûte en pierres brutes, de la voûte en

25 H. HAASE, *Zur Theorie der parabolischen und elliptischen Gewölbe*, Allgemeine Bauzeitung, vol. 47, pp. 89-103, 1882; vol. 48, 1883, pp. 75-79; pp. 89-92; vol. 49, 1884, pp. 12-15; pp. 17-20, pp. 25-27; pp. 41-43; vol. 50, 1885, pp. 44-46; pp. 49-54; pp. 57-73; pp. 77-82, voir p. 90.

26 H. HAASE, *op. cit.*, 1883, p. 77.

27 G.H.L. HAGEN, *Über Form und Stärke gewölbter Bogen*, Berlin, 1862.

28 H. HAASE, *op. cit.*, 1885, p. 82.

29 J.J. WEYRAUCH, *Die elastischen Bogenträger*, Munich 1897.

30 J.A. SPITZER, *Handbuch für Eisenbetonbau*, Tome I *Entwicklungsgeschichte und Theorie des Eisenbetons*, Berlin, 1908, p. 328.

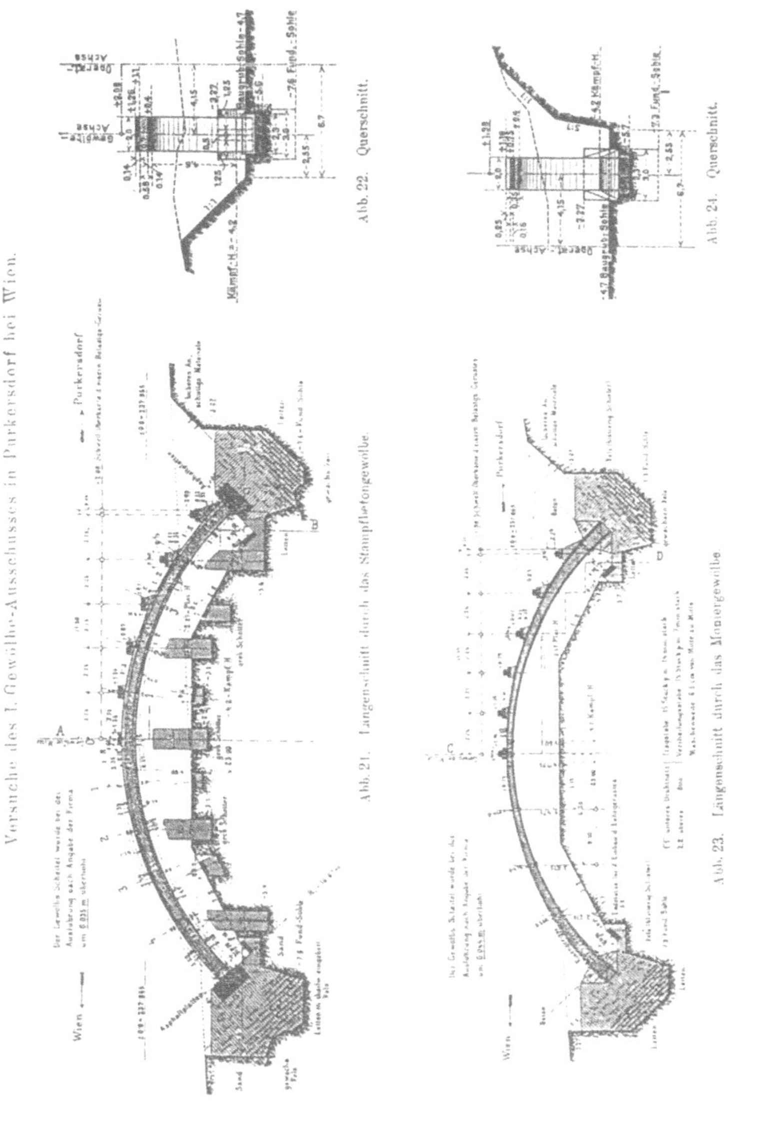

Fig. 7 - Expériences de Purkersdorf par le Comité des voûtes de l'Association des Ingénieurs et Architectes autrichiens [Spitzer, 1908, p. 328]

briques, de la voûte en béton et de l'arc en béton armé est de 1 à 1,2, à 1,5, à 2,5. En termes de charge de rupture, l'arc en béton armé est donc très supérieur à la voûte. On lit dans un rapport écrit par Brik en 1895 à propos des essais sur les voûtes: *L'application de la théorie de l'élasticité permet de calculer une voûte de pont sans avoir besoin d'hypothèses aléatoires. Mais l'application de cette théorie n'aura de résultat que si les conditions préalables à la théorie sont remplies à l'exécution de l'ouvrage*[31]. Le béton armé répond à ces conditions.

Le grand maître de la théorie du béton armé en Allemagne, Emil Mörsch (1872-1950), a publié en 1906, dans la revue suisse *Schweizerische Bauzeitung*[32], une méthode de construction claire, fondée sur la théorie de l'arc élastique, grâce à laquelle tout ingénieur des structures pouvait concevoir et analyser des arcs massifs en béton armé et en béton. Je vais vous présenter brièvement cette méthode en prenant l'exemple d'un pont en arc dont le tablier est au-dessus de l'arc. Après que Mörsch a eu déterminé par itération l'arc de l'axe des centres de poussée sous son propre poids, il détermina la ligne d'influence des facteurs M, V et H statiquement indéterminés au centre élastique de l'arc. Il est alors possible de déterminer directement les lignes d'influence des moments du noyau central à la culée, au quart et à la clé de l'arc.

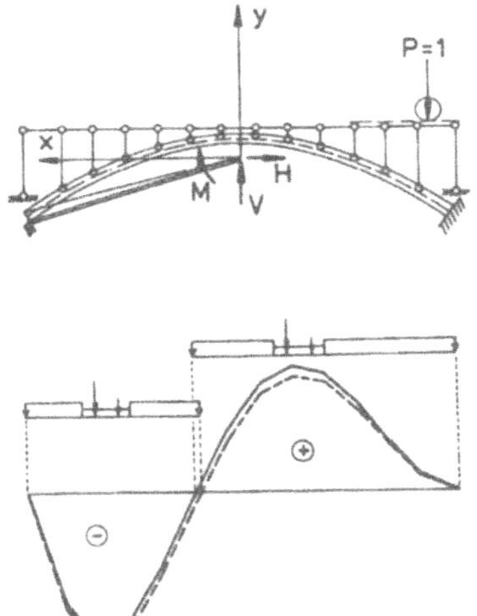

Fig. 8 - Analyse de la ligne d'influence pour les moments négatifs et positifs du noyau dans la culée pour une pont en arc à voie surélevée selon Mörsch

L'analyse de ces lignes d'influence appliquée aux trains de charges mobiles (comme les trains de chemin de fer) a pour objectif le calcul des moments des noyaux centraux à la culée, au quart et à la clé de l'arc, dans le cas de la disposition la plus défavorable des charges. La figure 8 montre l'analyse de la ligne d'influence pour les

31 J.A. SPITZER, *op. cit.*, 352.

32 E. MÖRSCH, *Berechnung von eingespannten Gewölben*, Schweizerische Bauzeitung, vol. 47, 1906, pp. 83-85 et pp. 89-91.

moments négatifs et positifs des noyaux centraux dans la culée. Elle permet de calculer pour les sections indiquées les contraintes périphériques supérieures et inférieures dont les valeurs sont maximales sous charge mobile. Alors que le seul calcul de la résistance suffirait dans le cas d'un arc en béton, il faut, dans le cas d'un arc en béton armé, le remplacer par le dimensionnement de la section totale de l'armature. Cette méthode a été utilisée dans les pays germanophones jusquà la fin des années 30 et de très nombreux ponts en arc en béton armé ont été mis à l'étude et analysés ainsi.

L'évolution sémantique de la notion de voûte en tant que terme de mécanique des constructions a suivi de très près l'extension de la pratique du béton armé: la notion de voûte, marginalisée en tant que terme structural et remplacée par la notion d'arc, n'avait plus d'autre droit d'existence, aux yeux des spécialistes, que dans l'histoire de la construction. Ce n'est que depuis l'avènement de méthodes s'appuyant sur les théories des charges limites à partir des années cinquante de notre siècle que le paradigme de la théorie de l'élasticité a pu devenir aussi un sujet de débats dans le cadre de l'analyse mécanique des voûtes historiques. Le caractère heuristique d'une histoire des théories pourrait être démontré sur cet exemple de processus d'une théorie en formation. Une utilisation systématique de la connaissance historique dans le processus épistémologique des sciences de l'ingénieur nécessiterait au préalable de connaître les prolégomènes à une science de l'ingénieur historique. Mais ici, l'histoire n'a pas encore commencé.

Fig. 3. : Cathédrale de Beauvais : le système de contrebutement du chœur
(cliché A. Coste).

LE CALCUL PAR LA MÉTHODE DES ÉLÉMENTS FINIS APPLIQUÉ À LA RESTAURATION. UNE EXPÉRIENCE : LA CATHÉDRALE DE BEAUVAIS

Anne Coste[1]

Summary : The computational technique called of the finite elements allows the representation of three dimensionnal objects and can complete the informations given by graphical analysis and numerical analysis. This technique will eventually explain the presence of some pieces of steel in buildings in stones as the drawstrings of the Cathedral of Beauvais. Did they prevent the pillars to enter into resonance because of the wind?

Résumé : La modélisation informatique dite méthode des éléments finis permet la représentation d'objets tridimensionnels et peut donc fournir dans les problèmes posés par la restauration un complément à l'analyse graphique et à l'analyse numérique. Elle permettra peut-être d'expliquer la présence de certaines pièces métalliques dans les édifices en pierre comme les tirants de la cathédrale de Beauvais. Servaient-ils à empêcher les piliers d'entrer en résonance sous l'effet du vent?

La cathédrale de Beauvais possédait sur toute la périphérie de son chevet (XIIIe siècle), des tirants métalliques disposés de pylône[2] à pylône et de culée à culée, entre chaque travée de contrebutement rayonnant autour du rond-point. Les tirants de la moitié nord ont été déposés au cours des années soixante et soixante-dix.

Dans la partie nord de la structure, privée de tirants, les culées et les pylônes ainsi isolés montrent certains signes de perturbation menaçant la stabilité de l'édifice. Le vent y produit une mise en oscillation quelquefois très impressionnante des éléments verticaux: il est urgent d'en mesurer le danger[3]. Au sommet des culées qui atteignent une cinquantaine de mètres de hauteur, les déplacements peuvent dépasser trois centimètres[4]. Pour comprendre le phénomène et déterminer la nature et le rôle des tirants, nous avons interrogé les méthodes de calcul actuelles, développées dans le domaine de la mécanique.

1 ECOLE D'ARCHITECTURE DE GRENOBLE, 10, Galérie des Baladins - BP 2636 - 38036 Grenoble Cedex 2 (France).

2 Nous appelons "pylônes" les piliers intermédiaires pour les différencier des piliers intérieurs (voir le plan).

3 Le phénomène a été observé pour la première fois en 1982.

4 Des coupes réalisées par l'Institut Géographique National à trois hauteurs différentes révèlent une parfaite co-axialité du système, excepté pour la culée reliée d'un seul côté, là où s'est interrompue l'opération de dépose des tirants.

Les apports du calcul par la méthode des éléments finis pour la compréhension des monuments anciens

Il est utile de préciser qu'il s'agit d'une étude expérimentale, menée dans le cadre d'une activité de recherche. Les méthodes traditionnellement utilisées en France par la communauté des Monuments Historiques, y compris dans un cas aussi complexe, sont essentiellement celles de la statique graphique, héritées du XIXe siècle. Conséquence lointaine sans doute de l'autonomie de leurs formations à partir de la fin du XVIIIe siècle, les savoirs spécifiques des architectes et des ingénieurs sont, dans le domaine de l'analyse des structures, encore très cloisonnés. Les architectes s'en remettent donc à d'anciennes méthodes (épure de Méry[5]) et au traditionnel concept de "descente des charge", souvent suffisants mais peu adaptés dans le cas de structures aussi complexes que celles des cathédrales gothiques, surtout lorsqu'interviennent des phénomènes d'ordre dynamique.

Les logiciels "éléments finis" peuvent efficacement contribuer aujourd'hui à une compréhension de l'édifice et de son histoire. Il est entendu que dans l'immense majorité des cas, des moyens de calcul plus modestes sont suffisants, les modélisations "éléments finis" ne se justifiant que pour les études les plus délicates. L'analyse graphique et l'analyse numérique ne sont pas concurrentes puisqu'elles s'appliquent à des problèmes de natures différentes, elles doivent au contraire se montrer complémentaires. Une comparaison entre les deux méthodes ne s'imposerait donc pas si un immense fossé se s'était creusé entre les progrès effectués dans le domaine de la mécanique et les méthodes effectivement appliquées dans celui de l'architecture, privant ainsi la restauration des grands édifices d'un outil efficace.

Les hypothèses simplificatrices d'homogénéité et d'isotropie des matériaux et la théorie de l'élasticité linéaire sont les plus couramment utilisées dans les logiciels actuels[6]. De ce point de vue, le calcul par la méthode des éléments finis n'apporte d'amélioration par rapport aux méthodes anciennes que parce qu'elle autorise l'introduction locale de conditions destinées à prendre en compte les phénomènes

5 On peut lire, sur l'histoire des méthodes d'analyse des structures, J.-M. DELBECQ, *Analyse de la stabilité des voûtes en maçonnerie de Charles Augustin Coulomb à nos jours*, Annales des Ponts et Chaussées, 3e trim. 1981, pp. 36-43. Jean-Michel Delbecq retrace l'histoire de ces méthodes à l'occasion d'un article consacré au calcul des voûtes avec comme problématique la restauration des ponts en maçonnerie. Il identifie, dès le XVIIIe siècle les deux écoles qui coexistent toujours à travers la théorie de l'élasticité et le calcul à la rupture. De l'épure de Méry, il dit qu'elle *a été dénaturée par la théorie de l'élasticité, s'est transformée en règle dite du tiers central.* Pour conclure: *Elle n'est pas utilisable pour la vérification d'un ouvrage* (p. 40).

6 De nombreux travaux admettent cette hypothèse, y compris ceux de Méry (Cfr. J.-M. DELBECQ, *op. cit.*).

d'endommagement ou de rupture, et l'anisotropie des matériaux. L'intérêt du calcul par la méthode des éléments finis est manifeste à chaque étape de l'analyse. Pour la définition géométrique du modèle, l'utilité d'un outil de calcul prenant en compte les trois dimensions de l'édifice par rapport aux deux dimensions du papier auxquelles les épures graphiques sont asservies paraît tout à fait évident. C'est dans les informations recueillies sur la nature, les valeurs et la distribution des contraintes au sein de la structure qu'il faut bien-sûr voir l'extraordinaire progrès que nous offre cet outil. Enfin, dans certains cas que nous dirons "extrêmes" (mais c'est justement pour ces cas-là que l'outil est précieux) la faculté de prendre en considération des phénomènes d'ordre dynamique est un avantage considérable[7] sur les épures graphiques. On peut le mesurer dans le problème posé à Beauvais.

La circonspection avec laquelle le milieu de la restauration regarde ces outils nouveaux s'explique donc en partie par l'éloignement de l'architecture - pour ce qui concerne la conservation des monuments anciens - des avancées les plus significatives des sciences physiques et mathématiques. Les rapports qu'entretenaient au XVIIIe siècle mécanique et architecture étaient très différents: on se souvient de la polémique qu'alimentent les travaux des mécaniciens sur la théorie des voûtes lors de la construction du dôme de l'église Sainte-Geneviève de Germain Soufflot à Paris[8]. En outre, si le calcul des structures poteaux-poutres était maîtrisé il y a un siècle[9], le calcul des coques - et les voûtes gothiques, par le rapport de leurs dimensions entre elles, peuvent être assimilées à des coques - est beaucoup plus récent, il fait encore l'objet de recherches. Des progrès considérables ont été réalisés tant du point de vue des méthodes que des outils: quel paradoxe de voir les grandes opérations de restauration - la cathédrale de Beauvais nous semble exemplaire - se passer de leurs concours.

L'étude de la cathédrale de Beauvais par modélisation informatique poursuit une campagne de travaux entamée en 1988, dont l'objectif est d'évaluer les apports dans le domaine de l'architecture et de son histoire du calcul de structure par la méthode des éléments finis afin de l'utiliser pour une meilleure compréhension des édifices anciens. Nos premières investigations sur le comportement mécanique des structures gothiques tentaient de donner un éclairage nouveau à la polémique par laquelle Pol Abraham et

---

7 Sous prétexte qu'en architecture la question du vent peut le plus souvent être ramenée à un problème de statique, elle est la plupart du temps évacuée sans autre forme de procès. Le risque de mise en résonnance d'un ouvrage est pourtant un redoutable danger (faut-il rappeler l'histoire du pont de Tacoma?).

8 Cette polémique a fait l'objet de nombreuses publications. La question a été récemment abordée au colloque Gauthey (Le Creusot, avril 1992) : A. COSTE, A. PICON ET, F. SIDOT (sous la direction de), *Un ingénieur des Lumières, Emiland-Marie Gauthey*, Presses de l'Ecole nationale des Ponts et Chaussées, Paris, 1993.

9 Les travaux d'Eiffel en témoignent.

Victor Sabouret avaient, au début du XXe siècle, remis en cause les analyses de Viollet-le-Duc[10]. Notre questionnement portait alors sur l'influence des nervures sur les valeurs et la répartition des contraintes avec la modélisation d'une voûte du chœur de la cathédrale d'Auxerre[11]. D'autres études de même nature nous ont permis de tester la méthode et de rôder une collaboration entre mécaniciens et architectes[12].

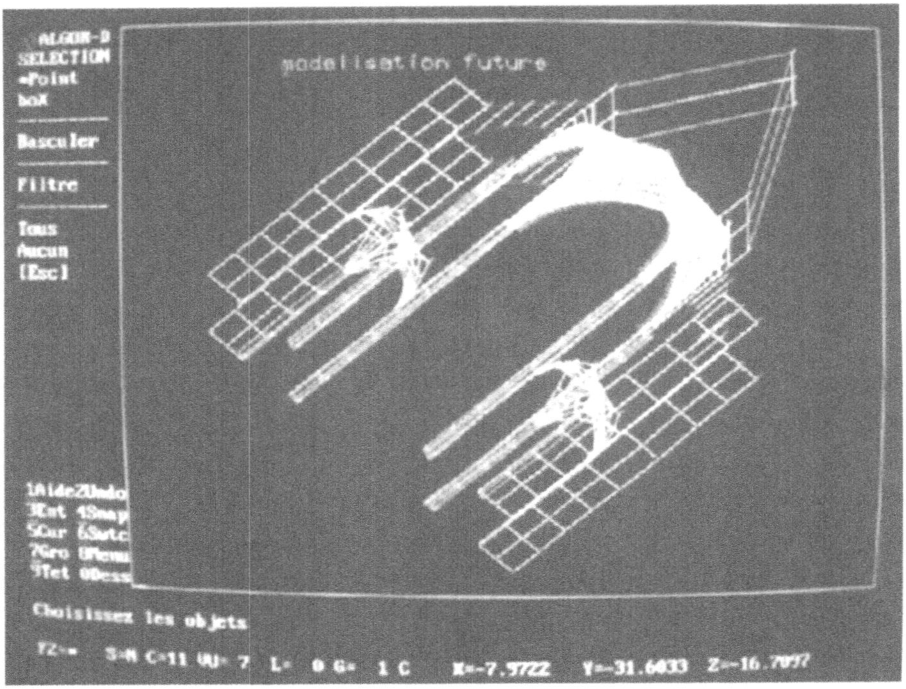

Fig. 1 - Modélisation d'une travée du chœur de la cathédrale d'Auxerre, photo d'écran (EAG-INPG, 1990).

10 P. ABRAHAM, *Viollet-le-Duc et le rationalisme médiéval*, Vincent Fréal et Cie, 1934. V. SABOURET, *L'évolution de la voûte romane du milieu du XIe siècle au début du XIIe*, Le Génie Civil, mars 1934. Sabouret avait déjà publié en 1928 dans la même revue un article intitulé *Les voûtes d'arêtes nervurées - Rôle simplement décoratif des nervures*. Voir aussi, en 1934, M. AUBERT, *Les plus anciennes croisées d'ogives. Leur rôle dans la construction*, Bulletin Monumental.

11 A. COSTE, Y. FÉLIX, E. GASTINE, P. VÉDRINE, *Contribution des techniques modernes des ingénieurs à l'étude d'une voûte gothique*, Journal d'Histoire de l'Architecture , n° 2, 1989.

12 A. COSTE, *Apports des méthodes contemporaines de calcul de structures dans le domaine de la restauration des grands édifices* (étude des coupole de l'église de Givry, XVIIIe siècle; étude des arcs-boutants de la cathédrale d'Auxerre), Ecole d'Architecture de Grenoble/Ecole Nationale Supérieure d'Hydraulique et de Mécanique de Grenoble, Programme pluriannuel en Sciences Humaines, Région Rhône-Alpes, rapport de recherche, Grenoble, mars 1992. A. COSTE, *Etude de deux édifices gothiques: Lausanne, Auxerre*, Université Pierre Mendès-France Grenoble, Institut de Théorie et d'Histoire de l'Architecture Lausanne, Région Rhône-Alpes, rapport final, septembre 1991.

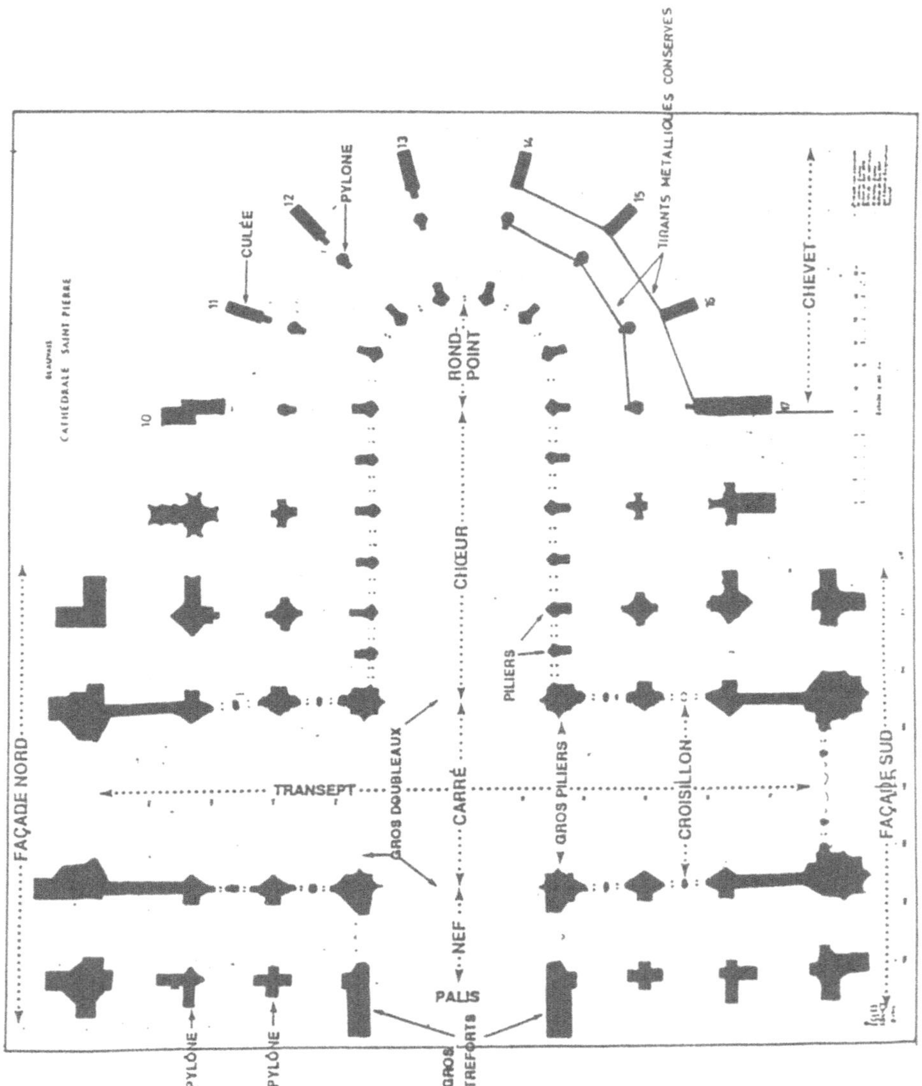

Fig. 5 - Plan de la cathédrale de Beauvais

(document J. -L. Taupin, architecte en chef des monuments historiques).

En dépit de différentes tentatives pour réactualiser l'analyse de son système constructif, l'architecture gothique garde encore quelques précieux secrets. La question du rôle du fer en particulier est restée jusqu'à ces derniers temps inexplorée, victime sans doute de "l'idéal de pierre" qu'incarnent les cathédrales dans le discours élaboré au cours du XIXe siècle. Des indices visibles dans la cathédrale de Bourges, d'autres observés à la cathédrale de Beauvais, ont encouragé l'architecte en chef des Monuments Historiques Jean-Louis Taupin à soulever un coin du voile[13]. Une étude très systématique et complète serait nécessaire pour mettre en lumière la réelle fonction du fer, des origines à nos jours. C'est ce que nous avons, très modestement, entrepris à Beauvais en essayant de nous doter des outils adaptés[14].

La cathédrale de Beauvais

Au XIIIe siècle la cathédrale de Beauvais constitue un projet d'une très grande audace. Ses bâtisseurs sauront pourtant se donner les moyens de cette ambition : une impressionnante maîtrise de la géométrie combinée à l'exploitation nouvelle des potentialités de la métallurgie.

Un demi-siècle est nécessaire à la construction du chœur entreprise en 1225. Mais avant même qu'il soit achevé, les voûtes s'écroulent partiellement en 1284, certains contreforts ayant vraisemblablement cédé. Les voûtes sont alors reconstruites sur un plan sexpartite en créant des piliers intermédiaires. Interrompu au milieu du XIVe siècle, l'ouvrage n'est repris qu'en 1499: on commence alors la construction du transept. En 1569, la flèche de la tour lanterne est achevée, elle culmine à 153 mètres[15] au-dessus du solò! Un nouvel épisode dramatique de l'histoire de la cathédrale met un terme à ce prodige en 1573: la tour s'effondre le jour de l'Ascension, entraînant dans sa chute les voûtes voisines. De gros travaux sont réalisés pour réparer les dégâts. La construction

---

13 Les architectes M. FERAUGE et T. MIGNEREY ont étudié cette question dans le cadre d'un séminaire à l'école de Chaillot (mémoire CESHCMA, 1993). Il s'agit ici plus particulièrement des chaînages dissimulés à l'intérieur des maçonneries.

14 A. COSTE, J. -P. HALÉVY, J. -L. TAUPIN, *Etude pluridisciplinaire et expérimentale d'un édifice gothique: la cathédrale de Beauvais (XIIIe-XVIe siècles)*, rapport de recherche MELT-DRAST, CESHCMA, Paris, septembre 1993. Les calculs ont été effectués dans le cadre de stages d'élèves ingénieurs de l'Institut national polytechnique de Grenoble, au sein du bureau d'études Lamboley, à Lyon, avec un matériel plus performant que pour les précédentes études (station de travail HP, logiciel SYSTUS).

15 Hauteur au sommet de la croix.

s'arrêtera là et laissera l'édifice dans son inachèvement actuel: deux gros contreforts sont construits à l'ouest, pour tenter de compenser l'absence de nef dont seule la première travée aura jamais été construite. Ces accidents ont valu à la cathédrale de Beauvais la réputation d'un édifice déraisonnable, fruit de l'orgueil démesuré de ses concepteurs[16]. De fait, comme le dit l'architecte en chef J. L. Taupin, la cathédrale de Beauvais est en crise depuis son origine. Elle connaît de nouveau aujourd'hui une situation préoccupante[17], occasion de mettre en lumière l'extraordinaire ouvrage que constitue en réalité cet édifice. Un édifice qui *ne saurait être étudié avec trop de soin*, comme le relevait Viollet-le-Duc[18]. *C'est le Parthénon de l'architecture française ; il ne lui a manqué que d'être achevé, et d'être placé au centre d'une population conservatrice et sachant comme les Grecs de l'antiquité, apprécier, respecter et vanter les grands efforts de l'intelligence humaine.* Parce que seul un exceptionnel génie constructif a pu concrétiser une telle audace architecturale, malheureusement aussi parce que l'édifice souffre, des fondations à la charpente, de nombreux troubles dont peut être affectée une telle construction au bout de sept siècles, son histoire offre un vaste champ d'expérimentation pour nos travaux.

Mais la complexité des phénomènes qui interfèrent dans l'évolution actuelle de la cathédrale est telle qu'il est nécessaire de rechercher dans d'autres disciplines les moyens de leur analyse. L'étude des pièces métalliques est une étape de cette quête d'outils nouveaux pour la compréhension de l'édifice. La présence voyante des tirants à l'extérieur de la cathédrale fut jugée, dans les années soixante, indigne de ce fleuron de l'architecture gothique française. Il allait de soi à l'époque que seule une restauration iconoclaste commandée par un pouvoir peu respectueux de l'esprit gothique pouvait les avoir placés là. C'est alors que les tirants de la partie nord commencèrent d'être déposés, alors que ceux de la partie sud étaient conservés, plaçant ainsi l'édifice dans la situation expérimentale qui nous permet aujourd'hui de nous poser deux sortes de questions. La première concerne l'origine des tirants, elle reste suspendue à d'hypothétiques analyses: la partie de la structure dans laquelle se sont produits des désordres au cours des trente dernières années n'avait-elle pas précisément résisté à sept siècles de vents violents à Beauvais grâce à ces éléments métalliques? La seconde intéresse la nature elle-même de ces éléments: les "tirants" que l'on croyait n'être qu'un chaînage apparent - sorte de gigantesque ceinture bouclant le chœur de la cathédrale - pourraient en fait jouer un rôle d'amortisseurs dans un système beaucoup plus subtil "absorbant" une part de l'énergie dégagée par la mise en vibration des culées et des pylônes.

---

16 Voir par exemple J. GUADET, *Eléments et théorie de l'architecture*, t. III, p. 336.

17 La presse de ces derniers mois a largement fait état de cette situation alarmante.

18 E. Viollet le Duc, *Dictionnaire raisonné de l'Architecture*, article "Arc", tome I, p. 71.

Sur la véritable origine des tirants, on peut se demander s'ils sont, comme nous l'avons cru longtemps, le résultat d'une intervention relativement récente; s'ils ont été posés lors de la première réparation du chœur après l'écroulement d'une partie des voûtes en 1284 ; ou bien même s'ils ne pourraient dater de la construction initiale, au début du XIIIe siècle[19]. Quant au rôle qui leur étaient précisément dévolu, c'est ce que nous avons essayé de comprendre par la modélisation. L'utilisation du fer dans l'architecture est une question dont fait peu état la littérature spécialisée sinon pour le réduire au rôle d'élément provisoire pendant la prise des mortiers, ou de "raccommodage" en cas d'ouverture de fissures. Le doute qui s'est immiscé dans nos esprits est d'autant plus grand qu'il existe, dans le cas qui nous occupe, les tirants que l'on voit, mais aussi le fer que l'on ne voit pas : sous la forme de nombreux chaînages révélés par le détecteur de métaux, "noyés" dans la maçonnerie d'une manière qui témoigne de leur origine. De ces deux sortes d'observations nous vient une conviction: les bâtisseurs du XIIIe siècle connaissaient suffisamment les qualités du fer pour l'utiliser à dessein - au moins à Beauvais et à Bourges - comme élément fondamental de leur projet constructif. Cette hypothèse bouscule considérablement l'idée que l'on se fait de la construction gothique. Elle nous amène à réviser nos analyses et à examiner ces nouvelles données dans nos approches du comportement mécanique d'un édifice gothique.

Or, dans le cadre d'une prochaine restauration de nouveaux tirants seront probablement posés. Aussi est-il fondamental de comprendre la logique mécanique de ces éléments. Plusieurs hypothèses peuvent être examinées: posés en traction, ils agissent comme un chaînage, posés avec une flèche, ils auraient un rôle d'amortisseurs. Les préjugés contre le fer qui ont présidé à la dépose des tirants il y a trente ans pourraient également conduire bientôt à en fixer des nouveaux, plus discrets, c'est-à-dire plus bas. D'où cette question complémentaire: à quelle hauteur les tirants sont-ils les plus efficaces? En langage "mécanique", cela consiste à se demander si l'on peut modifier les déformations et diminuer les déplacements en jouant sur la hauteur des tirants.

Pour évaluer le rôle et l'efficacité des tirants, l'analyse "élément finis" considère l'action du vent non plus comme ramenée à un problème de statique (assimilation de l'action du vent à une force répartie sur la surface de la culée), mais l'étudie du point de vue de la dynamique, comme la mise en résonance des piles due au vent direct ou aux turbulences créées par un obstacle (une culée ou un pylône) sur la culée suivante. En terme d'analyse, les déplacements horizontaux des culées ou pylônes engendrent-ils des oscillations verticales des tirants ("excitation paramétrique")?

---

19 Au moins le principe car il va de soi que les tirants eux-mêmes ont pu être remplacés.

Le premier travail a été d'obtenir une géométrie précise pour modéliser une partie du système pylône-tirants et culée-tirants, puis d'effectuer un maillage satisfaisant. Ensuite, grâce au logiciel il est possible de déterminer les fréquences propres des éléments et étudier les modes de déformation. A partir de là, la méthode a consisté à comparer ces modes de déformation et de fréquences propres du système de contrebutement avec et sans les tirants.

Les calculs ont montré qu'à basse fréquence, l'énergie produite par l'oscillation des éléments verticaux est insuffisante pour mettre en mouvement les tirants. Ceux-ci constituent donc au niveau de leur ancrage un point de résistance qui va limiter les déformations des éléments pylônes-culées en décalant les fréquences vers des niveaux plus élevés, s'opposant ainsi aux risques d'excitation dus au vent.

Enfin, l'efficacité maximale se situe d'évidence au sommet des culées, la quantité d'énergie emmagasinée par un tirant étant, d'après les calculs effectués, proportionnelle aux déplacements horizontaux de ses points d'attache[20].

Conclusion

Nous poursuivons actuellement l'étude de la cathédrale de Beauvais avec la modélisation du nord du transept où se produit un phénomène d'une autre nature mais tout aussi inquiétant. Comme le montre la coupe (sur laquelle les déformations sont volontairement exagérées), le sommet des piliers qui subissent une forte poussée se déversent vers l'ouest en l'absence de nef susceptible de s'opposer à ce mouvement. Or, les proportions du contrebutement et l'absence de la deuxième volée d'arcs-boutants (comme à Bourges par exemple) engendre une situation pour le moins étrange: les arcs-boutants situés à cet endroit ne sont d'évidence plus comprimés (la présence de tirants visiblement en traction le confirme). Ce système arc-boutant et culée, non seulement ne contrebute pas les poussées de la voûte mais contribue à amplifier le mouvement vers l'ouest. C'est là un terrain d'application pour le calcul par la méthode des éléments finis propre à aider à la compréhension d'un comportement mécanique suspect et à guider, dans un deuxième temps, un choix de restauration.

---

20 Les détails des calculs n'ont malheureusement pas été publiés mais ils sont consignés dans le rapport de travail personnel de fin d'études de E. COLIN et G.-H. JOUFFROY, Ecole nationale supérieure d'Hydraulique et de Mécanique de Grenoble, juin 1993.

Au delà de cette étude de cas, notre souhait est de sensibiliser les futurs professionnels de la restauration des monuments anciens aux techniques modernes d'analyse de structure et de développer la recherche afin de fonder sur des bases solides l'enseignement de ces nouvelles techniques. Pour cela il est nécessaire de restaurer un dialogue fructueux entre les différents partenaires et de substituer une réelle pluridisciplinarité aux rapports de sous-traitance régissant trop souvent les conditions du projet d'architecture.

Dans le domaine de la restauration, la nécessité de développer les outils de demain se fait très fortement ressentir : c'est pourquoi nous conclurons en affirmant l'urgence qui s'impose à resserrer les liens nécessaires entre mécanique et architecture.

Fig. 2 - Cathédrale de Beauvais : le chevet, côté sud (cliché A. Coste).

Fig. 4 - Cathédrale de Beauvais : les tirants, côté sud (cliché A. Coste).

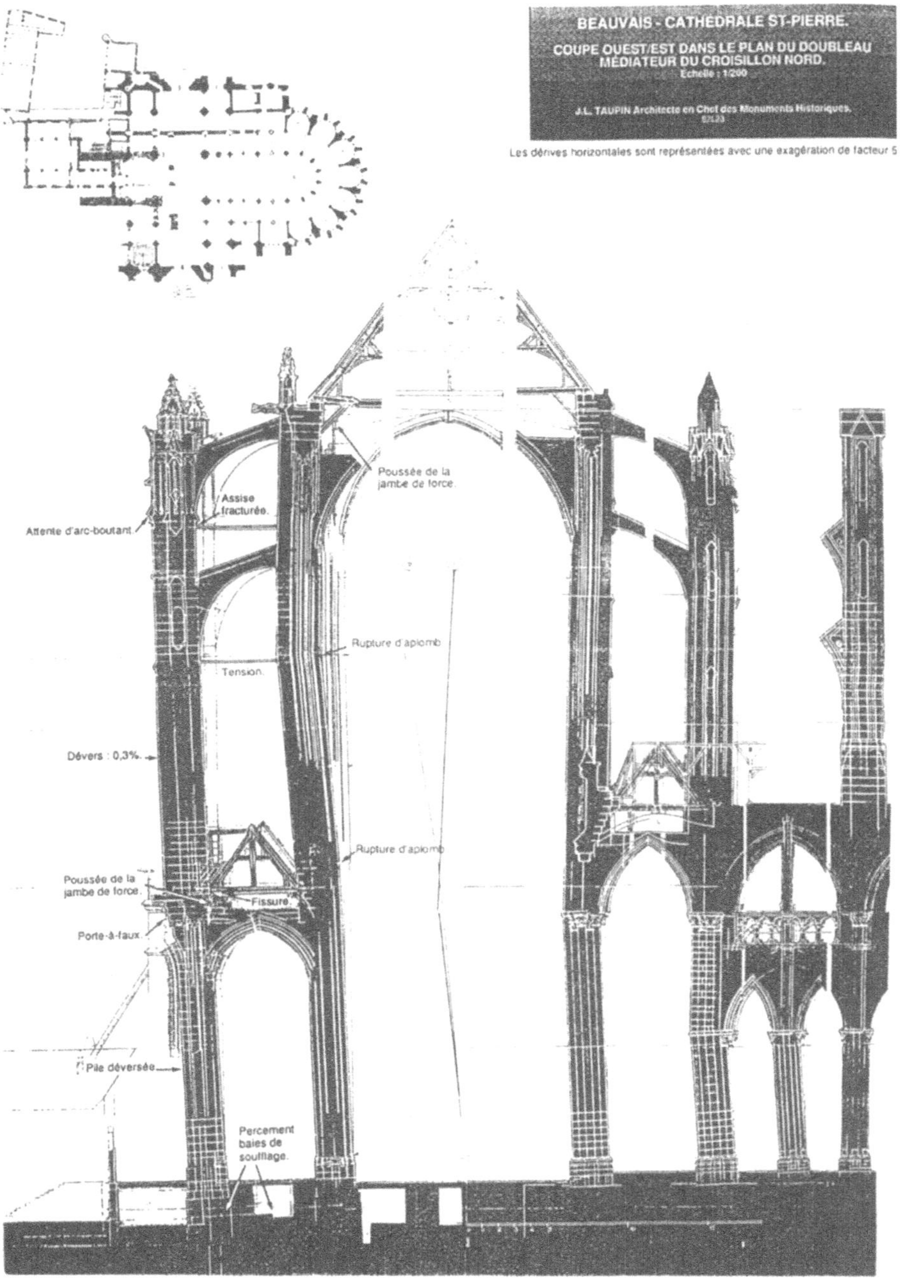

Fig. 6 - Cathédrale de Beauvais : coupe sur le nord du transept

(document J. -L. Taupin, architecte en chef des monuments historiques).

BIBLIOGRAPHIE CHRONOLOGIQUE
CHRONOLOGICAL BIBLIOGRAPHY

Il ne peut être question d'exhausitivité dans un domaine aussi diversifié mais il nous a semblé utile de rassembler ici une bibliographie assez conséquente. Elle rassemble les textes cités dans les différents articles ainsi que d'autres références glanées au cours de nos travaux. Cet ensemble définira mieux le voie de recherche que nous nous sommes tracée.

We cannot hope to be complete in such a various domain but we thought interesting to bring here a rather important bibliography. It contains all textes cited in the different articles and some references we had picked up during our researches. This list will also help to define the direction of our researches.

1546 EUCLIDE, *Euclidis Megarensis ... Elementorum geometricorum libri XV*, Bâle.

1603 EUCLIDE, *Euclidis Elementorum Libri XV*, Rome.

1638 GALILEI G., *Discorsi e Dimostrazioni matematiche intorno a due nuove scienze, Attenenti alla Meccanica & i Movimenti Locali*, Leiden.

1643 DERAND F., *L'architecture des voûtes, ou l'art des traits, et coupes des voûtes*, Paris.

1669 MARCHETTI A., *De resistentia solidorum*, Firenze.

1673 BLONDEL F., *Résolution des quatre principaux problèmes d'architecture*, Mémoire de l'Acad. Roy. des Sciences, Paris, 1729, pp. 355-530.
PARDIES G., *La statique ou la science des forces mouvantes*, Paris.

1675 HOOKE R., *A description of helioscopes, and some other instruments*, London.

1677 BARTOLI D., *La tensione, e la pressione disputanti qual di loro sostenga l'argentovivo ne' cannelli, dopo fattone il vuoto*, Bologna.

1681 PERRAULT C., *Architecture générale de Vitruve, réduite en abrégé*, Amsterdam.

1683 BLONDEL F., *L'art de jetter les bombes*, Paris.

1684 LEIBNIZ G.W., *Demonstrationes novae de resistentia solidorum*, Acta Eruditorum Leipzig, pp. 319-325.

1685 MAUROLICO F., *De momentis aequalibus*, in *Admirandi Archimedis syracusani monumenta ... ex traditione Maurolyci*, Palermo.

1686 MARIOTTE E., *Traité de mouvement des eaux et des autres corps fluides*, Paris.

1687 NEWTON I., *Philosophiae naturalis principia mathematica*, London.

1690 BERNOULLI JA., *Op. XXXIX - Problema: Invenire quam curvam referat funus laxus e inter duo puncta fixa libere suspensus*, Acta Eruditorum Leipzig, pp. 217-219, in *Opera*, Tome I, Genevae, pp. 424-426.

1691 BULLET P., *Architecture Pratique*, Paris.
BERNOULLI JA., *Op. XLII - Additamentum ad problema funicularium*, Acta Eruditorum Leipzig, pp. 282-290, in *Opera*, Tome I, Genevae, pp. 449-453.
BERNOULLI JO., *Op. IV - Solutio problematis funicularii*, Acta Eruditorum Leipzig, pp. 274-276, in *Opera Omnia*, Tome I, Lausannae & Genevae, pp. 48-51.
HUYGENS C., *Christiani Hugenii, dynastae in Zülechem, solutio ejusdem problematis*, Acta Eruditorum Leipzig, pp. 281-282.
LEIBNIZ, G.W., *De linea in quam flexile se pondere proprio curvat, ejusque usu insigni ad inveniendas quotcunque medias proportionales et logarithmos*, Acta Eruditorum Leipzig, pp. 243-247.
LEIBNIZ, G.W., *De solutionibus problematis catenarii vel funicularis in actis junii A. 1691, aliisque a Dn. J.B. propositis*, Acta Eruditorum Leipzig, pp. 435-439.

1692 BERNOULLI JA., *Op. XLVIII - Curvatura veli*, Acta Eruditorum Leipzig, pp. 202-207, in *Opera*, Tome I, Genevae, pp. 481-490.
BERNOULLI, JO., *Op. VII - Solution du probleme de la courbure que fait une voile enflée par le Vent*, in *Opera Omnia*, Tome I, Lausannae & Genevae, pp. 59-61.
LEIBNIZ, G.W., *De la chaînette, ou solution d'un probleme fameux proposé par Galilei, pour servir d'essai d'une nouvelle analise des infinis, avec son usage pour les logarithmes, et une application à l'avancement de la navigation*, Journal des Savants, Tome XX, 1693, pp. 218-226.

1694 BERNOULLI JA. *Curvatura Laminae Elasticae. Ejus Identitas cum Curvatura Lintei a pondere inclusi fluidi expansi. Radii Circulorum Osculantium in terminis simplicissimis exhibiti, una cum novis quibusdam Theorematis huc pertinentibus*, Acta Eruditorum Leipzig, pp. 25-36.

1695 BERNOULLI JA. *Explicationes, Annotationes, et Additiones ad ea, quae in Actis sup. anni de Curva Elastica, Isochrona Paracentrica, & Velaria, hinc inde memorata, & partim controversa leguntur; ubi de Linea mediarum directionum, aliisque novis.*, Acta Eruditorum Leipzig, pp. 537-553.
BERNOULLI JA., *Op. LXVI - Explicationes, Annotationes et Additiones: de Velaria*, Acta Eruditorum Leipzig, pp. 537-553, in *Opera Omnia*, Tome I, Lausannae & Genevae, pp. 652-658.
DE LA HIRE P., *Traité de Mecanique*, in *Oeuvres diverses* ..., Histoire de l'Acad. Roy. des Sciences, Tome IX, Paris, 1730, pp. 1-333.

1697 GREGORY D., *Catenaria*, Philosophical Transaction, vol. 19, 1698, pp. 637-652 aussi dans Acta Eruditorum Leipzig, 1698, pp. 305-321.

1702 VARIGNON P., *De la résistance des solides en général pour tout ce qu'on peut faire d'hypothêses touchant la force ou la tenacité des fibres des corps à rompre; et en particulier pour les hypothêses de Galilée et de Mariotte*, Mémoire de l'Acad. Roy. des Sciences, Paris, 1720, pp. 66-100.
DE LA HIRE P., *Remarques sur la forme de quelques arcs dont on se sert dans l'Architecture*, Mémoire de l'Acad. Roy. des Sciences, Paris, 1720, pp. 100-103.

1704 PARENT A., *Nouvelle statique avec frottemens et sans frottemens ou Regles pour calculer les frottemens des machines dans l'état d'équilibre*, Mémoire de l'Acad. Roy. des Sciences, Paris, 1722, pp. 173-197.
Sur la figure de l'extrados d'une voute circulaire, dont tous les voussoirs sont en equilibre entre eux, Histoire de l'Acad. Roy. des Sciences, Paris, 1712, pp. 93-96.

1705 BERNOULLI JA., *V.P. XXIX - Problema de Curvatura fornicis, cujus partes se mutuo proprio pondere suffulciunt sine opere caementi*, dans *Varia Postuma*, *Opera*, Tome II, Genevae, pp. 1119-1123.

BERNOULLI JA, *Veritable Hypothèse de la Résistance des Solides, avec la Démonstration de la Courbure des corps qui font Ressort*, Mémoire de l'Acad. Roy. des Sciences, Paris, 1730, pp. 176-186.

1706 NEWTON I., *Optice sive de reflexionibus, refractionibus, inflexionibus et coloribus lucis*, London.

1708 PARENT A., *Des resistances des poûtres par rapport à leur longueurs ou portées, & à leur dimensions & situations; & des poûtres de plus grande résistance, indépendamment de tout système physique*, Mémoire de l'Acad. Roy. des Sciences, Paris, 1730, pp. 17-31.

1710 PARENT A., *Des points de rupture des figures: De la manière de les rappeller à leurs tangentes: D'en déduire celles qui sont par-tout d'une résistance égale: Avec la méthode pour trouver tant de ces sortes de figures que l'on veut: Et de faire en sorte que toute sorte de figure soit par tout d'une égale résistance, ou ait un ou plusieurs points de rupture*, Mémoire de l'Acad. Roy. des Sciences, Paris, 1732, pp. 177-194.
STURM L.C., *Le veritable Vauban*, La Haye.

1712 *Sur la poussée des voûtes*, Histoire de l'Acad. Roy. des Sciences, Paris, 1730, pp. 74-77.
DE LA HIRE P., *Sur la construction des voûtes dans les edifices*, Mémoire de l'Acad. Roy. des Sciences, Paris, 1731, pp. 69-78.

1713 PARENT A., *Essais et Recherches de Mathématique et de Physique*, Paris.

1718 VIVIANI V., *Trattato delle resistenze principato da Vincenzo Viviani per illustrare le Opere di Galileo* in G. GALILEI, *Opere*, vol. 3, Firenze, pp. 193-305.

1725 VARIGNON P., *Nouvelle Mécanique*, Paris.

1726 COUPLET C.A., *De la poussée des terres contre leurs revestemens, et la force des revestemens qu'on leur doit opposer*, Mémoire de l'Acad. Roy. des Sciences, Paris, 1728, pp. 106-164.
PITOT H., *Examen de la force qu'il faut donner aux Cintres dont on se sert dans la construction des grandes voûtes, des Arches et des Ponts*, Mémoire de l'Acad. Roy. des Sciences, Paris, 1728, pp. 216-236.

1727 COUPLET C.A., *Seconde partie*, Mémoire de l'Acad. Roy. des Sciences, Paris, 1728, pp. 139-178.
DE MARTINO N., *Elementa Statices in Tyronum Gratiam tumultuario studio concinnitata*, Napoli.
GAUTIER H., *Dissertation sur les culées, voussoirs, piles et poussées des ponts*, pp. 381-395, in ID., *Traité des Ponts*, Paris, 1755.

1728 BERNOULLI D., *Methodus universalis determinandae curvaturae fili a potentiis quamcunque legem inter se observantibus extensi, una cum solutione problematum quorundam novorum pertinentium*, Comm. Acad. Sci. Imp. Petrop., Tome III, 1732, pp. 62-69.
COUPLET C.A., *Troisieme Partie ou Suite des deux Mémoires sur la poussées des terres et la résistance des revestements*, Mémoire de l'Acad. Roy. des Sciences, Paris, 1730, pp. 113-138.
EULER L., *Solutio problematis de inveniendi curva quam format lamina elastica in singulis punctis a potentiis quibuscunque sollicitata*, Comm. Acad. Sci. Imp. Petrop., Tome III, 1732, pp. 70-84.

1729 *Sur les voûtes*, Histoire de l'Acad. Roy. des Sciences, Paris, 1731, pp. 75-81.
BÉLIDOR B. FOREST (DE), *La Science des ingénieurs dans la conduite des travaux de fortification et d'architecture civile ... par M. Belidor*, Paris.
BÜLFFINGER B., *De solidorum resistentia specimen*, Comm. Acad. Sci. Imp. Petrop., Tome IV, 1735, pp. 164-181.
COUPLET C.A., *De la poussée des voûtes*, Mémoire de l'Acad. Roy. des Sciences, Paris, 1731, pp. 79-117.

MUSSCHENBROEK P. VAN , *Physicae experimentalis et geometricae demonstrationes ... dissertationes*, Lugduni Batavorum.

1730 COUPLET C.A., *Seconde partie de l'examen de la poussée des voûtes*, Mémoire de l'Acad. Roy. des Sciences, Paris, 1732, pp. 117-141.

1731 COUPLET C.A., *Recherches sur la construction des combles de charpente*, Mémoire de l'Acad. Roy. des Sciences, Paris, 1733, pp. 69-84.

1734 BERKELEY G., *The Analyst, or a discourse to an infidel mathematician*, London.
BOUGUER P., *Sur les lignes courbes qui sont propres à former les voûtes en dome*, Mémoire de l'Acad. Roy. des Sciences, Paris, 1736, pp. 149-166.

1741 BERNOULLI D., *De Vibrationibus et Sono Laminarum Elasticarum*, Comm. Acad. Sci. Imp. Petrop., Tome XIII, 1751, pp. 105-120.
BERNOULLI D., *De Sonis Multifariis quos Laminae Elasticae Diversimode Edunt Disquisitiones Mechanico-Geometricae*, Comm. Acad. Sci. Imp. Petrop., Tome XIII, 1751, pp. 167-196.
BERNOULLI, JO., *Op. CXLIX - Leçons à de l'Hôpital N° 36-45*, in *Opera Omnia*, Tome III, Lausannae & Genevae, pp. 491-516.
COEHORN M., *Nouvelle Fortification, tant pour un terrain bas et humide que sec et élévé, représenté en trois manières ...*, La Haye (1re édit.: 1706).

1742 BERNOULLI JO., *Solutio problematis funicularii*, in *Opera Omnia*, Tome I, Lausannae & Genevae, pp. 48-51.
BERNOULLI, JO., *Op. CLXXIII - Solutio problemati catenarii generaliter concépti per methodum Hermanni ab errore repurgatam*, dans *Opera*, Tome IV, Lausannae & Genevae, pp. 234-241.
BERNOULLI JO., *Op. CLXXIV - Solutio problematis curvaturae laminae elasticae a pondere appenso curvata*, in *Opera Omnia*, Tome IV, Lausannae & Genevae, pp. 242-243.
VAUBAN (DE), SEBASTIEN LE PRESTRE, *De l'attaque et de la défense des places ... un traité Pratique des Mines, par le Meme ...*, 2me éd., La Haye, 1742-43 (1re édit.: 1737).

1744

BERNOULLI JA., *Articul XXXIX - Problema: Invenire quam curvam referat funus laxus e inter duo puncta fixa libere suspensus*, in *Opera*, Tome I, Genevae, pp. 424-426.
BERNOULLI JA., *Articul XLII - Additamentum ad problema funicularium*, in *Opera*, Tome I, Genevae, pp. 449-453.
BERNOULLI JA., *Articul XLVIII - Curvatura veli*, in *Opera*, Tome I, Genevae, pp. 481-490.
BERNOULLI JA., *Articul LXVI - Explicationes, Annotationes et Additiones: de Velaria*, in *Opera*, Tome I, Genevae, pp. 652-658.
BERNOULLI JA., *Articul XXIX - Problema de Curvatura fornicis, cujus partes se mutuo proprio pondere suffulciunt sine opere caementi*, in *Varia Postuma*, *Opera*, Tome II, Genevae, pp. 1119-1123.
EULER L., *Methodus inveniendi lineas curvas maximi minimive proprietate gaudentes, Additamentum I de curvis elasticis*, Lausanne & Genève.

1747 D'ALEMBERT J., *Recherches sur la courbe que forme une corde tendue mise en vibration*, Hist. Acad. Berlin, Tome I, 1749, pp. 214-249.
POLENI G., *Memorie Istoriche della Gran Cupola del Tempio Vaticano*, Padova.
RICCATI J., *Verae et germanae virium elasticarum leges ex phaenomenis demonstratae*, De Bononiensi scientiarum academia commentarii, Tome I, 1748, pp. 523-544.

1748 BELGRADO J., *De corporibus elasticis, disquisitio physico-mathematica*, Parma.
BORRA G.B., *Trattato della cognizione pratica delle resistenze geometricamente dimostrato*, Torino.

1750 GRANDI G., *Instituzioni meccaniche*, Venezia.

1752 KRAFFT G.W., *Resolutiones problematum spectantium ad Architecturam civilem*, Novi Comm. Acad. Sci. Imp. Petrop., vol. 4, 1754, pp. 200-234.

1753 NELLI G.B., *Discorsi di architettura*, Firenze.

1754 KRAFFT G.W., *De curvis funiculariis et catenariis, vel illis, quae corporibus flexibilibus inducuntur cum potentiis quibusvis solicitatur*, Novi Comm. Acad. Sci. Imp. Petrop., vol. 5, 1756, pp. 145-163.

1755 AEPINUS, F.U.T., *De la figure des supports d'une voûte*, Hist. Acad. Berlin, Tome XI, pp. 386-393.
GAUTIER H., *Traité des Ponts*, Paris.
STAHLSWERD, *Föreläsniger uti reguliere fortification*, Stockholm.

1758 BOSCOVICH R.G., *Theoria Philosophiae Naturalis redacta ad unicam legem virium in natura existentium*, Vienna.

1759 LAMBERT J.H., *Die freye Perspektive*, Zürich.

1760 VITTONE B., *Istruzioni elementari per l'indirizzo dei giovani allo studio dell'architettura* , Lugano.

1761 RICCATI J., *Saggio intorno il Sistema dell'Universo*, in *Opere del Conte Jacopo Riccati*, Lucca, 1761, vol. 1, pp. 152-173.

1763 LORGNA A.M., *Tentativo fisico-meccanico sulla resistenza de' muri contro la spinta de' terreni*, Atti dell'Accademia delle Scienze di Siena detta de' Fisiocratici, vol. 2, pp. 155-175.

1764 BOSSUT C., VIALLET G., *Recherches sur la construction la plus avantageuse des digues*, Paris.
EULER L., *De Motu Vibratorio Tympanorum*, Novi Comm. Acad. Sci. Petrop., vol. 10, 1766, pp. 243-260.
EULER L., *Tentamen de Sono Companarum*, Novi Comm. Acad. Sci. Petrop., vol. 10, 1766, pp. 261-281.

1765 EULER L., *De usu functionum discontinuarum in analysi*, Novi Comm. Acad. Sci. Petrop., vol. 11, 1767, pp. 67-102.
FRISI P., *Sei teoremi circa la forza, che agisca nei diversi archi*, Manuscript, Milano.

1767 RICCATI G., *Delle corde, ovvero fibre elastiche. Schediasmi fisico-matematici* ..., Bologna.

1769 D'ALEMBERT J., *Mémoire sur les principes de la mécanique*, Mémoires de l'Acad. Roy. des Sciences, Paris, 1771, pp. 278-286.

1770 EULER L., *Genuina principia doctrinae de statu aequilibrii et motu corporum tam perfecte flexibilium quam elasticorum*, Novi Comm. Acad. Sci. Imp. Petrop., vol. 15, 1771, pp. 340-370.

1771 LAGRANGE J.L., *Sur la force des ressorts pliés*, Mém. Acad. Berlin, Tome XXV, pp. 167-203.
GAUTHEY, E.-M., *Mémoire sur l'application des principes de la mécanique à la construction des voûtes et des dômes*, Dijon.

1772 LAMBERT J.H., *Sur la fluidité du sable, de la terre et d'autres corps mous rélativement aux lois de l'Hydrodynamique*, Nouv. Mém. de l'Acad. de Berlin, 1774, pp. 33-64.
RICCATI V., *De' principi della meccanica*, Venezia.

1773 COULOMB C.A., *Essai Sur une application des règles de Maximis & Minimis à quelques Problèmes de Statique, relatifs à l'Architecture*, Mémoires de mathématique et de physique Présentés à l'Académie Royale des Sciences par divers Savans, 1776, vol. 7, Paris, pp. 343-382.

D'ALEMBERT J., *Nouvelle démonstration du parallélogramme des forces*, in *Opuscules mathématiques*, Tome VI, Paris, pp. 361-372.
D'ANTONJ PAPACINO A.V., *Instituzioni fisico-meccaniche per le Regie Scuole d'Artiglieria et Fortificazione*, 2 vol., Torino.

1774 *Sur l'équilibre des voûtes*, Histoire de l'Acad. Roy. des Sciences, Paris, 1778, pp. 59-64.
BOSSUT C., *Recherches sur l'équilibre des voûtes*, Mémoire de l'Acad. Roy. des Sciences, Paris, 1778, pp. 534-566.

1775 EULER L., *Regula facilis, pro dijudicanda firmitate pontis aliusve corporis similis, ex cognita firmitate moduli*, Novi Comm. Acad. Sci. Imp. Petrop., vol. 20, pp. 271-285.
EULER L., *De gemina methodo tam aequilibrium quam motum corporum flexibilium determinandi et utriusque egregio consensu*, Novi Comm. Acad. Sci. Imp. Petrop., vol. 20, 1776, pp. 286-303.

1776 BOSSUT C., *Nouvelles Recherches sur l'équilibre des voûtes en dôme*, Mémoire de l'Acad. Roy. des Sciences, Paris, 1779, pp. 587-597.
Sur l'équilibre des voûtes, Mémoire de l'Acad. Roy. des Sciences, Paris, 1779, pp. 43-46.

1777 FRISI P., *Instituzioni di meccanica, d'idrostatica, d'idrometria e dell'architettura statica e idraulica*, Milano.

1778 D'ANTONJ PAPACINO A.V., *Dell'architettura militare per le Regie Scuole teoriche d'Artiglieria et Fortificazione*, Torino, 1778-1782.
YPEY N., *Verhandeling over de Profilen der Mauern*, Böhm's Mag. f. Ing. u. Artill., pp. 93-118.
DE NIEUPORT C.F., *Essai analytique sur la mécanique des voûtes*, Mémoires de l'Académie Impériale & royale des sciences et belles lettres de Bruxelles, Tome II.

1779 CLASEN (VON), *Allgemeine Berechnung der Stärke der Futtermauern gegen den Druck der Erde*, Böhm's Mag. f. Ing. u. Artill., vol. V, pp. 135-200, Giessen.
EULER L., *Investigatio Motuum quibus Laminae et Virgae Elasticae Contremiscunt*, Acta Acad. Sci. Imp. Petrop., Tome III, 1782, pp. 103-161.
LORGNA A.-M., *De curvarum in concamerationibus impulsu nova theoria*, Acta Petrop., pp. 156-187.

1780 RICCATI G., *Della figura, e dello sfiancamento degli archi: Dissertazione fisico- matematica*, Continuazione del Nuovo Giornale de' Letterati, vol. 20, pp. 149-234.
TINSEAU M.-T. (DE), *Mémoire sur quelques propriétés des solides renfermés par de surfaces composées de lignes droites*, Mémoires de mathématique et de physique Présentés à l'Académie Royale des Sciences par divers Savans, Tome IX, pp. 625-642.

1781 CLASEN (VON), *Beweis, dass der Druck der Erde gegen eine lothrecht stehende Flache Mauer gleich seye dem Drucke des Wassers gegen eben dieselbe Fläche*, Böhm's Mag. f. Ing. u. Artill., vol. 7, pp. 191-204.
CLASEN (VON), *Fortsetzung des Gedankens des Herrn Gerlach im Anhange der mechanischen Weisheit*, Böhm's Mag. f. Ing. u. Artill., vol. 7, pp. 205-227.

1782 RICCATI G., *Della Vibrazioni Sonore dei Cilindri*, Memorie di Matematica e Fisica della Società Italiana, Tome I, Verona, pp. 444-525.
LORGNA A.-M., *Saggi di Meccanica e Statica*, Verona.
PERRONET J.R., *Description des projets et de la construction des ponts de Neuilly ...*, Paris, 1782-83.

1783 DE NIEUPORT C.F., *Mémoire sur la propriété prétendue des voûtes en chaînettes*, Mémoires de l'Académie Impériale & royale des sciences et belles lettres de Bruxelles, Tome IV, pp. 18-26.

1784 GAUTHEY É.-M., *Mémoire sur l'épaisseur que l'on doit donner aux murs de soutènement pour résister à la poussée des terres*, Nouv. Mém. de Dijon, Tome II, 1784, pp. 28-66; et aussi Nouv. Mém. de Dijon, Tome I, 1785, pp. 1-45.

1785 MASCHERONI L., *Nuove ricerche sull'equilibrio delle volte*, Bergamo.

1786 TRINCANO D.G., *Elémens de fortification et de l'attaque et de la défense des places*, Paris.

1787 CHLADNI E.F.F., *Entdeckungen über die Theorie des Klanges*, Leipzig.
FRANCESCHINIS F.M., *Opuscoli matematici*, Bassano.
SALIMBENI L., *Degli archi e delle volte*, Verona.

1788 DELANGES P., *Statica e meccanica de' semifluidi*, Memorie di matematica e fisica della Società italiana, Tome IV, pp. 329-368.
KINSKY F.J.(VON), *Abhandlung vom Druck der Erde auf Futtermauern nebst einem Anhange vom Abrollen der Erde von v. Zach*, Wien.
LAGRANGE J.L., *Mécanique Analytique*, Paris.
PETERSEN P., *Grundsätze zu Vorlesugen über reguläre Fortification*, Copenhagen & Gotha.

1789 BERNOULLI JA. (II), *Essai Théoretique sur les Vibrations des Plaques Elastiques, rectangulaires et libres*, Nova Acta Acad. Sci. Petrop., vol. 5, pp. 197-219.

1790 PRONY G. RICHE (DE), *Nouvelle architecture hydraulique*, Paris, 1790-1796.

1794 WOLTMANN, *Beyträge zur hydraulischen Architektur und ueber den Seitendruck der Erde*, Göttingen, 1794-1799.

1795 FUSS N., *Examen théorétique des revêtements à dos incliné et des revêtements à assises inclinées, proposés par quelques auteurs de fortification*, Nova Acta Acad. Sci. Imp. Petrop., Tome XIII, pp. 80-100.

1798 GIRARD P.S., *Traité analytique de la résistance des solides et des solides d'égales résistance*, Paris.

1802 CHLADNI E.F.F., *Die Akustik*, Leipzig.
PRONY G. RICHE (DE), *Recherches sur la poussée des terres, et sur la forme et les dimensions a donner aux murs de revêtement*, Paris.
RONDELET A.-J.-B., *Traité théorique et pratique de l'art de bâtir*, Paris, 1802-1817.

1803 POINSOT M.L., *Elémens de statique*, Paris.

1804 MILIZIA F., *Principj di architettura civile*, Bassano.
VOSSMANN J.H., *Handbuch für Ingenieurs und Baulente über die reine Theorie des Drucks der Erde bei allerlei Mauern ...*, Mannhein.

1805 EYTELWEIN J.-A., *Praktische Anweisung zur Wasserbaukunst*, Berlin.

1806 BOISTARD L.-C., *Expériences sur la stabilité des voûtes*, in P.-C. LESAGE, *Recueil de divers mémoires extraits de la bibliothèque Impériale des Ponts et Chaussées, à l'usage de MM. les Ingénieurs*, Tome IV, Paris, 1806-10, pp. 171-217.

1809 GAUTHEY É.-M., *Traité de la construction des ponts*, vol. I-II, Paris 1809-13; vol. III, Paris, 1816. Nouvelle édition annotée par C.L. Navier publiée dans *Oeuvres de M. Gauthey*, 2 vol., Mons-Namur-Bruxelles-Liége, (éd. 1843).
PRONY G. RICHE (DE), *Instruction-pratique sur une méthode pour déterminer les dimensions des murs de revétement, en se servant de la formule graphique de R. Prony*, Paris.

1810 LESAGE M., *Recueil des Mémoires extraits de la bibliothèque des Ponts et Chaussées*, Paris.

1811 LAGRANGE J.L., *Mécanique Analytique*, 2me éd., Paris.

1812 POISSON S.-D., *Mémoire sur les surfaces élastiques*, Mémoires de l'Institut, 1816, Tome IX, pp. 167-226.

1813 BÉLIDOR B. FOREST (DE), *La science des ingénieurs*, rééd. par C.L. Navier, Paris.

1816 ALLENT, *Mémoire sur les surfaces d'équilibre des fluides imparfaits tels que les sables, les terres, (...)*, Annales des Mines, Tome I, 1817, pp. 267-300.

1817 CHLADNI E.F.F., *Neue Beiträge zur Akustik*, Leipzig.
MASETTI G.B., *Saggio sull'equilibrio delle volte di tutto sesto, ovali e piane*, Bologna.

1818 MAYNIEL K., *Traité expérimental, analytique et pratique de la poussée des terres et des murs de revêtement*, Paris.
POISSON S.-D., *Sur l'integrale de l'equation relative aux vibrations des plaques élastiques*, Bulletin des Sciences de la Société Philomathique, pp. 125-128.

1819 BÉLIDOR B. FOREST (DE), *Architecture hydraulique*, rééd. par C.L. Navier, Paris.

1820 FRANÇAIS J.-F., *Recherches sur la poussée des terres sur la forme et les dimensions des revêtements et sur le talus d'exavation*, Mémorial de l'Officier du Génie, vol. 4, pp. 157-206.
NAVIER C.L., *Leçons données en 1819-1820 à l'Ecole des Ponts et Chaussées sur l'application de la mécanique*, Paris.

1821 GERMAIN S., *Recherche sur la théorie des surfaces élastiques*, Paris.

1822 HACHETTE J-N-P., *Traité de géométrie descriptive ...*, Paris.
PONCELET J.-V., *Traité des propriétés projectives des figures*, Paris.

1823 BORGNIS J.A., *Traité élémentaire de construction appliquée à l'architecture civile*, Paris.
CAUCHY A.-L., *Recherches sur l'équilibre et le mouvement intérieur des corps solides ou fluides, élastiques ou non élastiques*, Bulletin des Sciences de la Société Philomatique de Paris, pp. 9-13.
NAVIER C.L., *Extrait des recherches sur la flexion des plans élastiques*, Bulletin des Sciences de la Société Philomathique de Paris, pp. 92-102.
NAVIER C.L., *Rapport à Monsieur Becquey, conseiller d'Etat, directeur général des Ponts et Chaussées et des Mines; et mémoire sur les ponts suspendus*, Paris.
NAVIER C.L., *Sur les lois de l'équilibre et du mouvement des corps solides élastiques*, Bulletin des Sciences de la Société Philomatique de Paris, pp. 177-181.

1825 LAMÉ G., *Description d'un pont sospendu de 1022 pieds d'ouverture, projeté par M. Bazaine ... et par MM. Lamé et Clapeyron ...* , Annales des mines, vol. 11, pp. 265-278.
LAMÉ G., *Sur les ponts de chaînes (de Russie) et sur les résistances des fers employés dans leur construction*, Annales des mines, vol. 10, pp. 311-330.

1826 LAMÉ G., CLAPEYRON B.P.E., *Mémoire sur la construction des polygones funiculaires*, Journal des voies de communication, vol. 6, pp. 35-47.
NAVIER C.-L., *Résumé des leçons données à l'Ecole des Ponts et Chaussées sur l'application de la mécanique à l'établissement des constructions et des machines*, Paris, 1826-1838.
PONCELET J.-V., *Cours de mécanique appliqué aux machines*, Paris.

1827 CAUCHY A.-L., *Recherche des équations générales d'équilibre pour un système de points matériels assujetis à des liaisons quelconques*, Exercices de Mathématiques, vol. 2, pp. 1-22.
CAUCHY A.-L., *De la pression dans les fluides*, Exercices de Mathématiques, vol. 2, pp. 23-24.
CAUCHY A.-L., *De la pression ou tension dans un corps solide*, Exercices de Mathématiques, vol. 2, pp. 42-56.
CAUCHY A.-L., *Sur la condensation et la dilatation des corps solides*, Exercices de

Mathématiques, vol. 2, pp. 60-69.
CAUCHY A.-L., *Sur les relations qui existent, dans l'état d'équilibre d'un corps solide ou fluide, entre les pressions ou tensions et les forces accélératrices*, Exercices de Mathématiques, vol. 2, pp. 108-111.
LAMÉ G., CLAPEYRON B.P.E., *Sur les polygones funiculaires (seconde partie)*, Journal des voies de communication, vol. 7, pp. 43-55.
LAMÉ G., CLAPEYRON B.P.E., *Mémoire sur l'application de la statique à la solution des problèmes relatifs à la théorie des moindres distances*, Journal des voies de communication, vol. 10, pp. 26-49.
NAVIER C.L., *Mémoire sur les lois de l'équilibre et du mouvement des corps solides élastiques*, Mémoires de l'Institut, vol. 7, pp. 375-393.

1828 CAGNIARD DE LA TOUR C., *Note sur l'élasticité des cordes métalliques*, Le Globe, vol. 6, pp. 107-108.
CAUCHY A.-L., *De la pression ou de la tension dans un système de points matériels*, Exercices de Mathématiques, vol. 3, pp. 1-22.
CAUCHY A.-L., *Sur les équations qui expriment les conditions d'équilibre ou les lois du mouvement intérieur d'un corps solide, élastique, ou non élastiques*, Exercices de Mathématiques, vol. 3, pp. 160-187.
CAUCHY A.-L., *Sur l'équilibre et le mouvement d'un système de points matériels sollicités par des forces d'attraction ou de répulsion mutuelle*, Exercices de Mathématiques, vol. 3, pp. 188-212.
CAUCHY A.-L., *De la pression ou tension dans un système de points matériels*, Exercices de Mathématiques, vol. 3, pp. 213-236.
CAUCHY A.-L., *Sur l'équilibre et le mouvement d'une lame solide*, Exercices de Mathématiques, vol.3, pp. 245-326.
GERMAIN S., *Examen des principes ... des solides élastiques*, Annales de Chimie et de Physique, vol. 38, pp. 123-131.
LAGRANGE J.L., *Note (manuscrite) à propos du mémoire de Sophie Germain pour la prix de l'Académie (Décembre 1811)*, Annales de Chimie et de Physique, Vol. 39, p. 149.
LAMÉ G., *Résultat d'expériences faites sur les fils de fer de Russie, d'après l'ordre de Son Altesse Royale, Monsigneur le duc de Wurtemberg*, Journal des voies de communication, vol. 12, pp. 53-60.
MARTONY DE KÖSZEGH (VON), *Versuche ueber den Seintendruck der Erde ausgeführt auf höchsten Befehl ... verbunden mit den theoretischen Abhandlungen von* Coulomb *und* Français, Wien.
POISSON S.-D., *Mémoire sur l'équilibre et le mouvement des corps élastiques*, Annales de Chimie et de Physique, vol. 37, pp. 337-355.
POISSON S.-D., *Mémoire sur l'équilibre et le mouvement des corps élastiques*, Mémoires de l'Académie Royale des Sciences de l'Institut, vol. 8, 1829, pp. 353-570; pp. 623-627.

1829 CAUCHY A.-L., *Sur les pressions ou tensions supportées en un point donné d'un corps solide par trois plans perpendiculaires entre eux*, Exercices de Mathématiques, vol. 4, pp. 30-40.
CAUCHY A.-L., *Sur la relation qui existe entre les pressions ou tensions supportées par deux plans quelconques en un point donné d'un corps solide*, Exercices de Mathématiques, vol. 4, pp. 41-42.
CAUCHY A.-L., *Sur les équations differéntielles d'équilibre ou de mouvements pour un système de points matériels sollicités par des forces d'attraction ou de répulsion mutuelle*, Exercices de Mathématiques, vol. 4, pp. 129-139.
CAUCHY A.-L., *Sur les corps solides ou fluides dans lesquels la condensation ou dilatation linéaire est la même en tout sens autour de chaque point*, Exercices de Mathématiques, vol. 4, pp. 254-258.
CAUCHY A.-L., *Sur l'équilibre et le mouvement intérieur des corps considérés comme des masses continues*, Exercices de Mathématiques, vol. 4, pp. 293-319.

1830 LORIA G., *Curve piane speciali algebriche e trascendenti*, Milano.
VICAT L.-J., *Description du pont suspendu construit sur la Dordogne, à Argentat, département de la Corrèze, aux frais de M. le comte Alexis de Noailles*, Paris.

1831 GAYANT P., *Epaisseur des murs de revêtement Mur de l'arrière-port de Dieppe*, Annales des Ponts et Chaussées, pp. 62-66.
NAVIER C.L., *Note de M. Navier relative au projet du mur de revêtement de l'arrière-port de Dieppe*, Annales des Ponts et Chaussées, pp. 349-351.
POISSON S.-D., *Mémoire sur les équations générales de l'équilibre et du mouvement des corps solides élastiques et des fluides*, Journal de l'École polytechnique, vol. 13, pp. 1-174.

1832 AUDOY J.-V., *Note additionnel au mémoire de M. Michaux sur la construction des revêtements*, Mémorial de l'Officier du Génie, vol. 11, pp. 349-374.

1833 HAGEN, *Untersuchung über den Druck und die Reibung des Sandes*, Annalen der Physik und Chemie, vol. 28, pp. 17-48; pp. 297-323.
LAMÉ G., *Mémoire sur la propagation de la chaleur dans les polyèdres, et principalement dans le prisme triangulaire régulier*, Journal de l'École Polytechnique, vol. 14, pp. 194-251.
LAMÉ G., *Mémoire sur les lois de l'équilibre de l'éther dans les corps diaphanes*, Annales de Chimie et de Physique, vol. 55, pp. 322-335.
POISSON S.-D., *Traité de Mécanique*, 2me éd., Paris.
VENTUROLI G., *Elementi di meccanica*, 5me éd., Napoli, (I éd. 1806).

1834 LAMÉ G., *Mémoire sur les lois de l'équilibre du fluide éthéré*, Journal de l'Ecole Polytechnique, vol. 14, pp. 191-288.
LAMÉ G., *Mémoire sur les vibrations lumineuses des milieux diaphanes*, Annales de Chimie et de Physique, vol. 57, pp. 211-219.
NEUMANN F., *Über das Elasticitätsmaass krystallinischer Substanzen der homoëdrischen Abtheilung*, Annalen der Physik und Chemie, vol. 31, pp. 177-192.
PERSY N., *Cours de stabilité des constructions à l'usage des élèves de l'Ecole d'application de l'artillerie et du génie*, Metz.

1835 CORIOLIS G., *Mémoire sur la manière d'établir les différens principes de Mécanique pour des systèmes de corps, en les considérant comme des assemblages de molécules*, Journal de l'École Polytechnique, vol. 15, pp. 93-125.

1836 LAMÉ G., *Note sur l'équilibre des températures dans les corps solides de forme cylindrique*, Journal de mathématiques pures et appliquées, vol. 1, pp. 77-87.
MOSSOTTI O.F., *Sur les forces qui régissent la constitution intérieure des corps aperçu pour servir à la détermination de la cause et des lois de l'action moléculaire*, Torino.
PIOLA G., *Nuova analisi per tutte le questioni della meccanica molecolare*, Memorie della Società italiana delle Scienze di Modena, vol. 21, pp. 155-321.

1837 GREEN G., *On the Laws of Reflection and Refraction of Light at the common Surface of Two Non-crystallized Media*, Transactions of the Cambridge Philosophical Society (1838-1842), vol. 7, 1839, pp. 1-24.

1838 BARRÉ DE SAINT-VENANT A.J.C., *Leçons de mécanique appliquée faites par intérim par M. de Saint-Venant, Ingénieur des ponts et chaussées, 1837 à 1838*, Paris.
DUHAMEL J.M.C., *Mémoire sur le calcul des action moléculaires développées par les changements de température dans les corps solides*, Mémoires présentés par divers savans à l'Académie Royale des Sciences de l'Institut, vol. 5, pp. 440-498.

1839 CAUCHY A.-L., *Mémoire sur la constitution de molécules intégrantes et sur les mouvements atomiques des corps cristallisés*, Comptes Rendus, vol. 9, II sem., pp. 558-560.
CAUCHY A.-L., *Mémoire sur les pressions et tensions dans un double système de molécules sollicitées par des forces d'attraction ou de répulsion mutuelle*, Comptes Rendus, vol. 9, II sem., pp. 588-590.
GARIDEL (DE), *Essai sur l'equilibre des demi-fluides à frottement et application à la stabilité des revêtements militaires*, Paris.
LAMÉ G., *Mémoire sur l'équilibre des températures dans un ellipsoïde à trois axes inégaux*, Journal de mathématiques pures et appliquées, vol. 4, pp. 126-183.
LAMÉ G., *Second mémoire sur l'équilibre des températures dans les corps solides homogènes de*

forme ellipsoïdale, concernant particulièrement les ellipsoïdes de révolution, Journal de mathématiques pures et appliquées, vol. 4, pp. 351-385.
LEFORT F., *Etudes sur la construction des ponts biais*, Annales des ponts et chaussées, pp. 281-315.
NAVIER C.L., *Leçons sur l'application de la mécanique à l'établissement des constructions et des machines*, Bruxelles, 2me éd.
POISSON S.-D., *Mémoire sur l'équilibre et le mouvement des corps cristallisés*, Mémoires de l'Académie Royale des Sciences de l'Institut, vol. 18, 1842, pp. 3-152.

1840 BÉLIDOR B. FOREST (DE), *La scienza degli ingegneri nella direzione delle opere di fortificazione e d'architettura civile di Belidor con Note del Signor Navier*, 2me éd., Milano.
MÉRY E., *Mémoire sur l'équilibre des voûtes en berceau*, Annales des Ponts et Chaussées, II sem., pp. 50-70.
PONCELET J.-V., *Mémoire sur la stabilité des revêtements et de leurs fondations. Note additionnelle sur les relations analytiques qui lient entre elles la poussées et la butée de la terre*, Mémorial de l'Officier du Génie, vol. 13, pp. 7-270.

1842 LAMÉ G., *Mémoire sur le principe général de la Physique*, Comptes Rendus, vol. 14, pp. 35-37.
MASCHEK F.J., *Theorie der menschlichen und thierischen Kräfte*, Prag.

1843 CAUCHY A.-L., *Notes sur les pressions supportées, dans un corps solide ou fluide, par deux portions de surface très-voisines, l'une extérieure, l'autre intérieure à ce même corps*, Comptes Rendus, vol. 16, I sem., pp. 151-155.
CAUCHY A.-L., *Mémoire sur les pressions ou tension intérieures, mesurées dans un ou plusieurs systèmes de points matériels que sollicitent des forces d'attraction ou de répulsion mutuelle*, Comptes Rendus, vol. 16, I sem., pp. 299-308; pp. 954-967; pp. 1035-1039.
LAMÉ G., *Analyse des travaux de M. Lamé, par lui même*, Paris.
MOSELEY H., *The mechanical principles of engineering and statics*, London.

1844 BARRÉ DE SAINT-VENANT A.J.C., *Mémoire sur la question de savoir s'il existe des masses continues, et sur la nature probable des dernières particules des corps*, Société Philomatique de Paris, pp. 3-15.
BARRÉ DE SAINT-VENANT A.J.C., *Sur la définition de la pression dans les corps fluides ou solides en repos ou en mouvement*, L'Institut, pp. 12-13.
LOHMEYER (VON), *Ueber die Stabilität der Erdbekleidungen und deren Fundamente*, Braunschweig.

1845 BARRÉ DE SAINT-VENANT A.J.C., *Note sur la pression dans l'intérieur des corps ou à leurs surfaces de séparation*, Comptes Rendus, vol. 21, II sem., pp. 24-26.
BARRÉ DE SAINT-VENANT A.J.C., *Mémoire sur les sommes et les différences géométriques, et sur leur usage pour simplifier la Mécanique*, Comptes Rendus, vol. 21, II sem., pp. 620-625.

BONNET O., *Mémoire sur la theorie des corps élastiques*, Journal de l'École Polytechnique, pp. 171-191.
CAUCHY A.-L., *Notes relatives à la mécanique rationelle*, Comptes Rendus, vol. 20, I sem., pp. 1760-1766.
CAUCHY A.-L., *Observations sur la pression que supporte un élément de surface plane dans un corps solide ou fluide*, Comptes Rendus, vol. 21, II sem., pp. 125-133.
CAUCHY A.-L., *Mémoire sur les secours que les sciences de calcul peuvent fournir aux sciences physiques ou même aux sciences morales, et sur l'accord des théories mathématiques et physiques avec la véritable philosophie*, Comptes Rendus, vol. 21, II sem., pp. 134-143.
STOKES G.G., *On the theories of internal friction of fluids in motion, and of the equilibrium and motion of elastic solids*, Transactions of the Cambridge Philosophical Society, vol. 8, 1847, pp. 287-319.

1846 HAUGHTON S., *On the Laws of Equilibrium and Motion of Solid and Fluid Bodies*, Cambridge and Dublin Mathematical Journal, vol. 1, pp. 173-182.

1847 ARDANT P., *Theoretische und auf Erfahrung gegründete Studien über Errichtung der Zimmerungen von grosser Spannung*, Zeitschrift für Praktische Baukunst, pp. 59-112; pp. 145-210.

LAMÉ G., *Mémoire sur la résolution, en nombres complexes, de l'équation* $A^n + B^n + C^n = 0$, Journal de mathématiques pures et appliquées, vol. 12, pp. 172-184.

OLIVIER T., *Applications de Géométrie descriptive aux ombres, à la perspective, à la gnomonique et aux engrenages*, Paris.

ORTMANN, *Die Statik des Sandes mit Anwendungen auf die Baukunst*, Leipzig.

STAUDT G.K.C., *Die Geometrie der Lage*, Nürenberg.

1848 ARDANT, *Nouvelles recherches sur le profil de revêtement le plus économique*, Mémorial de l'Officier du Génie, vol. 15, pp. 213-268.

AUDÉ, *Nouvelles expériences sur la poussée des terres*, Mémorial de l'Officier du Génie, vol. 15, pp. 269-316.

BLUME F., LACHMANN K., MOMMSEN TH., RUDORFF A., *Die Schriften der Römischen Feldmesser*, Berlin, 1848-52.

WERTHEIM G., *Mémoire sur l'équilibre des corps solides homogènes*, Annales de Chimie et de Physique, III sér., vol. 23, pp. 52-95.

1849 CAUCHY A.-L., *Mécanique moléculaire*, Comptes Rendus, vol. 28, I sem., pp. 2-6.

CLAUSIUS R., *Ueber die Veränderungen, welche in den bisher gebräulichen Formeln für das Gleichgewicht und die Bewegung elasticher fester Körper durch neuere Beobachtungen nothwendig geworden sind*, Annalen der Physik und Chemie, vol. 76, pp. 46-67.

MERRIFIELD, *Original Treatises dating from the XIIth to XVIII centuries in the Arts of Painting*, 2 vol., London.

WERTHEIM G., *Notes sur la torsion des verges homogènes*, Annales de Chimie et de Physique, III sér., vol. 25, pp. 209-215.

1850 BRAVAIS A., *Mémoire sur les systèmes formés par des points distribués régulièrement sur un plan ou dans l'éspace*, Journal de l'École Polytechnique, vol. 19, Cahier 33, pp. 1-128.

CAUCHY A.-L., *Mémoire sur les systèmes isotropes de points matériels*, Mémoires de l'Académie Royal des Sciences, vol. 22, pp. 615-654.

JELLETT J.H., *On the equilibrium and motion of an elastic solid*, Transactions of the Royal Irish Academy, vol. 22, 1852, pp. 179-217.

MAXWELL J.C., *On the Equilibrium of Elastic Solids*, Transactions of the Royal Society of Edinburgh, vol. 20, 1853, pp. 87-120.

1851 CAUCHY A.-L., *Note sur l'équilibre et les mouvements vibratoires des corps solides*, Comptes Rendus, vol. 32, I sem., pp. 323-326.

RANKINE W.J.M., *Laws of Elasticity of Solid Bodies*, Cambridge and Dublin Mathematical Journal, vol. 6, pp. 47-80; pp. 178-181; pp. 185-186.

SCHEFFLER H., *Ueber den Druck im Innern einer Erdmasse*, Crelle's Journal der Baukunst, vol. 30, pp. 185-223.

1852 GRAEFF M., *Appareil et construction des ponts biais*, Paris.

LAMÉ G., *Leçons sur la théorie mathématique de l'élasticité des corps solides*, Paris.

LAMÉ G., *Note sur la théorie de l'élasticité des corps solides*, Comptes Rendus, vol. 35, II sem., pp. 459-464.

PONCELET J.-V., *Examen critique et historique des principales théories ou solutions concernant l'équilibre des voûtes*, Comptes Rendus, vol. 35, pp. 494-502; pp. 532-540; pp. 577-587.

1853 BARRÉ DE SAINT-VENANT A.J.C., *Mémoire sur la torsion des prismes, avec des considérations sur leur flexion ainsi que sur l'équilibre intérieur des solides élastiques en général, et des formules pratiques pour le calcul de leur résistance a divers efforts s'exerçant simultanément*, Mémoires présentés par divers savants à l'Académie des Sciences de l'Institut Impérial de France, vol. 14, 1855, pp. 233-560.

MORIN L., *Leçons de mécanique pratique*, Paris.

1854 BELLAVITIS G., *Sposizione del metodo delle equipollenze*, Memorie della Società Italiana, vol. 25, pp. 9-12.
BRESSE J.A.C., *Recherches analytiques sur la flexion et la résistance des pièces courbées*, Paris.
CAUCHY A.-L., *Points associés. Rayons vecteurs associés. Avantages de leur emploi dans les problèmes de physique mathématique*, L'Institut, vol. 22, pp. 29-30.
VIOLLET LE DUC E., *Dictionnaire raisonné de l'architecture française du XIe au XVI e siècle*, Paris, 1854-1868.

1855 BARRÉ DE SAINT-VENANT A.J.C., *Diverses considérations sur l'élasticité des corps, sur les actions entre leurs molécules, sur leurs mouvements vibratoires atomiques et sur leur dilatation par la chaleur*, L'Institut, vol. 23, pp. 440-442.
BARRÉ DE SAINT-VENANT A.J.C., *Sur les consequences de la théorie de l'élasticité en ce qui regarde la théorie de la lumière*, L'Institut, vol. 24, pp. 32-34.
RANKINE W.J.C., *On Axes of Elasticity and Crystalline Forms*, Philosophical Transactions Royal Society of London, 1856, pp. 261-285.
WERTHEIM G., *Mémoire sur la torsion*, Annales de Chimie et de Physique, III sér., vol. 50, 1857, pp. 195-287.

1856 BARRÉ DE SAINT-VENANT A.J.C., *Mémoire sur la flexion des prismes, sur les glissement transversaux et longitudinaux qui l'accompagnent lorqu'elle ne s'opèrs pas uniformément ou en arc de cercle, et sur la forme courbe affectée alors par leurs sections transversales primitivement planes*, Journal de mathématiques pures et appliquées, II sér., vol. 1, pp. 89-189.
RANKINE M.W.J., *On the stability of loose earth*, Philosophical Transactions of the Royal Society of London, vol. 147, I Partie, pp. 9-27.
THOMSON W., *Elements of a mathematical theory of elasticity*, Philosophical Transactions of the Royal Society of London, vol. 146, pp 481-498.

1857 DE SAZILLY, *Observations sur les conditions d'équilibre des terres et sur les revêtements de talus*, Annales des Ponts et Chaussées, I sem., pp. 1-157.
SCHEFFLER H., *Theorie der Gewölbe, Futtermauern und eisernen Brücken*, Braunschweig.
KOOSEN J.H., *Entwickelung der Fundamentalgesetze über die Elasticität und das Gleichgewicht im Innern chemisch homogener Körper*, Annalen der Physik, vol. 101, pp. 401-452.
THOMSON W., *On the thermo-elastic and thermo-magnetic properties of matter*, Quarterly Journal of pure and applied mathematics, vol. 1, pp. 57-77.

1858 CLAPEYRON B.P.E., *Mémoire sur le travail des forces élastiques dans un corps solide élastique déformé par l'action de forces extérieures*, Comptes Rendus, vol. 46, I sem., pp. 208-212.
MENABREA L.F., *Nouveau principe sur la distribution des tensions dans les systèmes élastiques*, Comptes Rendus, vol. 46, pp. 1056-1060.
RANKINE W.J.M., *A manual of applied mechanics*, London.
SAINT-GUILHEM (DE), *Mémoire sur la poussée des terres avec ou sans surcharge*, Annales des Ponts et Chaussées, I sem., pp. 319-350.

1859 KIRCHHOFF G., *Ueber das Verhältniß der Quercontraction zur Längendilatation bei Stäben von federhartem Stahl*, Annalen der Physik und Chemie, vol. 108, pp. 369-392.
LAMÉ G., *Leçons sur les coordonnées curvilignes et leurs diverses applications*, Paris.

1860 BARRÉ DE SAINT-VENANT A.J.C., *Mémoires sur les divers genres d'homogénéité mécanique des corps solides élastiques, et principalement sur l'homogénéité semi-polaire ou cylindrique, et sur l'homogénéité polaire ou sphérique*, Comptes Rendus, vol. 50, I sem., pp. 930-934.
NEUMANN C., *Zur Theorie der Elasticität*, Journal für die reine und angewandte Mathematik, vol. 57, pp. 281-318.
SAAVEDRA, *Gleichgewicht der Gewölbe*, Zeitschrift des Architektur- und Ingenieurvereins Hannover, vol. 6, pp. 459-461.

1861 BARRÉ DE SAINT-VENANT A.J.C., *Sur le nombre des coefficients inégaux des formules donnant les composantes des pressions dans l'intérieur des solides élastiques*, Comptes Rendus, vol. 53, II sem., pp. 1107-1112.

LAMÉ G., *Cours de physique mathématique rationelle*, Paris.
RANKINE W.J.M., *A manual of civil engineering*, London.

1862 CLEBSCH A., *Theorie der Elasticität fester Körper*, Leipzig.
HAGEN G.H.L., *Über Form und Stärke gewölbter Bogen*, Berlin.

1863 BARRÉ DE SAINT-VENANT A.J.C., *Mémoire sur la distribution des élasticités autour de chaque point d'un solide ou d'un milieu de contexture quelconque, particulièrement lorsqu'il est amorphe sans être isotrope*, Journal de mathématiques pures et appliquées, II sér., vol. 8, pp. 257-295; pp. 353-430.

1864 NAVIER C.L., *Résumé des leçons données à l'Ecole des Ponts et Chaussées sur l'application de la mécanique à l'établissement des constructions et des machines*, rééd. par A. Barré de Saint-Venant, Paris.
TRESCA H., *Mémoire sur l'écoulement des corps solides soumis à de fortes pressions*, Comptes Rendus, vol. 59, pp. 754-758.

1865 BARRÉ DE SAINT-VENANT A.J.C., *Mémoire sur les divers genres d'homogénéité des corps solides, et principalement sur l'homogénéité semi-polaire ou cylindrique, et sur les homogénéités polaires ou sphériconique et spherique*, Journal de mathématiques pures et appliquées, II sér., vol. 10, pp. 297-350.
COMMINES DE MARSILLY L.J.A. (DE), *Recherches mathématiques sur les lois fundamentales du monde physique. Premier mémoire. Actions simples*, Paris.
CURIONI G., *L'arte di fabbricare*, Torino, 1865-1884.

1866 CULMANN K., *Die graphische Statik*, Zürich.

1867 FRÄNKEL W., *Berechnung eiserner Bogenbrücken*, Civilingenieur, pp. 57-67.
FRIEDLEIN G., *Boetii de institutione arithmetica libri duo, de institutione musica libri quinque. Accedit geometria quae fertur Boetii*, Leipzig.
THOMSON W., TAIT P. G., *Treatise on Natural Philosophy*, Oxford.
WINKLER E., *Die Lehre von der Elasticität und Festigkeit*, Prague.

1868 BARRÉ DE SAINT-VENANT A.J.C., *Formules de l'élasticité des corps amorphes que des compressions permanentes et inégales ont Rendus hétérotropes*, Journal de mathématiques pures et appliquées, II sér., vol. 13, pp. 242-254.
COMMINES DE MARSILLY L.J.A. (DE), *Recherches mathématiques sur les lois de la matière*, Paris.
KIRSCH G.E., *Fundamentalgleichungen der Theorie der Elasticität fester Körper, hergeleitet aus der Betrachtung eines Systems von Punkten, welche durch elastische Streben verbunden sind*, Zeitschrift des Vereines deutscher Ingenieure, vol. 12, pp. 481-481; pp. 553-570; pp. 631-638.
MOIGNO, *Leçons de mécanique analytique*, Paris.
SCHWEDLER J.W., *Die Stabilität des tonnenförmigen Kappengewölbes*, Deutsche Bauzeitung, pp. 153-155.
TRESCA H., *Mémoire sur l'écoulement des corps solides*, Mémoires présentés par divers savants, vol. 18, pp. 733-799.

1869 BARRÉ DE SAINT-VENANT A.J.C., *Note sur les valeurs que prennent les pressions dans un solide élastique isotrope lorsque l'on tient compte des dérivées d'ordre supérieur des déplacement très-petits que leurs points ont éprouvés*, Comptes Rendus, vol. 78, I sem., pp. 569-571.
BARRÉ DE SAINT-VENANT A.J.C., *Sur un potentiel de deuxième espéce, qui résout l'équation aux différences partielles du quatrième ordre exprimant l'équilibre intérieur des solides élastiques amorphes non isotropes*, Comptes Rendus, vol. 79, II sem., pp. 1107-1110.
BEER A., *Einleitung in die mathematische Theorie der Elasticität und Capillarität*, Leipzig.
COLLIGNON E., *Cours de mécanique appliquée aux constructions*, Paris.
CORNU A., *Méthode optique pour l'étude de la déformation de la surface extérieure des solides élastiques*, Comptes Rendus, vol. 69, II sem., pp. 333-337.
FRÄNKEL W., *Zur Theorie der elastischen Bogenträger*, Zeitschrift des Architektur- und

Ingenieurvereins Hannover, pp. 115-131.
LÉVY M., *Essai sur une théorie rationnelle de l'équilibre des terres fraîchement remuées et de ses applications au calcul de la stabilité des murs de soutènement*, Comptes Rendus, vol. 68, pp. 1456-1458.
TRESCA H., *Mémoire sur le poinçonnage et la théorie mécanique de la déformation des métaux*, Comptes Rendus, vol. 68, pp. 1197-1201.
WEINGARTEN J.,*Vortrag über Erddruck gehalten am 20. Febr. 1869 im Architekenverein zu Berlin*, Zeitschrift für Bauwesen, vol. 20, pp. 122-123.

1870 BARRÉ DE SAINT-VENANT A.J.C., *Sur une détermination rationnelle par approximation de la poussée des terres dépourvus de cohésion contre un mur de soutènement*, Comptes Rendus, vol. 70, pp. 228-235; 281-286.
BARRÉ DE SAINT-VENANT A.J.C., *Recherche d'une deuxième approximation dans le calcul rationnel de la poussée exercée contre un mur dont la face postérieure a une inclinaison quelconque par des terres non cohérentes dont la surface supérieure s'élève en un talus plan quelconque à partir du haut de cette face du mur*, Comptes Rendus, vol. 70, pp. 717-724.
BOUSSINESQ J., *Intégration de l'équation differentielle qui peut donner une deuxième approximation dans le calcul rationnel de la poussée des terres*, Comptes Rendus, vol. 70, pp. 751-754.
CONSIDÈRE A., *Note sur la poussée des terres*, Annales des Ponts et Chaussées, IV sér., vol. 19, pp. 547-594.
CURIE J., *Nouvelle théorie de la poussée des terres et de la stabilité des revêtements*, Paris.
CURIE J., *Sur la théorie de la poussée des terres*, Comptes Rendus, vol. 72.
LA GOURNERIE J. (DE), *Mémoire sur l'appareil de l'arche biaise*, Annales du Conservatoire des Arts et Métiers, Tome IX, pp. 332-406.
MOHR O., *Beitrag zur Theorie der elastischen Bogenträger*, Zeitschrift des Architektur- und Ingenieurvereins Hannover, pp. 389-404.
OTT K. (VON), *Vorträge über Baumechanik*, Technische Blätter, vol. 2, 1872, pp. 123-134.

1871 BOUSSINESQ J., *Étude nouvelle sur l'équilibre et le mouvement des corps solides élastiques*, Journal de Mathématiques pures et appliquées, II sér., vol. 16, pp. 125-274.
GREEN G., *Mathematical and Physical Papers of the late George Green*, London.
MOHR O., *Beiträge zur Theorie des Erddrucks*, Zeitschrift des Hannoverschen Architekten- und Ingenieurvereines, Tome XVII, pp. 344-494, 1871 et aussi Tome XVIII, pp. 67-245, 1872.
REBHANN G., *Theorie des Erddrucks und der Futtermauern mit besonderer Rücksicht auf das Bauwesen*, Wien.

1872 CREMONA L., *Le figure reciproche nella statica grafica*, Milano.
WINKLER E., *Neuere Theorie des Erddrucks nebst einer Geschichte der Theorie des Erddrucks und der hierüber angestellten Versuche*, Wien.

1873 BOUSSINESQ J., *Recherches sur les principes de la Mécanique, sur la constitution moléculaire des corps et sur une nouvelle théorie des gas parfaits*, Journal de mathématiques pures et appliquées, vol. 18, pp. 305-360.
CURIE J., *Sur la poussée des terres*, Comptes Rendus, vol. 77, pp. 778-781.
CURIONI G., *Appendice all'arte di fabbricare*, Torino, 1873-1893.
LA GOURNERIE J. (DE), *Mémoire sur l'enseignement des arts graphiques*, Annales du Conservatoire des Arts et Métiers, Tome X, pp. 260-303.
MOSCA C., *Il Ponte Mosca sulla Dora Riparia presso Torino*, Torino.

1874 BARRÉ DE SAINT-VENANT A.J.C., *Examen d'un essai de théorie de la poussée des terres contre les murs detinés à ler soutenir*, Comptes Rendus, vol. 77, pp. 233-241.
STEINER F., *Über Theorie der Bogenbrücken*, Allgemeine Bauzeitung, pp. 21-29; pp. 33-40; pp. 49-53.

1875 BOUSSINESQ J., *Sur les modes d'équilibre limite les plus simples que peut présenter un massiv sans cohésion fortement comprimé*, Comptes Rendus, vol. 80, pp. 546-549.
CERRUTI V., *Sopra un teorema del Sig. Menabrea*, Atti della Regia Accademia dei Lincei, ser. II, vol. 2, pp. 570-581.

1876 BARRÉ DE SAINT-VENANT A. J. C., *Sur la manière dont les vibrations calorifiques peuvent dilater les corps, et sur le coefficient des dilatations*, Comptes Rendus, vol. 82, I sem., pp. 33-39.

BARRÉ DE SAINT-VENANT A.J.C., *Sur la constitution atomique des corps*, Comptes Rendus, vol. 82, I sem., pp. 1223-1226.

BELLAVITIS G., *Sull'origine del calcolo delle equipollenze*, Memorie dell'Istituto Veneto, vol. 19, pp. 453-454.

BOUSSINESQ J., *Essai théorique sur l'équilibre des massifs pulvérulents comparé à celui des massifs solides et sur la poussée des terres sans cohésion*, Mém. couronn., vol. 40 (1876), n. 4, p. 12 et suiv., p. 112 et suiv., p. 150 et suiv., Bruxelles.

KIRCHHOFF G., *Vorlesungen über mathematische Physik*, Leipzig.

1877 BARRÉ DE SAINT-VENANT A. J. C., *De la constitution des atomes*, Annales de la Société scientifique de Bruxelles, vol. 2, 1877, pp. 417-456; 1878, pp. 1-39.

WITTMANN W., *Beitrag zur Theorie des Erddrucks auf Stützmauern und Stabilitätsbestimmung derselben*, Zeitschrift des Bayerischen Architekten- und Ingenieurvereins.

1878 BARRÉ DE SAINT-VENANT A.J.C., *Des paramètres d'élasticité des solides, et de leur determination expérimentale*, Comptes Rendus, vol. 86, I sem., pp. 781-785.

BERTRAND J., *Eloge de Gabriel Lamé*, Paris.

CASTIGLIANO A., *Applicazioni pratiche della teoria sui sistemi elastici*, Strade Ferrate dell'Alta Italia, Servizio della Manutenzione e dei Lavori, Milano.

DESCARTES R., *Oeuvres* , Paris.

GIRY, *Notice sur un traité du moyen âge intitulé* De coloribus et artibus Romanorum, Mélanges publiés par la section philologique et historique de l'Ecole des Hautes Etudes pour le 10e anniversaire de sa fondation, Bibliothèque de l'Ecole des Hautes Etudes, vol. 35, pp. 210-227.

GRASHOF F., *Theorie der Elasticität und Festigkeit mit Bezug auf ihre Anwendungen in der Technik*, Berlin.

WEYRAUCH J.J., *Zur Theorie des Erddrucks*, Zeitschrift für Baukunde, p. 193.

1879 AIRY G.B., *On the slope of cuttings*, Minutes of proceedings of the Institution of civil engineers, vol. 55, pp. 241-251.

CASTIGLIANO A., *Théorie de l'équilibre des systèmes élastiques et ses applications*, Turin.

WINKLER E., *Lage der Stützlinie im Gewölbe*, Deutsche Bauzeitung, pp. 117-119; pp. 127-130.

1880 CRUGNOLA G., *Sulla spinta delle terre e delle masse liquide*, Torino.

WINKLER E., *Lage der Stützlinie im Gewölbe*, Deutsche Bauzeitung, pp. 58-60.

WINKLER E., *Vorträge über die Theorie des Erddrucks gehalten an der K. technischen Hochschule zu Berlin*, Cours lithographié.

1881 FAVARO A., *Justus Bellavitis. Eine Skizze seines Lebens und wissenschaftlichen*, Zeitschr. Math. Phys., vol. 26.

FÖPPL A., *Theorie der Gewölbe*, Leipzig.

WEYRAUCH J.J., *Theorie des Erddrucks auf Grund der neueren Anschauungen*, Allgemeine Bauzeitung.

1882 BOUSSINESQ J., *Note on Mr G.H. Darwin's paper 'On the horizontal thrust of a mass of sand'*, Minutes of Proceedings of the Institution of civil Engineers, vol. 72, p. 262 et suiv.

BOUSSINESQ J., *Sur la détermination de l'épaisseur minimum que doit avoir un mur vertical, d'une hauteur et d'une densité données, pour contenir un massif terreux, sans cohésion, dont la surface supérieure est horizontale*, Annales des Ponts et Chaussées, vol. 3, I sem., pp. 625-643.

HAASE H., *Zur Theorie der parabolischen und elliptischen Gewölbe*, Allgemeine Bauzeitung, vol. 47, pp. 89-103.

PANNIER L., *Les lapidaires français du Moyen Age des XIIe, XIIIe et XIVe siècles*, Bibliothèque de l'Ecole des Hautes Etudes, Sciences philologiques et historiques, fasc. 52,

Paris.
VOIGT W., *Ueber das Verhältnis der Quercontraction zur Längendilatation bei Stäben von isotropem Glas*, Annalen der Physik und Chemie, vol. 15, pp. 497-513.

1883 BOUSSINESQ J., *Note sur la poussée horizontale d'une masse de sable à propos des expériences de M. Darwin; Addition relative aux expériences de M. Gobin*, Annales des Ponts et Chaussées, VI sér., vol. 6, II sem., pp. 494-524.
CLEBSCH A., *Théorie de l'élasticité des corps solides, traduite par MM. Barré de Saint-Venant et Flamant, avec des Notes étendues de M. de Saint-Venant*, Paris.
DARWIN, *On thrust of a mass of sand*, Minutes of Proceedings of the Institution of civil engineers, vol. 71, pp. 350-377.
FORCHHEIMER P., *Ueber Sanddruck und Bewegungs-erscheinungen im Inneren trockenen Sandes*, Tübinger Dissertatio, pp. 18-53, Aachen.
HAASE H., *Zur Theorie der parabolischen und elliptischen Gewölbe*, Allgemeine Bauzeitung, vol. 48, pp. 75-79; pp. 89-92.
MACH E., *Die Mechanik in ihrer Entwickelung historisch-kritisch dargestellt*, Leipzig.
MÜLLER-BRESLAU H.F.B., *Elastizitätstheorie der Tonnengewölbe*, Zeitschrift für Bauwesen, vol. 33, pp. 35-52; pp. 211-228.
PLANAT P., *Expériences sur la poussée des terres et la résistance des murs de soutènement*, La semaine des constructeurs, vol. 8, p. 169-182.

1884 BARRÉ DE SAINT-VENANT A.J.C., *Remarques relatives à la note de M. Berthot sur les actions entre les molécules des corps*, Comptes Rendus, vol. 99, II sem., pp. 5-7.
BERTHOT P., *Sur les effect des forces mutuelles*, Comptes Rendus, vol. 98, I sem., pp. 1570-1573.
BOUSSINESQ J., *Sur la poussée d'une masse de sable à surface supérieure horizontale contre un paroi vertical dans le voisinage de laquelle son angle de frottement est supposé croître légèrement d'apres une certaine loi*, Comptes Rendus, vol. 98, II sem., pp. 667-670; pp. 720-723.
BOUSSINESQ J., *Calcul approché de la poussée et de la surface de rupture dans un terreplein horizontal homogène contenu par un mur vertical*, Comptes Rendus, vol. 98, pp. 790-793.
BOUSSINESQ J., *Complément à des précédentes notes sur la poussée des terres*, Annales des Ponts et Chaussées, I sem., pp. 443-489.
COMMINES DE MARSILLY L.J.A. (DE), *Les lois de la matière. Essais de mécanique moléculaire*, Paris.
HAASE H., *Zur Theorie der parabolischen und elliptischen Gewölbe*, Allgemeine Bauzeitung, vol. 49, pp. 12-15; pp. 17-20; pp. 25-27; pp. 41-43.
VOIGT W., *Neue Bestimmungen der Elasticitäsconstanten von Steinsalz und Flussspath*, Sitzgsber. Akad. Wiss. Berlin, pp. 989-1004.
WEYRAUCH J.J., *Theorie elastischer Körper. Eine Einleitung zur mathematischen Physik und technischen Mechanik*, Leipzig.

1885 BOUSSINESQ J., *Applications des potentiels à l'étude de l'équilibre et du mouvement des solides élastiques*, Paris.
HAASE H., *Zur Theorie der parabolischen und elliptischen Gewölbe*, Allgemeine Bauzeitung, vol. 50, pp. 44-46; pp. 49-54; pp. 57-73; pp. 77-82.
LEYGUE L., *Nouvelle recherche sur la poussée des terres et le profil de revêtement le plus économique*, Annales des Ponts et Chaussées, vol 10, II sem., pp. 788-1003.
NEUMANN F., *Vorlesungen über die Theorie der Elasticität der festen Körper und des Lichtäthers*, Leipzig.
SIÉGLER, *Expériences nouvelles sur la poussée des terres*, Association française poir l'avancement des sciences, Comptes Rendus de la XIIIe Session Blois 1884, vol. 2, p. 73, Paris.
SKIBINSKI K., *Theorie des Erddrucks auf Grund der neueren Versuche*, Zeitschrift des oesterreichischen Ing.- und Architekten- Vereins, vol. 37, pp. 65-76.

1886 BOUSSINESQ J., FLAMANT A.A., *Notice sur la vie et les travaux de Barré de Saint-Venant*, Paris.

TODHUNTER I., PEARSON K., *A History of the Theory of Elasticity and of the Strength of Materials from Galilei to the present time*, vol. 1, Cambridge.

1887 GOUPIL A., *Sur la détermination graphique de la poussée des terres*, Le Génie civil, vol. 12, pp. 319-350.
IBBETSON W.J., *An Elementary Treatise on the Mathematical Theory of Perfectly Elastic Solids with a Short Account of Viscous Fluids*, London.
VOIGT W., *Bestimmung der Elasticitätsconstanten von Beryll und Bergkrystall*, Annalen der Physik und Chemie, vol. 31, pp. 474-501; pp. 701-724.
VOIGT W., *Theoretische Studien über die Elasticitätsverhältnisse der Krystalle*, Abhandlungen der königlichen Gesellschaft der Wissenschaften zu Göttingen, vol. 34, pp. 3-100.

1888 AMAGAT É.H., *Sur la vérification expérimentale des formules de Lamé et la valeur de coefficient de Poisson*, Comptes Rendus, vol. 106, pp. 479-482.
CANTONE M., *Nuovo metodo per la determinazione delle due costanti di elasticità*, Rendiconti della Reale Accademia dei Lincei, IV ser., vol. 4, pp. 220-227; pp. 292-297.
CROTTI F., *La teoria dell'elasticità ne' suoi principî fondamentali e nelle sue applicazioni pratiche alle costruzioni*, Milano.
PEANO G., *Calcolo geometrico secondo l'Ausdehnungslehre di H.Grassmann preceduto dalle operazioni della logica deduttiva*, Torino.
VOIGT W., *Bestimmung der Elasicitätsconstanten von Topas und Baryt*, Annalen der Physik und Chemie, vol. 34, pp. 981-1028.
VOIGT W., *Bestimmung der Elasicitätsconstanten von Flussspath, Pyrit, Steinsalz, Sylvin*, Annalen der Physik und Chemie, vol. 35, pp. 642-661.

1889 AMAGAT É.H., *Recherches sur l'élasticité des solides*, Comptes Rendus, vol. 108, pp. 1199-1202.
VOIGT W., *Ueber die Beziehungen zwischen den beiden Elasticitätsconstanten isotroper Körper*, Annalen der Physik und Chemie, vol. 38, pp. 573-587.

1890 BRILLOUIN M., *Principes généraux d'une théorie élastique de la plasticité et de la fragilité des corps solides*, Annales École Normale Supérieure, vol. 7, pp. 345-360.
THOMSON W., *Elasticity, Heat, Electromagnetism*, in *Mathematical and Physical Papers*, vol. 3, London.
THOMSON W., *Molecular constitution of matter*, Proceedings of the Royal Society of Edinburgh, vol. 16, pp. 693-724.

1891 DONATH A.D., *Untersuchungen über den Erddruck auf Stützwände*, Zeitschrift für Bauwesen, vol. 41, pp. 491-518.

1892 FLAMANT A., *Sur la répartition des pressions dans un solide rectangulaire chargé transversalement*, Comptes Rendus, vol. 114, pp. 1465-1468.
KURDJÜMOFF V.J., *Zur Frage des Widerstandes der Gründungen auf natürlichem Boden*, Civilingenieur, vol. 38, pp. 293-312.
LOVE A.E.H., *A Treatise on the Mathematical Theory of Elasticity*, vol. 1, Cambridge.
POINCARÉ H., *Leçons sur la théorie de l'élasticité, redigées par MM. Emil Borel et Jules Drach*, Paris.
POINCARÉ H., *Leçons sur la théorie mathématique de la lumière*, Paris.

1893 KÖTTER F., *Bericht über die Entwickelung der Lehre vom Erddruck*, Jahresbericht der Deutschen Mathematiker-Vereinigung, vol. 2 (1891-92), pp. 76-154.
LOVE A.E.H., *A Treatise on the Mathematical Theory of Elasticity*, vol. 2, Cambridge.
THOMSON W., *On the elasticity of a crystal according to Boscovich*, Proceedings of the Royal Society of London, vol. 54 B, pp. 59-75.
TODHUNTER I., PEARSON K., *A History of the Theory of Elasticity and of the Strength of Materials from Galilei to the present time*, vol. 2, Cambridge.
VOIGT W., *Bestimmung der Elasticitätsconstanten einiger quasi-isotroper Metalle durch langsame Schwingungen von Stäben*, Annalen der Physik und Chemie, vol. 48, pp. 674-707.

1895 BOUASSE H., *Introduction à l'étude des théories de la mécanique*, Paris.

1896 MORTET V., *La mesure des colonnes à la fin de l'époque romaine d'après un très ancien formulaire*, Bibliothèque de l'Ecole des chartes, vol. 57, pp. 277-324.
MORTET V., *Un nouveau texte des traités d'arpentage et de géométrie d'Epaphroditus et de Vitruvius Rufus, publié d'après le ms. latin 13084 de la Bibliothèque royale de Munich*, Notices et extraits des manuscrits de la Bibliothèque nationale et d'autres bibliothèques, vol. 35, pp. 511-550.

1897 WEYRAUCH J.J., *Die elastischen Bogenträger*, München.

1899 BUBNOV N., *Gerberti Opera mathematica*, Berlin.
VITRUVIUS, *De architectura libri decem*, Leipzig.

1900 VOIGT W., *Die gegenwärtige Stand unserer Kenntnisse der Krystallelasticität, Referat für den internationalen physikalischen Congreß in Paris vom 6. bis 12. August 1900*, Nachrichten von der königlichen Gesellschaft der Wissenschaften zu Göttingen, pp. 117-176.

1901 HILBERT D., *Mathematische Probleme*, Archiv der Mathematik und Physik, vol. 1, pp. 44-63; pp. 213-237.
VOIGT W., *Über das numerische Verhältnis der beiden Elasticitätsconstanten isotroper Medien nach der molecularen Theorie*, Annalen der Physik, vol. 4, pp. 187-196.

1902 HELMHOLTZ H. (VON), *Dynamik continuirlich verbreiteter Massen*, Leipzig.

1903 DUHEM P., *L'évolution de la mécanique*, Paris.

1904 HUBER M.T., *Le travail spécifique de déformation comme mesure de la sollicitation du matériau*, (texte en polonais), Czasopisme Techniczne, pp. 81-92.
MARCOLONGO R., *Teoria matematica dell'equilibrio dei corpi elastici*, Milano.
PADÉ H., *Barré de Saint-Venant et les principes de la Mécanique*, Revue générale des sciences pures et appliquées, vol. 15, pp. 761-767.
THOMSON W., *Baltimore Lectures on molecular dynamics and the wave theory of light*, London.

1905 DUHEM P., *Les origins de la statique*, Paris, 1905-1906.

1906 MÖRSCH E., *Berechnung von eingespannten Gewölben*, Schweizerische Bauzeitung, vol. 47, pp. 83-85; pp. 89-91.
MÜLLER-BRESLAU H.F.B., *Erddruck auf Stützmauern*, Leipzig.
NEUMANN F., *Gesammelte Werke* , vol. 2, Leipzig.

1907 GIRTLER, *Über das Potential der Spannungskräfte in elastischen Körpern als Maß der Bruchgefahr*, Sitzgsber. Wiener Akad., vol. 116, Tome IIA, pp. 509-555.
MÜLLER C.H., TIMPE A., *Die Grundgleichungen der mathematischen Elastizitätstheorie*, Encyclopädie der matematischen Wissenschaften, vol. 4, Tome IV, pp. 1-51.

1908 AUERBACH F., *Handbuch der Physik, herausgegeben von A.Winkelmann*, vol. 1, Tome I, pp. 497-544; pp. 670-709, Leipzig.
BURKHARDT H., *Entwicklungen nach oscillirenden Functionen und Integration der Differentialgleichungen der mathematischen Physik*, IX Abschnitt, *Die Anfänge der Elasticitätstheorie und die Integration simultaner partieller Differentialgleichungen*, Jahresbericht der deutschen Mathematiker-Vereinigung, vol. 10, pp. 526-671.
JOUGUET E., *Lectures de mécanique*, Paris, 1908-1909.
SPITZER J.A., *Entwicklungsgeschichte und Theorie des Eisenbetons*, in *Handbuch für Eisenbetonbau*, vol. 1, Berlin.

1909 APPELL P., *Traité de mécanique rationelle*, Paris, 1909-1911.
GUIDI C., *Teoria dell'elasticità e resistenza dei materiali*, in *Lezioni sulla Scienza delle*

costruzioni, Tome II, 5me éd., Torino.
HAAR A., KÁRMÁN T.VON , *Zur Theorie der Spannungszustände in plastischen und sandartigen Medien*, Nachrichten könig. Gesellschaft Wiss. Göttingen, pp. 204-218.

1910 VOIGT W., *Lehrbuch der Kristallphysik*, Leipzig.

1911 VAILATI G., *Scritti*, Firenze.

1913 MISES R. (VON), *Mechanik der festen Körper im plastisch-deformablen Zustand*, Nachrichten könig. Gesellschaft Wiss. Göttingen, pp. 582-592.
SÉJOURNÉ P., *Grandes voûtes*, Bourges.

1915 BORN M., *Dynamik der Kristallgitter*, Leipzig & Berlin.

1920 BOUASSE H., *Théorie de l'élasticité. Résistance des matériaux*, Paris.
BRILLOUIN M., *Théorie de la plasticité et de la fragilité des solides isotropes*, Annales de Physique, vol. 13, pp. 217-235.
BRILLOUIN M., *La théorie de Tresca-Saint-Venant*, Annales de Physique, vol. 14, pp. 75-112.
PRANDTL L., *Über die Härte plastischer Körper*, Nachrichten könig. Gesellschaft Wiss. Göttingen, pp. 74-85.

1921 PRANDTL L., *Über die Eindringungsfestigkeit plastischer Baustoffe und die Festigkeit von Schneiden*, Zeitschrift für angewandte Mathematik und Mechanik, vol. 1, pp. 15-20.
SANDEN K. (VON), *Die Energiegrenze der Elastizität nach Huber und Haigh im Vergleich zu den älteren Dehnungs- und Schubspannungstheorien*, Werft und Reederei, vol. 2, pp. 217-218.

1923 HENCKY H., *Zur Theorie plastischer Deformationen und der hierdurch im Material hervorgerufenen Nachspannungen*, Zeitschrift für angewandte Mathematik und Mechanik, vol. 3, pp. 323-334.

1925 BRILLOUIN M., *Essai théorique sur la plasticité des solides*, Annales de Physique, vol. 3, pp. 129-144.
LODE W., *Versuche über den Einfluss der mittleren Hauptspannung auf die Fliessgrenze*, Zeitschrift für angewandte Mathematik und Mechanik, vol. 5, pp. 147-149.
NADAI A., *Neue Beiträge zum ebenen Problem der Plastizität*, Zeitschrift für angewandte Mathematik und Mechanik, vol. 5, pp. 141-142.

1926 BORN M., *Atomtheorie des festen Zustandes*, Encyclopädie der mathematischen Wissenschaften, vol. 5, Tome III, pp. 527-781.
BURALI-FORTI C., *Geometria analitico-proiettiva*, Torino.
KREY H., *Erddruck, Erdwiderstand und Tragfähigkeit des Baugrundes*, 3e éd., Berlin.
SCHLEICHER F., *Der Spannungszustand an der Fliessgrenze (Plastizitätsbedingung)*, Zeitschrift für angewandte Mathematik und Mechanik, vol. 6, pp. 199-216.

1927 LOVE A.E.H., *A Treatise on the Mathematical Theory of Elasticity*, 4e éd., Cambridge.

1928 VOIGT W., *Lehrbuch der Kristallphysik*, 2e éd., Leipzig.

1932 ALBENGA G., *I progressi nelle costruzioni*, in *L'Europa nel XX secolo*, vol. 3, Tome II, pp. 219-263, Milano.
HEDFORS H., *Compositiones ad tingenda musiva herausgegeben, übersetzt und philologisch erklärt*, Uppsala.
FROMM H., *Stoffgesetze des isotropen Kontinuums, insbesondere bei zäh-plastischem Verhalten*, Ingenieur-Archiv, vol. 4, pp. 432-466.

1933 FROMM H., *Zur Theorie der zäh-plastischen Stoffe*, Zeitschrift für angewandte Mathematik und Mechanik, vol. 13, pp. 427-430.

1934 ABRAHAM P., *Viollet-le-Duc et le rationalisme médiéval*, Paris.
AUBERT M., *Les plus anciennes croisées d'ogives. Leur rôle dans la construction*, Bulletin Monumental.
CAQUOT A., *Équilibre des massifs à frottement interne. Stabilité des terres pulvérulentes et cohérentes*, Paris.
FROMM H., *Stoffgesetze des zäh-plastischen, isotropen Kontinuums*, Proc. IV Int. Congr. Appl. Mech., pp. 182-184.
SABOURET V., *L'évolution de la voûte romane du milieu du XIe siècle au début du XIIe*, Le Génie Civil, mars.

1935 HAHNOSER H.R., *Villard de Honnecourt*, Vienne.
HOOKE R., *The diary of Robert Hooke, 1672-1680*, publié par H.W. ROBINSON and W. ADAMS, London.
JOHNSON R.P., *The Compositiones ad tingenda*, Technical Studies, vol. 3, pp. 220-236.
MINDLIN R.D., *Contributions au problème d'élasticité d'un solide indéfini limité par un plan*, Comptes Rendus.

1937 AA.VV., *Origins of Clerk Maxwell's Electric Ideas*, Cambridge, 1937.
BRILLOUIN L., *La structure des corps solides dans la physique moderne*, Paris.

1938 ODHE J., *Zur Theorie des Erddruckes unter besonderer Berücksichtigung der Erddruck Verteilung*, Bautechnik, vol. 16, pp. 150-159.
PRAGER W., *On isotropic materials with continuous transition from elastic to plastic state*, Proc. 5^ Int. Congr. Appl. Mech., pp. 234-237.

1939 BEECKMAN I., *Journal tenu par Isaac Beeckman de 1604 à 1634*, La Haye, 1939-1953.
JOHNSON R.P., *Compositiones variae from codex 490, Biblioteca Capitolare, Lucca, Italy. An Introductory Study*, Urbana, University of Illinois, Studies in Language and Literature, vol. 23.

1941 PRAGER W., *A new mathematical theory of plasticity*, Revue de la Faculté des sciences de l'Université d'Istanbul, série A, vol. 5, pp. 215-226.
SVENNUNG J., *Compositiones Lucenses. Studien zum Inhalt, zur Textkritik und Sprache*, Uppsala.

1942 PRAGER W., *Fundamental theorems of a new mathematical theory of plasticity*, Duke Mathematical Journal, vol. 9, pp. 228-233.

1945 THORNDIKE L., *John of St. Amand on the Magnet*, Isis, vol. 36, pp. 156-157.

1948 BOURBAKI N., *L'architecture des mathématiques*, in F. LE LIONNAIS, *Les grands courants de la pensée mathématique*, Paris, 1962.
LÖWDIN P.O., *A theoretical investigation into some properties of ionic crystals. A quantum mechanical treatment of the cohesive energy, the interionic distance, the elastic constants, and the compression at high pressures with numerical applications to some alkali halides*, Uppsala.
LÖWDIN P.O., *A quantum mechanical calculation of the cohesive energy, the interionic distance, and the elastic constants of some ionic crystals*, Arkiv för Matematik, Astronomi och Fysik, vol. 35 A, n. 9, pp. 1-10; Partie IIe, *The elastic constants c_{12} and c_{44}*,, Arkiv för Matematik, Astronomi och Fysik, vol. 35A, n. 30, pp. 1-18.
TAYLOR D.W., *Fundamentals of soil mechanics*, New York.

1949 BOYER C.B., *The History of the Calculus and its conceptual development*, New York.
KOYRÉ A., *Le vide et l'espace infini au XVIe siècle*, Archives d'Histoire Doctrinale et Littéraire du Moyen Age, vol. 17, pp. 45-91.
STRAUB H., *Die Geschichte der Bauingenieurkunst*, Basel.
TSCHEBOTARIOFF G., *Final report. Large scale earth pressure tests with model flexible bulkheads*, New York.

1950 DUGAS R., *Histoire de la mécanique*, Neuchâtel.

1952 MAIER A., *An der Grenze von Scholastik und Naturwissenschaft*, Roma.
POINCARÉ H., *Science and hypothesis*, New York.

1953 TIMOSHENKO S.-P., *History of strength of materials*, New York.

1954 PANOFSKY E., *Galileo as a critic of the arts*, The Hague.

1955 BARON R., *Hugues de Saint-Victor, auteur d'une "Practica Geometriae"*, Mediaeval Studies, vol. 17, pp. 107-116.
BARON R., *Sur l'introduction en Occident des termes "Geometria theorica et practica"*, Revue d'histoire des sciences, vol. 8, pp. 298-302.
NOLL W., *On the continuity of the solid and fluid states*, Journal of Rational Mechanics and Analysis, vol. 1, pp. 3-81.

1956 CAQUOT L., KÉRISEL J., *Traité de mécanique des sols*, (3e éd.), Paris.
KÉRISEL J., *Historique de la mécanique des sols en france jusqu'au 20e siècle*, Géotechnique, vol. 6, p. 151.

1957 BARON R., *Note sur les variations au XIIe siècle de la triade géométrique: altimetria, planimetria, cosmimetria*, Isis, vol. 48, pp. 30-32.
BEAUJOUAN G., *L'interdépendance entre la science scolastique et les techniques utilitaires (XIIe, XIIIe et XIVe siècles)*, Conférences du Palais de la Découverte, série D, n° 46, Paris.
BRANNER R., *A note on gothic architects and scholars*, Burlington Magazine, vol. 99, p. 372.
BRANNER R., *Three problems from the Villard de Honnecourt manuscript*, Art Bulletin, vol. 39, pp. 63-66.
JAMMER M., *Concept of Force. A Study in the Foundation of Dynamics*, Harvard.
VICTOR S.K., *Practical Geometry in the High Middle Ages:* Artis cuiuslibet consummatio *and the* Pratike de Geometrie, Memoirs of the American philosophical society, vol. 134, 1979 .

1958 MAIER A., *Zwischen Philosophie und Mechanik*, Roma.
MASOTTI BIGGIOGERO G., *Lezioni di Geometria proiettiva*, Milano.
REINER M., *Rheology*, in *Handbuch der Physik*, vol. VI.

1959 CLAGETT M., *The Science of Mechanics in the Middle Ages*, Madison.

1960 BRANNER R., *Villard de Honnecourt, Archimedes and Chartres*, Journal of the Society of Architectural Historians, vol. 19, pp. 91-96.
RUFFEL P., SOUBIRAN A., *Recherches sur la tradition manuscrite de Vitruve*, Annales de la Faculté des Lettres de Toulouse, Pallas, vol. 9, pp. 3-154.
SOKOLOVSKII V.V., *Statics of soil media*, London.
TRUESDELL C., *The Rational Mechanics of Flexible or Elastic Bodies (1638-1788)*, in *L. Eulerii Opera Omnia*, II sér., vol. 11, Tome II, Zürich.

1961 HESSE M.B., *Forces and Fields: the Concept of Action at a Distance in the History of Physics*, Edinburgh.

1962 DRUCKER D.C., *On the role of experiment in the development of theory*, Proc. IV U.S. Nat. Congr. Appl. Mech., vol. 1, pp. 15-33.
DRUCKER D.C., *Survey on second-order plasticity*, Proc. Symp. "Second-order effects in elasticity, plasticity and fluid dynamics", Haifa, pp. 416-423.
FLÜGGE W., *Stresses in shells*, Berlin-Heidelberg-New York.
TRUESDELL C., *Second-order effects in the mechanics of materials*, Proc. Symp. "Second-order effects in elasticity, plasticity and fluid dynamics", Haifa, pp. 1-47.

1963 BEAUJOUAN G., *Calcul d'expert, en 1391, sur le chantier du Dôme de Milan*, Le Moyen Age, vol. 79, pp. 555-563.
BRANNER R., *Villard de Honnecourt, Reims and the origin of gothic architectural drawing*,

Gazette des Beaux-Arts, pp. 129-146.
SZÉCHY K., *Untersuchung und Festigkeitslehre des Baugrunders*, Wien.

1964 GALILEI G., *Le Opere di Galileo Galilei*, Firenze.
GALILEI G., *Les Mécaniques de Galilée traduits de l'italien por le P. Marin Mersenne*, Paris.
GILLE B., *Les Ingénieurs de la Renaissance*, Paris.

1966 DI PASQUALE S., *Fondamenti teorici per un metodo di calcolo approssimato dei corpi reticolari a maglie cubiche*, Atti dell'Istituto di Scienza delle Costruzioni della Facoltà di Architettura dell'Università di Napoli, pp. 1-66.
HEYMAN J., *The Stone Skeleton*, International Journal of Solids Structures, vol. 2, pp. 249-279.
MAIER A., *Die Vorläufer Galileis in 14. Jahrhundert*, Roma.
ORAVAS G., MC LEAN L., *Historical development of energetical principles in elastomechanics*, Applied mechanics reviews, vol. 19, pp. 647-658; pp. 919-932.
TRUESDELL C., *Continuum Mechanics: I. The Mechanical Foundations of Elasticity and Fluid Dynamics*, The International Science Review Series, vol. 8, New York-London-Paris.

1967 DILKE O.A.W., *Illustrations from Roman surveyor's manuals*, Imago Mundi, vol. 21, pp. 9-29.
WIRTH K.A., *Bemerkungen zam Nachleber Vitruvius im 9 und 10. Jahrhundert und zu dem Schlettstädter Vitruv-Codex*, Kunstchronik, vol. 20, pp. 281-291.

1968 MAIER A., *Zwei Grundprobleme der scholastischen Naturphilosophie*, Roma.
TRUESDELL C., *Essays in the History of Mechanics*, Berlin.

1969 CHAUSSERIE-LAPRÉE J.P., *Un nouveau stemma vitruvien*, Revue des Etudes Latines, vol. 47, pp. 347-377.
CHEN W.F., GIGER M.W., FANG H.Y., *On the limit analysis of stability of slopes ...* , The Japanese Society of Soil Mechanics and Foundation Engineering, vol. 9, pp. 23-32.
SHELBY L.R., *Setting out the Keystones of Pointed Arches. A Note on Medieval "Baugeometrie"*, Technology and Culture, vol. 10, p. 537.
WHITE L., *Technologie médiévale et transformations sociales*, Paris-La Haye.

1970 BISCHOFF B., *Die Überlieferung der technischen Literatur*, in *Artigiano e tecnica nella società dell'alto medioevo occidentale*, Atti della Settimana di studio del centro italiano di studi sull'alto medioevo (2-8 aprile 1970), Spoleto, 1971, vol. 1, pp. 272-274.
BUTZMANN H., *Corpus Agrimensorum Romanorum. Codex Arcerianus A der Herzog-August Bibliothek zu Wolfenbüttel*, Leyde.
FOLKERTS M., *"Boethius" Geometrie II: ein mathematisches Lehrbuch des Mittelalters*, Wiesbaden.
OPSOMER J.E., *Notes sur l'art des herbiers aux siècles passés*, Annales du XLIe Congrès de la Fédération archéologique et historique de Belgique (Malines, 1970), pp. 518-525.

1971 CHARLTON T.-M., *Maxwell, Jenkin and Cotterill and the theory of statically-indeterminate structures*, Notes and records of the Royal Society of London, vol. 26, pp. 233-246.
DI PASQUALE S., *Mechanical models of Cauchy-Poisson media*, Atti del I Congresso AIMETA (Udine, 26-30 Giugno 1971), vol. 2, part II, pp. 299-324.
GILLMOR C.S., *C.A.Coulomb and the evolution of physics and engineering in eighteenth-century France*, Princeton.

1972 HEYMAN J., *Coulomb's memoir on statics*, Cambridge.
POZZATI P., *Teoria e tecnica delle strutture*, vol. 1, Torino.
SHELBY L.R., *The geometrical knowledge of medieval master masons*, Speculum, vol. 47, pp. 395-421.

1973 BELL J.F., *The experimental foundations of solid mechanics*, in *Handbuch der Physik*, vol. 6a, Tome I, *Festkörpermechanik I*, Berlin-Heidelberg-New York.

DU COLOMBIER P., *Les chantiers des cathédrales*, Paris.
PLOMMER H., *Vitruvius and Later Roman Building Manuals*, New York-London.

1974 HALLEUX R., *Le problème des métaux dans la science antique*, Paris.
SHELBY L.R., *Review of Hahnloser facsimile*, Speculum, vol. 50, pp. 496-500.
SMITH C.S., HAWTHORNE J.G., *Mappae clavicula. A little Key to the World of Medieval Technique*, Transactions of the American Philosophical Society, vol. 64, pp. 1-5.

1975 GIMPEL J., *La révolution industrielle du Moyen Age*, Paris.
MURDOCH J., SYLLA E. (eds), *The Cultural Context of Medieval Learning*, Dordrecht-Boston.
SPEISER D., RADELET P., *Le* De magnete *de Pierre de Maricourt, traduction et commentaire*, Revue d'histoire des sciences, Tome XXVIII, pp. 193-234.
WALCH J., *Michel Chevalier économiste saint-simonien 1806-1879*, Paris.

1976 YOUCHKHEVITCH A.P., *The concept of function up to the middle of the 19th century*, Archive for Hist. of Exact Sciences, vol. 16, 1976-1977, pp. 37-85.

1977 SZABÓ I., *Geschichte der mechanischen Prinzipien und ihrer wichtigsten Anwendungen*, Basel.
TRUESDELL C., *A First Course in Rational Continuum Mechanics*, New York-San Francisco-London.

1978 DIEUDONNÉ J., *L'analyse au XVIIIè siècle*, in J. DIEUDONNÉ (éd.), *Abrégé d'histoire des mathématiques (1700-1900)*, vol. 1, pp. 19-53, Paris.
GALLUZZI P., *Momento. Studi galileiani*, Roma.

1979 WICKERSHEIMER E., *Dictionnaire biographique des médecins en France au Moyen Age*, réimpression, Genève.

1980 GILLE B., *Les mécaniciens grecs : la naissance de la technologie*, Paris.
TRUESDELL C., *Rapport sur le pli cacheté n° 126, paquet présenté à l'Académie des Sciences dans la séance du 1er octobre 1827, par M. Cauchy, et contenant le Mémoire*: Sur l'équilibre et le mouvement intérieur d'un corps solide considéré comme un système de molécules distinctes les unes des autres, Comptes Rendus, vol. 291, II sem., pp. 33-37.

1981 BARNES C.F.JR., *Villard de Honnecourt, The Artist and his Drawings - A Critical Bibliography*, Boston.
BENVENUTO E., *La scienza delle costruzioni e il suo sviluppo storico*, Firenze.
BRADLEY M., *Franco-Russian engineering links: the careers of Lamé and Clapeyron, 1820-1830*, Annals of science, vol. 38, pp. 291-312.
CAUCHY A.-L., *Equations différentielles ordinaires*, C. Gilain (éd.), Paris.
DELBECQ J.-M., *Analyse de la stabilité des voûtes en maçonnerie de Charles Augustin Coulomb à nos jours*, Annales des Ponts et Chaussées, n° 19, pp. 36-43.
GRABINER J., *The Origins of Cauchy rigorous calculus*, Cambridge.
MÉTIVIER M., COSTABEL P., DUGAC P. (réd.), *Siméon-Denis Poisson et la science de son temps*, Palaiseau.
TRUESDELL C., *Cauchy's first attempt at molecular theory of elasticity*, Bollettino di storia delle scienze matematiche, vol. 1, pp. 133-143.

1982 CHARLTON T.-M., *A history of theory of structures in the nineteenth century*, Cambridge.
FREGUGLIA P., *Fondamenti storici della geometria*, Milano.
HAHN N.L., *Medieval Mensuration* Quadrans vetus *and* Geometrie Due Sunt Partes Principales ... , Transactions of the American philosophical society, 728.
HEYMAN J., *The Masonry Arch*, Chichester.
PÉROUSE DE MONTCLOS J-M., *L'architecture à la française*, Paris.

1983 ARNOLD D.H., *The Mécanique Physique of Simeon Denis Poisson: the evolution and isolation in France of his approach to physical theory (1800-1840)*, Archive for history of exact sciences, vol. 28, Part I-VI, pp. 243-366.

1984 ARNOLD D.H., *The Mécanique Physique of Simeon Denis Poisson: the evolution and isolation in France of his approach to physical theory (1800-1840)*, Archive for history of exact sciences, vol. 29, Part VII-IX, pp. 37-94; Part X, pp. 287-307.
BENVENUTO E., *A brief outline of the scientific debate which preceded the works of Castigliano*, Meccanica, vol. 19, pp. 19-32.
BENVENUTO E., *Radici storiche e presupposti critici dell'opera di A.Castigliano*, in BENVENUTO E., NASCÉ V., *A. Castigliano. Selecta 1984*, Torino, pp. XIII-LVII.
DAHAN-DALMÉDICO A., *La mathématisation des théories de l'élasticité par A.-L. Cauchy et les débats dans la physique mathématique française (1800-1840)*, Sciences et techniques en perspective, vol. 9, pp. 1-100, 1984-5.
FICHERA G., *The italian contribution to the mathematical theory of elasticity*, Meccanica, vol. 19, pp. 259-268.

1985 BECHMANN R., *Villard de Honnecourt, architecte et ingénieur médiéval*, Pour la science, n° 94, pp. 69-75.
BELHOSTE B., *Cauchy 1789-1857. Un mathématicien légitimiste au XIXe siècle*, Paris.
BENVENUTO E., *The parallelogram of forces*, Meccanica, vol. 20, pp. 99-109.
BIRAL A., MORACHIELLO P., *Immagini dell'ingegnere tra Quattro e Settecento*, Milano.
FEIGENBAUM L., *Brook Taylor and the method of increments*, Archive for history of exact sciences, vol. 44, pp. 1-140.
MAC DOUGALL E.(ed.), *Medieval Gardens*, Dumbarton Oaks.

1986 BECHMANN R., *L'arc de Villard de Honnecourt: un piège pour les médiévistes*, Historia, n° 475, juillet.
DAHAN-DALMÉDICO A., PEIFFER J., *Une histoire des mathématiques*, Paris.
DHOMBRES J., *La rigueur mathématique. Euler et le XVIIIè siècle*, Actes de l'Université d'été sur l'histoire des mathématiques, Inter-Irem, pp. 163-255.
DHOMBRES J., *Quelques aspects de l'histoire des équations fonctionnelles liés à l'évolution du concept de fonction*, Archive for history of exact sciences, vol. 36, pp. 91-181.
DI PASQUALE S., *Questioni concernenti la meccanica delle murature. Storia e prospettive*, in *Architettura e terremoti. Il caso di Parma*, pp. 50-83, Bologna.
ERLANDE-BRANDENBURG A., PERNOUD R., GIMPEL J., BECHMANN R., *Carnet de Villard de Honnecourt, d'après le manuscrit conservé à la Bibliothèque nationale de Paris (n° 19093)*, Paris.
GIUSTI E., *Ricerche galileiane: il* De motu aequabili *come modello della teoria delle proporzioni*, Bollettino di Storia delle Scienze matematiche, vol. 6, fasc. 2, pp. 89-108.
GUILLERME A., *La cervelle de la terre. La mécanique des sols et des fondations en France 1770-1840*, rapport de recherche M.R.U., Université de Paris VIII.
SERBOS G., *L'école royale des Ponts et Chaussées*, in *Enseignement et diffusion des sciences en France au XVIIIe siècle*, pp. 345-363.
TATON R., *Enseignement et diffuusion des sciences en France au XVIIIe siècle*, Paris.

1987 BENVENUTO E., CORRADI M., *Paolo Frisi e la statica degli archi e delle volte*, in BARBARISI G., *Ideologia e scienza nell'opera di Paolo Frisi (1728-1748)*, vol. 1, pp. 201-229, Milano.
DHOMBRES J., *Un texte d'Euler sur les fonctions continues et discontinues, véritable programme de l'analyse au 18e siècle*, Cahiers du séminaire d'histoire des mathématiques, Tome VII, pp. 35-115.
FIELD J.V., GRAY J.J., *The geometrical work of Girard Desargues*, New York.

1988 BECCHI A., *Radici storiche della teoria molecolare del'elasticità, con particolare riguardo alla Theoria Philosophiae Naturalis di R.G.Boscovich*, Genova.
BENVENUTO E., *L'ingresso della storia nelle discipline strutturali*, Palladio, fasc. 1, pp. 7-14.
BENVENUTO E., BECCHI A., *I principi di filosofia naturale che orientarono la ricerca di Saint-Venant*, in *Omaggio a Giulio Ceradini*, Roma, pp. 125-138.
BENVENUTO E., CORRADI M., *Breve storia del vuoto*, Nuova secondaria, n. 6, pp. 34-41.
BENVENUTO E., CORRADI M., FOCE F., *Sintesi storica sulla statica di archi, volte e cupole nel XIX secolo*, Palladio, fasc. 2, pp. 51-68.
CHERVEL A., *L'histoire des disciplines scolaires: réflexions sur un domaine de recherches*, Histoire de l'éducation, n° 38, pp.59-119.

ELIADE M., *Spezzare il tetto della casa*, Milano.
GILAIN C., *Condorcet et le Calcul intégral*, in *Sciences à l'époque de la Révolution française*, Paris, 1988, pp. 87-147.
HALLEUX R., MEYVAERT P., *Les origines de la Mappae clavicula*, Archives d'histoire littéraire et doctrinale du Moyen Age, pp. 7-58.
NAPOLITANI P.D., *La geometrizzazione della realtà fisica: il peso specifico in Ghetaldi e in Galileo*, Bollettino di Storia delle Scienze Matematiche, vol. 8, pp. 139-237.
PITTAU M., *La Sardegna Nuragica*, Sassari.

1989 BENVENUTO E., CORRADI M., PIGAFETTA G, *Contributi italiani alla scienza delle costruzioni*, in *La cultura filosofica e scientifica*, vol. 2, pp. 875-938, Busto Arsizio.
COSTE, A., FÉLIX Y., GASTINE E., VÉDRINE P., *Contribution des techniques modernes des ingénieurs à l'étude d'une voûte gothique*, Journal d'Histoire de l'Architecture, n.2.
DAHAN-DALMÉDICO A., *La notion de pression: de la métaphysique aux diverses mathématisations. Causalité et statut des hypothèses*, Revue d'histoire des sciences, vol. 42, pp. 79-108.
DHOMBRES N. ET J., *Naissance d'un pouvoir: sciences et savants en France, 1793-1824*, Paris.
GASPARINI D.-A., PROVOST C., *Early nineteenth century developments in truss design in Britain, France and the United States*, Construction history, vol. 5, pp. 21-33.
FRAZER C., *The calculus as algebraic analysis: some observations on mathematical analysis in the 18th century*, Archive for history of exact sciences, vol. 39, pp. 317-335.
JANSEN-SIEBEN R., *Actes Mechanicae en Europe médiévale*, in *Actes du colloque du 15 octobre 1987*, Archives et Bibliothèques de Belgique, vol. 34, pp. 25-49.
MATRICON J., *L'angoisse du saucier-chimiste au moment de la liaison: petit récit moléculinaire*, Alliage, n. 1, pp. 63-68.

1990 ADDIS W., *Structural Engineering. The Nature of Theory and Design*, Chichester.
AA.VV., *The Scientific Letters and Papers of J.C.Maxwell*, vol. 1, Cambridge.
BELHOSTE B., *Du dessin d'ingénieur à la géométrie descriptive, l'enseignement de Chastillon à l'Ecole royal du génie de Mézières*, In extenso, n° 13, pp. 102-135.
BENVENUTO E., *Nascita e sviluppi del concetto di resistenza meccanica dei solidi*, Atti dell'Accademia Ligure di Scienze e Lettere, vol. 47, 1991, pp. 145-160.
DAHAN-DALMÉDICO A., *Aspects de la mathématisation au XIXème siècle. Entre physique mathématique du continu et mécanique moléculaire, la voie d'A.-L. Cauchy*, Nantes.
ELIADE M., *I riti del costruire*, Milano.
GRATTAN-GUINESS I., *Convolution in French mathematics, 1800-1840*, Boston-Basel.
KAHLOW A., *Thomas Young und die Herausbildung des Begriffs Elastizitätsmodul*, NTM Schriftenreihe für Geschichte der Naturwissenschaften, Technik und Medizin, n° 2, pp. 13-26.
KURRER K.-E., *Auf der Suche nach der warhren Stützlinie in Gewölben*, Humanismus und Technik. Jahrbuch 1990, vol. 34, pp. 20-54.

1991 BEAUJOUAN G., *Par raison de nombres: l'art du calcul et les savoirs scientifiques médiévaux*, Aldershot.
BELHOSTE B., *A.-L. Cauchy. A Biography*, New York.
BENVENUTO E., *An Introduction to the History of Structural Mechanics*, New York.
COSTE A., *Etude de deux édifices gothiques: Lausanne, Auxerre*, Université Pierre Mendès-France Grenoble, Institut de Théorie et d'Histoire de l'Architecture Lausanne.
DHOMBRES J., RADELET DE GRAVE P., *Contingence et nécessité en mécanique: étude de deux textes inédits de Jean d'Alembert*, Physis, vol. 28, pp. 35-114.
KURRER K.-E., *Von der Theorie des Gewölbes zur Theorie des elastichen Bogens. Teil I, Das Verhältnis der Gewölbe- zur Bogentheorie zwischen 1826 und 1860*, Humanismus und Technik. Jahrbuch 1991, vol. 35, pp. 16-47, 1992.
ZAOUI A., *Matériaux hétérogènes*, Paris.

1992 ANDERSEN K., *Brook Taylor's work on linear perspective*, New York.
BENVENUTO E., FOCE F., *Alle origini della micro-meccanica dei materiali. Cenni storici sul problema delle "relazioni di Cauchy"*, Atti Convegno AIMETA "Meccanica dei materiali e delle strutture" (Amalfi, June 3-5 1991), Napoli, pp. 7-13.
BENVENUTO E., CORRADI M., FOCE F., *Considerazioni critiche sulle cosiddette "relazioni di*

Cauchy", Atti XI Congresso AIMETA (Trento, Sept. 28-Oct. 2, 1992), Trento, pp. 79-84.
COSTE A., *Apports des méthodes contemporaines de calcul de structures dans le domaine de la restauration des grands édifices*, Ecole d'Architecture de Grenoble/Ecole Nationale Supérieure d'Hydraulique et de Mécanique de Grenoble.
DAHAN-DALMÉDICO A., *Mathématisations. A.-L. Cauchy et l'École française*, Paris.
DHOMBRES J. (éd.), *Leçons de mathématiques*, Paris.
DHOMBRES J. (éd.), *L'Ecole normale de l'an III, Leçons de mathématiques, Laplace, Lagrange, Monge*, Paris.
FREGUGLIA P., *Dalle equipollenze ai sistemi lineari*, Urbino.
KURRER K.-E., *Von der Theorie des Gewölbes zur Theorie des elastichen Bogens. Teil II, Das Eindringen der Gewölben zwischen 1860 und 1880*, Humanismus und Technik. Jahrbuch 1992, vol. 36, pp. 64-97, 1993.
PANZA M., *La forma della quantità. Analisi algebrica e analisi superiore: il problema dell'unità della matematica nel secolo dell'illuminismo*, Cahiers d'Histoire et de philosophie des sciences, vol. 38 et 39.
PICON A, *L'invention de l'ingénieur moderne. L'Ecole des Ponts et Chaussées 1747-1851*, Paris.
SPEISER D., *Galileo and the beginning of the Theory of Elasticity*, in *Galileo, Scientist, His years at Padua and Venice*, Venezia.
TRUESDELL C., *Cauchy and the modern mechanics of continua*, Revue d'histoire des sciences, vol. 45, pp. 5-24.

1993 BENVENUTO E., CORRADI M., *Gauthey et le Traité de la construction des ponts dans le cadre de la culture scientifique de son temps*, in COSTE A., PICON A., SIDOT F., *Un ingénieur des lumières. Émiland-Marie Gauthey*, pp. 149-173, Paris.
COSTE A., HALÉVY J.-P., TAUPIN J.-L., *Etude pluridisciplinaire et expérimentale d'un édifice gothique: la cathédrale de Beauvais (XIIIe-XVIe siècles)*, Paris.
DHOMBRES J., *La méthode fonctionnelle chez J.F. Pfaff: une filiation leibnizienne*, Sciences et techniques en perspective, vol. 26, pp. 97-147.
DI PASQUALE S., *New Trends in the Analysis of Masonry Structures*, Meccanica, vol. 27, pp. 173-184.
FOCE F., *La teoria molecolare dell'elasticità dalla fondazione ottocentesca ai nuovi sviluppi del XX secolo*, Firenze.
GOUZÉVITCH I., GOUZÉVITCH D., *Les contacts franco-russes dans le monde de l'enseignement supérieur technique et de l'art de l'ingénieur*, Cahier du Monde russe et soviétique, vol. 34, pp. 345-368.

1994 BECCHI A., *I criteri di plasticità: cento anni di dibattito (1864-1964)*, Firenze.
BELHOSTE B., DAHAN-DALMÉDICO A, PICON A. (éd.), *La formation polytechnicienne 1794-1994*, Paris.
DHOMBRES J., SAKAROVITCH J. (éd.), *Desargues en son temps*, Paris.
GIUSTI E., *Euclides Reformatus. La teoria delle proporzioni nella scuola galileiana*, Torino.
RADELET P., *Etude de l'Essai sur une application des règles de Maximis et Minimis à quelques Problèmes de statique, relatifs à l'Architecture, par M. Coulomb*, Science et technique en perspective, n. 27, Université de Nantes.

INDEX DES NOMS; INDEX OF NAMES

Cet index reprend les noms cités dans les différents articles. Il ne reprend pas systématiquement ceux de la bibliographie chronologique. Nous nous sommes efforcés de donner les prénoms, dates de naissances et de décès (entre parenthèses) à l'exception des auteurs de littérature secondaire. Lorsque cela nous a été impossible, nous avons donné une date de publication [entre crochets] qui permet de situer l'auteur dans le temps.

The following index contains all names quoted in the different articles. It does not take systematically all names of the chronological bibliography. We tried to give the first name and dates of birth and death (in brackets) except for the authors of secondary literature. When this was impossible, we gave at least a date of publication [in square brackets] that allows to locate the author in time.

TABLE DES MATIÈRES

CONTENTS

GPSR Compliance

The European Union's (EU) General Product Safety Regulation (GPSR) is a set of rules that requires consumer products to be safe and our obligations to ensure this.

If you have any concerns about our products, you can contact us on ProductSafety@springernature.com

In case Publisher is established outside the EU, the EU authorized representative is:

Springer Nature Customer Service Center GmbH
Europaplatz 3
69115 Heidelberg, Germany

Batch number: 10726298

Printed by Printforce, the Netherlands